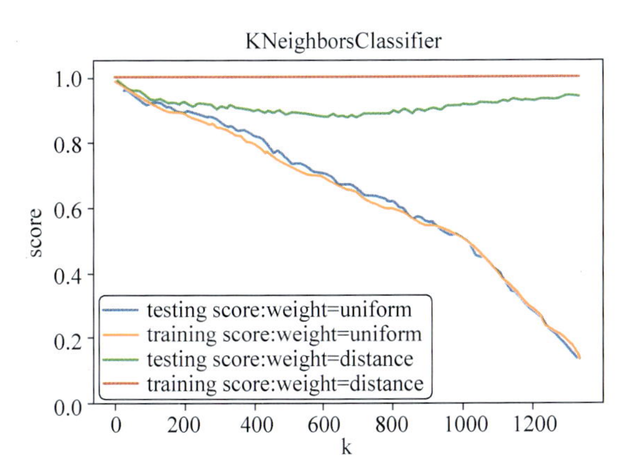

图 3.1 调用 test_KNeighborsClassifier_k_w()函数的运行结果

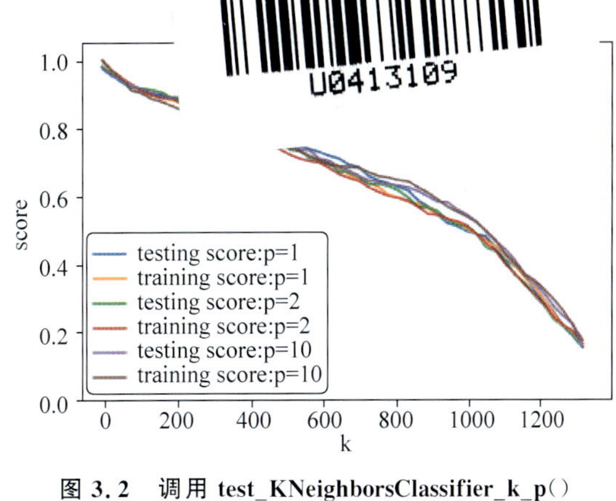

图 3.2 调用 test_KNeighborsClassifier_k_p()函数的运行结果

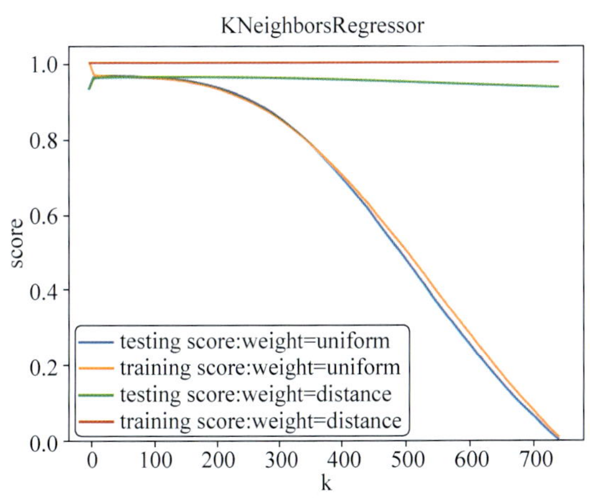

图 3.3 调用 test_KNeighborsRegressor_k_w()函数的运行结果

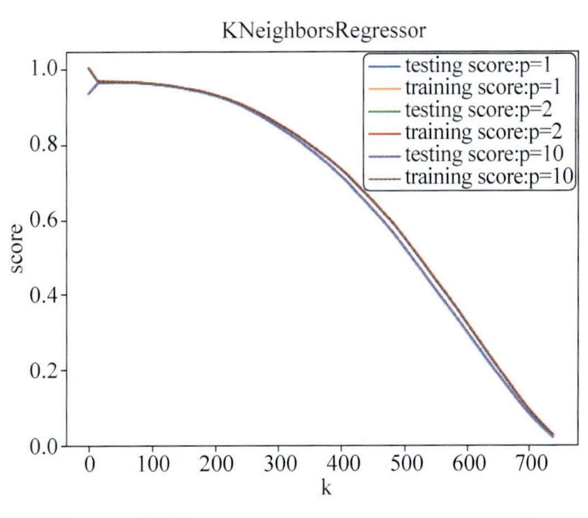

图 3.4 调用 test_KNeighborsRegressor_k_p()函数的运行结果

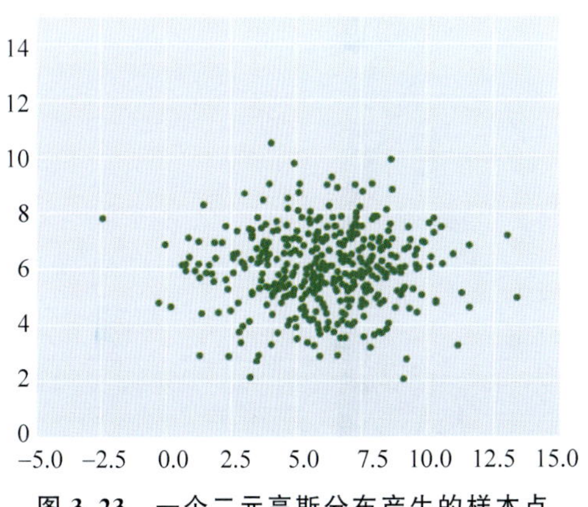

图 3.23 一个二元高斯分布产生的样本点

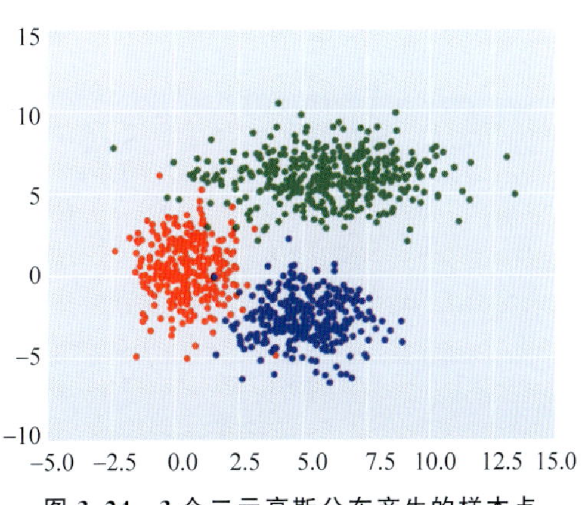

图 3.24 3 个二元高斯分布产生的样本点

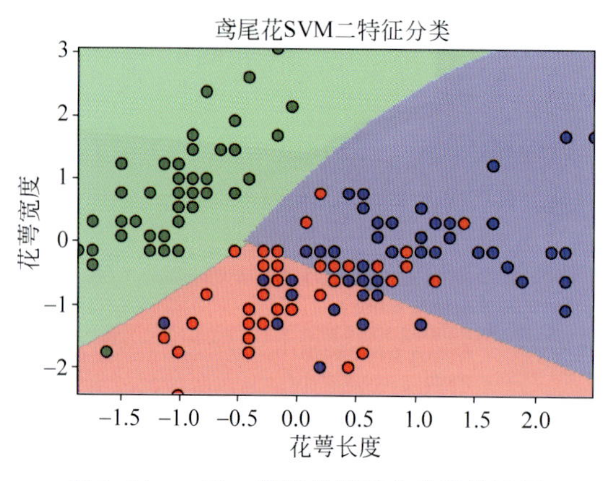

图 3.44　一对一模型的鸢尾花分类结果图

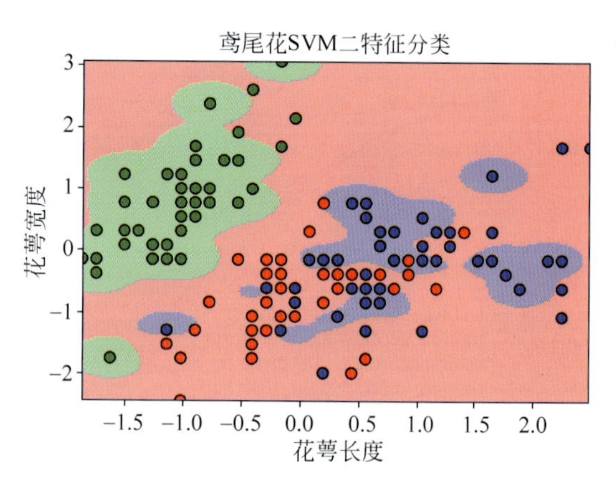

图 3.46　一对多模型的鸢尾花分类结果图

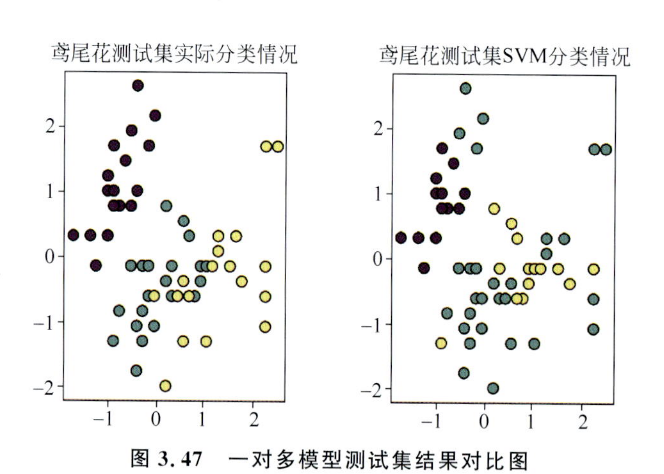

图 3.47　一对多模型测试集结果对比图

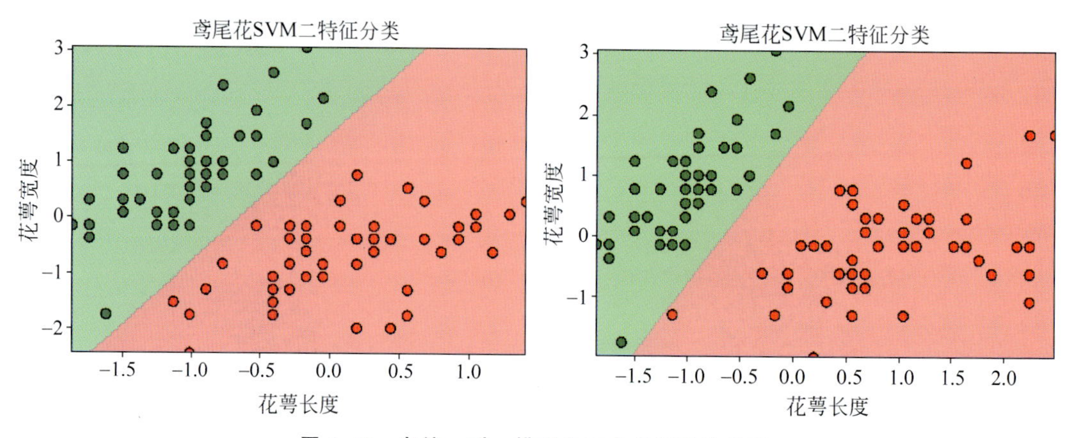

图 3.48　自编一对一模型中三个分类器结果图

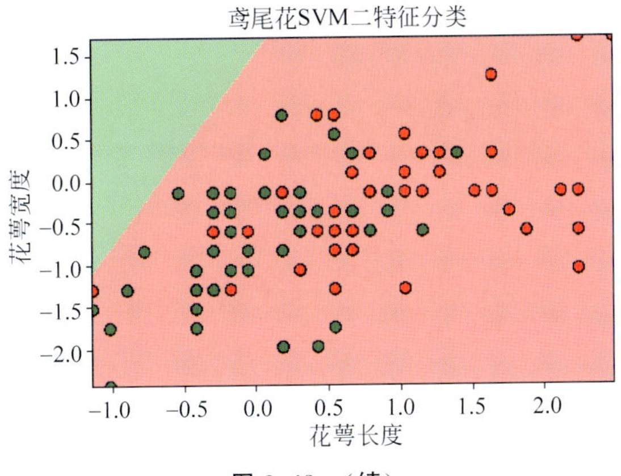

图 3.48 （续）

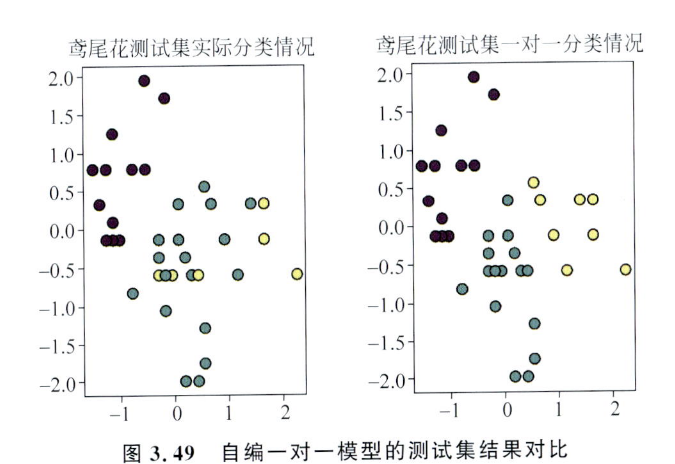

图 3.49 自编一对一模型的测试集结果对比

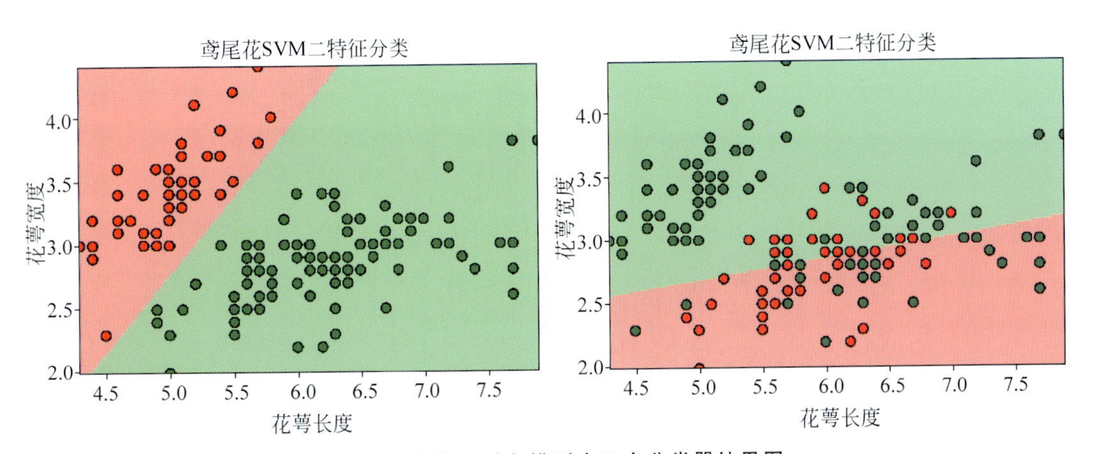

图 3.50 自编一对多模型中三个分类器结果图

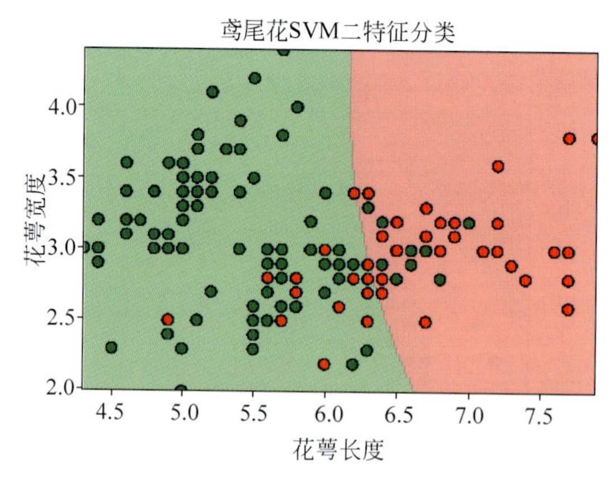

图 3.50 （续）

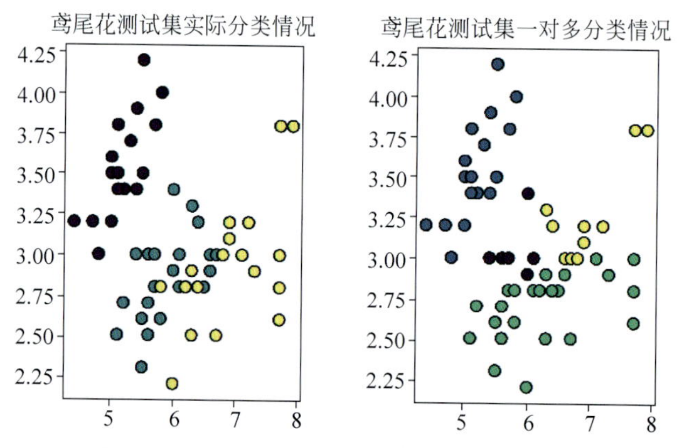

图 3.51 自编一对多模型测试集结果对比图

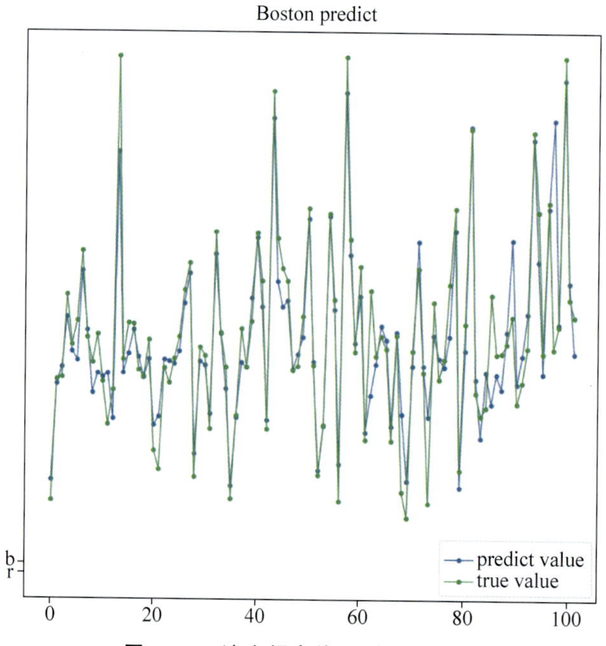

图 4.32 波士顿房价预测结果(一)

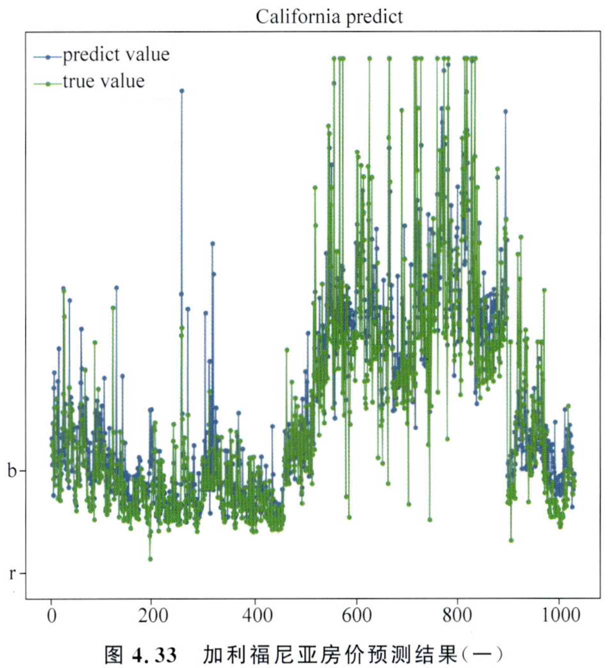

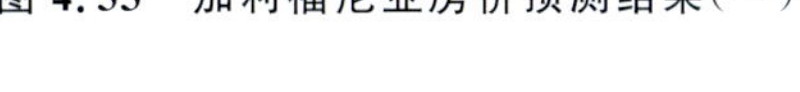
图 4.33　加利福尼亚房价预测结果(一)

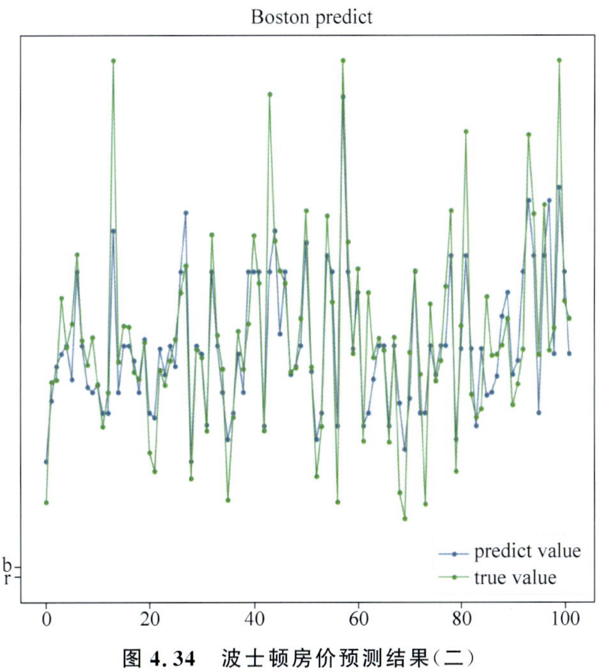

图 4.34　波士顿房价预测结果(二)

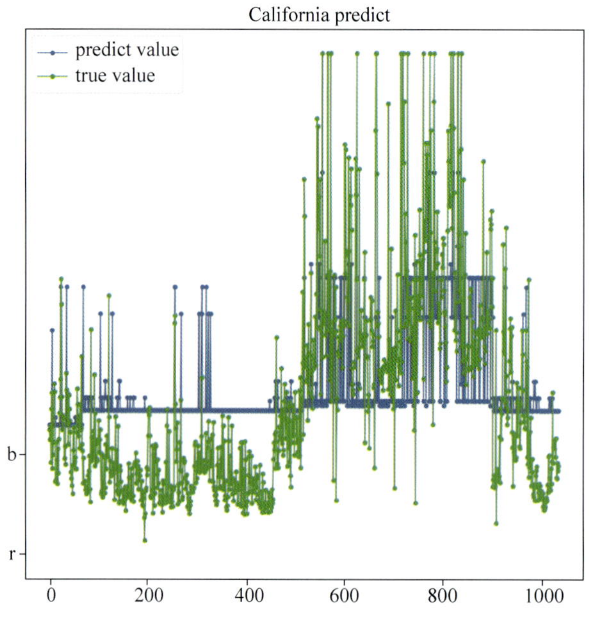

图 4.35　加利福尼亚房价预测结果(二)

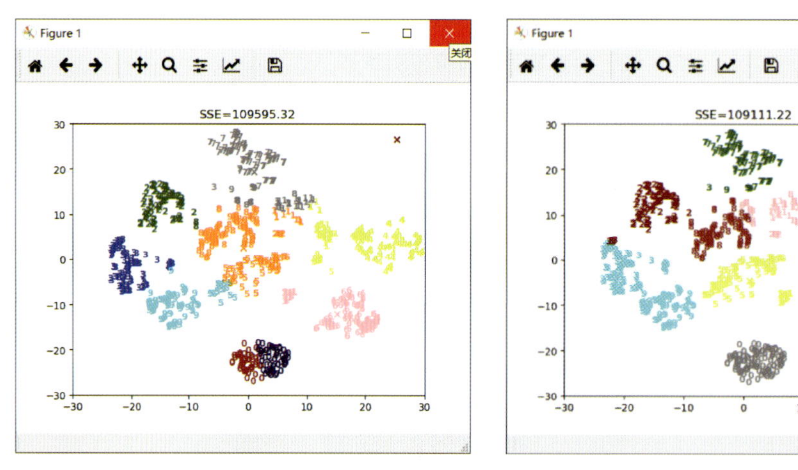

图 5.8　K-means 的聚类结果

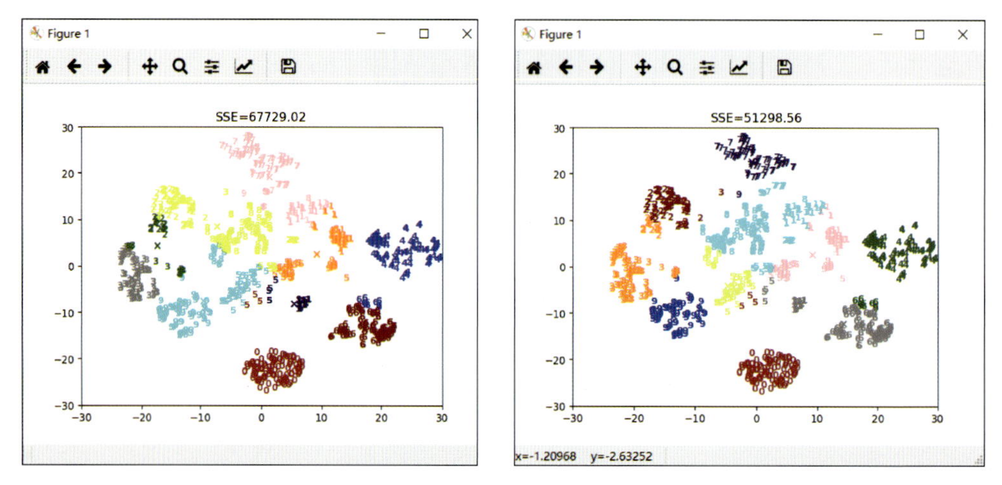

图 5.9　biKmeans 的聚类结果

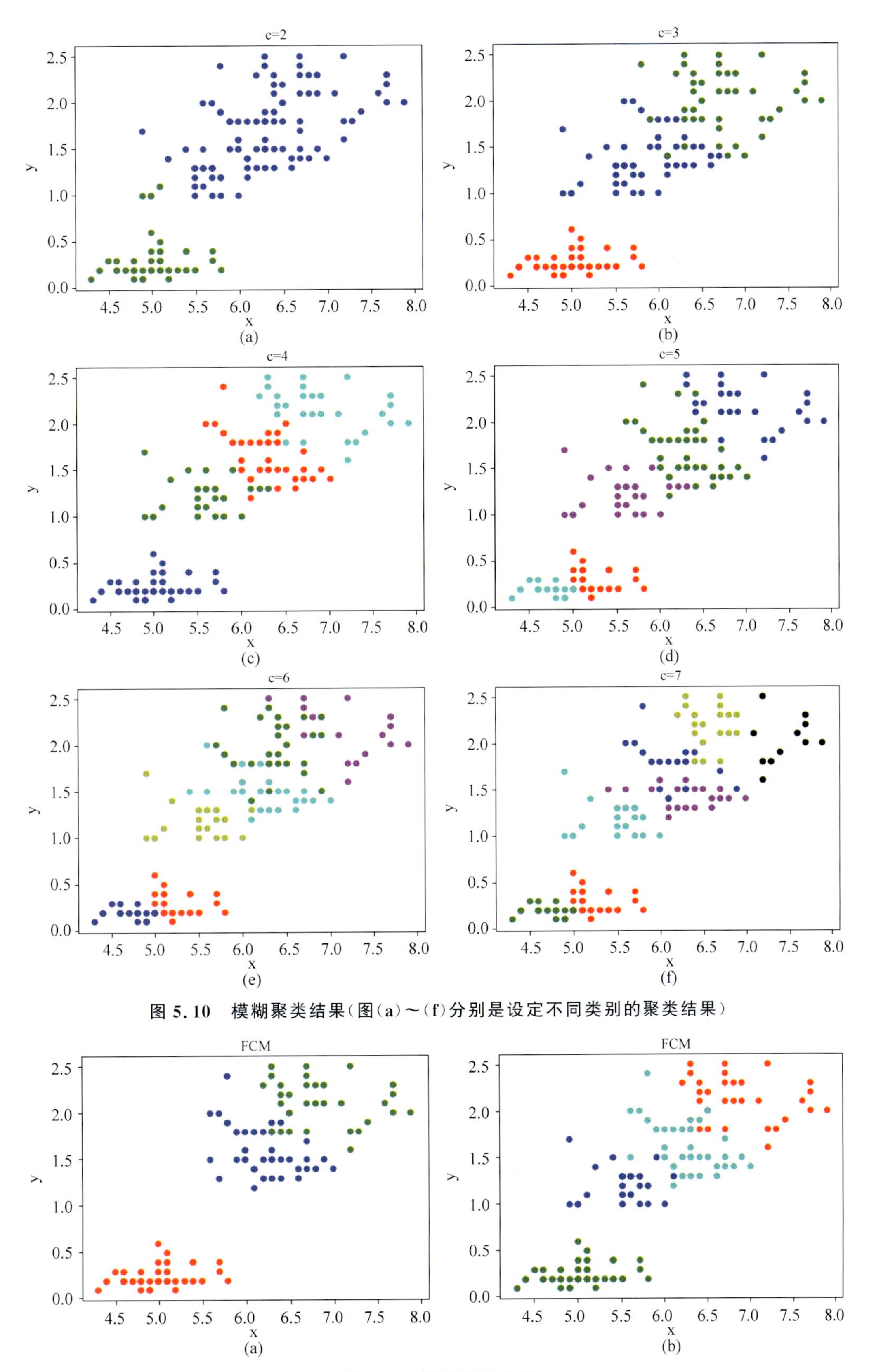

图 5.10　模糊聚类结果(图(a)～(f)分别是设定不同类别的聚类结果)

图 5.12　模糊聚类结果

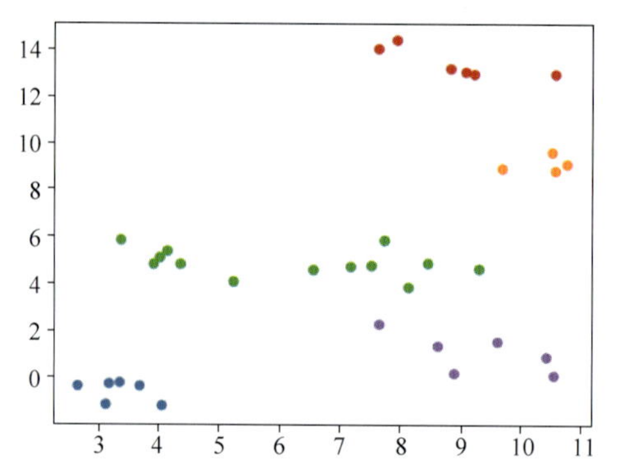

图 5.18　密度聚类算法结果(其中使用邻域为 1,密度阈值为 3,相同颜色的点构成一个簇)

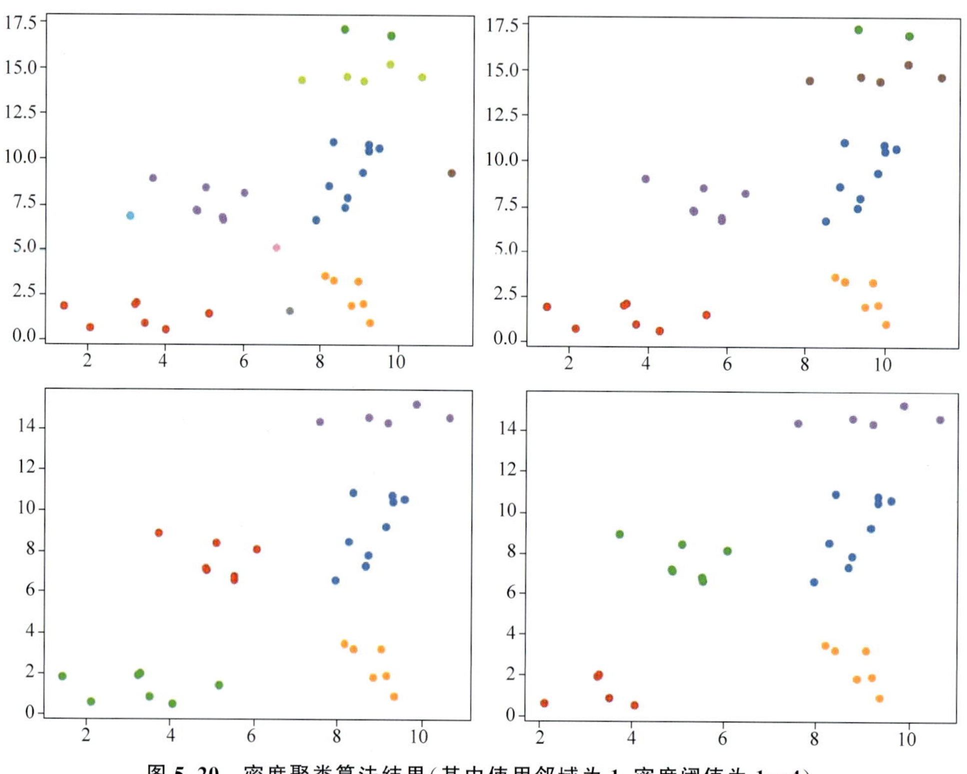

图 5.20　密度聚类算法结果(其中使用邻域为 1,密度阈值为 1～4)

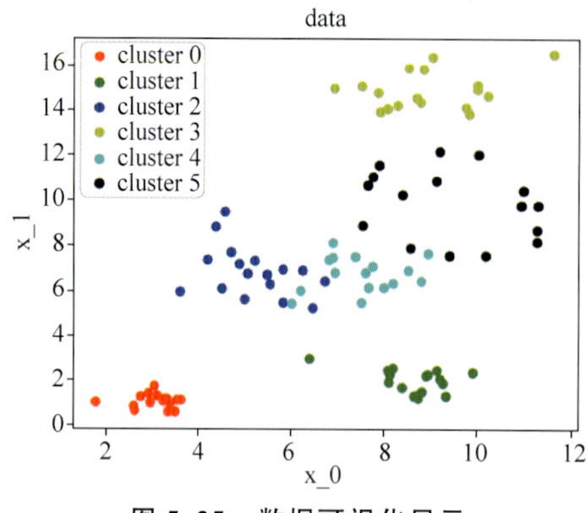

图 5.25　数据可视化显示

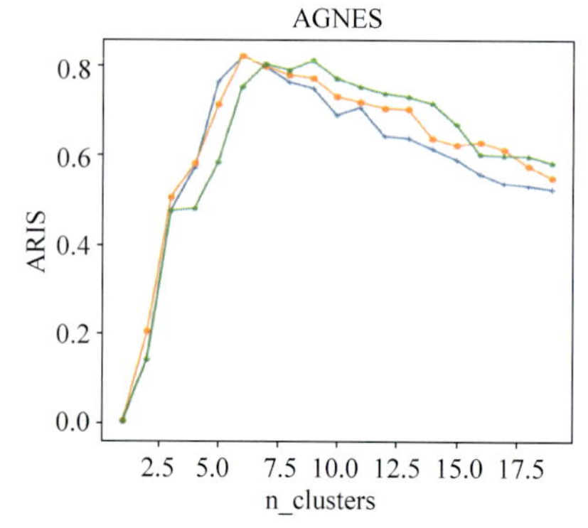

图 5.26　聚类类别数变化对聚类效果指标 ARIS 的影响

计算机技术入门丛书

机器学习

肖汉光 夏清玲 主 编
黄同愿 刘 智 李艳梅 王海琨 邹洋杨 姜 彬 副主编

清華大學出版社
北京

内容简介

本书系统介绍机器学习的理论、模型和算法实现，主要内容包括机器学习实验环境的搭建、数据清洗、模型评估、监督学习的分类和回归问题、非监督学习的聚类和降维等理论介绍和底层算法实现。本书涵盖了K近邻算法、决策树、支持向量机、BP神经网络、卷积神经网络、循环神经网络、集成学习、K-means聚类、模糊聚类、主成分分析、独立成分分析等内容。每章均基于实战项目或案例介绍模型和算法的两种实现(scikit-learn、Keras或TensorFlow的调包实现与非调包底层代码实现)，并给出相应的实验题目，以此加深读者对模型和算法的理解，提升读者对模型和算法的底层代码实现能力。

本书适合作为人工智能专业高年级本科生和研究生的教材，也可作为人工智能相关领域研究人员的自学教材。

图书在版编目(CIP)数据

机器学习/肖汉光，夏清玲主编. —北京：清华大学出版社，2023.5
(计算机技术入门丛书)
ISBN 978-7-302-62729-6

Ⅰ. ①机… Ⅱ. ①肖… ②夏… Ⅲ. ①机器学习 Ⅳ. ①TP181

中国国家版本馆CIP数据核字(2023)第027195号

责任编辑：付弘宇 李 燕
封面设计：刘 键
责任校对：郝美丽
责任印制：丛怀宇
出版发行：清华大学出版社
网 址：http://www.tup.com.cn，http://www.wqbook.com
地 址：北京清华大学学研大厦A座 **邮 编**：100084
社 总 机：010-83470000 **邮 购**：010-62786544
投稿与读者服务：010-62776969，c-service@tup.tsinghua.edu.cn
质量反馈：010-62772015，zhiliang@tup.tsinghua.edu.cn
课件下载：http://www.tup.com.cn，010-83470236
印 装 者：三河市君旺印务有限公司
经 销：全国新华书店
开 本：185mm×260mm **印 张**：18.25 **彩 插**：4 **字 数**：458千字
版 次：2023年7月第1版 **印 次**：2023年7月第1次印刷
印 数：1～1500
定 价：59.80元

产品编号：093835-01

前言
PREFACE

2017 年，人工智能上升为我国国家发展战略，为人工智能领域的科学研究、技术应用、产业发展和经济社会繁荣带来了重大机遇和强大动力。人工智能已逐渐在智慧国防、智慧安保、智慧医疗、智慧家居、智慧交通、智慧工业、智慧农业等领域发挥着越来越重要的作用，成为推动国家发展的新引擎。全球主要发达国家，如美国、英国、日本、德国等，已纷纷制订了人工智能国家发展计划，力争抢占人工智能高地，实现跨越式发展。机器学习作为人工智能的重要分支和基石，其大量核心技术得到广泛应用，如人脸识别、目标检测、目标跟踪、图像分割、视觉导航、机器人路径规划和动作规划等。

人工智能领域的高素质人才已成为各国、各行业争夺的宝贵资源，特别是机器学习领域的人才十分匮乏，培养掌握机器学习核心技术的人才具有重要意义。机器学习理论知识是人工智能领域人才培养中必不可少的知识模块，其实践能力的培养尤为关键。目前，关于机器学习实战的图书已有许多，但大部分都是讲解如何利用 scikit-learn、TensorFlow 或 PyTorch 工具包实现机器学习或深度学习。此类图书对读者的应用能力有一定的培养作用，但是很难从根本上让读者掌握机器学习算法的底层实现，很难培养读者的底层开发能力和创新能力。人工智能业界常说“不要重复造轮子”，但我们应该“具备造轮子的能力”。针对这一问题，本书不仅讲解机器学习模型和算法的应用实例，还讲解算法底层代码的实现，重点培养读者从机器学习理论模型、算法到编码实践的基本功；同时，注重机器学习实践的案例化和体系化，注重培养读者与机器学习相关的项目开发能力和工程实践能力。

本书共 6 章。第 1 章为环境搭建，包括实验环境的安装与搭建、数据清洗和预处理；第 2 章为模型评估，包括模型评估的样本集构建与评估、评估指标计算；第 3 章为分类问题，包括 K 近邻算法、逻辑回归算法、决策树算法、支持向量机算法、EM 算法、BP 神经网络的分类和回归算法、卷积神经网络分类算法、多类分类算法；第 4 章为回归问题，包括线性回归算法、多项式回归算法、支持向量回归算法、循环神经网络算法、AdaBoost 算法、随机森林算法；第 5 章为聚类问题，包括 K-means 聚类算法、模糊聚类算法、基于密度聚类算法、层次聚类算法；第 6 章为降维问题，包括主成分分析算法、独立成分分析算法。

全书设计了丰富的实验内容，除了讲解环境搭建的1.1节之外，每节都包括对应本节知识点的实战和实验，帮助读者深入理解、举一反三。

本书由重庆理工大学肖汉光、夏清玲担任主编，黄同愿、刘智、李艳梅、王海琨、邹洋杨、姜彬担任副主编。由于编者水平有限，书中难免存在一些错误和不当之处，敬请同行和各位读者批评指正。

编 者

2023年3月

目录

CONTENTS

环境搭建

1.1 实验环境的安装与搭建

1.1.1 Anaconda 的下载

Python 是一种解释型、面向对象、动态数据类型的高级程序设计语言。在机器学习中常用的编程语言就是 Python。Anaconda 作为开源的 Python 发行版本，可以便捷地获取包且能够对包进行管理，同时对环境可以统一管理。Anaconda 包含了 Conda、Python 在内的超过 180 个科学包及其依赖项，如 NumPy、Pandas。

根据所用的计算机系统(32 位或 64 位系统)是 Windows、macOS 还是 Linux，选择对应版本下载，下面提供了两种下载方式，相对来说，清华镜像站点的下载速度更快。

(1) 从 Anaconda 官方网站(网址为 https://www.anaconda.com)下载。

打开网页后下拉该页面，会看到 Windows、macOS 和 Linux 系统的选项，选择对应的选项下载即可，如图 1.1 所示。

Anaconda Installers

Windows
Python 3.8
64-Bit Graphical Installer (477 MB)
32-Bit Graphical Installer (409 MB)

macOS
Python 3.8
64-Bit Graphical Installer (440 MB)
64-Bit Command Line Installer (433 MB)

Linux
Python 3.8
64-Bit (x86) Installer (544 MB)
64-Bit (Power8 and Power9) Installer (285 MB)
64-Bit (AWS Graviton2 / ARM64) Installer (413 M)
64-bit (Linux on IBM Z & LinuxONE) Installer (292 M)

图 1.1　Anaconda 官方网站页面

(2) 从清华镜像站点(网址为 https://mirrors. tuna. tsinghua. edu. cn/anaconda/archive/)下载。

打开网页后根据日期选择最新的版本下载即可,如图 1.2 所示。

清华大学开源软件镜像站　HOME　EVENTS　BLOG　RSS　PODCAST　MIRRORS

Index of /anaconda/archive/

Last Update: 2021-08-15 08:23

File Name ↓	File Size ↓	Date ↓
Parent directory/	-	-
Anaconda3-2021.05-Windows-x86_64.exe	477.2 MiB	2021-05-14 11:34
Anaconda3-2021.05-Windows-x86.exe	408.5 MiB	2021-05-14 11:34
Anaconda3-2021.05-MacOSX-x86_64.sh	432.7 MiB	2021-05-14 11:34
Anaconda3-2021.05-Linux-s390x.sh	291.7 MiB	2021-05-14 11:33
Anaconda3-2021.05-MacOSX-x86_64.pkg	440.3 MiB	2021-05-14 11:33
Anaconda3-2021.05-Linux-x86_64.sh	544.4 MiB	2021-05-14 11:33
Anaconda3-2021.05-Linux-ppc64le.sh	285.3 MiB	2021-05-14 11:33
Anaconda3-2021.05-Linux-aarch64.sh	412.6 MiB	2021-05-14 11:33
Anaconda3-2021.04-Windows-x86_64.exe	473.7 MiB	2021-05-11 04:17
Anaconda3-2021.04-MacOSX-x86_64.pkg	436.9 MiB	2021-05-11 04:17
Anaconda3-2021.04-Windows-x86.exe	405.0 MiB	2021-05-11 04:17
Anaconda3-2021.04-MacOSX-x86_64.sh	429.3 MiB	2021-05-11 04:17

图 1.2　清华镜像站点页面

1.1.2　Anaconda 的安装

双击下载好的安装包,将弹出如图 1.3 所示的界面。

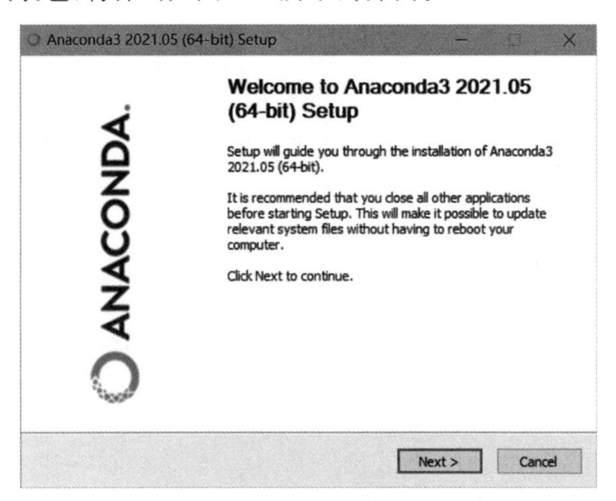

图 1.3　Anaconda 安装界面

单击 Next 按钮,进入下一个安装界面,如图 1.4 所示。

单击 I Agree 按钮,进入 Select Installation Type 界面,如图 1.5 所示。选中 All Users 单选按钮后单击 Next 按钮。

进入 Choose Install Location 界面,默认安装环境在 C 盘,可以自行选择安装位置,然后单击 Next 按钮,如图 1.6 所示。

接下来的操作尤为重要,可自动添加系统环境变量,不需要自己配置环境变量。勾选 Advanced Installation Options 界面中的两个复选框(建议下载 Python 的 3.7 或 3.8 版本,此处下载的是 Python 3.8),单击 Install 按钮,如图 1.7 所示,即安装完成。

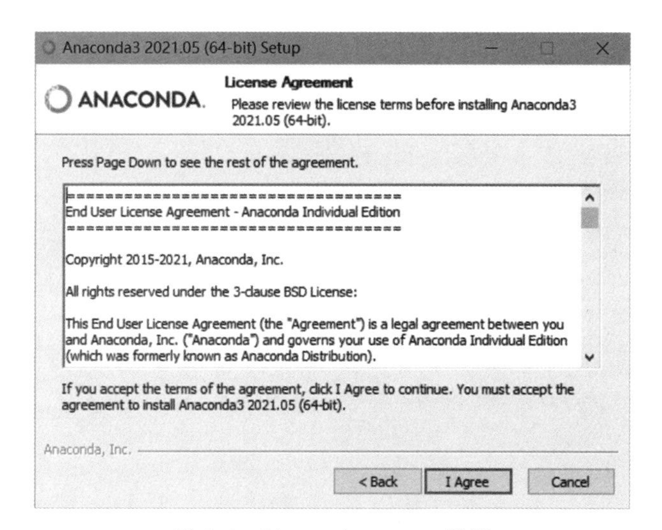

图 1.4 License Agreement 界面

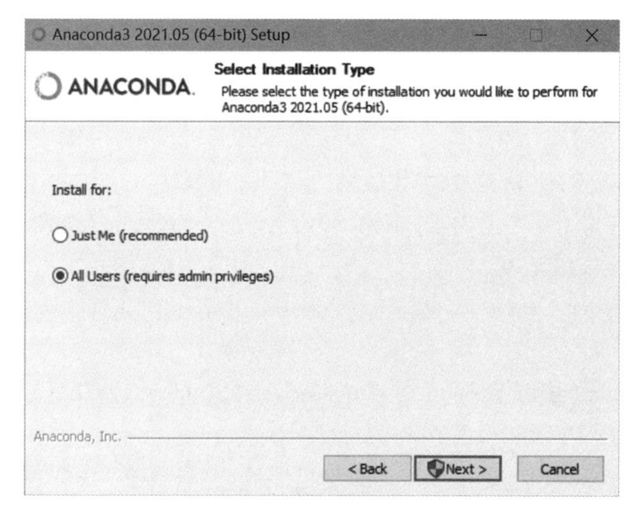

图 1.5 Select Installation Type 界面

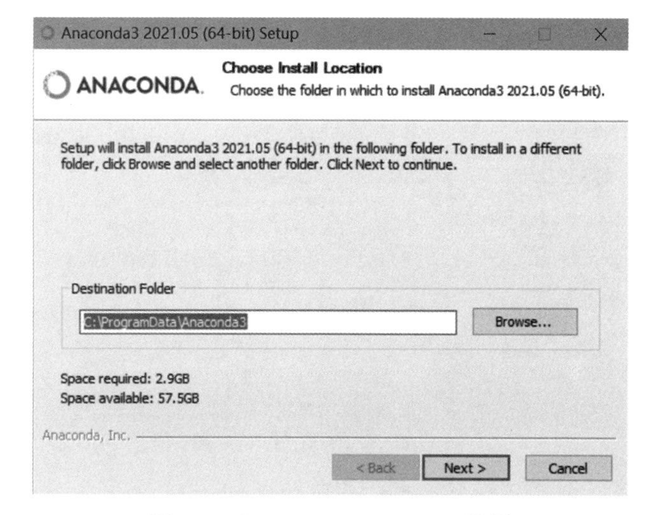

图 1.6 Choose Install Location 界面

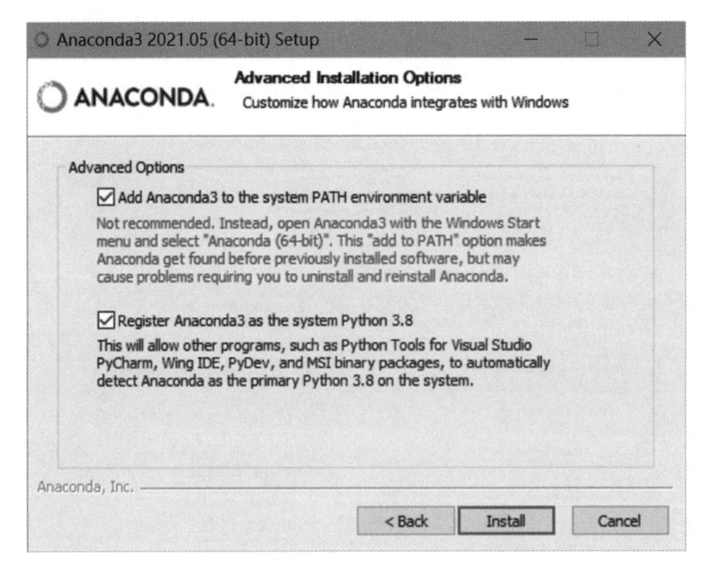

图 1.7　Advanced Installation Options 界面

1.1.3　检验

安装完毕后，检查 Python 是否安装成功。进入 cmd，输入 python，如显示版本信息，则安装成功。按组合键 Ctrl+Z 退出 Python，输出 conda --version。如果显示 Anaconda 版本信息，代表 Anaconda 安装成功。

1.1.4　启动

要运行 Anaconda，可以直接运行 JupyterLab、Spyder、PyCharm Community 等，如图 1.8 所示，一般使用 PyCharm Community。

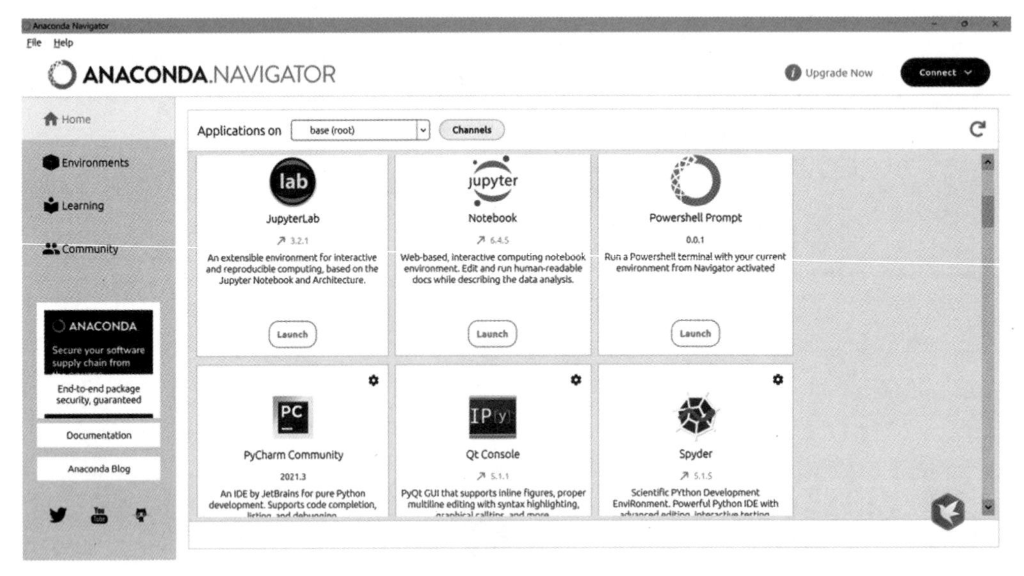

图 1.8　启动 Anaconda

在此之前，需要了解 Python 解释器、PyCharm、Anaconda、第三方包之间的关系。Python 是项目开发使用的一门计算机语言，为了更好地调试和运行代码，使用界面程序 PyCharm 进行操作，而运行环境和工具包的下载与安装可以由 Anaconda 进行管理。Anaconda 自带 Python 解释器，可以安装多个版本的 Python 解释器，不会产生工具包版本冲突问题。除 Python 标准库之外，所有的包都是第三方包，使用 import 命令进行导入，选择 conda 或者 pip 指令进行下载。

在进行机器学习编程之前，需要创建一个新的环境，打开 Anaconda，单击左侧的 Environments 选项，在新弹出的对话框中选择 Python 的版本并输入新环境的名称（环境名只能用英文），单击 Create 按钮，即创建成功，此时新环境中含有一些基础包。还可以通过在 cmd 中输入指令 conda create -n python38 python＝3.8（此处以 python38 为例，python38 为创建的环境名称）创建新的环境。

如果需要下载第三方库，在 cmd 界面输入命令 conda activate python38 进入新环境，准备下载第三方库。输入命令 conda install xxx（第三方包名）下载第三方库，通过 conda list 查看所有下载的 conda 包。也可以输入 pip install xxx（第三方包名）下载第三方库，通过 pip list 查看所有下载的 pip 包。这两种下载方式的区别是，采用 conda 下载，安装的库都会放在 anaconda3/pkgs 目录下，以后在其他环境下使用时，可以直接从 pkgs 目录下将该库复制至新环境而不用重复下载。最后，使用 conda deactivate 命令退出相应的虚拟环境。

同样，可以在 PyCharm 中创建 Conda 环境和虚拟环境。创建好工程以后，执行 File→Settings 菜单命令（或按快捷键 Ctrl＋Alt＋S），打开 Settings 界面，执行 Project：projectName→Python Interpreter 命令添加新的环境；单击 Virtualenv Environment 选项创建虚拟环境；单击 Conda Environment 选项创建 Conda 环境。单击下方的 Terminal，输入 conda 或者 pip 指令进行第三库下载，通过 Conda/pip list 进行查看。

配置好环境以后，右击项目名，在弹出的快捷菜单中选择 New→Python File 命令，创建 Python 文件。完成编码后右击，在弹出的快捷菜单中选择 Run 命令编译代码。

1.2　数据清洗和预处理

1.2.1　原理简介

机器学习以数据为驱动，但往往原始数据中存在着大量不完整、不一致、有异常的数据，严重影响机器学习模型的训练或预测，甚至可能导致挖掘结果出现较大偏差，所以进行数据清洗就显得尤为重要。

数据清洗和预处理是从样本数据中检测、删除、纠正原始数据集中的无关数据、重复数据、缺失数据、异常数据等。对于特定领域还需要做滤波、去噪、数据扩增、数据归一化或标准化等预处理。对于无关数据或重复数据，一般采用删除的方法进行处理，对于重复数据过多的情况，需要检查原始数据采集的问题或导入问题。

缺失数据和异常数据处理是数据清洗和预处理的重要内容之一。从统计上说，缺失和异常数据可能会产生有偏估计，从而使样本数据不能很好地代表总体，而现实中绝大部分数据都包含缺失值和异常值，因此如何处理缺失值很重要。一般说来，缺失值和异常值的处理包括两个步骤，即缺失异常数据的识别和缺失异常值处理。在对是否存在缺失异常值进行判断之后需要进行缺失异常值处理,常用的方法有删除法、替换法、插补法等。

1. 删除法

删除法是最简单的缺失值和异常值的处理方法,根据数据处理的角度不同可分为删除观测样本、删除变量两种。在 Sklearn 中可以利用函数移除所有含有缺失数据的行,这属于以减少样本量来换取信息完整性的方法,适用于缺失值所占比例较小的情况;删除变量适用于变量有较大缺失且对研究目标影响不大的情况,意味着要删除整个变量或特征。

2. 替换法

变量按属性划分可分为数值型和非数值型,二者的处理办法不同:如果缺失值和异常值所在变量为数值型,一般用该变量在其他所有对象中取值的均值来替换变量的缺失值和异常值;如果为非数值型变量,则使用该变量的其他全部有效观测值的中位数或者众数进行替换。

3. 插补法

删除法虽然简单易行,但会存在信息浪费的问题,且数据结构会发生变动,以致最后得到有偏差的统计结果,替换法也有类似的问题。在面对缺失值和异常值问题时,常用的插补法有回归插补、多重插补等。回归插补法利用回归模型,将需要插值补缺的变量作为因变量,其他相关变量作为自变量,通过回归函数预测出因变量的值来对缺失值和异常值进行补缺;多重插补法的原理是从一个包含缺失值的数据集中生成一组完整的数据,如此进行多次,从而产生缺失值的一个随机样本。

对于特定领域,还需要对数据进行重采样、滤波去噪、数据扩增、数据归一化或标准化等预处理。在声纹识别、语音识别、故障诊断等领域,常常需要进行数字信号的重采样,以去除不同信号来源的采样率差异,然后进行数字滤波去噪去除异常值。在图像识别、目标检测、图像分割等领域,常常需要进行数字图像尺寸的统一化处理,如 resize 处理,去除不同图像来源的像素差异,然后进行图像滤波、图像锐化、图像增强等操作。数据扩增主要是针对样本数据集规模小,无法对模型进行有效训练提出的数据预处理手段。一般数据扩增的方法包括:裁剪、翻转和旋转、随机遮挡、图像变换。数据归一化和标准化是将不同数据分布调整至统一的范围或分布,消除特征间数据的量纲的差异,能更有效地利用特征,使得模型训练更高效。

1.2.2 算法步骤

1. 数据清洗和预处理的流程

数据清洗和预处理的流程如图 1.9 所示。

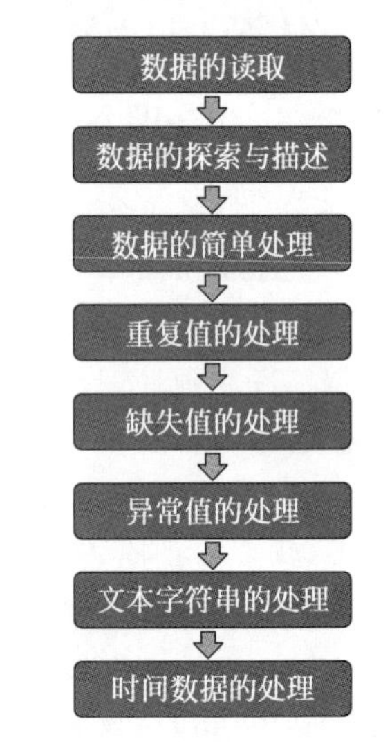

图 1.9 数据清洗和预处理的流程

2. 算法步骤

(1) 数据的读取。

读取数据时可以利用 Pandas 的 read_csv()函数读取 csv 数据文件,利用 read_excel()函数读取电子表格数据文件。

代码如下：

```
df = pd.read_csv('文件路径 + 文件名')
df = pd.read_excel('文件路径 + 文件名')
```

（2）数据的探索与描述。

读取数据后，可以利用 Pandas 的 Series 和 DataFrame 对象的 info()方法查看数据的基本情况；可利用 describe()方法显示数据的统计信息。

代码如下：

```
df.info()
df.describe()
```

（3）数据的简单处理。

如果数据是字符串，并且出现多余的空格，需要去除空格，代码如下：

```
df = pd.DataFrame({'a': ['a ', 1], 'b': [3, 'c ']})
df.applymap(lambda x:x.strip() if type(x) == str else x)
```

接着进行英文字母大小写的转换，统一转换成小写字母，以防因大小写差异而被看作不同的属性名或属性值，代码如下：

```
df = pd.DataFrame({'a': ['A', 'a',], 'b': [3, 'C']})
df.columns = df.columns.map(lambda x:x.upper())      # 将属性名转换为大写
df['B'] = df['B'].str.lower()                        # 将某列属性值转换为小写
```

（4）重复值的处理。

利用 Pandas 的 Series 和 DataFrame 对象的 duplicated()方法检查重复值。这里需要注意的是：当两条记录中所有的数据都相等时，duplicated()方法才会判断为重复值；duplicated()方法支持“从前向后”和“从后向前”两种重复值查找模式。

默认是“从前向后”进行重复值的查找和判断，也就是后面的条目在重复值判断中显示为 True。

可以利用 df 对象的 drop_duplicates()方法删除重复值，其功能是删除数据表中的重复值，判断标准和逻辑与 duplicated()方法一样。

代码如下：

```
df.duplicates()
df.drop_duplicates(inplace = True)
```

（5）缺失值的处理。

缺失值的处理步骤主要包括：检测缺失值、删除缺失值、填充缺失值。

为了检测缺失值，Pandas 提供了 isnull()和 notnull()两个方法来检测缺失值是 NaN 还是非 NaN，适用于 Series 和 DataFrame 对象，代码如下：

```
df.isnull() #所有元素逐个检测是否为 NaN
df[1].isnull() #某列元素逐个检测是否为 NaN
```

```
df.notnull() #所有元素逐个检测是否为非 NaN
df[1].notnull() #某列元素逐个检测是否为非 NaN
```

利用 Pandas 实例对象的 dropna()方法删除有缺失的记录，利用 fillna()填充缺失值，代码如下：

```
df.dropna()                                  # 删除所有有缺失值的行
df.dropna(axis = 'columns')                  # 删除所有有缺失值的列
df.dropna(thresh = 2)                        # 不足两个非空值时删除
df.dropna(subset = ['A', 'B'])               # 指定判断缺失值的列范围

df.fillna(0)                                 # 用标量值替换 NaN 值
df.fillna(method = 'ffill')                  # 向前填充
df.fillna(method = 'bfill')                  # 向后填充
data['Age'].fillna(median, inplace = True)   # 将 Age 列的 NaN 替换为本列属性的中位数
```

（6）异常值的处理。

异常值的处理步骤主要包括检测异常值、删除异常值、替代异常值。

异常值的检测可采用标准差法和箱线图法。标准差法是通过判断样本属性值是否落在所有样本该属性的均值±2 倍标准差区间外，如果是，则判断为异常值；如果落在均值±3 倍标准差区间外，则该样本的属性为极端异常值。箱线图法是通过判断样本属性值是否大于 $Q_3+n\cdot\text{IQR}$ 或小于 $Q_1-n\cdot\text{IQR}$，其中 Q_1 和 Q_3 表示下四分位数和上四分位数，IQR 是上四分位数与下四分位数的差。当 $n=1.5$ 时，满足条件的观测值就为异常值；当 $n=3$ 时，满足条件的观测就是极端异常值。

标准差法的代码如下：

```
mean_val = df.mean()                 # 均值
std_val = df.std()                   # 标准差
up = df > mean_val + 2 * std_val
down = df < mean_val - 2 * std_val
df.loc[up,]
df.loc[down,]
```

箱线图法的代码如下：

```
Q1 = df.quantile(0.25)               # 下四分位数
Q3 = df.quantile(0.75)               # 上四分位数
IQR = Q3 - Q1                        # 上四分位数与下四分位数的差
up1 = df > Q3 + 1.5 * IQR            # 当 n= 1.5 时，满足条件的观测值就为异常值
down1 = df < Q1 - 1.5 * IQR
df.loc[up1,]
df.loc[down1,]
```

若观测值异常比例不大，可以考虑删除，也可以考虑用替代法，可以使用低于判别上限的最大值来替换上端异常值，用高于判别下限的最小值来替换下端异常值或使用均值或中位数等。

（7）文本字符串的处理。

文本字符串的处理涉及的内容较多，主要包括 string 类型转换、字符串的拆分/拼接/替换、子字符串的匹配和提取等。由于字符串处理内容较多，具体请参考相关资料。

（8）时间数据的处理。

时间数据的处理主要包括时间数据的格式转换、筛选、重采样和聚合统计等。在多数情况下，对时间类型数据进行分析的前提就是将原本为字符串的时间转换为标准时间类型。Pandas 继承了 NumPy 库和 datetime 库的时间相关模块，提供了 6 种时间相关的类。时间类型数据处理的常用代码如下：

```
df = pd.DataFrame({'Date':['2022-08-18','2021-05-15','2001/01/10','2010'],'Data':[1000,
2000, 3000,1500]})
df['Date'] = pd.to_datetime(df['Date'])              #将字符串类型转换为时间类型
df['Date'][1].year                                   #访问时间类型数据的属性
df['Date'][3].month                                  #访问时间类型数据的属性
df['Date'][0].strftime("%Y-%m")                      #格式化输出时间
df['Date'][0] - df['Date'][1]                        #求时间差
df['Date'][0] + pd.Timedelta(days=20)                #前移日期 20 天
df['Date'] = pd.DatetimeIndex(df['Date'])            #将数据转换为 DatetimeIndex 类
df['Date'] = pd.PeriodIndex(df['Date'], freq='s')    #将数据转换为 PeriodIndex 类
```

1.2.3 实战

Sklearn 中包含众多数据预处理和特征工程相关的模块，可以很好地进行数据清洗和预处理。

- 模块 preprocessing：几乎包含数据预处理的所有内容。
- 模块 Impute：填补缺失值专用。
- 模块 feature_selection：包含特征选择的各种方法的实践。
- 模块 decomposition：包含降维算法。

下面以某轮船上乘客的部分信息进行数据清洗和预处理的实战。

1. 数据集

Narrativedata.csv 是处理过的某轮船上乘客的部分信息，它包括序号、Age、Sex、Embarked、Survived 这 5 列数据，其中有部分信息是不完整的。下面需要就数据集的特性进行适当的数据清洗和预处理。

2. Sklearn 实现

```
#读写数据
import pandas as pd
data = pd.read_csv(r"C:\Users\cly0216\python_data\Narrativedata.csv",index_col=0)
# index_col=0 第 0 列作为索引
#探索数据
data.head(3)                                  # 查看数据集前 3 个,括号中默认为前 5 个
# 输出
```

	Age	Sex	Embarked	Survived
0	22.0	male	S	No
1	38.0	female	C	Yes
2	26.0	female	S	Yes

```
data.info()                                   # 查看数据集的信息
# 输出
```

```
<class 'pandas.core.frame.DataFrame'>
Int64Index: 891 entries, 0 to 890
Data columns (total 4 columns):
#     Column     Non-Null   Count    Dtype
---   ------     --------------      -----
0     Age        714        non-null    float64
1     Sex        891        non-null    object
2     Embarked   889        non-null    object
3     Survived   891        non-null    object
dtypes: float64(1), object(3)
memory usage: 34.8+ KB
```

由以上输出可以发现，Age列中有大量数据缺失，Embarked列中有少量数据缺失，下面进行数据清洗和预处理。

```
#对Age列进行数据填补
Age = data.loc[:,"Age"].values.reshape(-1,1)    # 提取特征值，并将数据升为二维，(导入模
#型，Sklearn中特征矩阵应是二维的)

#导入SimpleImpute模块，使用均值来填补缺失的Age数据
#(考虑到使用均值比较合理)
from sklearn.impute import SimpleImputer
imp_mean = SimpleImputer()                       #实例化，默认使用均值进行填补
imp_mean = imp_mean.fit_transform(Age)           # fit_transform可以一步完成训练和转换
imp_mean[:20]                                    #查看前20行的数据
#输出


array([[22.        ],
       [38.        ],
       [26.        ],
       [35.        ],
       [35.        ],
       [29.69911765],
       [54.        ],
       [ 2.        ],
       [27.        ],
       [14.        ],
       [ 4.        ],
       [58.        ],
       [20.        ],
       [39.        ],
       [14.        ],
       [55.        ],
       [ 2.        ],
       [29.69911765],
       [31.        ],
       [29.69911765]])

#缺失值已经由均值补上，下面将补上的年龄转换为整数，使其更符合数据中年龄的常识要求
    i = 0
    for e in imp_mean:
```

```
    imp_mean[i] = int(e)
      i += 1
    imp_mean[:20]
#输出

array([[22.],
       [38.],
       [26.],
       [35.],
       [35.],
       [29.],
       [54.],
       [ 2.],
       [27.],
       [14.],
       [ 4.],
       [58.],
       [20.],
       [39.],
       [14.],
       [55.],
       [ 2.],
       [29.],
       [31.],
       [29.]])

data.loc[:,'Age'] = imp_mean
data.info()          # 数据填充完成,继续查看数据集的信息
#输出
<class 'pandas.core.frame.DataFrame'>
Int64Index: 891 entries, 0 to 890
Data columns (total 4 columns):
#    Column    Non-Null   Count     Dtype
---  ------    ---------------     -----
0    Age       891        non-null  float64
1    Sex       891        non-null  object
2    Embarked  889        non-null  object
3    Survived  891        non-null  object
dtypes: float64(1), object(3)
memory usage: 34.8+ KB
```

可发现 Embarked 列只缺少对应的两行数据(占总数据的比例很低),因此可以选择对这两行数据进行删除。

```
#数据删除
data.dropna(axis = 0,inplace = True)
# axis = 0 表示删除所有有缺失值的行 ,axis = 1 表示删除所有有缺失值的列
#inplace = True 表示在原数据集上进行修改,inplace = False 表示生成一个复制对象
data.info()
#输出

<class 'pandas.core.frame.DataFrame'>
```

```
Int64Index: 889 entries, 0 to 890
Data columns (total 4 columns):
#     Column    Non-Null   Count    Dtype
---   ------    --------------    -----
0     Age       889        non-null   float64
1     Sex       889        non-null   object
2     Embarked  889        non-null   object
3     Survived  889        non-null   object
dtypes: float64(1), object(3)
memory usage: 34.7+ KB
```

至此,数据删除完成。

3. 自编代码实现

```
import pandas as pd
data = pd.read_csv(r"./Narrativedata.csv",index_col=0)
# index_col=0 表示第 0 列作为索引
#探索数据
data.head(3)        # 查看数据集中的前 3 个,括号中默认为前 5 个
#输出
        Age     Sex     Embarked  Survived
    0   22.0    male      S          No
    1   38.0   female     C          Yes
    2   26.0   female     S          Yes

data.info()        # 查看数据集的信息
#输出
<class 'pandas.core.frame.DataFrame'>
Int64Index: 891 entries, 0 to 890
Data columns (total 4 columns):
#     Column    Non-Null   Count    Dtype
---   ------    --------------    -----
0     Age       714        non-null   float64
1     Sex       891        non-null   object
2     Embarked  889        non-null   object
3     Survived  891        non-null   object
dtypes: float64(1), object(3)
memory usage: 34.8+ KB
#缺失值汇总
data.isnull().sum()
#输出
Age         177
Sex           0
Embarked      2
Survived      0
dtype: int64

data['Age'][:20]
#输出
0     22.0
1     38.0
```

```
2      26.0
3      35.0
4      35.0
5       NaN
6      54.0
7       2.0
8      27.0
9      14.0
10      4.0
11     58.0
12     20.0
13     39.0
14     14.0
15     55.0
16      2.0
17      NaN
18     31.0
19      NaN
Name: Age, dtype: float64
```

由以上信息可以发现，Age 列中有大量数据缺失，Embarked 列中有少量数据缺失，下面进行数据清洗和预处理。

```
#使用中位数来填补缺失的 Age 列数据
median = data['Age'].median()
data['Age'].fillna(median, inplace = True)
#查看前 20 行 Age 列的数据
data['Age'][:20]
#输出
0     22.0
1     38.0
2     26.0
3     35.0
4     35.0
5     28.0
6     54.0
7      2.0
8     27.0
9     14.0
10     4.0
11    58.0
12    20.0
13    39.0
14    14.0
15    55.0
16     2.0
17    28.0
18    31.0
```

```
19    28.0
Name: Age, dtype: float64

data.info()       # 数据填充完成,继续查看数据集的信息
#输出
<class 'pandas.core.frame.DataFrame'>
Int64Index: 891 entries, 0 to 890
Data columns (total 4 columns):
#      Column     Non-Null   Count       Dtype
---    ------     --------------         -----
0      Age        891        non-null    float64
1      Sex        891        non-null    object
2      Embarked   889        non-null    object
3      Survived   891        non-null    object
dtypes: float64(1), object(3)
memory usage: 34.8+ KB
```

发现 Embarked 列只缺失对应的两行数据(占总数据的比例很低),因此可以选择对这两行数据进行删除。

```
#数据删除
data.dropna(axis=0,inplace=True)
# axis=0 表示删除所有有缺失值的行 ,axis=1 表示删除所有有缺失值的列
#inplace=True 表示在原数据集上进行修改,inplace=False 表示生成一个复制对象
data.info()
#输出
<class 'pandas.core.frame.DataFrame'>
Int64Index: 889 entries, 0 to 890
Data columns (total 4 columns):
#      Column     Non-Null   Count       Dtype
---    ------     --------------         -----
0      Age        889        non-null    float64
1      Sex        889        non-null    object
2      Embarked   889        non-null    object
3      Survived   889        non-null    object
dtypes: float64(1), object(3)
memory usage: 34.7+ KB
```

至此,数据删除完成。

1.2.4 实验

1. 实验目的

通过数据清理和预处理,将数据集处理为适合模型的数据集,方便后续实验的进行。

2. 实验数据

实验所用的数据集是 MotorcycleData.csv,它是经过处理的摩托车的销售数据,包括的属性如表 1.1 所示。

表 1.1 MotorcycleData.csv 数据集属性描述

属　性	释　义
Condition	摩托车新旧情况[new(新的)和 used(使用过的)]
Condition_Desc	对当前状况的描述
Price	价格
Location	发货地址
Model_Year	购买年份
Mileage	里程
Exterior_Color	车的颜色
Make	制造商(牌子)
Warranty	保修
Model	类型
Sub_Model	车辆类型
Type	种类
Vehicle_Title	车辆主题
OBO	车辆仪表盘
Watch_Count	表数
N_Reviews	评测次数
Seller_Status	卖家身份
Auction	拍卖(True 或者 False)
Buy_Now	现买
Bid_Count	出价计数
…	

3. 实验要求

(1) 利用 Pandas 读取本数据,并对数据的基本信息进行展示。

(2) 对本数据进行重复记录处理。

(3) 对本数据进行缺失值统计,将缺失值超过 50%的属性列删除,其他列利用均值或众数进行填充。

(4) 分别利用标准差法和箱线图法对本数据进行异常值检测,并利用均值或众数进行填充。

模型评估

2.1 模型评估的样本集构建与评价

2.1.1 原理简介

在模型投放使用之前，通常需要对其进行性能评估，模型评估的一个重要目的是选出一个最合适的模型，对机器学习而言，希望模型对未知数据的泛化能力(generalization ability)强，即算法对新鲜样本的适应能力强，所以需要模型评估这一过程来体现不同的模型对于未知数据的表现效果，而样本集的构建是模型评估过程中不可或缺的一步。

在机器学习中，需要使用样本集来训练模型，其目的在于学习用于训练的样本之间的联系以及规律，从而能让模型具有一定的判断能力。但是模型如果在样本集上训练得过好，导致训练到的模型认为自然界所有同类型的数据都具有同样的规律，这样的模型在新样本上表现很差，泛化能力下降，也就是机器学习上的过拟合(overfitting)现象；相对的，如果用于训练的样本集较少，不能较好地表示数据之间的联系和规律，那么就会导致学习不足，即欠拟合(underfitting)。

一般地，将模型预测的输出与样本的真实值之间的差异称为误差(error)，误差反映了模型在样本集上的表现能力，显然误差越小说明模型越优秀。实际上我们期望的是模型在新样本上的预测值与真实值之间的误差，即泛化误差(generalization error)更小。泛化误差更能体现模型的稳健性(robustness)，研究人员都希望能训练一个非常具有稳健性的模型，能处理所有类型相同的问题。但是我们是无法直接得到泛化误差的，为了近似模型的泛化误差，不仅需要训练集(train set)，至少还需要测试集(test set)来测试模型对新样本的泛化能力(很多实际应用中还另外需要一个验证集，不过在本书中将不作介绍)，将测试集上的误差作为最终的评判标准来近似泛化误差。通常，我们将现有的样本集选取一部分作为训练集，另一部分作为测试集，并且保证训练集和测试集尽量不出现交集，也就是说，测试集的样本全都是在训练集中未出现过的。将学习过的样本再拿去测试，显然会拟合得很好，但是无法代表模型的泛化能力。另外，如果自己准备测试集，不仅耗时耗力，而且不一定真实。为了解决这一问题，将所有数据分成训练集和测试集两部分，且保证数据相互独立，通常的做法包括留出法、交叉验证法和自助法。

2.1.2 样本集的构建方法

1. 留出法

留出法(hold-out)直接将数据集 $\boldsymbol{D}$ 划分为两个互斥集合，其中一部分作为训练集 $\boldsymbol{S}$，另一部分作为测试集 $\boldsymbol{T}$，即 $\boldsymbol{D}=\boldsymbol{S}\cup\boldsymbol{T}$，且 $\boldsymbol{S}\cap\boldsymbol{T}=\varnothing$。通常训练样本和测试样本的比例可以为 7∶3 或 8∶2。同时，训练集与测试集的划分有如下两个注意事项。

(1) 训练集和测试集的划分要尽可能保持数据分布的一致性，避免因数据在划分过程中引入额外偏差而对最终结果产生影响。所以通常将不同类别的样本保持同等或相似比例，比如需要按照 7∶3 的比例划分训练集与测试集时，不能直接在整体上进行划分，而是将每类样本都按照 7∶3 的比例划分训练集与测试集，再将每类上的划分进行合并，得到最终的训练集与测试集，这种方法被称为分层采样，如图 2.1 所示。

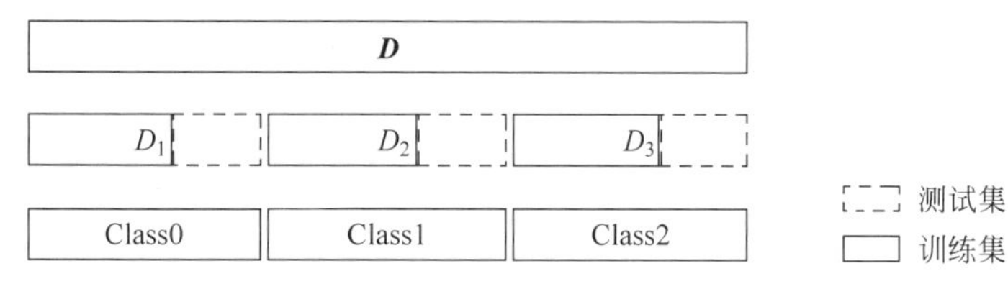

图 2.1 留出法的分层采样

(2) 对打乱样本集的数据重新进行划分，模型评估的结果往往也会不相同，所以需要对样本集进行若干次随机划分，重复实验取平均值，避免单次使用留出法的不稳定性。

2. 交叉验证法

交叉验证法(cross validation)将数据集 $\boldsymbol{D}$ 划分成 k 个大小相同或者相似的互斥的子集，每次使用 $k-1$ 个子集的并集作为训练集，剩余的子集作为测试集，进行 k 次训练和测试，计算模型在测试集上的准确率，最终返回 k 个测试结果的平均值(k 最常用的取值是 10)，如图 2.2 所示，将整个数据集 $\boldsymbol{D}$ 均匀分成 k 份，虚线框的部分表示测试集，其余为训练集。交叉验证法评估结果的稳定性和真实性依赖于 k 的取值，所以交叉验证法又称为 k 折交叉验证(k-fold cross validation)。与留出法类似，为了避免因数据在划分过程中引入额外偏差而对最终结果产生影响，进行分层采样是非常必要的，如图 2.3 所示，分层采样将 n 个类别的数据集分别分成 k 份，取出每个类别的测试集的并集作为最终的测试集，其余的作为最终的训练集。并且，将数据集 $\boldsymbol{D}$ 划分为 k 个子集存在多种划分方式，为了减小因样本划分不同而引入的差别，k 折交叉验证通常随机使用不同的划分方式重复 p 次，最终的评估是 p 次 k 折交叉验证的平均值。

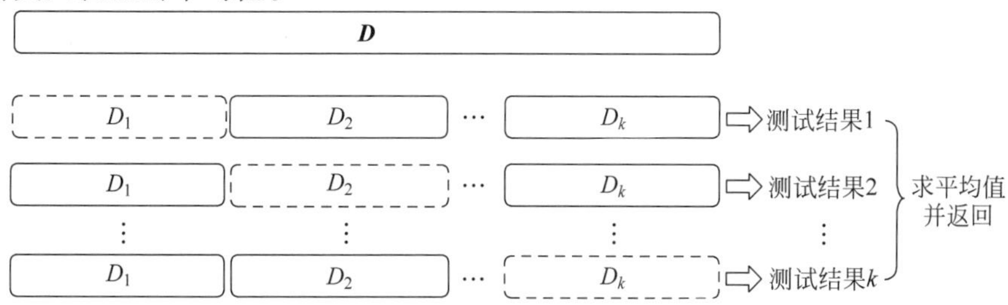

图 2.2 交叉验证法

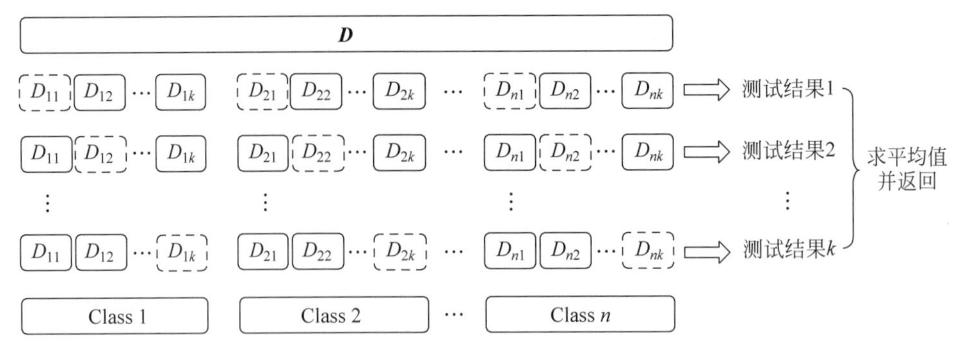

图 2.3 交叉验证法的分层采样

3. 自助法

自助法(bootstrapping)以自助采样法为基础,对含有 m 个样本的数据集 $\boldsymbol{D}$,每次随机从 $\boldsymbol{D}$ 中挑选一个样本,放入 $\boldsymbol{D}'$ 中,然后将样本放回 $\boldsymbol{D}$ 中,重复 m 次之后,得到了包含 m 个样本的数据集 $\boldsymbol{D}'$,将 $\boldsymbol{D}'$ 作为训练集,用数据集 $\boldsymbol{D}$ 中没有出现在训练集 $\boldsymbol{D}'$ 中的样本作为测试集。可以证明约有 1/3 未出现在训练集中的样本被用作测试集。证明如下。

样本在 m 次采样中始终不被采到的概率为

$$\left(1-\frac{1}{m}\right)^m \tag{2.1}$$

取极限得到

$$\lim_{m\to\infty}\left(1-\frac{1}{m}\right)^m=\frac{1}{\mathrm{e}}\approx 0.368 \tag{2.2}$$

2.1.3 算法步骤

1. 留出法

留出法的步骤如下。

(1) 按分层采样的方式将数据集 $\boldsymbol{D}$ 中的数据随机划分为 7∶3(比例自定),即训练集∶测试集为 7∶3。

(2) 在训练集上训练后得到一个模型,用该模型在测试集上测试,保存模型的评估指标。

重复上述步骤 n 次(循环次数 n 可自定),取 n 次的平均指标作为实验结果。

2. 交叉验证法

k 折交叉验证算法的步骤及流程如图 2.4 所示。

(1) 对样本数为 m 的数据集 $\boldsymbol{D}$,以分层采样的方式将 $\boldsymbol{D}$ 中的数据以随机均分或近似均分的方式分为 k 份数据,每份数据样本数约为 m/k 个。

(2) 取出第 $i(i=1,2,\cdots,k)$ 份作为第 i 次的测试集,剩下的作为训练集。

(3) 在训练集上训练后得到一个模型,用该模型在测试集上测试,保存模型的评估指标。

(4) 重复步骤(2)、(3)k 次,确保每个子集都有一次作为测试集的机会。

计算 k 组测试指标的平均值,将其作为当前 k 折交叉验证下模型的性能指标。

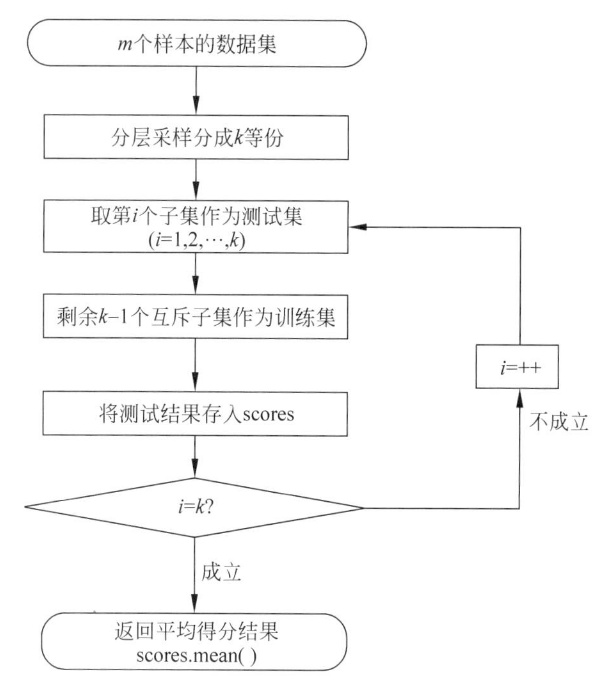

图 2.4　k 折交叉验证算法的流程图

3. 自助法

自助法的步骤如下。

(1) 从样本数为 m 的数据集 $\boldsymbol{D}$ 中随机抽取一个样本，记录在 $\boldsymbol{D}'$ 中，然后放回 $\boldsymbol{D}$。

(2) 重复步骤(1)m 次。

(3) 得到样本数为 m 的数据集 $\boldsymbol{D}'$，将 $\boldsymbol{D}'$ 作为训练集，将出现在 $\boldsymbol{D}$ 中且没出现在 $\boldsymbol{D}'$ 中的数据作为测试集。

(4) 在训练集上训练后得到一个模型，用该模型在测试集上测试，保存模型的评估指标。

重复上述步骤 n 次(循环次数自定)，计算平均指标。

2.1.4　实战

1. 数据集

本实战使用鸢尾花数据集(Iris Dataset)，该数据集由 Fisher 于 1936 年收集整理，是一类多重变量分析的数据集。鸢尾花数据集共有 150 个样本数据，这些样本数据可分为 3 类，分别是 Iris Setosa(山鸢尾)、Iris Versicolour(杂色鸢尾)和 Iris Virginica(弗吉尼亚鸢尾)，每个类别有 50 个样本数据，其中的一个类别与另外两个类别是线性可分离的，后两个类别是非线性可分离的。每个样本数据包含如下 4 个属性：

- Sepal. Length(花萼长度)，单位是 cm。
- Sepal. Width(花萼宽度)，单位是 cm。
- Petal. Length(花瓣长度)，单位是 cm。
- Petal. Width(花瓣宽度)，单位是 cm。

该数据可通过花萼长度、花萼宽度、花瓣长度、花瓣宽度 4 个属性预测鸢尾花属于 Setosa、Versicolour、Virginica 三个类别中的哪一类。原始数据集中，前 50 个样本都是类别 0(Setosa)，中间 50 个样本都是类别 1(Versicolour)，最后 50 个类别都是类别 2(Virginica)，所以，注意需要采用分层采样构建训练集和测试集。

导入鸢尾花数据集，代码如下：

```
# 导入鸢尾花数据集
from sklearn.datasets import load_iris
iris = load_iris()
```

load_iris()函数将返回一个 Bunch 对象，它直接继承自 Dict 类，与字典类似，由键值对组成。利用 print()函数可以打印出该对象的键值，代码如下：

```
# 数据集包含的属性
print(iris.keys())
#输出
dict_keys(['data', 'target', 'target_names', 'DESCR', 'feature_names'])
```

同样可以使用 bunch.keys()、bunch.values()、bunch.items()等方法。主要使用 data 和 target 参数，其余的不再一一介绍。

■ data：数据列表，data 里面是花萼长度、花萼宽度、花瓣长度、花瓣宽度的测量数据。

■ target：分类的结果，这里共 3 个分类，分别是类别 0、类别 1、类别 2。

利用 iris 对象的 data 和 target 属性提取出特征和标签的代码如下：

```
# x中存放特征变量,y中存放类别变量,即标签
x = iris.data
y = iris.target
# 展示前10行
print(x[:10])
print("\n")
print(y)
#输出
[[5.1 3.5 1.4 0.2]
 [4.9 3.  1.4 0.2]
 [4.7 3.2 1.3 0.2]
 [4.6 3.1 1.5 0.2]
 [5.  3.6 1.4 0.2]
 [5.4 3.9 1.7 0.4]
 [4.6 3.4 1.4 0.3]
 [5.  3.4 1.5 0.2]
 [4.4 2.9 1.4 0.2]
 [4.9 3.1 1.5 0.1]]
[0 0 0 0 0 0 0 0 0 0 0 0 0 0 0 0 0 0 0 0 0 0 0 0 0 0 0 0 0 0 0 0 0 0 0 0 0
 0 0 0 0 0 0 0 0 0 0 0 0 0 1 1 1 1 1 1 1 1 1 1 1 1 1 1 1 1 1 1 1 1 1 1 1 1
 1 1 1 1 1 1 1 1 1 1 1 1 1 1 1 1 1 1 1 1 1 1 1 1 1 2 2 2 2 2 2 2 2 2 2 2 2
 2 2 2 2 2 2 2 2 2 2 2 2 2 2 2 2 2 2 2 2 2 2 2 2 2 2 2 2 2 2 2 2 2 2 2 2 2
 2 2]
```

2. Sklearn 实现

(1) 留出法。

实现留出法的主要函数如下：

```
sklearn.model_selection.train_test_split( * arrays, test_size = None, train_size = None, random
_state = None, shuffle = True, stratify = None)
```

参数含义如下：

- * arrays 表示一个或者多个数据集。
- test_size 表示一个浮点数、整数或 None，用于指定测试集的大小。
- train_size 表示一个浮点数、整数或 None，用于指定训练集的大小。
- random_state 表示一个整数，或者一个 RandomState 实例，或者 None。
- shuffle 表示一个 bool 值。如果该值为 True，则在划分数据集之前先混洗数据集。
- stratify 表示一个数据或者 None。如果它不是 None，则原始数据会分层采样，采样的标记数据由该参数指定。

该函数的返回值是一个列表，依次给出一个或者多个数据集的划分结果。每个数据集都划分为两部分：训练集和测试集。代码如下：

```
# 拆分数据集为训练集和测试集
from sklearn.model_selection import train_test_split
x_train, x_test, y_train, y_test = train_test_split(x, y,
test_size = 0.3,
random_state = 1,
shuffle = True)
```

首先看一下不使用 stratify 参数进行分层采样的结果。

```
# 计算不使用分层采样时各类的抽样占比
from collections import Counter

count = Counter(y_train)
print("不使用分层采样")
for k, v in count.items():
  ratio = v / len(y_train)
  print("class:{0},ratio:{1:.2f}".format(k, ratio))
#输出(不使用分层采样 )
class:2,ratio:0.35
class:0,ratio:0.34
class:1,ratio:0.30
```

可以看出，对不同类型的数据抽样出现了偏差，因此需要考虑分层采样。

为保持数据分布的一致性，参数 stratify=y 针对 y 进行分层采样。为保证每次加载数据都一致，这里指定随机种子 random_state=1。

通过如下代码可以看到，采取分层采样的方法后，各类别的数据占比相同。

```
# 拆分数据集为训练集和测试集
x_train, x_test, y_train, y_test = train_test_split(x,y, test_size = 0.3,
```

```
random_state = 1, shuffle = True, stratify = y)
# 计算分层采样时各类的抽样占比
count = Counter(y_train)
print("使用分层采样")
for k, v in count.items():
ratio = v/len(y_train)
print("class:{0},ratio:{1:.2f}".format(k, ratio))
# 输出(使用分层采样)
  class:0,ratio:0.33
class:2,ratio:0.33
class:1,ratio:0.33
```

(2) 交叉验证法。

Sklearn 提供了一种直接进行交叉验证划分的类 KFold,该类不考虑分层采样,其定义如下:

```
sklearn.model_selection.KFold (n_splits = 5, shuffle = False, random_state = None)
```

参数的含义如下:

- n_splits 表示划分为几块(至少是 2),默认值为 5。
- shuffle 表示是否打乱划分,默认值为 False,即不打乱。
- random_state 表示是否固定随机起点,默认值为 None,当 shuffle 为 True 时启用。

KFold 类的使用方法如以下代码所示,先创建 kf 对象,然后利用 kf.split()函数进行划分。

```
from sklearn.model_selection import KFold
# 十折
sp = 10
x_train, x_test, y_train, y_test = [], [], [], []

# 划分训练集和测试集
kf = KFold(n_splits = sp, shuffle = True, random_state = 1)
# 遍历索引生成器获取每次划分的训练集和测试集
for train_index, test_index in kf.split(x, y):
  x_test = x[test_index]
  x_train = x[train_index]
  y_test = y[test_index]
  y_train = y[train_index]
```

再来看看前 3 组样本集划分的结果:

```
# 计算未使用分层采样时各类的抽样占比
i = 0
count = Counter(y_train)
for train_index, test_index in kf.split(x, y):
  if i == 3:
    break

  print("未使用分层采样")
  for k, v in count.items():
```

```
        ratio = v / len(y_train)
        print("class:{0},ratio:{1:.2f}".format(k, ratio))
    i += 1

# 输出
未使用分层采样
class:0,ratio:0.35
class:1,ratio:0.33
class:2,ratio:0.33
未使用分层采样
class:0,ratio:0.35
class:1,ratio:0.33
class:2,ratio:0.33
未使用分层采样
class:0,ratio:0.35
class:1,ratio:0.33
class:2,ratio:0.33
```

可以看出，未使用分层采样的抽样结果的分布是不均匀的。如果想对数据集采取分层采样，Sklearn 提供了 sklearn.model_selection.StratifiedKFold()类，用法和 KFold()类一样。例如：

```
# 分层采样的交叉验证法
from sklearn.model_selection import StratifiedKFold

x_train, x_test, y_train, y_test = [], [], [], []
skf = StratifiedKFold(n_splits = sp, random_state = 1, shuffle = True)

for train_index, test_index in skf.split(x, y):
    x_test = x[test_index]
    x_train = x[train_index]
    y_test = y[test_index]
    y_train = y[train_index]
```

现在再看看划分结果：

```
count = Counter(y_train)
i = 0
for train_index, test_index in skf.split(x, y):
    if i == 3:
        break

    print("使用分层采样")
    for k, v in count.items():
        ratio = v / len(y_train)
        print("class:{0},ratio:{1:.2f}".format(k, ratio))
    i += 1
# 输出
使用分层采样
class:0,ratio:0.33
class:1,ratio:0.33
class:2,ratio:0.33
```

```
使用分层采样
class:0,ratio:0.33
class:1,ratio:0.33
class:2,ratio:0.33
使用分层采样
class:0,ratio:0.33
class:1,ratio:0.33
class:2,ratio:0.33
```

可以看出，分层采样的方法可使每种类型的数据占一定的比例。

(3) 自助法。

由于自助法实现简单，Sklearn 没有提供相关库函数，故写在后面的自编代码中。

(4) 评价。

完成了训练集和测试集的划分后，接下来就要对模型做出评价，下面介绍简单的初步评估的方法。即建立模型并对训练集进行拟合，然后再对测试集做出预测，计算准确率，对模型做大致的评价。

"评价"中使用 K 近邻(K-nearest neighbor，KNN)算法，主要有以下三个步骤。

(1) 计算距离：给定测试集，计算它与训练集中每个样本的距离，一般采用欧氏距离。

(2) 寻找邻居：圈定距离最近的 k 个训练样本，作为测试样本的近邻。

(3) 进行分类：根据这 k 个近邻归属的主要类别，以投票法(票多胜出)来对测试对象分类。

同时，Sklearn 还提供了 classification_report()函数用于显示主要分类指标的文本报告，在报告中显示每个类的准确率、召回率、F1 值等信息，因此做出以下包的导入。

```
from sklearn import neighbors
from sklearn.metrics import classification_report # 计算准确率、召回率、F1 值
# 划分样本集
from sklearn.model_selection import train_test_split
x_train, x_test, y_train, y_test = train_test_split(x, y,
                                          test_size = 0.3,
                                          random_state = 1,
                                          shuffle = True,
                                          stratify = y)
print("len_x_test:", len(x_test))
print("len_x_train:", len(x_train))
#输出
len_x_test:45
len_x_train:105
```

本节使用 KNN 算法实现，KNN 算法将在 3.1 节详细介绍，在本节的"3. 自编代码实现"中未调用库函数实现了 KNN 算法，可以通过查看自编代码来理解 KNN 算法，这里只做简单了解即可。调用现有库函数 neighbors. KNeighborsClassifier()构建 KNN 算法的代码如下：

```
# 构建模型
model = neighbors.KNeighborsClassifier(n_neighbors = 3)
```

```
# 拟合训练集
model.fit(x_train, y_train)
# 对测试集作出预测
prediction = model.predict(x_test)

print(prediction)
print(y_test)
# 输出:
[2 0 0 1 1 1 2 1 2 0 0 2 0 1 0 1 2 1 1 2 2 0 1 2 1 1 1 2 0 2 0 0 1 1 2 2 0
 0 0 1 2 2 1 0 0]
[2 0 0 2 1 1 2 1 2 0 0 2 0 1 0 1 2 1 1 2 2 0 1 2 1 1 1 2 0 2 0 0 1 1 2 2 0
 0 0 1 2 2 1 0 0]
# 接下来再用 classification_report()函数来对结果作出评估
print(classification_report(y_true = y_test, y_pred = prediction))
#输出
             precision    recall  f1 - score   support


     0        1.00         1.00      1.00         15
     1        0.94         1.00      0.97         15
     2        1.00         0.93      0.97         15

avg / total   0.98         0.98      0.98         45
```

3. 自编代码实现

（1）留出法。

```
#导入数据集
from sklearn.datasets import load_iris
iris = load_iris()
x = iris.data
y = iris.target
# 存放索引 dict{int : list[]}
dict_class_index = {}

# 对鸢尾花数据集进行划分
for index_c in range(len(y)):
    if y[index_c] in dict_class_index:
        dict_class_index[y[index_c]].append(index_c)
    else:
        dict_class_index[y[index_c]] = [index_c]

dict_class_index.items()
#输出
dict_items([(0, [0, 1, 2, 3, 4, 5, 6, 7, 8, 9, 10, 11, 12, 13, 14, 15, 16, 17, 18, 19, 20, 21,
22, 23, 24, 25, 26, 27, 28, 29, 30, 31, 32, 33, 34, 35, 36, 37, 38, 39, 40, 41, 42, 43, 44, 45,
46, 47, 48, 49]), (1, [50, 51, 52, 53, 54, 55, 56, 57, 58, 59, 60, 61, 62, 63, 64, 65, 66, 67,
68, 69, 70, 71, 72, 73, 74, 75, 76, 77, 78, 79, 80, 81, 82, 83, 84, 85, 86, 87, 88, 89, 90, 91,
92, 93, 94, 95, 96, 97, 98, 99]), (2, [100, 101, 102, 103, 104, 105, 106, 107, 108, 109, 110,
111, 112, 113, 114, 115, 116, 117, 118, 119, 120, 121, 122, 123, 124, 125, 126, 127, 128, 129,
130, 131, 132, 133, 134, 135, 136, 137, 138, 139, 140, 141, 142, 143, 144, 145, 146, 147, 148,
149])])
```

```
# 打乱数据
from random import shuffle
for i in dict_class_index.keys():
shuffle(dict_class_index[i])

dict_class_index.items()
#输出
dict_items([(0, [12, 8, 6, 0, 2, 3, 19, 33, 32, 4, 35, 49, 38, 16, 44, 47, 22, 24, 26, 9, 1, 37,
23, 15, 14, 13, 46, 41, 27, 28, 10, 48, 17, 45, 30, 31, 36, 18, 29, 39, 20, 43, 34, 7, 21, 42,
40, 5, 11, 25]), (1, [80, 88, 74, 56, 83, 63, 78, 53, 70, 76, 85, 64, 90, 87, 84, 97, 96, 50,
73, 57, 71, 75, 81, 59, 55, 95, 58, 61, 89, 91, 68, 62, 52, 72, 66, 67, 79, 54, 60, 69, 94, 65,
92, 77, 93, 82, 98, 99, 51, 86]), (2, [110, 118, 107, 119, 138, 123, 113, 130, 104, 117, 120,
141, 109, 135, 125, 147, 112, 111, 124, 149, 148, 127, 134, 122, 103, 102, 108, 132, 145, 100,
142, 114, 133, 128, 116, 131, 146, 101, 139, 140, 144, 137, 105, 136, 106, 129, 115, 143, 121,
126])])

# 测试集所占比例
test_ratio = 0.3
x_train, y_train = [], []
x_test, y_test = [], []

# 训练集:测试集按照 7:3 进行划分
# 分层划分,每种类型都按 7:3 进行划分
for k, v in dict_class_index.items():
  list_train_index = v[:int((1.0 - test_ratio) * len(v))]
  list_test_index = v[int((1.0 - test_ratio) * len(v)):]

  for index_c in list_train_index:
     x_train.append(x[index_c])
     y_train.append(y[index_c])

  for index_c in list_test_index:
     x_test.append(x[index_c])
     y_test.append(y[index_c])
# print(x_train)
# print(x_test)
```

(2) 交叉验证法。

```
from sklearn.datasets import load_iris
iris = load_iris()
x = iris.data
y = iris.target
# 存放索引 dict{int : list[]}
dict_class_index = {}
# k 折
k = 7
# 每折的数据
sample_count = len(y) // k

# 将鸢尾花数据索引按类别进行划分
for index_c in range(len(y)):
```

```
    if y[index_c] in dict_class_index:
        dict_class_index[y[index_c]].append(index_c)
    else:
        dict_class_index[y[index_c]] = [index_c]
# 打乱数据
from random import shuffle
for i in dict_class_index.keys():
    shuffle(dict_class_index[i])
# 存放交叉验证每折的测试集和训练集
k_fold_test = []
k_fold_train = []

# 对每折进行划分
for i in range(k):
    print("\n交叉验证第{}折".format(i + 1))
    for keys in dict_class_index.keys():
        # 各种类的样本数量和值
        length_sample = len(dict_class_index[keys])
        value = dict_class_index[keys]
        # 确定每折的分界
        begin = i * length_sample // k
        end = (i + 1) * length_sample // k

        if i == k - 1:
            # 防止不能整除,该类所有数据放入最后一折
            list_test_index = value[begin:]
            list_train_index = value[:begin]
        else:
            list_test_index = value[begin:end]
            list_train_index = value[:begin] + value[end:]
        k_fold_test += list_test_index
        k_fold_train += list_train_index
    print("测试集索引", k_fold_test)
    print("训练集索引", k_fold_train)
    k_fold_test.clear()
    k_fold_train.clear()
#其中第一次的输出

交叉验证第 1 折:
测试集索引
[42, 2, 49, 37, 34, 25, 22, 69, 76, 88, 95, 91, 99, 72, 144, 136, 145, 127, 101, 134, 103]
训练集索引
[8, 27, 1, 44, 38, 13, 10, 35, 24, 29, 20, 23, 19, 39, 5, 26, 4, 47, 32, 46, 30, 12, 0, 48, 40,
45, 17, 31, 3, 18, 33, 21, 36, 15, 7, 16, 14, 28, 43, 11, 41, 9, 6, 84, 96, 80, 98, 55, 73, 68,
64, 62, 71, 78, 58, 66, 57, 63, 89, 51, 85, 52, 50, 82, 53, 81, 97, 61, 87, 94, 79, 74, 54, 67,
86, 77, 70, 83, 59, 56, 65, 60, 92, 75, 90, 93, 131, 149, 115, 112, 142, 116, 110, 117, 132,
129, 124, 141, 125, 133, 106, 122, 126, 148, 121, 143, 100, 118, 105, 108, 111, 146, 114, 120,
147, 113, 119, 137, 140, 128, 130, 107, 104, 102, 139, 123, 109, 135, 138]
```

（3）自助法。

```
# 导入鸢尾花数据集
import numpy as np
```

```
import pandas as pd
import random
from sklearn.datasets import load_iris
iris = load_iris()
x = iris.data
y = iris.target
# 创建 DataFrame,将数据集放入
data = {
  "SLength": x[:, 0],
  "SWidth": x[:, 1],
  "PLength": x[:, 2],
  "PWidth": x[:, 3]
}
data = pd.DataFrame(data)

# 将标签作为一列添加进去
data['class'] = y

# 随机采样得到训练集
train = data.sample(frac = 1.0, replace = True)
```

上述代码的最后一行调用了 Pandas 对象的 sample()方法实现随机采样，该方法的调用格式如下：

```
DataFrame.sample(n = None, frac = None, replace = False, weights = None, random_state = None,
axis = None)
```

参数含义如下：

- n 是一个可选参数，由整数值组成，并定义生成的随机行数。
- frac 也是一个可选参数，由浮点值组成，并返回这个浮点值×数据帧值的长度，例如，在本节中 frac=1.0 表示返回所有行的数据。不能与参数 n 一起使用。
- replace 由布尔值组成。如果为 True，则返回带有替换的样本。替换的默认值为 False。
- weights 表示权重，它也是一个可选参数，由类似于 str 或 ndarray 的参数组成。默认值为 none 时表示此时执行等概率抽样，也就是说每行和每列被抽到的概率相等。
- random_state 也是一个可选参数，由整数或 numpy. random. RandomState 组成。如果值为 int，则为随机数生成器或 numpy RandomState 对象设置种子。
- axis：sample()方法可以对行进行抽样，也可以对列进行抽样。控制这一行为的参数是 axis。当 axis 指定为 0 或者'index'时，对行进行抽样；当 axis 指定为 1 或者'col'时，对列进行抽样。默认执行的是行抽样。

该函数会返回与调用者相同类型的新对象，其中包含从调用者对象中随机采样的 n 个项目。

最后就可以根据 Pandas 中的方法轻松取得测试集。利用 Pandas 对象 data 的 index 快速获得测试集的代码如下：

```
# 按照索引定位,找到 data 中不在训练集中的数据作为测试集
test = data.loc[data.index.difference(train.index)].copy()
```

(4) 评价。

本节粗略介绍了 KNN 算法的步骤,下面将较为详细地描述 KNN 算法,帮助读者理解。首先导入相关的包:

```
import numpy as np
import operator  # 运算符相关
```

首先要计算给定 k 值范围内(暂且先默认 $k=5$),距离测试样本最近的 k 个训练集样本,计算 k 个训练集样本到测试集样本的距离主要用到欧氏距离,假设 $\boldsymbol{X}$ 和 $\boldsymbol{Y}$ 都是一个 n 维向量,即 $\boldsymbol{X}=(x_1,x_2,\cdots,x_n)$,$\boldsymbol{Y}=(y_1,y_2,\cdots,y_n)$,则有公式 $D(\boldsymbol{X},\boldsymbol{Y})=\sqrt{\sum_{i=1}^{n}(x_i-y_i)^2}$。再例如,设有两点 $P_1(x_1,y_1)$,$P_2(x_2,y_2)$,两点的欧氏距离为 $\sqrt{(x_2-x_1)^2+(y_2-y_1)^2}$。

计算训练集样品数量的代码如下:

```
# 计算训练集样本数量
x_data_size = len(x_train)
```

为了使各个测试样本与所有训练样本都计算距离,需要将测试样本数量×训练样本数量进行扩大。本例中扩大后的测试样本共有 1×105=105 行(为了便于理解,先取测试集中的一行进行讲解)。代码如下:

```
print("x_test 共{}行".format(len(x_test[0].shape)))
x_test_extend = np.tile(x_test[0], (x_data_size, 1))
print("x_test_extend 共{}行".format(len(x_test_extend)))
#输出
x_test 共 1 行
x_test_extend 共 105 行
```

接下来要计算欧氏距离,先计算测试样本与每个训练样本的差值,再对差值进行平方、求和运算,最后对求和结果开方。代码如下:

```
# 计算测试样本与每个训练样本的差值
diffMat = x_test_extend - x_train
# 计算差值的平方
sqDiffMat = diffMat ** 2
# 对 y 轴求和
sqDistances = sqDiffMat.sum(axis = 1)
# 开方,求得该测试样本对每个训练样本的欧氏距离
distances = sqDistances ** 0.5
```

得到欧氏距离后,要进行排序,选择最近的 k 个已知训练样本。代码如下:

```
# 从小到大排序
# argsorts 从小到大排序后输出索引
sortedDistances = distances.argsort()
```

查看 $k=5$ 个近邻训练样本的分类,然后根据投票法(少数服从多数)让该测试样本归

类为 k 个最近邻样本中最多数的类别。代码如下：

```
# 定义空字典
dic_class_count = {}
for i in range(5):
   # 获取标签
   train_label = y_train[sortedDistances[i]]
   # 统计标签数量
   dic_class_count[train_label] = dic_class_count.get(train_label, 0) + 1

# 根据 operator.itemgetter(1) 第一个域(字典中 key 是第 0 个域,value 是第一个域)的值对字典
# 排序,然后再取倒序,得到投票胜出的类别
sortedClassCount = sorted(dic_class_count.items(),
key = operator.itemgetter(1),
                          reverse = True)
x_test_predicted = sortedClassCount[0][0]

# 打印 k 个近邻的类别以及数量
print(dic_class_count)
# 打印预测的类别
print(x_test_predicted)
#输出
{0.0: 5}
0.0
```

如上就是 KNN 算法的步骤,因为只计算了第一个测试样本,需要进行遍历后才能得到每个测试样本的预测值,所以对 KNN 算法进行封装。代码如下：

```
def knn(x_test, x_data, y_data, k):
   # 计算样本数量
   x_data_size = len(x_data)
   # 复制 x_test
   np.tile(x_test, (x_data_size, 1))
   # 计算 x_test 与每个样本的差值
   diffMat = np.tile(x_test, (x_data_size, 1)) - x_data
   # 计算差值的平方
   sqDiffMat = diffMat ** 2
   # 求和
   sqDistances = sqDiffMat.sum(axis = 1)
   # 开方
   distances = sqDistances ** 0.5
   # 从小到大排序
   sortedDistances = distances.argsort()
   classCount = {}
   for i in range(k):
      # 获取标签
      votelabel = y_data[sortedDistances[i]]
      # 统计标签数量
      classCount[votelabel] = classCount.get(votelabel, 0) + 1

   # 根据 operator.itemgetter(1)定义一个函数,通过该函数作用到对象上获取值
   sortedClassCount = sorted(classCount.items(),
                             key = operator.itemgetter(1),
```

```
                            reverse = True)

    # 返回数量最多的标签
    return sortedClassCount[0][0]
```

训练集、测试集不再重新划分，直接使用上面划分过的。

对得到的结果进行比对，计算准确率，代码如下：

```
predict_results = []
for i in range(len(x_test)):
  predict_results.append(knn(x_test[i], x_train, y_train, 5))

error = 0
for i in range(len(x_test)):
  if predict_results[i] != y_test[i]:
     error += 1

print("准确率为:{:.3f}".format((len(x_test) - error)/len(x_test)))
# 输出
准确率为:0.978
```

再看看均方误差：

```
p = np.array(predict_results)
mse = np.sum((p - y_test) ** 2) / len(y_test)
print(mse)
# 输出
0.022222222222222223
```

2.1.5　实验

1. 实验目的

(1) 掌握模型评估的原理、目的和意义。

(2) 掌握模型评估的流程步骤。

(3) 能够熟练利用 Sklearn 实现对数据集的划分以及评价。

2. 实验数据

良性和恶性肿瘤数据，直接从 Sklearn 导入，代码如下：

```
from sklearn.datasets import load_breast_cancer
cancer = load_breast_cancer()
x = cancer.data
y = cancer.target
```

3. 实验要求

(1) 使用给出的数据完成训练集、测试集的划分，以及对模型的评价。

(2) 尝试使用多种模型分类，观察评价模型的好坏。

(3) 尝试对回归问题的数据集构造模型进行评估。

2.2 评估指标计算

2.2.1 原理简介

1. 分类模型的评估指标

(1) 混淆矩阵。

混淆矩阵(confusion matrix)是监督学习中的一种可视化工具,主要用于比较分类结果和实例的真实信息。矩阵中的每行代表实例的预测类别,每列代表实例的真实类别,如表 2.1 所示。

表 2.1 混淆矩阵

混淆矩阵样本	真实正样本	真实负样本
模型预测正样本	TP	FP
模型预测负样本	FN	TN

根据混淆矩阵可以得到 TP、FN、FP、TN 四个值,并且 TP+FP+TN+FN=样本总数。对于每个值的意思,可以理解为:第一个字母表示本次预测的正确性,T 是正确,F 是错误;第二个字母则表示由分类器预测的类别,P 代表预测为正例,N 代表预测为反例。如 TP 就可以理解为分类器预测为正例(P),并且这次预测是正确的(T);FN 可以理解为分类器的预测是反例(N),并且这次预测是错误的(F),正确的结果应该是正例,也就是说一个正样本被错误地预测为负样本。FP、TN、FN 的意思以此类推。可以总结如下:

■ true positive(真正,TP)被模型预测为正的正样本。

■ true negative(真负,TN)被模型预测为负的负样本。

■ false positive(假正,FP)被模型预测为正的负样本。

■ false negative(假负,FN)被模型预测为负的正样本。

真正率(true positive rate,TPR):TPR=TP/(TP+FN),即被预测为正的正样本数/正样本实际数。

假正率(false positive rate,FPR):FPR=FP/(FP+TN),即被预测为正的负样本数/负样本实际数。

假负率(false negative rate,FNR):FNR=FN/(TP+FN),即被预测为负的正样本数/正样本实际数。

真负率(true negative rate,TNR):TNR=TN/(FP+TN),即被预测为负的负样本数/负样本实际数。

(2) 准确率。

准确率(accuracy)是最常用的分类性能指标,准确率是针对所有预测正确的样本。即正确预测的正负样本数 /样本总数。公式如下:

$$\text{Accuracy}=\frac{\text{TP}+\text{TN}}{\text{TP}+\text{FN}+\text{FP}+\text{TN}} \tag{2.3}$$

(3) 精确率。

精确率(precision)是针对预测正确的正样本而不是所有预测正确的样本。表现为预测出是正的样本里面有多少样本真正是正的。也可理解为查准率。即正确预测的正样本数/预测的正样本总数。公式如下：

$$\text{Precision}=\frac{\text{TP}}{\text{TP}+\text{FP}} \tag{2.4}$$

(4) 召回率。

召回率(recall)表现出在实际正样本中,分类器能正确预测出多少正样本。与真正率相等,也可理解为查全率。即正确预测的正样本数/实际的正样本总数。公式如下：

$$\text{Recall}=\frac{\text{TP}}{\text{TP}+\text{FN}} \tag{2.5}$$

(5) F1 值。

F1 值是精确率和召回率的调和值,也是调和平均数,最大为 1,最小为 0。更接近于两个数中较小的一个,所以精确率和召回率接近时,F1 值最大。F1 值即正确预测的正样本数/实际的正样本总数。公式如下：

$$\text{F1}_{\text{score}}=2\times\frac{\text{Precision}\times\text{Recall}}{\text{Precision}+\text{Recall}} \tag{2.6}$$

(6) PRC。

PRC(precision recall curve,精确率-召回率曲线)是以查准率或精确率为 Y 轴、查全率或召回率为 X 轴而绘制的图。它是综合评价整体结果的评估指标。所以,哪种类型(正或者负)样本多,权重就大。

如图 2.5 所示,PRC 能直观地显示出学习器在样本总体上的查全率和查准率,显然它是一条总体趋势递减的曲线。在进行比较时,若一个学习器的 PRC 被另一个学习器的 PRC 完全包住,则可断言后者的性能优于前者,例如,图 2.5 中 A 优于 C。但是 B 和 A 谁更好呢？因为 A、B 两条曲线交叉了,所以很难比较,这时比较合理的判据就是比较 PRC 下与坐标轴围成的面积,该指标在一定程度上表示了学习器在查准率和查全率上取得相对“双高”的比例。因为这个值不容易估算,所以引入平衡点(BEP)来度量,此点表示“查准率=查全率”时的取值,其值越大表明分类器性能越好,显然 A 较 B 好。

(7) ROC。

ROC(receiver operating characteristic,受试者工作特征)曲线以真正率(TPR)为 Y 轴,以假正率(FPR)为 X 轴,对角线对应于随机猜测模型,在逻辑回归里面,对于正负例的界定,通常会设一个阈值,大于该阈值的为正类,小于该阈值为负类。如果减小这个阀值,更多的样本会被识别为正类,将提高正类的识别率,但同时也会使得更多的负类被错误地识别为正类。为了直观表示这一现象,引入 ROC 曲线。根据分类结果计算得到 ROC 空间中相应的点,连接这些点就形成 ROC 曲线。一般情况下,这条曲线都应该处于(0,0)和(1,1)连线的上方。ROC 曲线如图 2.6 所示。

ROC 曲线越接近左上角,该分类器的性能越好。一般来说,如果 ROC 曲线是光滑的,那么基本可以判断没有太大的误差。进行学习器比较时,若一个学习器的 ROC 曲线被另一个学习器的 ROC 曲线包住,那么可以断言后者性能优于前者；若两个学习器的 ROC 曲线发生交叉,则难以一般性断言两者孰优孰劣。此时若要进行比较,那么可以比较 ROC 曲线下与坐标轴围成的面积,即 AUC,面积大的曲线对应的分类器性能更好。

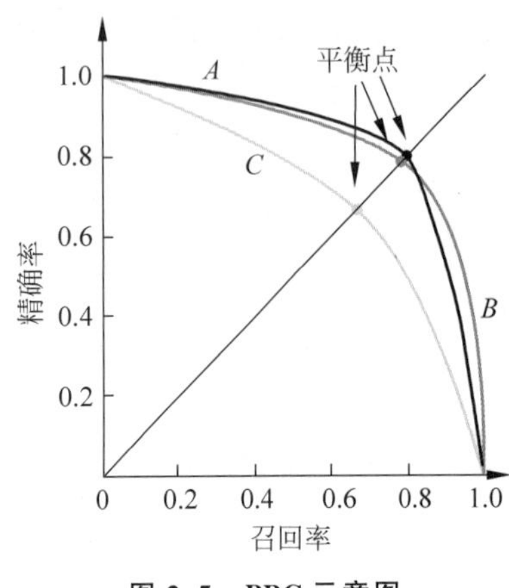

图 2.5　PRC 示意图

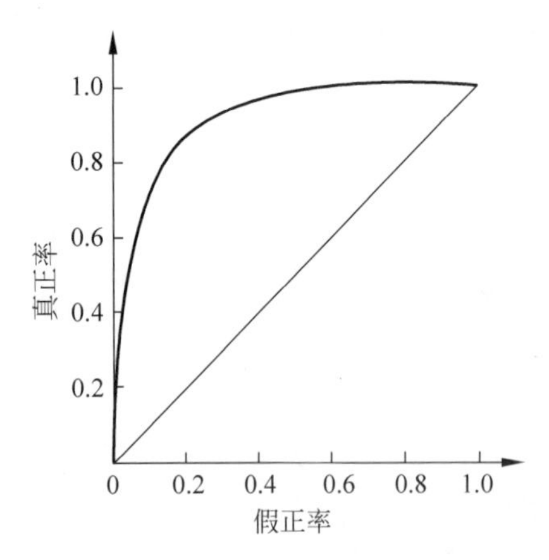

图 2.6　ROC 曲线

(8) AUC。

AUC(area under curve,曲线下面积)的值为 ROC 曲线下方与坐标轴围成的面积,若分类器的性能极好,则 AUC 为 1。一般地,AUC 值均为 0.5～1,AUC 值越高,模型的区分能力越好。若 AUC=0.5,即与图 2.6 中的 45°斜线重合,表示模型的区分能力与随机猜测没有差别。若 AUC 小于 0.5,则可能是好坏标签标反,也可能是模型真的很差。

2. 回归模型的评价指标

一般地,对于回归问题,存在真实值序列 $y=\{y_1,y_2,\cdots,y_n\}$ 与预测值序列 $\hat{y}=\{\hat{y}_1,\hat{y}_2,\cdots,\hat{y}_n\}$,对其准确程度进行评价时一般使用平均绝对误差、平均绝对百分比误差、平均平方误差等。

(1) 平均绝对误差。

平均绝对误差(mean absolute error,MAE)的值越大,说明预测模型误差越大。MAE 的值越小,说明预测模型拥有更好的精确度。

$$\mathrm{MAE}=\frac{1}{n}\sum_{i=1}^{n}|\hat{y}_i-y_i| \tag{2.7}$$

(2) 平均绝对百分比误差。

平均绝对百分比误差(mean absolute percent error,MAPE)的值越大,说明预测模型误差越大。MAPE 的值越小,说明预测模型拥有更好的精确度。

$$\mathrm{MAPE}=\frac{100\%}{n}\sum_{i=1}^{n}\left|\frac{\hat{y}_i-y_i}{y_i}\right| \tag{2.8}$$

(3) 平均平方误差。

平均平方误差(mean squared error,MSE)的值越大,说明预测模型误差越大。MSE 的值越小,说明预测模型拥有更好的精确度。

$$\mathrm{MSE}=\frac{1}{m}\sum_{i=1}^{m}(y_i-\hat{y}_i)^2 \tag{2.9}$$

(4) 平均平方根误差。

平均平方根误差(root mean squared error,RMSE)的值越大,说明预测模型误差越大。RMSE 的值越小,说明预测模型拥有更好的精确度。

$$\mathrm{RMSE}=\sqrt{\frac{1}{m}\sum_{i=1}^{m}(y_i-\hat{y}_i)^2} \tag{2.10}$$

（5）R^2 决定系数（R-Squared）。

分子部分表示真实值与预测值的平方差之和，分母部分表示真实值与均值的平方差之和，其取值范围为[0,1]。一般地，R^2 值越大，表示模型拟合效果越好。

$$R^2=1-\frac{\sum_i(y_i-\hat{y}_i)^2}{\sum_i(y_i-\bar{y}_i)^2} \tag{2.11}$$

2.2.2 代码实现与实战

1. 分类模型

（1）数据集。

现有 5 个苹果，对这 5 个苹果的态度分别是喜欢、喜欢、不喜欢、不喜欢、喜欢，用数组表示就是 $y=[1,1,0,0,1]$。

将苹果的图片等特征代入分类模型中，得到的分类结果是 y_hat=[1,1,0,0,0]。

（2）自编代码实现与结果展示。

```
##########真正率(true positive rate,TPR)######
def TPR(y, y_hat):
  true_positive = sum(yi == 1 and yi_hat == 1 for yi, yi_hat in zip(y, y_hat))
  actual_positive = sum(y)
  return true_positive / actual_positive

##########假正率(false positive rate,FPR)#####
def FPR(y, y_hat):
  false_positive = sum(yi == 0 and yi_hat == 1 for yi, yi_hat in zip(y, y_hat))
  actual_negative = 5 - sum(y)
  return false_positive / actual_negative

##########假负率(false negative rate,FNR)#####
def FNR(y, y_hat):
  false_positive = sum(yi == 1 and yi_hat == 0 for yi, yi_hat in zip(y, y_hat))
  actual_positive = sum(y)
  return false_positive / actual_positive

##########真负率(true negative rate,TNR)######
def TNR(y, y_hat):
  false_positive = sum(yi == 0 and yi_hat == 0 for yi, yi_hat in zip(y, y_hat))
  actual_negative = len(y) - sum(y)
  return false_positive / actual_negative

################准确率(accuracy)##############
def Accuracy(y, y_hat):
  return sum(yi == yi_hat for yi, yi_hat in zip(y, y_hat)) / len(y)

################精确率(precision)#############
def Precision(y, y_hat):
```

```
    true_positive = sum(yi == 1 and yi_hat == 1 for yi, yi_hat in zip(y, y_hat))
    predicted_positive = sum(y_hat)
    return true_positive / predicted_positive

###################召回率(recall)################
def Recall(y, y_hat):
    true_positive = sum(yi == 1 and yi_hat == 1 for yi, yi_hat in zip(y, y_hat))
    actual_positive = sum(y)
    return true_positive / actual_positive

###################F1-score##################
def F1_Score(y, y_hat):
    return 2 * (Precision(y, y_hat) * Recall(y, y_hat))/(Precision(y, y_hat) + Recall(y, y_
hat))

##################ROC曲线######################
'''''
为了简化问题,前面讨论分类模型的输出都是 0 和 1 的离散变量。
事实上,分类模型一般会输出一个为 0~1 的数字 x。
我们需要设定一个阈值 k,默认是 0.5,也可以根据实际情况进行调整。
如果 x >= k,那么预测结果就是 1,否则预测结果就是 0。
'''
def ROC(y, y_hat_prob):
    thresholds = sorted(set(y_hat_prob), reverse = True)
    ret = [[0, 0]]
    for threshold in thresholds:
        y_hat = [int(yi_hat_prob >= threshold) for yi_hat_prob in y_hat_prob]
        ret.append([TPR(y, y_hat), 1 - TNR(y, y_hat)])
    return ret

#####################AUC#####################
def AUC(y, y_hat_prob):
    roc = iter(ROC(y, y_hat_prob))
    tpr_pre, fpr_pre = next(roc)
    auc = 0
    for tpr, fpr in roc:
        auc += (tpr + tpr_pre) * (fpr - fpr_pre) / 2
        tpr_pre = tpr
        fpr_pre = fpr
    return auc

###################实战###################
import pandas as pd
import numpy as np
from numpy.random import rand, seed, shuffle, normal
'''''数据集'''
z = np.array([1, 1, 0, 0, 1])
z_hat = np.array([1, 1, 0, 0, 0])

print("TPR:",TPR(z, z_hat))
print("FPR:",FPR(z, z_hat))
print("FNR:",FNR(z, z_hat))
print("TNR:",TNR(z, z_hat))
```

```
print("Accuracy:",Accuracy(z, z_hat))
print("Precision:",Precision(z, z_hat))
print("Recall:",Recall(z, z_hat))
print("F1_Score:",F1_Score(z, z_hat))


#####################绘制 ROC 曲线###############
seed(15)
y = np.array([1,1,0,1,1,1,0,0,1,0,1,0,1,0,0,0,1,0,1,0])
y_pred = np.array([0.9,0.8,0.7,0.6,0.55, 0.54,0.53,0.52,0.51,0.505, 0.4,0.39,0.38,0.37,
                0.36,0.35,0.34,0.33,0.3,0.1])
points = ROC(y, y_pred)
df = pd.DataFrame(points, columns = ["tpr", "fpr"])
print("AUC is %.3f." % AUC(y, y_pred))
df.plot(x = "fpr", y = "tpr", label = "ROC",xlabel = "FPR",ylabel = "TPR")

#输出
TPR: 0.6666666666666666
FPR: 0.0
FNR: 0.3333333333333333
TNR: 1.0
Accuracy: 0.8
Precision: 1.0
Recall: 0.6666666666666666
F1_Score: 0.8
AUC:0.706
```

输出结果如图 2.7 所示。

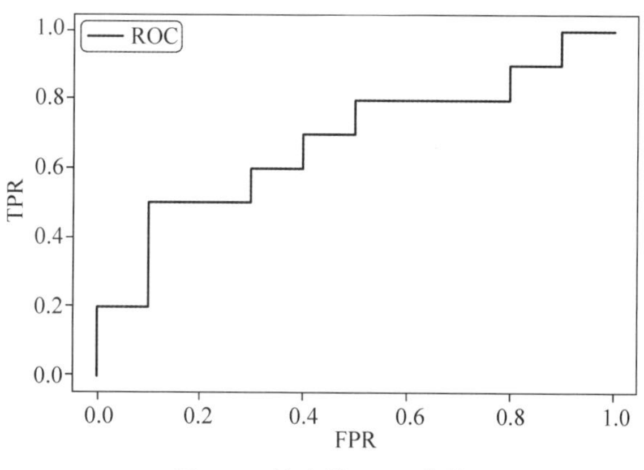

图 2.7 输出的 ROC 曲线

(3) Sklearn 库函数实现。

```
################ Sklearn 实现绘制 PRC 曲线#############
'''''
绘制 PRC 曲线的方法与绘制 ROC 曲线的方法类似,这次采用 Sklearn 库函数直接调用
'''
import numpy as np
from sklearn.metrics import precision_recall_curve
import matplotlib.pyplot as plt
```

```
from sklearn import datasets
from sklearn.model_selection import train_test_split
from sklearn.linear_model import LogisticRegression

'''制作数据集'''
digits = datasets.load_digits()
X = digits.data
y = digits.target.copy()
y[digits.target==9] = 1
y[digits.target!=9] = 0
X_train,X_test,y_train,y_test = train_test_split(X,y,random_state=666)

log_reg = LogisticRegression()
log_reg.fit(X_train,y_train)
decision_scores = log_reg.decision_function(X_test)

precision, recall, thresholds = precision_recall_curve(y_test, decision_scores)
print("precision :",precision)
print( "recall :",recall)
print("thresholds :",thresholds)

plt.xlabel("Recall")
plt.ylabel("Precision")
plt.title("PRC")
plt.plot(recall,precision)
```

输出结果如图 2.8 所示。

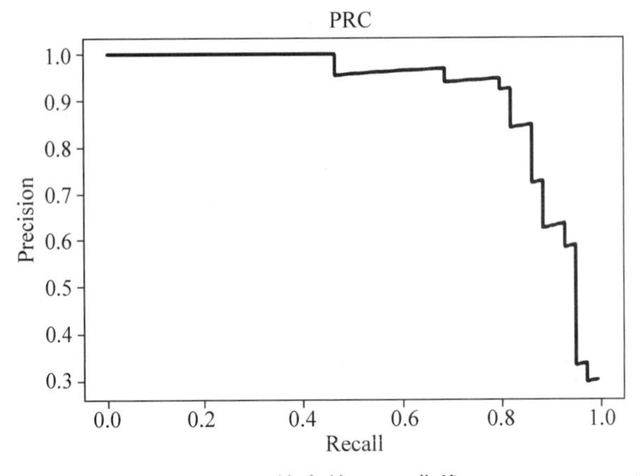

图 2.8 输出的 PRC 曲线

2. 回归模型

(1) 数据集。

```
y_true = np.array([1.0, 5.0, 4.0, 3.0, 2.0, 5.0, -3.0])
y_pred = np.array([1.0, 4.5, 3.8, 3.2, 3.0, 4.8, -2.2])
```

(2) Sklearn 实现。

```
from sklearn.metrics import mean_squared_error #MSE
from sklearn.metrics import mean_absolute_error #MAE
```

```
from sklearn.metrics import r2_score#R 2
#调用
y_test = np.array([1.0, 5.0, 4.0, 3.0, 2.0, 5.0, -3.0])
y_predict = np.array([1.0, 4.5, 3.8, 3.2, 3.0, 4.8, -2.2])
mean_squared_error(y_test,y_predict)
mean_absolute_error(y_test,y_predict)
np.sqrt(mean_squared_error(y_test,y_predict)) # RMSE
r2_score(y_test,y_predict)
print("MAE:",mean_absolute_error(y_test, y_predict))
print("MSE:",mean_squared_error(y_test, y_predict))
print("RMSE:",np.sqrt(mean_squared_error(y_test,y_predict)) )
print("R2:",r2_score(y_test, y_predict))
```

(3) 自编代码实现。

```
import numpy as np
'''y_true:测试集目标真实值
y_pred:测试集目标预测值'''
################平均绝对误差(MAE)#############
def MAE(y_true, y_pred):
  n = len(y_true)
  mae = sum(np.abs(y_true - y_pred))/n
  return mae

########## 平均绝对百分比误差(MAPE)#########
def MAPE(y_true, y_pred):
  n = len(y_true)
  mape = sum(np.abs((y_true - y_pred)/y_true)/n)
  return mape

###############平均平方误差(MSE)############
def MSE(y_true, y_pred):
  m = len(y_true)
  mse = sum((y_true - y_pred) * (y_true - y_pred))/m
  return mse

############平均平方根误差(RMSE)###########
def RMSE(y_true, y_pred):
  m = len(y_true)
  rmse = np.sqrt(sum((y_true - y_pred) * (y_true - y_pred))/m)
  return rmse

###########R2 决定系数 (R2-Squared)###########
def R2(y_true, y_pred):
  m = len(y_true)
  y_mean = sum(y_true)/m
  r2 = 1-sum((y_true - y_pred) * (y_true - y_pred))/sum((y_true - y_mean) * (y_true - y_mean))
  return r2

print("MAE:",MAE(y_true, y_pred))
print("MAPE:",MAPE(y_true, y_pred))
print("MSE:",MSE(y_true, y_pred))
print("RMSE:",RMSE(y_true, y_pred))
print("R2:",R2(y_true, y_pred))
```

(4) 结果展示。

```
MAE: 0.4142857142857143
MAPE: 0.1461904761904762
MSE: 0.287142857142S571
RMSE: 0.957874251497006
```

2.2.3 实验

1. 实验目的

了解并掌握机器学习模型评估指标的原理与各种计算方法,学会合理使用自编代码或者调用 Sklearn 库函数来完成相关指标的计算。

2. 实验数据

1) 分类模型

现有 10 个玩具,对玩具的喜爱与否用 1 与 0 表示,1 代表喜爱,0 代表不喜爱。先对 10 个玩具的喜爱与否用列表表示为[1,1,1,0,1,0,0,0,1,1]。玩具的图片与内容等特征代入分类模型中,得到的预测结果是[1,1,0,0,0,1,0,0,0,1]。也可自行导入所需数据。

2) 回归模型

测试集目标真实值[1.0,4.0,2.0,3.0,1.0,5.0,−3.0,5.0,1.0,3.0,2.0,5.0]。

测试集目标预测值[1.0,4.1,2.2,2.8,1.0,4.8,−2.2,5.1,0.9,3.2,2.1,5.3]。

3. 实验要求

(1) 对于分类模型,计算出 TPR、FPR、FNR、TNR、Accuracy、Precision、Recall、F1 值等指标并绘制出 ROC 曲线。

(2) 对于回归模型,计算出 MAE、MAPE、MSE、RMSE、R^2 等指标。

分类问题

3.1 K近邻算法

K近邻(K-nearest neighbor,KNN)算法于1968年由Cover和Hart提出,是机器学习算法中一种基本的分类与回归方法,以输入为实例的特征向量,通过计算新数据与训练数据特征值之间的距离,然后选取$k(k \geqslant 1)$个距离中最近的邻居进行分类判断(投票法)或者回归。如果$k=1$,那么新数据被简单地分配给其近邻的类。

- 分类问题。分类问题的输出为实例的类别。分类时,对于新的实例,根据其k个最近邻的训练实例的类别,通过多数表决规则进行预测。
- 回归问题。回归问题的输出为实例的值。回归时,对于新的实例,取其k个最近邻的训练实例的平均值为预测值。

K近邻算法的直观理解是,给定一个训练数据集,对于新的输入实例,在训练集中找到与该实例最邻近的k个实例。这k个实例的多数属于某个类别,则该输入实例就划分为这个类别。

K近邻算法不包含显式的学习过程,而是直接进行预测。实际上它是利用训练数据集对特征向量空间进行划分,作为其分类的"模型"。

3.1.1 原理简介

K近邻算法的三要素分别是k值选择、距离度量和分类决策规则。

1. k值选择

当$k=1$时,K近邻算法又称为最近邻算法,此时会将训练集中与$\boldsymbol{x}$最近的点的类别作为$\boldsymbol{x}$的分类。

k值的选择会对K近邻算法的结果产生重大影响。

(1) 若k值选取得较小,就相当于用较小的邻域中的训练实例进行预测。

- 只有与输入实例较近的(相似的)训练实例才会对预测结果起作用。
- 学习的估计误差会增大,预测结果会对近邻的实例点非常敏感。若近邻的训练实例点刚好是噪声,则预测会出错。即k值的减小意味着模型整体变复杂,易发生过拟合。

(2) 若 k 值选取得较大，就相当于用较大的领域中的训练实例进行预测。

- 能减少学习的估计误差。
- 学习的近似误差会增大。这时与输入实例较远的(不相似的)训练实例也会对预测结果起作用，使预测产生错误，即 k 值的增大意味着模型整体变简单。当 $k=N$ 时，无论输入实例是什么，都将其预测为训练实例中最多的类(即预测结果是一个常量)，此时模型过于简单，完全忽略了训练实例中大量有用的信息。

应用中，k 值一般选取一个较小的数值，通常采用交叉验证法来选取最优的 k 值。即比较不同 k 值时的交叉验证平均误差率，选择误差率最小的那个 k 值。例如，选择 $k=1,2,3,\cdots$，对每个 $k=i$ 做若干次交叉验证，计算出平均误差率，然后比较并选出最小的那个。

2. 距离度量

K 近邻算法要求数据的所有特征都可以做可比较的量化。若在数据特征中存在非数值的类型，则必须采取手段将其量化为数值。例如，如果样本特征中包含颜色(红、黑、蓝)一项，颜色之间是没有距离可言的，可通过将颜色转换为灰度值来实现距离计算。另外，样本有多个参数，每个参数都有自己的定义域和取值范围，它们对距离计算的影响也就不一样，如取值较大的影响力会盖过取值较小的参数。为了公平，样本参数必须做一些归一化处理，最简单的方式就是所有特征的数值都进行归一化处置。

特征空间中两个实例点的距离是两个实例点相似程度的反映，K 近邻模型的特征空间一般是 n 维实数向量空间 $\mathbb{R}^n$。常使用的距离是欧氏距离，但有时也可以是其他距离，如曼哈顿距离。一般的距离公式表示为 L_p 距离(L_p distance)。

$$L_p(\boldsymbol{x}_i,\boldsymbol{x}_j)=\left(\sum_{l=1}^{n}|x_i^{(l)}-x_j^{(l)}|^p\right)^{\frac{1}{p}},\quad \begin{cases}\boldsymbol{x}_i,\boldsymbol{x}_j\in\boldsymbol{\chi}\subseteq\mathbb{R}^n\\ \boldsymbol{x}_i=(x_i^{(1)},x_i^{(2)},\cdots,x_i^{(n)})^{\mathrm{T}}\\ \boldsymbol{x}_j=(x_j^{(1)},x_j^{(2)},\cdots,x_j^{(n)})^{\mathrm{T}}\\ p\geqslant 1\end{cases}\tag{3.1}$$

上式中，当 $p=1$ 时，为曼哈顿距离(Manhattan distance)，即

$$L_1(\boldsymbol{x}_i,\boldsymbol{x}_j)=\sum_{l=1}^{n}|x_i^{(l)}-x_j^{(l)}|\tag{3.2}$$

当 $p=2$ 时，为欧氏距离(Euclidean distance)，即

$$L_2(\boldsymbol{x}_i,\boldsymbol{x}_j)=\left(\sum_{l=1}^{n}|x_i^{(l)}-x_j^{(l)}|^2\right)^{\frac{1}{2}}\tag{3.3}$$

当 $p=\infty$ 时，为各维度距离中的最大值，即

$$L_\infty(\boldsymbol{x}_i,\boldsymbol{x}_j)=\max_l|x_i^{(l)}-x_j^{(l)}|\tag{3.4}$$

不同的距离度量所确定的最近邻点是不同的，需要根据具体应用场景确定使用哪一种度量方式。一般情况下，欧氏距离适用于连续变量，曼哈顿距离适用于计算棋盘格局相似性、机器人避障路径选择、城市道路长度计算等问题。

3. 分类决策规则

K 近邻算法的分类决策通常采用多数表决规则，即由输入实例的 k 个邻近的训练实例中的多数类决定输入实例的类。也可以基于距离的远近进行加权投票，距离越近的样本实

例权重越大。

多数表决规则等价于经验风险最小化，设分类的损失函数为0-1损失函数(指预测值与损失值不相等为1，否则为0)，分类函数为 $f:\mathbb{R}^n \to \{c_1,c_2,\cdots,c_K\}$，误分类概率为

$$P(Y \neq f(X)) = 1 - P(Y = f(X)) \tag{3.5}$$

给定输入实例 $\boldsymbol{x} \in \boldsymbol{\chi}$，其最邻近的 k 个样本实例构成集合 $N_k(\boldsymbol{x})$。设涵盖 $N_k(\boldsymbol{x})$ 区域的类别为 c_j(是一个待求的未知量，但它肯定是 $c_1,c_2,\cdots,c_K$ 之一)，则误分类概率为

$$\frac{1}{k}\sum_{\boldsymbol{x}_i \in N_k(\boldsymbol{x})} I(y_i \neq c_j) = 1 - \frac{1}{k}\sum_{\boldsymbol{x}_i \in N_k(\boldsymbol{x})} I(y_i = c_j), \quad \begin{cases} i = 1,2,\cdots,N \\ j = 1,2,\cdots,K \end{cases} \tag{3.6}$$

误分类概率就是训练数据的经验风险，要使误分类概率最小，即经验风险最小，就要使 $\sum\limits_{\boldsymbol{x}_i \in N_k(\boldsymbol{x})} I(y_i = c_j)$ 最大。即

$$c_j = \underset{c_j}{\operatorname{argmax}} \sum_{\boldsymbol{x}_i \in N_k(\boldsymbol{x})} I(y_i = c_j), \quad \begin{cases} i = 1,2,\cdots,N \\ j = 1,2,\cdots,K \end{cases} \tag{3.7}$$

3.1.2 算法步骤

K近邻算法的步骤如下。

(1) 输入：训练数据集 $T=\{(\boldsymbol{x}_1,y_1),(\boldsymbol{x}_2,y_2),\cdots,(\boldsymbol{x}_N,y_N)\}$，$\boldsymbol{x}_i \in \boldsymbol{\chi} \subseteq \mathbb{R}^n$ 为样本实例，$y_i \in \gamma = \{c_1,c_2,\cdots,c_K\}$ 为样本实例的类别，$i=1,2,\cdots,N$。给定输入实例 $\boldsymbol{x}(\boldsymbol{x} \in \boldsymbol{\chi})$。

(2) 输出：输入实例 $\boldsymbol{x}$ 的类别 y。

(3) 算法步骤。

① 根据选取的距离度量，在 T 中寻找与输入实例 $\boldsymbol{x}$ 最近邻的 k 个样本实例点 $\boldsymbol{x}_i$。涵盖这 k 个样本实例点的邻域记作 $N_k(\boldsymbol{x})$。

② 从 $N_k(\boldsymbol{x})$ 中，根据分类决策规则(如多数表决规则)决定输入实例 $\boldsymbol{x}$ 的类别 y：

$$y = \underset{c_j}{\operatorname{argmax}} \sum_{\boldsymbol{x}_i \in N_k(\boldsymbol{x})} I(y_i = c_j), \quad \begin{cases} i = 1,2,\cdots,N \\ j = 1,2,\cdots,K \end{cases} \tag{3.8}$$

其中，$I()$ 为指示函数，$I(\text{true})=1$，$I(\text{false})=0$。上式中，对于 y_i，$i=1,2,\cdots,N$，只有 $\boldsymbol{x} \in N_k(\boldsymbol{x})$ 中的样本点时才考虑。

3.1.3 实战

1. 数据集

首先导入包：

```
import numpy as np
import matplotlib.pyplot as plt
from sklearn import neighbors, datasets, model_selection
```

然后给出加载数据集的函数：

```
def load_classification_data():
    '''
    加载分类模型使用的数据集。
```

```
    :return: 一个元组,依次为训练样本集、测试样本集、训练样本的标记、测试样本的标记
    '''
    # 使用 scikit-learn 自带的手写识别数据集 Digit Dataset
    digits = datasets.load_digits()
    X_train = digits.data
    y_train = digits.target
    # 进行分层采样拆分,测试集大小占 1/4
    return model_selection.train_test_split(X_train, y_train,test_size = 0.25,
        random_state = 0,stratify = y_train)
```

其中,load_classification_data()函数使用的是 scikit-learn 自带的手写识别数据集 Digit Dataset。该数据集由 1797 张样本图片组成。每张样本图片都是一个 8×8 像素的手写数字位图。

2. Sklearn 实现

1) K 近邻分类

scikit-learn 中提供了一个 KNeighborsClassifier 类来实现 K 近邻算法的分类模型,其原型如下:

```
class sklearn.neighbors.KNeighborsClassifier(n_neighbors = 5, *, weights = 'uniform',
algorithm = 'auto', leaf_size = 30, p = 2, metric = 'minkowski', metric_params = None, n_jobs =
None, **kwargs)
```

(1) 参数。

① n_neighbors:一个整数,用于指定 k 值。

② weights:一个字符串或者可调用对象,用于指定投票权重类型。即这些邻居投票权可以相同或者不同。可以有以下取值。

■ 'uniform':本节点的所有邻居节点的投票权重都相等。

■ 'distance':本节点的所有邻居节点的投票权重与距离成反比。即越近的节点,其投票权重越大。

■ [callable]:一个可调用对象。它传入距离的数组,返回同样形状的权重数组。

③ algorithm:一个字符串,用于指定计算最近邻的算法,可以为如下取值。

■ 'ball_tree':使用 BallTree 算法。

■ 'kd_tree':使用 KDTree 算法。

■ 'brute':使用暴力搜索法。

■ 'auto':自动决定最合适的算法。

④ leaf_size:一个整数,用于指定 BallTree 或者 KDTree 叶节点规模。它影响树的构建和查询速度。

⑤ metric:一个字符串,用于指定距离度量。默认为'minkowski'距离。

⑥ p:整数值,用于指定在'minkowski'度量上的指数。如果 p=1,对应曼哈顿距离;如果 p=2,对应欧氏距离。

⑦ metric_params:度量功能的其他关键字参数。字典类型,默认参数值为 None。

⑧ n_jobs:用于指定并行性。默认为−1,表示派发任务到所有计算机的 CPU 上。

(2) 方法。

① fit(X,y):训练模型。

② predict(X)：使用模型来预测，返回待预测样本的标记。

③ score(X,y)：返回在(X,y)上预测的准确率(accuracy)。

④ predict_proba(X)：返回样本为每种标记的概率。

⑤ kneighbors([X, n_neighbors, return_distance])：返回样本点的 k 个近邻点。如果 return_distance=True，同时还返回这些近邻点的距离。

⑥ kneighbors_graph([X, n_neighbors, mode])：返回样本点的连接图。

首先使用 KNeighborsClassifier，给出如下测试函数：

```
def test_KNeighborsClassifier( * data):
  '''
  测试 KNeighborsClassifier 的用法

  :param data: 可变参数.它是一个元组,这里要求其元素依次为训练样本集、测试样本集、训练样本的标记、测试样本的标记
  :return: None
  '''
  X_train,X_test,y_train,y_test = data
  clf = neighbors.KNeighborsClassifier()
  clf.fit(X_train,y_train)
  print("Training Score: % f" % clf.score(X_train,y_train))
  print("Testing Score: % f" % clf.score(X_test,y_test))
```

然后调用 test_KNeighborsClassifier()函数：

```
X_train,X_test,y_train,y_test = load_classification_data() # 获取分类模型的数据集
test_KNeighborsClassifier(X_train,X_test,y_train,y_test)  # 调用 test_KNeighborsClassifier
#输出
Training Score:0.991091
Testing Score:0.980000
```

可以看出，K 近邻算法对测试集的数据预测准确率高达 98.0000%，对训练集的拟合准确率高达 99.1091%。

然后考察 k 值以及投票策略对预测性能的影响，给出测试函数：

```
def test_KNeighborsClassifier_k_w( * data):
  '''
  测试 KNeighborsClassifier 中 n_neighbors 和 weights 参数的影响

  :param data: 可变参数.它是一个元组,这里要求其元素依次为训练样本集、测试样本集、训练样本的标记、测试样本的标记
  :return: None
  '''
  X_train,X_test,y_train,y_test = data
  Ks = np.linspace(1,y_train.size,num = 100,endpoint = False,dtype = 'int')
  weights = ['uniform','distance']

  fig = plt.figure()
  ax = fig.add_subplot(1,1,1)
  ### 绘制不同 weights 下,预测得分随 n_neighbors 变化的曲线
  for weight in weights:
```

```
    training_scores = []
    testing_scores = []
    for K in Ks:
        clf = neighbors.KNeighborsClassifier(weights = weight,n_neighbors = K)
        clf.fit(X_train,y_train)
        testing_scores.append(clf.score(X_test,y_test))
        training_scores.append(clf.score(X_train,y_train))
    ax.plot(Ks,testing_scores,label = "testing score:weight = %s" % weight)
    ax.plot(Ks,training_scores,label = "training score:weight = %s" % weight)
ax.legend(loc = 'best')
ax.set_xlabel("k")
ax.set_ylabel("score")
ax.set_ylim(0,1.05)
ax.set_title("KNeighborsClassifier")
plt.show()
```

同样调用 test_KNeighborsClassifier_k_w()函数,运行结果如图 3.1 所示。

```
test_KNeighborsClassifier_k_w(X_train,X_test,y_train,y_test)
```

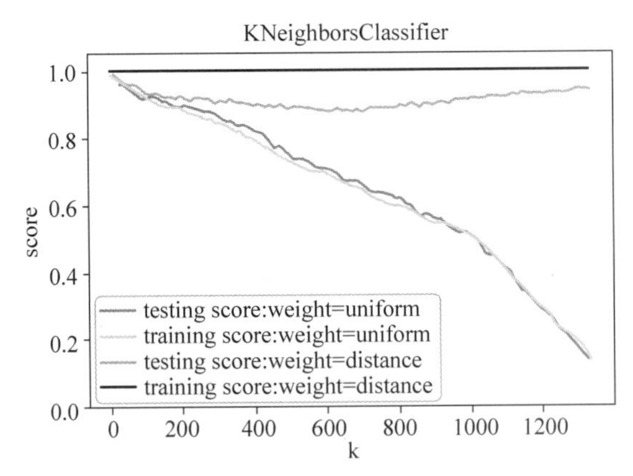

图 3.1　调用 test_KNeighborsClassifier_k_w()函数的运行结果

从图 3.1 中可以看出,在使用 uniform 投票策略的情况下(即投票权重都相同),分类器随着 k 的增长,预测性能稳定下降。这是因为当 k 增大时,距输入实例较远的训练实例也会对预测起作用,使预测发生错误。

在使用 distance 投票策略的情况下(即投票权重与距离成反比),分类器随着 k 的增长,对测试集的预测性能相对比较稳定。这是因为虽然 k 增大时,距输入实例较远的训练实例也会对预测起作用,但因为距离较远,其影响小得多(权重很小)。

然后考察 p 值(即距离函数的形式)对预测性能的影响,给出测试函数:

```
def test_KNeighborsClassifier_k_p( * data):
    '''
    测试 KNeighborsClassifier 中 n_neighbors 和 p 参数的影响

    :param data: 可变参数.它是一个元组,这里要求其元素依次为训练样本集、测试样本集、训练样本
的标记、测试样本的标记
    :return: None
```

```
    '''
    X_train,X_test,y_train,y_test = data
    Ks = np.linspace(1,y_train.size,endpoint = False,dtype = 'int')
    Ps = [1,2,10]

    fig = plt.figure()
    ax = fig.add_subplot(1,1,1)
    ### 绘制不同 p 值下，预测得分随 n_neighbors 变化的曲线
    for P in Ps:
        training_scores = []
        testing_scores = []
        for K in Ks:
            clf = neighbors.KNeighborsClassifier(p = P,n_neighbors = K)
            clf.fit(X_train,y_train)
            testing_scores.append(clf.score(X_test,y_test))
            training_scores.append(clf.score(X_train,y_train))
        ax.plot(Ks,testing_scores,label = "testing score:p = %d" % P)
        ax.plot(Ks,training_scores,label = "training score:p = %d" % P)
    ax.legend(loc = 'best')
    ax.set_xlabel("k")
    ax.set_ylabel("score")
    ax.set_ylim(0,1.05)
    ax.set_title("KNeighborsClassifier")
    plt.show()
```

同样地调用 test_KNeighborsClassifier_k_p()函数,运行结果如图 3.2 所示。

```
test_KNeighborsClassifier_k_p(X_train,X_test,y_train,y_test)
```

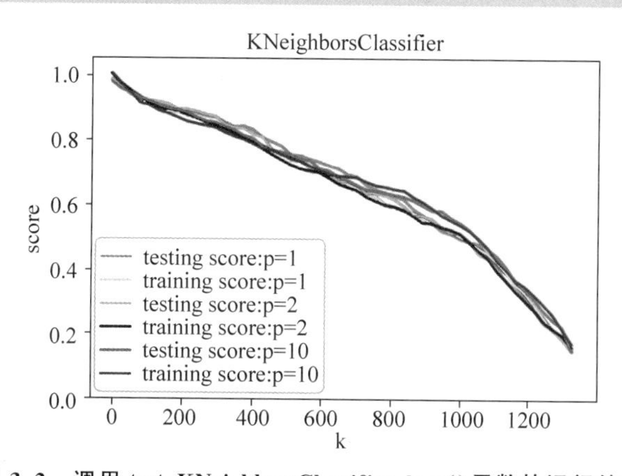

图 3.2　调用 test_KNeighborsClassifier_k_p()函数的运行结果

可以看到,参数 p 对分类器的预测性能没有任何影响。由于有

$$L_p(\boldsymbol{x}_i,\boldsymbol{x}_j)=\left(\sum_{l=1}^{n}\left|x_i^{(l)}-x_j^{(l)}\right|^p\right)^{\frac{1}{p}}$$

因此,当 $p=1$ 时,$\boldsymbol{x}_j$ 是 $\boldsymbol{x}_i$ 的最近的点；当 p 为其他值时,该结论也成立。

2）K 近邻回归

scikit-learn 中提供了一个 KNeighborsRegressor 类来实现 K 近邻算法的回归模型,其原型如下：

```
class sklearn.neighbors.KNeighborsRegressor(n_neighbors = 5, *, weights = 'uniform',
algorithm = 'auto', leaf_size = 30, p = 2, metric = 'minkowski', metric_params = None, n_jobs =
None)
```

（1）参数。

① n_neighbors：一个整数，用于指定 k 值。

② weights：一个字符串或者可调用对象，用于指定投票权重类型。即这些邻居投票权可以相同或者不同。可以有以下取值。

■ 'uniform'：本节点所有邻居节点的投票权重都相等。

■ 'distance'：本节点的所有邻居节点的投票权重与距离成反比。即越近的节点，其投票权重越大。

■ [callable]：一个可调用对象。它传入距离的数组，返回同样形状的权重数组。

③ algorithm：一个字符串，用于指定计算最近邻的算法，可以有以下取值。

■ 'ball_tree'：使用 BallTree 算法。

■ 'kd_tree'：使用 KDTree 算法。

■ 'brute'：使用暴力搜索法。

■ 'auto'：自动决定最合适的算法。

④ leaf_size：一个整数，用于指定 BallTree 或者 KDTree 叶节点规模。它影响树的构建和查询速度。

⑤ metric：一个字符串，用于指定距离度量。默认为'minkowski'距离。

⑥ p：一个整数值，用于指定在'minkowski'度量上的指数。如果 p=1，对应曼哈顿距离；如果 p=2，对应欧氏距离。

⑦ n_jobs：一个整数，用于指定并行性。默认为−1，表示派发任务到所有计算机的 CPU 上。

（2）方法。

① fit(X,y)：训练模型。

② predict(X)：使用模型来预测，返回待预测样本的标记。

③ score(X,y)：返回预测性能得分。设预测集为 T_{test}，真实值为 y_i，真实值的均值为 $\bar{y}$，预测值为 $\hat{y}$，则有

$$\text{score}=1-\frac{\sum_{T_{\text{test}}}(y_i-\hat{y})^2}{(y_i-\bar{y})^2} \tag{3.9}$$

■ score 不超过 1，但是可能为负值（预测效果太差）。

■ score 越大，预测性能越好。

④ kneighbors([X,n_neighbors,return_distance])：返回样本点的 k 个近邻点。如果 return.distance=True，则同时还返回该样本到这些近邻点的距离值。

⑤ kneighbors_graph([X,n_neighbors,mode])：返回样本点的连接图。其参数意义以及实例方法与 KNeighborsClassifier 几乎完全相同。两者区别在于回归分析分类决策的不同。

■ KNeighborsClassifier 将待预测样本点最近邻的 k 个训练样本点中出现次数最多的

分类作为待预测样本点的分类。

- KNeighborsRegressor 将待预测样本点最近邻的 k 个训练样本点的平均值作为待预测样本点的值。

首先使用 KNeighborsRegressor，给出测试函数：

```
def test_KNeighborsRegressor( * data):
    '''
    测试 KNeighborsRegressor 的用法

    :param data: 可变参数.它是一个元组,这里要求其元素依次为训练样本集、测试样本集、训练样本的值、测试样本的值
    :return: None
    '''
    X_train, X_test, y_train, y_test = data
    regr = neighbors.KNeighborsRegressor()
    regr.fit(X_train, y_train)
    print("Training Score: %f" % regr.score(X_train, y_train))
print("Testing Score: %f" % regr.score(X_test, y_test))
```

然后调用 test_KNeighborsRegressor()函数：

```
X_train, X_test, y_train, y_test = create_regression_data(1000) # 获取回归模型的数据集
test_KNeighborsRegressor(X_train, X_test, y_train, y_test) # 调用 test_KNeighborsRegressor()
```

这里生成了 1000 个样本数据。结果如下：

```
Training Score:0.972194
Testing Score:0.969817
```

可以看到，回归器对于测试集的预测得分为 0.969817，对于训练集的预测得分为 0.972194。

然后考察 k 值以及投票策略对预测性能的影响，给出如下测试函数：

```
def test_KNeighborsRegressor_k_w( * data):
    '''
    测试 KNeighborsRegressor 中 n_neighbors 和 weights 参数的影响
    :param data: 可变参数。它是一个元组,这里要求其元素依次为训练样本集、测试样本集、训练样本的值、测试样本的值
    :return: None
    '''
    X_train, X_test, y_train, y_test = data
    Ks = np.linspace(1, y_train.size, num = 100, endpoint = False, dtype = 'int')
    weights = ['uniform', 'distance']

    fig = plt.figure()
    ax = fig.add_subplot(1, 1, 1)
    ### 绘制不同 weights 下, 预测得分随 n_neighbors 变化的曲线
    for weight in weights:
        training_scores = []
        testing_scores = []
        for K in Ks:
```

```
            regr = neighbors.KNeighborsRegressor(weights = weight, n_neighbors = K)
            regr.fit(X_train, y_train)
            testing_scores.append(regr.score(X_test, y_test))
            training_scores.append(regr.score(X_train, y_train))
        ax.plot(Ks, testing_scores, label = "testing score:weight = %s" % weight)
        ax.plot(Ks, training_scores, label = "training score:weight = %s" % weight)
    ax.legend(loc = 'best')
    ax.set_xlabel("k")
    ax.set_ylabel("score")
    ax.set_ylim(0, 1.05)
    ax.set_title("KNeighborsRegressor")
plt.show()
```

调用 test_KNeighborsRegressor_k_w()函数：

```
X_train, X_test, y_train, y_test = create_regression_data(1000)  # 获取回归模型的数据集
test_KNeighborsRegressor_k_w(X_train,X_test,y_train,y_test)
                                              # 调用 test_KNeighborsRegressor_k_w
```

运行结果如图 3.3 所示。

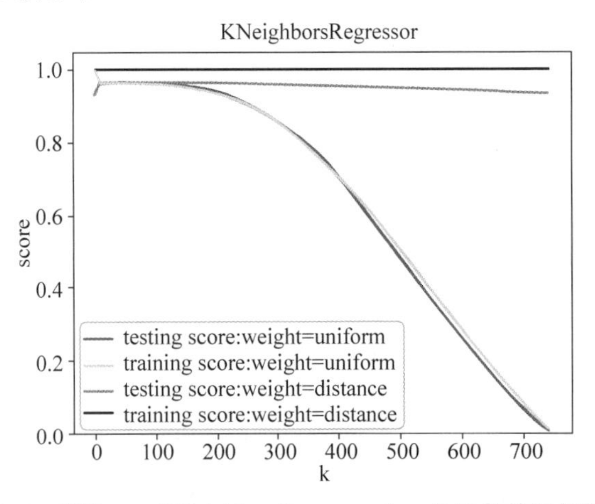

图 3.3 调用 test_KNeighborsRegressor_k_w()函数的运行结果

然后考察 p 值(即距离函数的形式)对预测性能的影响，给出如下测试函数：

```
def test_KNeighborsRegressor_k_p( * data):
    '''
    测试 KNeighborsRegressor 中 n_neighbors 和 p 参数的影响

    :param data: 可变参数。它是一个元组，这里要求其元素依次为训练样本集、测试样本集、训练样本的值、测试样本的值
    :return: None
    '''
    X_train, X_test, y_train, y_test = data
    Ks = np.linspace(1, y_train.size, endpoint = False, dtype = 'int')
    Ps = [1, 2, 10]

    fig = plt.figure()
```

```
    ax = fig.add_subplot(1, 1, 1)
    ### 绘制不同 p 值下，预测得分随 n_neighbors 变化的曲线
    for P in Ps:
        training_scores = []
        testing_scores = []
        for K in Ks:
            regr = neighbors.KNeighborsRegressor(p = P, n_neighbors = K)
            regr.fit(X_train, y_train)
            testing_scores.append(regr.score(X_test, y_test))
            training_scores.append(regr.score(X_train, y_train))
        ax.plot(Ks, testing_scores, label = "testing score:p = %d" % P)
        ax.plot(Ks, training_scores, label = "training score:p = %d" % P)
    ax.legend(loc = 'best')
    ax.set_xlabel("k")
    ax.set_ylabel("score")
    ax.set_ylim(0, 1.05)
    ax.set_title("KNeighborsRegressor")
plt.show()
```

调用 test_KNeighborsRegressor_k_p()函数，运行结果如图 3.4 所示（不同 p 值的曲线有重合）。

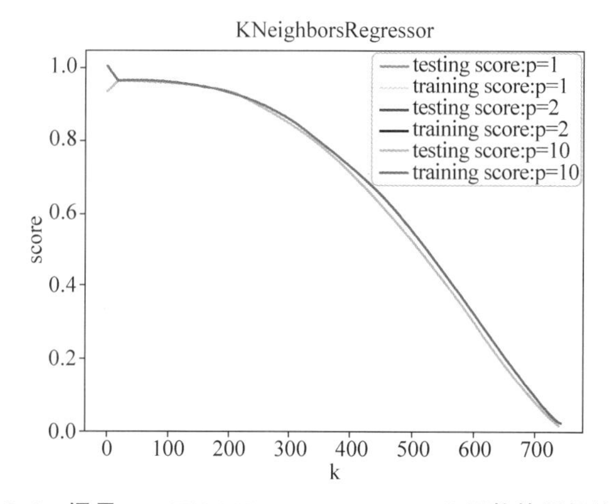

图 3.4　调用 test_KNeighborsRegressor_k_p()函数的运行结果

3. 算法实现

首先，数据集选择经典的 Iris 鸢尾花数据集。该数据集的详细介绍见 2.1.4 节。Iris 数据集整体构成一个 150 行、5 列的二维表，表 3.1 展示了其中的 5 个样本。

表 3.1　Iris 数据集示例

序号	sepal length	sepal width	petal length	petal width	species
0	5.1	3.5	1.4	0.2	Iris-setosa
1	4.9	3	1.4	0.2	Iris-setosa
2	4.7	3.2	1.3	0.2	Iris-setosa
3	4.6	3.1	1.5	0.2	Iris-setosa
4	5	3.6	1.4	0.2	Iris-setosa

下载后的数据集存放在./data/目录下。代码如下：

```
import numpy as np
import pandas as pd

data = pd.read_csv('./data/iris.data', header = None)
data.columns = ['sepal length', 'sepal width', 'petal length', 'petal width', 'species']
```

将 3 个类别的数据分别提取出来，setosa、versicolour、virginica 分别用 0、1、2 来表示。代码如下：

```
X = data.iloc[0:150, 0:4].values
y = data.iloc[0:150, 4].values
y[y == 'Iris-setosa'] = 0                                    # Iris-setosa 输出 label 用 0 表示
y[y == 'Iris-versicolour'] = 1                               # Iris-versicolour 输出 label 用 1 表示
y[y == 'Iris-virginica'] = 2                                 # Iris-virginica 输出 label 用 2 表示
X_setosa, y_setosa = X[0:50], y[0:50]                        # Iris-setosa 的 4 个特征
X_versicolour, y_versicolour = X[50:100], y[50:100]          # Iris-versicolour 的 4 个特征
X_virginica, y_virginica = X[100:150], y[100:150]            # Iris-virginica 的 4 个特征
```

接下来看一下 3 个类别不同特征的空间分布。为了可视性，选择 sepal length 和 petal length 两个特征，在二维平面上作图。代码如下：

```
import matplotlib.pyplot as plt

plt.scatter(X_setosa[:, 0], X_setosa[:, 2], colour = 'red', marker = 'o', label = 'setosa')
plt.scatter(X_versicolour[:, 0], X_versicolour[:, 2], colour = 'blue', marker = '^', label =
'versicolour')
plt.scatter(X_virginica[:, 0], X_virginica[:, 2], colour = 'green', marker = 's', label =
'virginica')
plt.xlabel('sepal length')
plt.ylabel('petal length')
plt.legend(loc = 'upper left')
plt.show()
```

运行结果如图 3.5 所示。

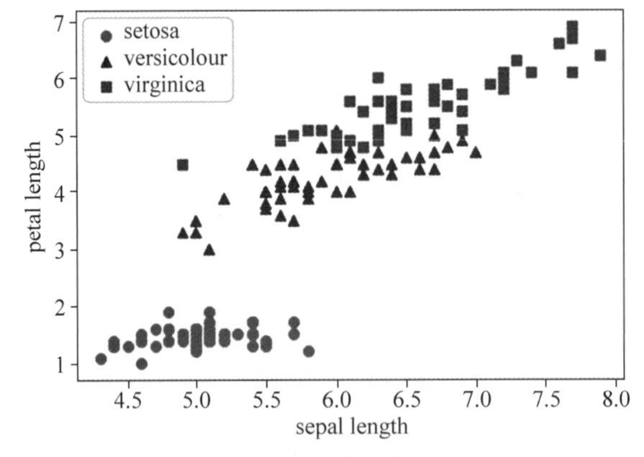

图 3.5　3 个类别在不同特征下的空间分布

由图 3.5 可见，3 个类别之间有较明显的区别。

接下来将每个类别的所有样本分成训练集（training set）、验证集（validation set）和测

试集(test set),各占所有样本的比例分别为60%、20%、20%。代码如下:

```
# 训练集
X_setosa_train = X_setosa[:30, :]
y_setosa_train = y_setosa[:30]
X_versicolour_train = X_versicolour[:30, :]
y_versicolour_train = y_versicolour[:30]
X_virginica_train = X_virginica[:30, :]
y_virginica_train = y_virginica[:30]
X_train = np.vstack([X_setosa_train, X_versicolour_train, X_virginica_train])
y_train = np.hstack([y_setosa_train, y_versicolour_train, y_virginica_train])

# 验证集
X_setosa_val = X_setosa[30:40, :]
y_setosa_val = y_setosa[30:40]
X_versicolour_val = X_versicolour[30:40, :]
y_versicolour_val = y_versicolour[30:40]
X_virginica_val = X_virginica[30:40, :]
y_virginica_val = y_virginica[30:40]
X_val = np.vstack([X_setosa_val, X_versicolour_val, X_virginica_val])
y_val = np.hstack([y_setosa_val, y_versicolour_val, y_virginica_val])

# 测试集
X_setosa_test = X_setosa[40:50, :]
y_setosa_test = y_setosa[40:50]
X_versicolour_test = X_versicolour[40:50, :]
y_versicolour_test = y_versicolour[40:50]
X_virginica_test = X_virginica[40:50, :]
y_virginica_test = y_virginica[40:50]
X_test = np.vstack([X_setosa_test, X_versicolour_test, X_virginica_test])
y_test = np.hstack([y_setosa_test, y_versicolour_test, y_virginica_test])
class KNearestNeighbor(object):
  def __init__(self):
     pass

  # 训练函数
  def train(self, X, y):
     self.X_train = X
     self.y_train = y

  # 预测函数
  def predict(self, X, k = 1):
     # 计算 L2 距离
     num_test = X.shape[0]
     num_train = self.X_train.shape[0]
     dists = np.zeros((num_test, num_train))              # 初始化距离函数
     # because(X - X_train) * (X - X_train) = - 2X * X_train + X * X + X_train * X_train, so
     d1 = - 2 * np.dot(X, self.X_train.T)                 # shape (num_test, num_train)
     d2 = np.sum(np.square(X), axis = 1, keepdims = True)# shape (num_test, 1)
     d3 = np.sum(np.square(self.X_train), axis = 1)       # shape (1, num_train)
     dist = np.sqrt(d1 + d2 + d3)
     # 根据 k 值,选择最可能属于的类别
     y_pred = np.zeros(num_test)
```

```
    for i in range(num_test):
      dist_k_min = np.argsort(dist[i])[:k]          # 最近邻 k 个实例位置
        y_kclose = self.y_train[dist_k_min]        # 最近邻 k 个实例对应的标签
        y_pred[i] = np.argmax(np.bincount(y_kclose.tolist()))  # 找出 k 个标签中从属类别
#最多的作为预测类别

    return y_pred
```

创建一个 KnearestNeighbor 实例对象,然后,在验证集上进行 k-fold 交叉验证。选择不同的 k 值,根据验证结果,选择最佳的 k 值。通过实验发现,k 值取 3 的时候,验证集的准确率最高。此例中,由于总体样本数据量不够多,所以验证结果并不明显。但是使用 k-fold 交叉验证来选择最佳 k 值是最常用的方法之一。选择完合适的 k 值之后,就可以对测试集进行预测分析了。代码如下:

```
KNN = KNearestNeighbor()
KNN.train(X_train, y_train)
y_pred = KNN.predict(X_test, k = 3)
accuracy = np.mean(y_pred == y_test)
print('测试集预测准确率: %f' % accuracy)
#输出
测试集预测准确率:1.000000
```

最终结果显示,测试集预测准确率为 100%。

最后,将预测结果绘图表示。仍然只选择 sepal length 和 petal length 两个特征,在二维平面上作图。代码如下:

```
# 训练集
plt.scatter(X_setosa_train[:, 0], X_setosa_train[:, 2], colour = 'red', marker = 'o', label =
'setosa_train')
plt.scatter(X_versicolour_train[:, 0], X_versicolour_train[:, 2], colour = 'blue', marker = '^',
label = 'versicolour_train')
plt.scatter(X_virginica_train[:, 0], X_virginica_train[:, 2], colour = 'green', marker = 's',
label = 'virginica_train')
# 测试集
plt.scatter(X_setosa_test[:, 0], X_setosa_test[:, 2], colour = 'y', marker = 'o', label =
'setosa_test')
plt.scatter(X_versicolour_test[:, 0], X_versicolour_test[:, 2], colour = 'y', marker = '^',
label = 'versicolour_test')
plt.scatter(X_virginica_test[:, 0], X_virginica_test[:, 2], colour = 'y', marker = 's', label =
'virginica_test')

plt.xlabel('sepal length')
plt.ylabel('petal length')
plt.legend(loc = 4)
plt.show()
```

运行如上代码后,得到的预测结果如图 3.6 所示。

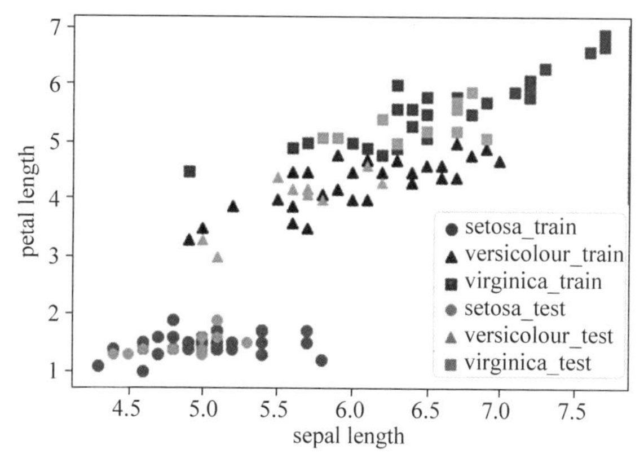

图 3.6 预测结果

3.1.4 实验

1. 实验目的

理解K近邻分类算法的原理，掌握 k 值选择、距离度量和分类决策的设置方法，并分别利用 scikit-learn 的相关包、Python 语言编程来实现该算法。

2. 实验数据

实验数据为 scikit-learn 自带的手写识别数据集 Digit Dataset。该数据集由 1797 张样本图片组成。每张样本图片都是一个 8×8 像素大小的手写数字位图，如图 3.7 所示。为了使用这样的 8×8 像素图形，必须首先将其转换为长度为 64 的特征向量。

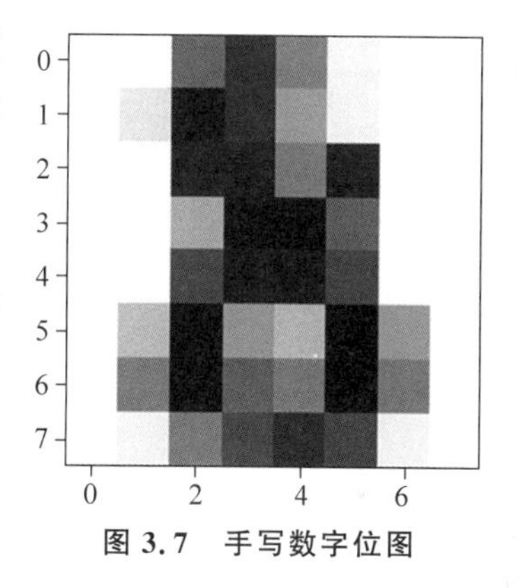

图 3.7 手写数字位图

实现图 3.7 的代码如下：

```
# - * - coding: UTF - 8 - * -
"""
==========================================================
手写数字数据集
==========================================================
from sklearn import datasets

import matplotlib.pyplot as plt

# 导入手写数字数据集
digits = datasets.load_digits()

# 显示最后一个手写数字位图
plt.figure(1, figsize = (3, 3))
plt.imshow(digits.images[ - 1], cmap = plt.cm.gray_r, interpolation = "nearest")
plt.show()
```

3. 实验要求

利用 Python 程序设计语言编程实现如下功能。

(1) 数据预处理：主要做好加载数据、交叉验证、归一化等功能，以实现数据预处理。

(2) 模型训练：利用 Python 来实现训练算法。

(3) 模型验证：编程实现对算法的验证，以评估算法的有效性。

3.2 逻辑回归算法

3.2.1 原理简介

逻辑回归是一种常见的广义线性模型，线性模型中的“线性”就是一系列一次特征的线性组合，在二维空间中是一条直线，在三维空间中是一个平面，如果推广到 n 维空间，就可以理解为广义线性模型。线性模型(linear model)的形式为

$$f(\boldsymbol{x})=\boldsymbol{w}\cdot\boldsymbol{x}+b \tag{3.10}$$

其中，$\boldsymbol{x}=(x^{(1)},x^{(2)},\cdots,x^{(n)})^{\mathrm{T}}$ 是用列向量表示的样本，该样本有 n 种特征，用 $\boldsymbol{x}^{(i)}$ 表示样本 $\boldsymbol{x}$ 的第 i 个特征。$\boldsymbol{w}=(w^{(1)},w^{(2)},\cdots,w^{(n)})^{\mathrm{T}}$ 为每个特征对应的权重生成的权重向量，权重向量直观地表达了各个特征在预测中的重要性。

1. 普通线性回归

线性回归是一种回归分析技术，回归分析本质上就是一个函数估计的问题(函数估计包括参数估计和非参数估计两类)，就是找出因变量和自变量之间的因果关系。回归分析的因变量应该是连续变量，若因变量为离散变量，则问题转换为分类问题，回归分析是一个有监督学习的问题。

给定数据集 $\boldsymbol{T}=\{(\boldsymbol{x}_1,y_1),(\boldsymbol{x}_2,y_2),\cdots,(\boldsymbol{x}_N,y_N)\}$，$\boldsymbol{x}_i\in\boldsymbol{\chi}\subseteq\mathbb{R}^n$，$y_i\in Y\subseteq\mathbb{R}$，$i=1,2,\cdots,N$，其中 $\boldsymbol{x}_i=[x_i^{(1)},x_i^{(2)},\cdots,x_i^{(n)}]^{\mathrm{T}}$，学习的模型为

$$f(\boldsymbol{x})=\boldsymbol{w}\cdot\boldsymbol{x}+b \tag{3.11}$$

下面根据已知的数据集 $\boldsymbol{T}$ 来计算参数 $\boldsymbol{w}$ 和 b。

对于给定的样本 $\boldsymbol{x}_i$，其预测值为 $\hat{y}_i=f(\boldsymbol{x}_i)=\boldsymbol{w}\cdot\boldsymbol{x}_i+b$。采用平方损失函数，则在训练集 $\boldsymbol{T}$ 上，模型的损失函数为

$$L(f)=\sum_{i=1}^{N}(\hat{y}_i-y_i)^2=\sum_{i=1}^{N}(\boldsymbol{w}\cdot\boldsymbol{x}_i+b-y_i)^2 \tag{3.12}$$

要使损失函数最小，即

$$(\boldsymbol{w}^*,b^*)=\underset{\boldsymbol{w},b}{\arg\min}\sum_{i=1}^{N}(\boldsymbol{w}\cdot\boldsymbol{x}_i+b-y_i)^2 \tag{3.13}$$

可以用梯度下降法来求解上述最优化问题的数值解，同时要对特征进行归一化处理，并利用最小二乘法来求解解析解。

令

$$\tilde{\boldsymbol{w}}=(w^{(1)},w^{(2)},\cdots,w^{(n)},b)^{\mathrm{T}}=(\boldsymbol{w}^{\mathrm{T}},b)^{\mathrm{T}}$$

$$\tilde{\boldsymbol{x}}=(x^{(1)},x^{(2)},\cdots,x^{(n)},1)^{\mathrm{T}}=(\boldsymbol{x}^{\mathrm{T}},1)^{\mathrm{T}}$$

$$\boldsymbol{y}=(y_1,y_2,\cdots,y_N)^{\mathrm{T}}$$

则有

$$\sum_{i=1}^{N}(\boldsymbol{w}\cdot\boldsymbol{x}_i+b-y_i)^2=(\boldsymbol{y}-(\tilde{\boldsymbol{x}}_1,\tilde{\boldsymbol{x}}_2,\cdots,\tilde{\boldsymbol{x}}_N)^{\mathrm{T}}\tilde{\boldsymbol{w}})^{\mathrm{T}}(\boldsymbol{y}-(\tilde{\boldsymbol{x}}_1,\tilde{\boldsymbol{x}}_2,\cdots,\tilde{\boldsymbol{x}}_N)^{\mathrm{T}}\tilde{\boldsymbol{w}}) \tag{3.14}$$

令

$$\boldsymbol{x}=(\tilde{\boldsymbol{x}}_1,\tilde{\boldsymbol{x}}_2,\cdots,\tilde{\boldsymbol{x}}_N)^{\mathrm{T}}=\begin{bmatrix}\tilde{\boldsymbol{x}}_1^{\mathrm{T}}\\ \tilde{\boldsymbol{x}}_2^{\mathrm{T}}\\ \vdots\\ \tilde{\boldsymbol{x}}_N^{\mathrm{T}}\end{bmatrix}=\begin{bmatrix}x_1^{(1)} & x_1^{(2)} & \cdots & x_1^{(n)} & 1\\ x_2^{(1)} & x_2^{(2)} & \cdots & x_2^{(n)} & 1\\ \vdots & \vdots & \ddots & \vdots & 1\\ x_N^{(1)} & x_N^{(2)} & \cdots & x_N^{(n)} & 1\end{bmatrix}$$

则有

$$\tilde{\boldsymbol{w}}^*=\underset{\tilde{\boldsymbol{w}}}{\operatorname{argmin}}(\boldsymbol{y}-\boldsymbol{x}\tilde{\boldsymbol{w}})^{\mathrm{T}}(\boldsymbol{y}-\boldsymbol{x}\tilde{\boldsymbol{w}}) \tag{3.15}$$

令 $E_{\tilde{w}}=(\boldsymbol{y}-\boldsymbol{x}\tilde{\boldsymbol{w}})^{\mathrm{T}}(\boldsymbol{y}-\boldsymbol{x}\tilde{\boldsymbol{w}})$，求它的极小值。对 $\tilde{\boldsymbol{w}}$ 求导，令导数为零，得到如下解析解：

$$\frac{\partial E_{\tilde{w}}}{\partial\tilde{\boldsymbol{w}}}=2\boldsymbol{x}^{\mathrm{T}}(\boldsymbol{x}\tilde{\boldsymbol{w}}-\boldsymbol{y})=\boldsymbol{0}\Rightarrow\boldsymbol{x}^{\mathrm{T}}\boldsymbol{x}\tilde{\boldsymbol{w}}=\boldsymbol{x}^{\mathrm{T}}\boldsymbol{y} \tag{3.16}$$

（1）当 $\boldsymbol{x}^{\mathrm{T}}\boldsymbol{x}$ 为满秩矩阵或者正定矩阵时，可得

$$\tilde{\boldsymbol{w}}^*=(\boldsymbol{x}^{\mathrm{T}}\boldsymbol{x})^{-1}\boldsymbol{x}^{\mathrm{T}}\boldsymbol{y} \tag{3.17}$$

其中，$(\boldsymbol{x}^{\mathrm{T}}\boldsymbol{x})^{-1}$ 为 $\boldsymbol{x}^{\mathrm{T}}\boldsymbol{x}$ 的逆矩阵。于是得到多元线性回归模型为

$$f(\tilde{\boldsymbol{x}}_i)=\tilde{\boldsymbol{x}}_i^{\mathrm{T}}\tilde{\boldsymbol{w}}^* \tag{3.18}$$

（2）当 $\boldsymbol{x}^{\mathrm{T}}\boldsymbol{x}$ 不是满秩矩阵时，比如 $N<n$（样本数量小于特征种类的数量），根据 $\boldsymbol{x}$ 的秩小于或等于(N,n)中的最小值，即小于或等于 N（矩阵的秩一定小于或等于矩阵的行数和列数）；而矩阵 $\boldsymbol{x}^{\mathrm{T}}\boldsymbol{x}$ 是 $n\times n$ 大小的，它的秩一定小于或等于 N，因此不是满秩矩阵。此时存在多个解析解。常见的做法是引入正则化项，如 L_1 正则化或者 L_2 正则化。以 L_2 正则化为例：

$$\tilde{\boldsymbol{w}}^*=\underset{\tilde{\boldsymbol{w}}}{\operatorname{argmin}}\left[(\boldsymbol{y}-\boldsymbol{x}\tilde{\boldsymbol{w}})^{\mathrm{T}}(\boldsymbol{y}-\boldsymbol{x}\tilde{\boldsymbol{w}})+\lambda\|\tilde{\boldsymbol{w}}\|_2^2\right] \tag{3.19}$$

其中，$\lambda>0$ 时调整正则化项与均方误差的比例，$\|\cdots\|_2$ 为 L_2 范数。

2. 广义线性模型

考虑单调可导函数 $h(\cdot)$，令 $h(y)=\boldsymbol{w}^{\mathrm{T}}\boldsymbol{x}+b$，这样得到的模型称为广义线性模型(generalized linear model)。广义线性模型的一个典型的例子就是对数线性回归。当 $h(\cdot)=\ln(\cdot)$时的广义线性模型就是对数线性回归，即

$$\ln y=\boldsymbol{w}^{\mathrm{T}}\boldsymbol{x}+b \tag{3.20}$$

它是通过 $\exp(\boldsymbol{w}^{\mathrm{T}}\boldsymbol{x}+b)$ 来拟合 y 的。它虽然被称为广义线性回归，但实质上是非线性的。

3. 逻辑回归

前述的学习方法都是使用线性模型进行回归学习的，而线性模型也可以用于分类。考虑二分类问题，给定数据集 $\boldsymbol{T}=\{(\boldsymbol{x}_1,y_1),(\boldsymbol{x}_2,y_2),\cdots,(\boldsymbol{x}_N,y_N)\}$，$\boldsymbol{x}_i\in\boldsymbol{\chi}\subseteq\mathbb{R}^n$，$y_i\in\{0,1\}$，$i=1,2,\cdots,N$，其中 $\boldsymbol{x}_i=(x_i^{(1)},x_i^{(2)},\cdots,x_i^{(n)})^{\mathrm{T}}$。需要知道 $P(y|\boldsymbol{x})$，这里用条件概率的原因是：预测时都是已知 $\boldsymbol{x}$，然后需要判断此时对应的 y 值。

考虑到 $\boldsymbol{w}\cdot\boldsymbol{x}+b$ 取值是连续的，因此它不能拟合离散变量。可以考虑用它来拟合条件

概率 $P(y=1|\boldsymbol{x})$，因为概率的取值也是连续的。但是对于 $\boldsymbol{w}\neq\boldsymbol{0}$(若等于零向量则没有求解的价值)，$\boldsymbol{w}\cdot\boldsymbol{x}+b$ 的取值范围为 $-\infty\sim+\infty$，不符合概率取值在范围[0,1]的要求，因此考虑采用广义线性模型，最理想的是单位阶跃函数：

$$P(y=1\mid\boldsymbol{x})=\begin{cases}0, & z<0\\0.5, & z=0\\1, & z>0\end{cases},\quad z=\boldsymbol{w}\cdot\boldsymbol{x}+b \tag{3.21}$$

但是阶跃函数不满足单调可导的性质。因此，需要寻找一个可导的、与阶跃函数相似的函数。对数概率函数(logistic function)就是这样的一个替代函数：

$$P(y=1\mid\boldsymbol{x})=\frac{1}{1+\mathrm{e}^{-z}},z=\boldsymbol{w}\cdot\boldsymbol{x}+b \tag{3.22}$$

由于 $P(y=0|\boldsymbol{x})=1-P(y=1|\boldsymbol{x})$，则有

$$\ln\frac{P(y=1\mid\boldsymbol{x})}{P(y=0\mid\boldsymbol{x})}=z=\boldsymbol{w}\cdot\boldsymbol{x}+b$$

$\frac{P(y=1|\boldsymbol{x})}{P(y=0|\boldsymbol{x})}$表示样本为正例的可能性与为反例的可能性之比，称为概率(odds)，反映了样本作为正例的相对可能性。概率的对数称为对数概率(log odds，又称为 logit)。

下面给出逻辑回归模型参数估计。给定训练数据集 $\boldsymbol{T}=\{(\boldsymbol{x}_1,y_1),(\boldsymbol{x}_2,y_2),\cdots,(\boldsymbol{x}_N,y_N)\}$，其中 $\boldsymbol{x}_i\in\mathbb{R}^n,y_i\in\{0,1\}$。模型估计的原理是用极大似然法估计模型参数。

为了便于讨论，将参数 b 吸收进 $\boldsymbol{w}$ 中，即令

$$\tilde{\boldsymbol{w}}=(w^{(1)},w^{(2)},\cdots,w^{(n)},b)^{\mathrm{T}}\in\mathbb{R}^{n+1}$$

$$\tilde{\boldsymbol{x}}=(x^{(1)},x^{(2)},\cdots,x^{(n)},1)^{\mathrm{T}}\in\mathbb{R}^{n+1}$$

$$P(Y=1\mid\tilde{\boldsymbol{x}})=\pi(\tilde{\boldsymbol{x}})=\frac{\exp(\tilde{\boldsymbol{w}}\cdot\tilde{\boldsymbol{x}})}{1+\exp(\tilde{\boldsymbol{w}}\cdot\tilde{\boldsymbol{x}})}$$

$$P(Y=0\mid\tilde{\boldsymbol{x}})=1-\pi(\tilde{\boldsymbol{x}})$$

则似然函数为

$$\prod_{i=1}^{N}[\pi(\tilde{\boldsymbol{x}}_i)]^{y_i}[1-\pi(\tilde{\boldsymbol{x}}_i)]^{1-y_i} \tag{3.23}$$

对数似然函数为

$$\begin{aligned}L(\tilde{\boldsymbol{w}})&=\sum_{i=1}^{N}[y_i\log\pi(\tilde{\boldsymbol{x}})+(1-y_i)\log(1-\pi(\tilde{\boldsymbol{x}}))]\\&=\sum_{i=1}^{N}\left[y_i\log\frac{\pi(\tilde{\boldsymbol{x}})}{1-\pi(\tilde{\boldsymbol{x}})}+\log(1-\pi(\tilde{\boldsymbol{x}}))\right]\end{aligned} \tag{3.24}$$

又由于

$$\pi(\tilde{\boldsymbol{x}})=\frac{\exp(\tilde{\boldsymbol{w}}\cdot\tilde{\boldsymbol{x}})}{1+\exp(\tilde{\boldsymbol{w}}\cdot\tilde{\boldsymbol{x}})}$$

因此有

$$L(\tilde{\boldsymbol{w}})=\sum_{i=1}^{N}[y_i(\tilde{\boldsymbol{w}}\cdot\tilde{\boldsymbol{x}}_i)-\log(1+\exp(\tilde{\boldsymbol{w}}\cdot\tilde{\boldsymbol{x}}_i))] \tag{3.25}$$

对 $L(\tilde{\boldsymbol{w}})$求极大值，得到 $\tilde{\boldsymbol{w}}$ 的估计值。设估计值为 $\tilde{\boldsymbol{w}}^*$，则逻辑回归模型为

$$P(Y=1 \mid X=\tilde{\boldsymbol{x}})=\frac{\exp(\tilde{\boldsymbol{w}}^{*} \cdot \tilde{\boldsymbol{x}})}{1+\exp(\tilde{\boldsymbol{w}}^{*} \cdot \tilde{\boldsymbol{x}})} \tag{3.26}$$

$$P(Y=0 \mid X=\tilde{\boldsymbol{x}})=\frac{1}{1+\exp(\tilde{\boldsymbol{w}}^{*} \cdot \tilde{\boldsymbol{x}})} \tag{3.27}$$

以上讨论的都是二分类的逻辑回归模型,可以推广到多分类逻辑回归模型。设离散型随机变量 Y 的取值集合为$\{1,2,\cdots,K\}$,则多分类逻辑回归模型为

$$P(Y=k \mid \tilde{\boldsymbol{x}})=\frac{\exp(\tilde{\boldsymbol{w}}_k \cdot \tilde{\boldsymbol{x}})}{1+\sum_{k=1}^{K-1}\exp(\tilde{\boldsymbol{w}}_k \cdot \tilde{\boldsymbol{x}})}, \quad k=1,2,\cdots,K-1 \tag{3.28}$$

$$P(Y=K \mid \tilde{\boldsymbol{x}})=\frac{1}{1+\sum_{k=1}^{K-1}\exp(\tilde{\boldsymbol{w}}_k \cdot \tilde{\boldsymbol{x}})}, \quad \tilde{\boldsymbol{x}} \in \mathbb{R}^{n+1}, \tilde{\boldsymbol{w}}_k \in \mathbb{R}^{n+1} \tag{3.29}$$

其参数估计方法与二分类逻辑回归模型类似。

3.2.2 算法步骤

输入:数据集 $T=\{(\boldsymbol{x}_1,y_1),(\boldsymbol{x}_2,y_2),\cdots,(\boldsymbol{x}_N,y_N)\}$,$\boldsymbol{x}_i \in \boldsymbol{\chi} \subseteq \mathbb{R}^n$,$y_i \in Y \subseteq \mathbb{R}$,$i=1,2,\cdots,N$,正则化项系数 $\lambda>0$。

输出:

$$f(\boldsymbol{x})=\boldsymbol{w} \cdot \boldsymbol{x}+b$$

算法步骤:

令

$$\tilde{\boldsymbol{w}}=(w^{(1)},w^{(2)},\cdots,w^{(n)},b)^{\mathrm{T}}=(\boldsymbol{w}^{\mathrm{T}},b)^{\mathrm{T}}$$

$$\tilde{\boldsymbol{x}}=(x^{(1)},x^{(2)},\cdots,x^{(n)},1)^{\mathrm{T}}=(\boldsymbol{x}^{\mathrm{T}},1)^{\mathrm{T}}$$

$$\boldsymbol{y}=(y_1,y_2,\cdots,y_N)^{\mathrm{T}}$$

计算

$$\boldsymbol{x}=(\tilde{\boldsymbol{x}}_1,\tilde{\boldsymbol{x}}_2,\cdots,\tilde{\boldsymbol{x}}_N)^{\mathrm{T}}=\begin{bmatrix}\tilde{\boldsymbol{x}}_1^{\mathrm{T}}\\ \tilde{\boldsymbol{x}}_2^{\mathrm{T}}\\ \vdots\\ \tilde{\boldsymbol{x}}_N^{\mathrm{T}}\end{bmatrix}=\begin{bmatrix}x_1^{(1)} & x_1^{(2)} & \cdots & x_1^{(n)} & 1\\ x_2^{(1)} & x_2^{(2)} & \cdots & x_2^{(n)} & 1\\ \vdots & \vdots & \ddots & \vdots & 1\\ x_N^{(1)} & x_N^{(2)} & \cdots & x_N^{(n)} & 1\end{bmatrix}$$

优化求解

$$\tilde{\boldsymbol{w}}^{*}=\underset{\tilde{\boldsymbol{w}}}{\operatorname{argmin}}\left[(\boldsymbol{y}-\boldsymbol{x}\tilde{\boldsymbol{w}})^{\mathrm{T}}(\boldsymbol{y}-\boldsymbol{x}\tilde{\boldsymbol{w}})+\lambda\|\tilde{\boldsymbol{w}}\|_2^2\right]$$

最终得到模型

$$f(\tilde{\boldsymbol{x}}_i)=\tilde{\boldsymbol{x}}_i^{\mathrm{T}}\tilde{\boldsymbol{w}}^{*}$$

3.2.3 实战

1. 数据集

1）线性回归

在线性回归问题中,使用的数据集是 scikit-learn 自带的一个糖尿病病人的数据集。该

数据集从糖尿病病人采样并整理后，特点如下：

■ 数据集有 442 个样本。

■ 每个样本有 10 个特征。

■ 每个特征都是浮点数，数据的范围为－0.2～0.2。

■ 样本的目标为 25～346 的整数。

这里给出加载数据集的函数：

```
def load_data():
  diabetes = datasets.load_diabetes()
  return model_selection.train_test_split(diabetes.data,diabetes.target,
        test_size = 0.25,random_state = 0)
```

使用 scikit-learn 自带的一个糖尿病病人的数据集 diabetes()，返回值是一个元组，元组依次是：训练样本集、测试样本集、训练样本集对应的标签值、测试样本集对应的标签值。

load_data()函数加载数据集并随机切分数据集为两部分，其中 test_size 指定了测试集为原始数据集的大小(比例)。本示例代码中，将数据集拆分成训练集和测试集，测试集大小 test_size 为原始数据集大小的 1/4。

2）逻辑回归

为了测试逻辑回归模型的分类性能，此处选用经典的数据集：鸢尾花数据集，该数据集的详细介绍见 2.1.4 节。

2. Sklearn 实现

1）线性回归

LinearRegression 是 scikit-learn 提供的线性回归模型，其原型如下：

```
class sklearn.linear_model.LinearRegression( * , fit_intercept = True, normalize = 'deprecated',
copy_X = True, n_jobs = None, positive = False)
```

(1) 参数。

fit_intercept：一个布尔值，用于指定是否需要计算 b 值。如果为 False，那么不计算 b 值。当

$$\tilde{\boldsymbol{w}}=(w^{(1)},w^{(2)},\cdots,w^{(n)},b)^{\mathrm{T}}=(\boldsymbol{w}^{\mathrm{T}},b)^{\mathrm{T}}$$

$$\tilde{\boldsymbol{x}}=(x^{(1)},x^{(2)},\cdots,x^{(n)},1)^{\mathrm{T}}=(\boldsymbol{x}^{\mathrm{T}},1)^{\mathrm{T}}$$

时，可以设置 fit_intercept＝False。

normalize：一个布尔值。如果为 True，那么训练样本会在回归之前被归一化。

copy_X：一个布尔值。如果为 True，则会复制 X。

n_jobs：一个正数。任务并行时指定的 CPU 数量。如果为－1 则使用所有可用的 CPU。

(2) 属性。

coef_：权重向量。

ointercept_：b 值。

(3) 方法。

fit(X,y[, sample_weight])：训练模型。

predict(X)：用模型进行预测，返回预测值。

score(X,y[, sample_weight])：返回预测性能得分。设预测集为 T_{test}，真实值为 y_i，真实值的平均值为 $\bar{y}$，预测值为 $\hat{y}$，则

$$score = 1 - \frac{\sum_{T_{test}} (y_i - \hat{y})^2}{(y_i - \bar{y})^2}$$

■ score 不超过 1，但是可能为负值(预测效果太差)。

■ score 越大，预测性能越好。

首先导入包：

```
import matplotlib.pyplot as plt
import numpy as np
from sklearn import datasets, linear_model, model_selection
```

LinearRegression()函数如下：

```
def test_LinearRegression( * data):
  X_train,X_test,y_train,y_test = data
  regr = linear_model.LinearRegression()
  regr.fit(X_train, y_train)
  print('Coefficients: %s, intercept %.2f' % (regr.coef_,regr.intercept_))
  print("Residual sum of squares: %.2f" % np.mean((regr.predict(X_test) - y_test) ** 2))
  print('Score: %.2f' % regr.score(X_test, y_test))
```

其中，参数 data 依次指定了训练样本集、测试样本集、训练样本集对应的标签值、测试样本集对应的标签值。

调用如下函数简单地从训练数据集中学习，然后从测试数据集中预测。

```
X_train,X_test,y_train,y_test = load_data()
  test_LinearRegression(X_train,X_test,y_train,y_test)
```

输出结果如下：

```
Coefficients: [ -43.26774487 -208.67053951593.39797213302.89814903 -560.27689824
261.47657106 -8.83343952135.937151560703.22658427—28.34844354],intercept
153.07Residual sum of squares: 3180.20
Score: 0.36
```

可以看出，测试集中预测结果的均方误差为 3180.20，预测性能得分仅为 0.36(该值越大越好，1.0 为最好)。

2) 逻辑回归

在 scikit-learn 中，LogisticRegression 实现了逻辑回归模型，其原型如下：

```
class sklearn.linear_model.LogisticRegression(penalty = 'l2', *, dual = False, tol = 0.0001,
C = 1.0, fit_intercept = True, intercept_scaling = 1, class_weight = None, random_state = None,
solver = 'lbfgs', max_iter = 100, multi_class = 'auto', verbose = 0, warm_start = False, n_jobs =
None, l1_ratio = None)
```

(1) 参数。

penalty：一个字符串，用于指定正则化策略。

■ 如果为'L_2'，则优化目标函数为$\frac{1}{2}\|\tilde{\boldsymbol{w}}\|_2^2+CL(\boldsymbol{w})$，$C>0$，$L(\boldsymbol{w})$为极大似然函数。

■ 如果为'L_1'，则优化目标函数为$\|\tilde{\boldsymbol{w}}\|_1+CL(\boldsymbol{w})$，$C>0$，$L(\boldsymbol{w})$为极大似然函数。

tol：一个浮点数，用于指定判断迭代收敛与否的阈值。

dual：一个布尔值。如果为 True，则求解对偶形式(只在 penalty='L_2'且 solver='liblinear'时有对偶形式)；如果为 False，则求解原始形式。

C：一个浮点数。用于指定罚项系数的倒数。它的值越小，则正则化项越大。

fit_intercept：一个布尔值，用于指定是否需要计算 b 值。如果值为 False，则不会计算 b 值(模型会假设你的数据已经中心化)。当

$$\tilde{\boldsymbol{w}}=(w^{(1)},w^{(2)},\cdots,w^{(n)},b)^{\mathrm{T}}=(\boldsymbol{w}^{\mathrm{T}},b)^{\mathrm{T}}$$

$$\tilde{\boldsymbol{x}}=(x^{(1)},x^{(2)},\cdots,x^{(n)},1)^{\mathrm{T}}=(\boldsymbol{x}^{\mathrm{T}},1)^{\mathrm{T}}$$

时，可以设置 fit_intercept 为 False。

intercept_scaling：一个浮点数。只有当 solver='liblinear'时才有意义。当采用 fit_intercept 时，相当于人造一个特征出来，该特征恒为 1，其权重为 b。在计算正则化项时，该人造特征也被考虑了。因此为了降低该人造特征的影响，需要提供 intercept_scaling。

class_weight：一个字典或者字符串'balanced'。

■ 如果为字典，则字典给出了每个分类的权重，如{class_label: weight}。

■ 如果为字符串'balanced'，则每个分类的权重与该分类在样本集中出现的频率成反比。

■ 如果未指定，则每个分类的权重都为 1。

max_iter：一个整数，用于指定最大迭代次数。

random_state：一个整数或者一个 RandomState 实例，或者 None。

■ 如果为整数，则它指定了随机数生成器的种子。

■ 如果为 RandomState 实例，则指定了随机数生成器。

■ 如果为 None，则使用默认的随机数生成器。

solver：一个字符串，用于指定求解最优化问题的算法，可以为如下值。

■ 'newton-cg'：使用牛顿法。

■ 'lbfgs'：使用 L-BFGs 拟牛顿法。

■ 'liblinear'：使用 liblinear。

■ 'sag'：使用 SAG(Stochastic Average Gradient，随机平均梯度下降)算法。

注意：对于规模小的数据集，'liblinear'比较适用；对于规模大的数据集，'sag'比较适用。'newton-cg'、'lbfgs'、'sag'只处理 penalty='12'的情况。

multi_class：一个字符串，用于指定多分类问题的策略，可以为如下值。

■ 'ovr'：采用 one-vs-rest 策略。

■ 'multinomial'：直接采用多分类逻辑回归策略。

auto：如果数据是二分类的，或者如果 solver='liblinear'，则'auto'选择'ovr'，否则选择'multionmial'。

verbose：一个正数。用于开启/关闭迭代中间输出日志功能。

warm_start：一个布尔值。如果为 True，则使用前一次训练结果继续训练，否则从头开始训练。

n_jobs：一个正数。用于指定任务并行时的 CPU 数量。如果为－1 则使用所有可用的 CPU。

（2）属性。

coef_：权重向量。

intercept_：b 值。

n_iter_：实际迭代次数。

（3）方法。

fit(X,y[,sample_weight])：训练模型。

predict(X)：用模型进行预测，返回预测值。

predict_log_proba(X)：返回一个数组，数组的元素依次是 X 预测为各个类别的概率的对数值。

predict_proba(X)：返回一个数组，数组的元素依次是 X 预测为各个类别的概率值。
oscore(X,y[,sample_weight])：返回在(X,y)上预测的准确率(accuracy)。

LogisticRegression()函数如下：

```
def test_LogisticRegression( * data):
  X_train,X_test,y_train,y_test = data
  regr = linear_model.LogisticRegression()
  regr.fit(X_train, y_train)
  print('Coefficients: % s, intercept % s' % (regr.coef_,regr.intercept_))
  print('Score: %.2f' % regr.score(X_test, y_test))
```

其中，参数 data 依次指定了训练样本集、测试样本集、训练样本集对应的标签值、测试样本集对应的标签值。

该函数简单地从训练数据集中学习，然后从测试数据集中预测。这里 LogisticRegression()函数所有的参数都采用默认值。

调用 LogisticRegression()函数：

```
X_train,X_test,y_train,y_test = load_data()
test_LogisticRegression(X_train,X_test,y_train,y_test)
```

输出结果如下：

```
Coefficients:[[ 0.407697191.32793253 - 2.12687162 - 0.96614355][ 0.1932691 - 1.31070419
0.60821724 - 1.19814744]
[ - 1.50100362 - 1.33529511 2.16377642 2.23963779]],
intercept [ 0.244621181.13229922 - 1.08042606]
Score: 0.97
```

可以看出，测试集中的预测结果性能得分为 0.97(即预测准确率为 97%)。

下面考察 multi_class 参数对分类结果的影响。默认采用的是 one-vs-rest 策略，但是逻辑回归模型的原型就支持多分类，给出的测试函数如下：

```
def test_LogisticRegression_multinomial( * data):
  X_train,X_test,y_train,y_test = data
  regr = linear_model.LogisticRegression(multi_class = 'multinomial',solver = 'lbfgs')
  regr.fit(X_train, y_train)
  print('Coefficients: %s, intercept %s' % (regr.coef_,regr.intercept_))
  print('Score: %.2f' % regr.score(X_test, y_test))
```

注意：只有 solver 为牛顿法或者拟牛顿法时才能配合 multi_class='multinomial'，否则报错。

调用 LogisticRegression_multinomial()函数：

```
X_train,X_test,y_train,y_test = load_data()
test_LogisticRegression_multinomial(X_train,X_test,y_train,y_test)
```

测试结果如下：

```
Coefficients: [[ - 0.36834533  0.84161813  - 2.27865338  - 0.98934494 ] [  0.34136192
 - 0.33359843 - 0.031646 - 0.8294743 ]
[ 0.0269834  - 0.5080197 2.31029938 1.81881924 ]], intercept [  8.77142226 2.34153563
 - 11.11295788]
Score: 1.00
```

可以看出，在这个问题中，多分类策略进一步提升了预测准确率。这里的准确率提升到 100%，说明对于测试集的数据，LogisticRegression 分类器完全预测正确。

最后，考察参数 C 对分类模型的预测性能的影响。C 是正则化项系数的倒数，它越小则正则化项的权重越大。给出的测试函数如下：

```
def test_LogisticRegression_C( * data):
  X_train,X_test,y_train,y_test = data
  Cs = np.logspace( - 2,4,num = 100)
  scores = []
  for C in Cs:
    regr = linear_model.LogisticRegression(C = C)
    regr.fit(X_train, y_train)
    scores.append(regr.score(X_test, y_test))
  ## 绘图
  fig = plt.figure()
  ax = fig.add_subplot(1,1,1)
  ax.plot(Cs,scores)
  ax.set_xlabel(r"C")
  ax.set_ylabel(r"score")
  ax.set_xscale('log')
  ax.set_title("LogisticRegression")
  plt.show()
```

测试结果如图 3.8 所示。可以看到随着 C 的增大(即正则化项减小)，LogisticRegression 的预测准确率上升。当 C 增大到一定程度(即正则化项减小到一定程度)时，LogisticRegression 的预测准确率维持在较高的水准保持不变。

3. 算法实现

为了使用逻辑回归模型对鸢尾花进行分类，此处选用经典的鸢尾花数据集，该数据集的

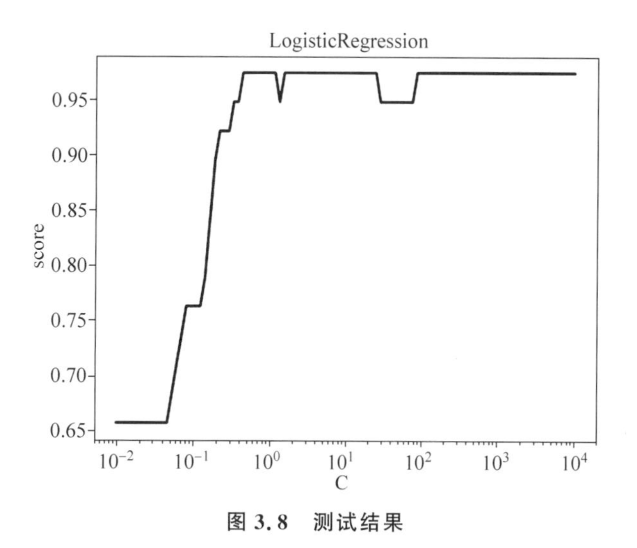

图 3.8 测试结果

详细介绍见 2.1.4 节。

现只取数据集 Iris 中的两个特征 Sepal. Length(花萼长度)和 Petal. Length(花瓣长度),定义为 X(X1, X2),对应 y 分类中的两个类别(0,1),将根据 X(X1,X2)的值对鸢尾花进行分类。首先绘制这两个特征的散点图,代码如下。

```
# 程序名称:logicscatter.py
from sklearn.datasets import load_iris
import matplotlib.pyplot as plt
import numpy as np

iris = load_iris()
data = iris.data
target = iris.target
# print (data[:10])
# print (target[10:])
X = data[0:100, [0, 2]]
y = target[0:100]
print(X[:5])
print(y[-5:])
label = np.array(y)
index_0 = np.where(label == 0)
plt.scatter(X[index_0, 0], X[index_0, 1], marker = 'x', color = 'b', label = '0', s = 15)
index_1 = np.where(label == 1)
plt.scatter(X[index_1, 0], X[index_1, 1], marker = 'o', color = 'r', label = '1', s = 15)
plt.xlabel('X1')
plt.ylabel('X2')
plt.legend(loc = 'upper left')
plt.show()
```

程序 Logicscatter.py 的运行结果如图 3.9 所示。

接着编写一个逻辑回归模型的类,然后训练测试,计算损失函数(损失函数的本质是衡量“模型预估值”到“实际值”的距离)。注意损失函数值越小,模型越好,而且损失函数尽量是一个凸函数,便于收敛计算。逻辑回归模型预估的是样本属于某个分类的概率,其损失函数可以采用均方差、对数、概率等方法。计算损失函数的程序代码如下。

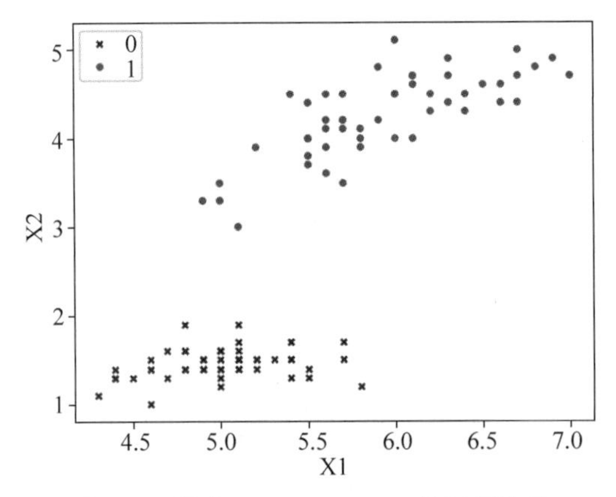

图 3.9　程序 Logicscatter.py 的运行结果

```
# 程序名称:logicregressionloss.py
import matplotlib.pyplot as plt
import numpy as np

class logistic(object):
  def __init__(self):
     self.W = None

  def train(self, X, y, learn_rate = 0.01, num_iters = 5000):
     num_train, num_feature = X.shape
     #初始化权重
     self.W = 0.001 * np.random.randn(num_feature, 1).reshape((-1, 1))
     loss = []
     for i in range(num_iters):
         error, dW = self.compute_loss(X, y)
         self.W += -learn_rate * dW
         loss.append(error)
         if i % 200 == 0:
             print('i = %d,error = %f' % (i, error))
     return loss

  def compute_loss(self, X, y):
     num_train = X.shape[0]
     h = self.output(X)
     loss = -np.sum((y * np.log(h) + (1 - y) * np.log((1 - h))))
     loss = loss / num_train
     dW = X.T.dot((h - y)) / num_train
     return loss, dW

  def output(self, X):
     g = np.dot(X, self.W)
     return self.sigmoid(g)

  def sigmoid(self, X):
     return 1 / (1 + np.exp(-X))

  def predict(self, X_test):
     h = self.output(X_test)
```

```
        y_pred = np.where(h >= 0.5, 1, 0)
        return y_pred

    y = y.reshape((-1, 1))
    # 添加全 1 的列向量在 X 矩阵左侧
    one = np.ones((X.shape[0], 1))
    X_train = np.hstack((one, X))
    classify = logistic()
    loss = classify.train(X_train, y)
    print(classify.W)
    plt.plot(loss)
    plt.xlabel('Iteration number')
    plt.ylabel('Loss value')
    plt.show()
```

程序 logicregressionloss.py 的运行结果如图 3.10 所示。

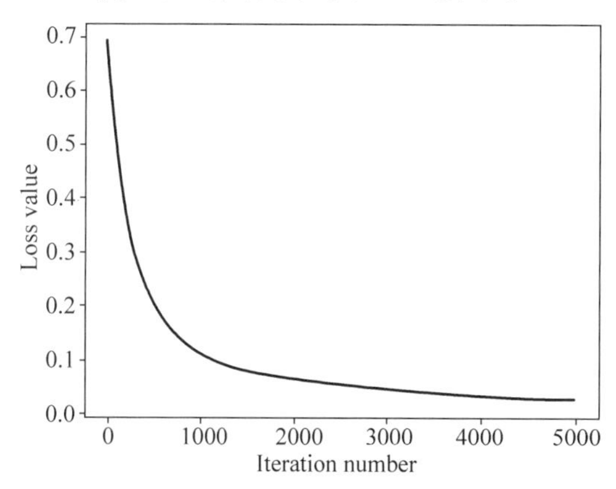

图 3.10 程序 logicregressionloss.py 的运行结果

以绘图的方式对“决策边界”可视化,代码如下。

```
# 程序名称:logicdrawborder.py
import matplotlib.pyplot as plt
import numpy as np
from sklearn.datasets import load_iris


class logistic(object):
  def __init__(self):
     self.W = None

  def train(self, X, y, learn_rate = 0.01, num_iters = 5000):
     num_train, num_feature = X.shape
     #初始化权重
     self.W = 0.001 * np.random.randn(num_feature, 1).reshape((-1, 1))
     loss = []
     for i in range(num_iters):
         error, dW = self.compute_loss(X, y)
         self.W += -learn_rate * dW
         loss.append(error)
```

```
        if i % 200 == 0:
            print('i= %d,error= %f' % (i, error))
    return loss

def compute_loss(self, X, y):
    num_train = X.shape[0]
    h = self.output(X)
    loss = -np.sum((y * np.log(h) + (1 - y) * np.log((1 - h))))
    loss = loss / num_train
    dW = X.T.dot((h - y)) / num_train
    return loss, dW

def output(self, X):
    g = np.dot(X, self.W)
    return self.sigmoid(g)

def sigmoid(self, X):
    return 1 / (1 + np.exp(-X))

def predict(self, X_test):
    h = self.output(X_test)
    y_pred = np.where(h >= 0.5, 1, 0)
    return y_pred

iris = load_iris()
data = iris.data
target = iris.target
# print (data[:10])
# print (target[10:])
X = data[0:100, [0, 2]]
y = target[0:100]
y = y.reshape((-1, 1))
one = np.ones((X.shape[0], 1))
X_train = np.hstack((one, X))
classify = logistic()
loss = classify.train(X_train, y)
label = np.array(y)
index_0 = np.where(label == 0)
plt.scatter(X[index_0, 0], X[index_0, 1], marker='x', color='b', label='0', s=15)
index_1 = np.where(label == 1)
plt.scatter(X[index_1, 0], X[index_1, 1], marker='o', color='r', label='1', s=15)
# 绘制分类边界线
x1 = np.arange(4, 7.5, 0.5)
x2 = (- classify.W[0] - classify.W[1] * x1) / classify.W[2]
plt.plot(x1, x2, color='black')
plt.xlabel('X1')
plt.ylabel('X2')
plt.legend(loc='upper left')
plt.show()
```

程序 logicdrawborder.py 的运行结果如图 3.11 所示，可以看出，最后学习得到的决策边界成功地隔开了两个类别。

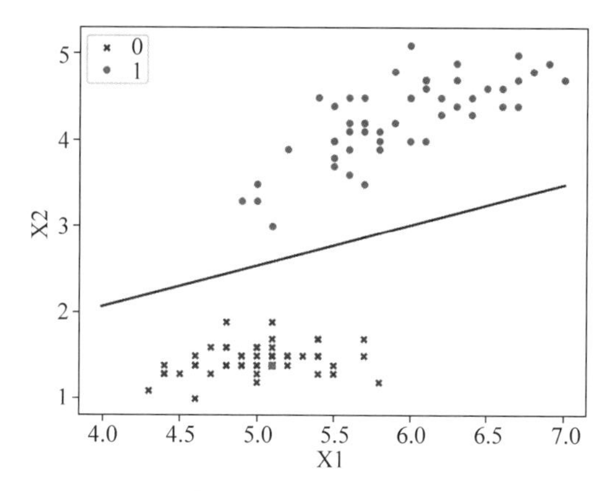

图 3.11　程序 logicdrawborder.py 的运行结果

3.2.4　实验

1. 实验目的

理解逻辑回归的算法原理，掌握损失函数的优化方法，并分别利用 scikit-learn 的相关包、Python 语言编程来实现该算法。

2. 实验数据

数据集选用经典的鸢尾花数据集，该数据集的详细介绍见 2.1.4 节。

3. 实验要求

(1) 实现数据可视化。

通过数据文件导入数据，并使用 Matplotlib 工具建立对应散点图。

(2) 将线性回归参数初始化为 0，计算损失函数(cost function)的初始值，根据算法基本原理中的损失函数计算公式来计算。

(3) 选择以下两种优化方法分别求解逻辑回归参数。

■ 梯度下降法。

■ 牛顿迭代法。

(4) 对验证集进行验证。

(5) 画出分类边界。

3.3　决策树算法

决策树(decision tree)是功能强大而且相当受欢迎的分类和预测方法，它是一种有监督的学习算法，以树状图为基础，其输出结果为一系列简单实用的规则，故得名决策树。决策树就是一系列的 if-then 语句，决策树可以用于分类问题，也可以用于回归问题。在讲解原理时为了表述方便，以分类问题为例。

决策树模型基于特征对实例进行分类，它是一种树状结构。决策树的优点是可读性强，分类速度快。学习决策树时，通常采用损失函数最小化原则。

决策树的经典算法包括 ID3、C4.5 和 CART，其中 ID3 和 C4.5 是基于信息论方法的，而 CART 是基于最小基尼系数计算方法的。

在本章中,训练集用 $\boldsymbol{D}$ 表示,T 表示一棵决策树。

3.3.1 原理简介

决策树算法是一个贪心算法,即在特性空间上执行递归的二元分割,决策树由节点和有向边组成。内部节点表示一个特征或者属性;叶子节点表示一个分类。使用决策树进行分类时,将实例分配到叶节点的类中,该叶节点所属的类就是该节点的分类。

决策树可以表示给定特征条件下,类别的条件概率分布。将特征空间划分为互不相交的单元 $S_1,S_2,\cdots,S_m$。设某个单元 S_i 内部有 N_i 个样本点,则它定义了一个条件概率分布 $P(y=c_k|X),X\in S_i,c_k(k=1,2,\cdots,K)$为第 k 个分类。

- 每个单元对应于决策树的一条路径。
- 所有单元的条件概率分布构成了决策树所代表的条件概率分布。
- 在单元 S_i 内部有 N_i 个样本点,但是整个单元都属于类 $\hat{c}_k$。其中,$\hat{c}_k=\underset{c_k}{\arg\max}P(y=c_k|X),X\in S_i$。即单元 S_i 内部的 N_i 个样本点,哪个分类占优,则整个单元都属于该类。

3.3.2 算法步骤

构建决策树通常包括 3 个步骤:特征选择;决策树生成;决策树剪枝。

假设给定训练集 $\boldsymbol{D}=\{(\boldsymbol{x}_1,y_1),(\boldsymbol{x}_2,y_2),\cdots,(\boldsymbol{x}_N,y_N)\}$,其中 $\boldsymbol{x}_i=(x_i^{(1)},x_i^{(2)},\cdots,x_i^{(n)})$为输入实例,$n$ 为特征个数;$y_i\in\{1,2,\cdots,K\}$为类标记,$i=1,2,\cdots,N$;N 为样本容量。构建决策树的目标是,根据给定的训练数据集学习一个决策树模型。

构建决策树时,通常将正则化的极大似然函数作为损失函数,其学习目标是损失函数为目标函数的最小化。构建决策树的算法通常是递归地选择最优特征,并根据该特征对训练数据进行分割,其步骤如下。

(1) 构建根节点,使所有训练样本都位于根节点。

(2) 选择一个最优特征。通过该特征将训练数据分割成多个子集,确保各个子集都有最好的分类,但要考虑下列两种情况。

- 若子集已能够被较好地分类,则构建叶节点,并将该子集划分到对应的叶节点。
- 若某个子集不能够被较好地分类,则对该子集继续划分。

(3) 递归执行,直至所有的训练样本都被较好地分类,或者没有合适的特征为止。是否被较好地分类,可通过后面介绍的指标来判断。

通过如上步骤生成的决策树对训练样本有很好的分类能力,但是需要的是对未知样本的分类能力。因此通常需要对已生成的决策树进行剪枝,从而使得决策树具有更好的泛化能力。剪枝过程是去掉过于细分的叶节点,从而提高泛化能力。

1. 特征选择

特征选择就是选取有较强分类能力的特征。分类能力通过信息增益或者信息增益比来刻画。选择特征的标准是找出局部最优的特征作为判断进行切分,取决于切分后节点数据集中类别的有序程度(纯度),划分后的分区数据越纯,切分规则越合适。可衡量节点数据集纯度的有熵、基尼系数和方差。熵和基尼系数是针对分类的，方差是针对回归的。

先给出熵的定义。设 X 是一个离散型随机变量，其概率分布为

$$P(X=\boldsymbol{x}_i)=p_i,\quad i=1,2,\cdots,n \tag{3.30}$$

则随机变量 X 的熵为

$$H(X)=-\sum_{i=1}^{n}p_i\log p_i \tag{3.31}$$

其中，定义 $0\log 0=0$。

当随机变量 X 只取两个值时，X 的分布为

$$P(X=1)=p$$
$$P(X=0)=1-p,\quad 0\leqslant p\leqslant 1$$

此时熵为

$$H(p)=-p\log p-(1-p)\log(1-p),\quad 0\leqslant p\leqslant 1$$

当 $p=0$ 或者 $p=1$ 时，熵最小(为 0)，此时随机变量不确定性最小；当 $p=0.5$ 时，熵最大(为 1)，此时随机变量不确定性最大。

熵 $H(p)$的函数图像如图 3.12 所示。

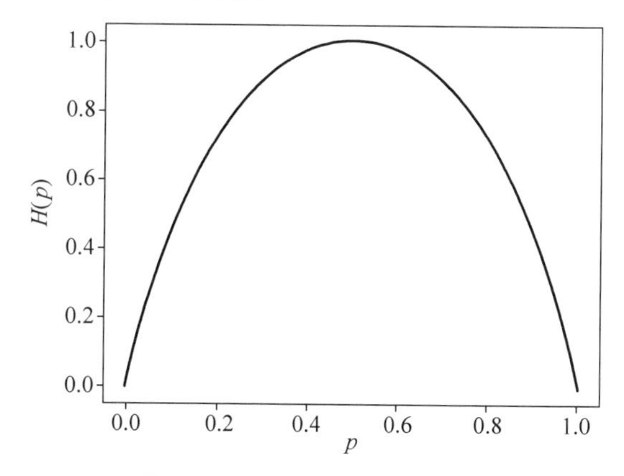

图 3.12　熵 $\boldsymbol{H(p)}$的函数图像

设随机变量为(X,Y)，其联合概率分布为

$$P(X=\boldsymbol{x}_i,Y=y_j)=p_{ij},\quad i=1,2,\cdots,n,\quad j=1,2,\cdots,m \tag{3.32}$$

则条件熵 $H(Y|X)$定义为

$$H(Y\mid X)=\sum_{i=1}^{n}P_X(X=\boldsymbol{x}_i)H(Y\mid X=\boldsymbol{x}_i) \tag{3.33}$$

其中

$$P_X(X=\boldsymbol{x}_i)=\sum_{Y}P(X=\boldsymbol{x}_i,Y)$$

当熵中的概率由数据估计得到时，被称为经验熵；当条件熵中的概率由数据估计得到时，被称为经验条件熵。

对于数据集 $\boldsymbol{D}$，通过 $H(Y)$来刻画数据集 $\boldsymbol{D}$ 的不确定程度。当数据集 $\boldsymbol{D}$ 中的所有样本都是同一种类别时，$H(Y)=0$。也将 $H(Y)$记作 $H(\boldsymbol{D})$。给定特征 A 和训练数据集 $\boldsymbol{D}$，定义信息增益 $g(\boldsymbol{D},A)=H(\boldsymbol{D})-H(\boldsymbol{D}|A)$。

信息增益刻画的是由于特征 A 而使得对数据集 $\boldsymbol{D}$ 的分类的不确定性减少的程度。构建决策树选择信息增益大的特征来划分数据集。

这里给出计算信息增益的算法。假设训练数据集为 $\boldsymbol{D}$，N 为其训练数据集容量。假设有 k 个类别，依次为 c_k，$k=1,2,\cdots,K$。设 $|C_k|$ 为属于类 c_k 的样本个数。

设特征 A 是离散的，且有 n 个不同的取值，即取值集合为 $\{a_1,a_2,\cdots,a_n\}$，根据特征 A 的取值将 $\boldsymbol{D}$ 划分出 n 个子集 $\boldsymbol{D}_1,\boldsymbol{D}_2,\cdots,\boldsymbol{D}_n$，$N_i$ 为对应的 $\boldsymbol{D}_i$ 中的样本个数。

设集合 $\boldsymbol{D}_i$ 中属于类 c_k 的样本集合为 $\boldsymbol{D}_{ik}$，其容量为 N_{ik}，信息增益算法如下。

输入：

■ 训练数据集 $\boldsymbol{D}$。

■ 特征 A。

输出：信息增益 $g(\boldsymbol{D},A)$。

算法步骤：

■ 根据式(3.34)计算数据集 $\boldsymbol{D}$ 的经验熵 $\mathrm{H}(\boldsymbol{D})$。它就是训练数据集 $\boldsymbol{D}$ 中，分类 Y 的概率估计 $\hat{P}(Y=c_k)=\frac{|C_k|}{N}$ 计算得到的经验熵。

$$H(\boldsymbol{D})=-\sum_{k=1}^{K}\frac{|C_k|}{N}\log\frac{|C_k|}{N} \tag{3.34}$$

■ 根据下式计算特征 A 对于数据集 $\boldsymbol{D}$ 的经验条件熵 $H(\boldsymbol{D}|A)$。它使用了特征 A 的概率估计：$\hat{P}(X^{(A)}=\alpha_i)=\frac{|N_i|}{N}$，以及经验条件熵 $\hat{H}(\boldsymbol{D}\mid X^{(A)}=\alpha_i)=\sum_{k=1}^{K}-\left(\frac{|N_{ik}|}{N_i}\log\frac{|N_{ik}|}{N_i}\right)$（其中使用了条件概率估计 $\hat{P}(Y=c_k|X^{(A)}=\alpha_i)=\frac{N_{ik}}{N_i}$，其意义是：在子集 $\boldsymbol{D}_i$ 中，Y 的分布）

$$H(\boldsymbol{D}\mid A)=\sum_{i=1}^{n}\frac{|N_i|}{N}\sum_{k=1}^{K}-\left(\frac{|N_{ik}|}{N_i}\log\frac{|N_{ik}|}{N_i}\right) \tag{3.35}$$

■ 根据下式计算信息增益：

$$g(\boldsymbol{D},A)=H(\boldsymbol{D})-H(\boldsymbol{D}\mid A)$$

熵越大，表示越混乱；熵越小，表示越有序。因此，信息增益表示混乱的减少程度（或者说是有序的增加程度）。

以信息增益作为划分训练集的特征选取方案，存在偏向于选取值较多的特征的问题。公式如下：

$$\begin{aligned} g(\boldsymbol{D},A)&=H(\boldsymbol{D})-H(\boldsymbol{D}\mid A)\\ &=H(\boldsymbol{D})-\sum_{i=1}^{n}\frac{|N_i|}{N}\sum_{k=1}^{K}-\left(\frac{|N_{ik}|}{N_i}\log\frac{|N_{ik}|}{N_i}\right)\end{aligned} \tag{3.36}$$

在极限情况下，特征 A 将每个样本一一对应到对应的节点中时（即每个节点中有且仅有一个样本），此时 $\frac{N_{ik}}{N_i}=1$，$i=1,2,\cdots,n$，条件熵部分为 0。而条件熵的最小值为 0，这意味着该情况下的信息增益达到了最大值。然而，这个特征 A 显然不是最佳的选择。

可以通过定义信息增益比来解决。特征 A 对训练集 $\boldsymbol{D}$ 的信息增益比 $g_R(\boldsymbol{D},A)$ 定义为

$$g_R(\boldsymbol{D},A)=\frac{g(\boldsymbol{D},A)}{H_A(\boldsymbol{D})} \tag{3.37}$$

$$H_A(\boldsymbol{D})=-\sum_{i=1}^{n}\frac{N_i}{N}\log\frac{N_i}{N} \tag{3.38}$$

$H_A(\boldsymbol{D})$刻画了特征 A 对训练集 $\boldsymbol{D}$ 的分辨能力。但是这不表征它对类别的分辨能力。比如 A 将 $\boldsymbol{D}$ 切分成了两块：$\boldsymbol{D}_1$ 和 $\boldsymbol{D}_2$，则很有可能 $H(\boldsymbol{D})=H(\boldsymbol{D}_1)=H(\boldsymbol{D}_2)$（如每个子集 $\boldsymbol{D}_i$ 中各类别样本的比例与 $\boldsymbol{D}$ 中各类别样本的比例相同）。

2. 决策树生成

基本的决策树生成算法中，典型的有 ID3 生成算法和 C4.5 生成算法，它们生成树的过程大致相似。ID3 采用信息增益作为特征选择的度量，而 C4.5 则采用信息增益比。

1) ID3 生成算法

ID3 生成算法应用信息增益准则选择特征，其算法描述如下。

(1) 输入。

■ 训练数据集 $\boldsymbol{D}$。

■ 特征集合 A。

■ 特征信息增益阈值 $\varepsilon>0$。

(2) 输出：决策树 T。

(3) 算法步骤。

■ 若 $\boldsymbol{D}$ 中所有实例均属于同一类 c_k，则 T 为单节点树，并将 c_k 作为该节点的类标记，返回 T。这是一种特殊情况：$\boldsymbol{D}$ 的分类集合只有一个分类。

■ 若 $A=\varnothing$，则 T 为单节点树，将 $\boldsymbol{D}$ 中实例数最大的类 c_k 作为该节点的类标记，返回 T（即多数表决）。这也是一种特殊情况：$\boldsymbol{D}$ 的特征集合为空。

■ 否则计算 $g(\boldsymbol{D},A_i)$，其中 $A_i\in A$ 为特征集合中的各个特征，选择信息增益最大的特征 A_g。

■ 判断 A_g 的信息增益如下。

　■ 若 $g(\boldsymbol{D},A_g)<\varepsilon$，则置 T 为单节点树，将 $\boldsymbol{D}$ 中实例数最大的类 c_k 作为该节点的类标记，返回 T。

　■ 若 $g(\boldsymbol{D},A_g)\geqslant\varepsilon$，则对 A_g 特征的每个可能取值 α_i，根据 $A_g=\alpha_i$ 将 $\boldsymbol{D}$ 划分为若干非空子集 $\boldsymbol{D}_i$，将 $\boldsymbol{D}_i$ 中实例数最大的类作为标记，构建子节点，由子节点及其子节点构成树 T，返回 T。

■ 对第 i 个子节点，以 $\boldsymbol{D}_i$ 为训练集，以 $A-\{A_g\}$为特征集，递归地调用前面的步骤，得到子树 T_i，返回 T_i。

2) C4.5 生成算法

C4.5 生成算法应用信息增益比来选择特征，其算法描述如下。

(1) 输入。

■ 训练数据集 $\boldsymbol{D}$。

■ 特征集 A。

■ 特征信息增益阈值 $\varepsilon>0$。

(2) 输出：决策树 T。

(3) 算法步骤。

■ 若 $\boldsymbol{D}$ 中的所有实例均属于同一类 c_k，则 T 为单节点树，并将 c_k 作为该节点的类标记，返回 T。这是一种特殊情况：$\boldsymbol{D}$ 的分类集合只有一个分类。

■ 若 $A=\varnothing$，则 T 为单节点树，将 $\boldsymbol{D}$ 中实例数最大的类 c_k 作为该节点的类标记，返回 T(即多数表决)。这也是一种特殊情况：$\boldsymbol{D}$ 的特征集合为空。

■ 否则计算 $g_R(\boldsymbol{D},A_i)$，其中 $A_i \in A$ 为特征集合中的各个特征，选择信息增益最大的特征 A_g。

■ 判断 A_g 的信息增益如下。

■ 若 $g_R(\boldsymbol{D},A_i)<\varepsilon$，则置 T 为单节点树，将 $\boldsymbol{D}$ 中实例数最大的类 c_k 作为该节点的类标记(即多数表决)，返回 T。

■ 若 $g_R(\boldsymbol{D},A_g)\geqslant\varepsilon$，则对 A_g 特征的每个可能取值 α_i，根据 $A_g=\alpha_i$ 将 $\boldsymbol{D}$ 划分为若干非空子集 $\boldsymbol{D}_i$，将 $\boldsymbol{D}_i$ 中实例数最大的类作为标记(即多数表决)，构建子节点，由子节点及其子节点构成树 T，返回 T。

■ 对第 i 个子节点，以 $\boldsymbol{D}_i$ 为训练集，以 $A-\{A_g\}$ 为特征集，递归地调用前面的步骤，得到子树 T_i，返回 T_i。

关于 C4.5 生成算法的几点说明如下。

■ C4.5 算法继承了 ID3 算法的优点，并在以下几方面对 ID3 算法进行了改进。

■ 用信息增益比来选择属性，克服了用信息增益选择属性时偏向选择取值多的属性的不足。

■ 在树的构造过程中进行剪枝。

■ 能够完成对连续属性的离散化处理。

■ 能够对不完整数据进行处理。

■ C4.5 算法有如下优点：产生的分类规则易于理解，准确率较高。其缺点是：在构造树的过程中，需要对数据集进行多次的顺序扫描和排序，因而导致算法低效。此外，C4.5 算法只适合于能够驻留于内存的数据集，当训练集大得内存无法容纳时，程序无法运行。

■ 决策树可能只用到特征集中的部分特征。

■ C4.5 算法和 ID3 算法只有树的生成算法，生成的树容易产生过拟合现象。即对训练集的匹配很好，但是预测测试集的效果较差。

3. 决策树剪枝

决策树需要剪枝的原因是：决策树生成算法生成的树对训练数据的预测很准确，但是对未知数据的分类却很差，这就产生了过拟合的现象。其实，原理都是一样的，决策树的构建是直到没有特征可选或者信息增益很小，这就导致构建的决策树模型过于复杂，而复杂的模型是在训练数据集上建立的，所以对于测试集往往造成分类的不准确，这就是过拟合。发生过拟合是由于决策树太复杂，解决过拟合的方法是控制模型的复杂度，对于决策树来说就是简化模型，通常被称为剪枝。

决策树剪枝的过程是从已生成的决策树上裁掉一些子树或者叶节点。剪枝的目标是通过极小化决策树的整体损失函数或代价函数来实现的。

决策树剪枝的目的是通过剪枝来提高泛化能力。剪枝的思路就是在决策树对训练数据的预测误差和数据复杂度之间找到一个平衡。

设决策树 T 的叶节点个数为 $|T_f|$，t 为树的叶节点，该叶节点有 N_t 个样本点，其中属于 c_k 类的样本点有 $N_{tk}(k=1,2,\cdots,K)$ 个，则有 $\sum_{k=1}^{K} N_{tk}=N_t$。

令 $H(t)$ 为叶节点 t 上的经验熵，$\alpha \geqslant 0$ 为参数，则决策树 T 的损失函数定义为

$$C_\alpha(T)=\sum_{t=1}^{|T_f|} N_t H(t)+\alpha\ |T_f|\ H(t)=-\sum_{k=1}^{K} \frac{N_{tk}}{N_t}\log \frac{N_{tk}}{N_t} \tag{3.39}$$

令

$$C(T)=\sum_{t=1}^{|T_f|} N_t H(t)=-\sum_{t=1}^{|T_f|}\sum_{k=1}^{K} N_{tk}\log \frac{N_{tk}}{N_t} \tag{3.40}$$

则

$$C_\alpha(T)=C(T)+\alpha\ |T_f|$$

其中，$\alpha|T_f|$ 为正则化项，$C(T)$ 表示预测误差。

- $C(T)=0$ 意味着 $N_{tk}=N_t$，即每个叶节点 t 内的样本都是纯的(即单一的分类，而不是杂的)。
- 决策树划分得越细致，则决策树 T 的叶节点越多，$|T_f|$ 越大；$|T_f|$ 小于或等于样本集的数量，当取等号时，决策树 T 的每个叶节点只有一个样本点。
- 参数 α 控制预测误差与模型复杂度之间的关系如下。
  - 较大的 α 会选择较简单的模型。
  - 较小的 α 会选择较复杂的模型。
  - $\alpha=0$ 时只考虑训练数据与模型的拟合程度，不考虑模型复杂度。

剪枝算法的描述如下。

(1) 输入。

- 生成树 T。
- 参数 α。

(2) 输出：剪枝树 T_α。

(3) 算法步骤。

① 计算每个节点的经验熵。

- 递归地从树的叶节点向上回退。
- 设一组叶节点回退到父节点之前与之后的整棵树分别为 T_t 与 T'_t，对应的损失函数值分别为 $C_\alpha(T_t)$ 与 $C_\alpha(T'_t)$。若 $C_\alpha(T'_t)\leqslant C_\alpha(T_t)$，则进行剪枝，并将父节点变成新的叶节点。

② 递归执行步骤①，直到不能继续为止，得到损失函数最小的子树 T_α。

4. CART 模型

分类与回归树(classification and regression tree，CART)模型也是一种决策树模型，它既可用于分类，也可用于回归。其学习算法分为如下两步。

决策树生成：用训练数据生成决策树，生成树尽可能地大。

决策树剪枝：基于损失函数最小化的标准，用验证数据对生成的决策树剪枝。

分类与回归树模型采用不同的最优化策略。CART 回归生成树用平方误差最小化策

略，CART 分类生成树采用基尼系数最小化策略。

1) 决策树生成算法

(1) CART 回归树。

给定训练数据集 $\boldsymbol{D}=\{(\boldsymbol{x}_1,y_1),(\boldsymbol{x}_2,y_2),\cdots,(\boldsymbol{x}_N,y_N)\}$，$y_i\in\mathbb{R}$。设已经将输入空间划分为 M 个单元 $R_1,R_2,\cdots,R_m$，且在单元 R_m 上输出值为 c_m，$m=1,2,\cdots,M$。则回归树模型为

$$f(\boldsymbol{x})=\sum_{m=1}^{M}c_m I(\boldsymbol{x}\in R_m) \tag{3.41}$$

其中，$I(\cdot)$为示性函数。

如果给定输入空间的一个划分，回归树在训练数据集上的误差（平方误差）为 $\sum\limits_{\boldsymbol{x}_i\in R_m}(y_i-f(\boldsymbol{x}_i))^2$。

基于平方误差最小的准则，可以求解出每个单元上的最优输出值 $\hat{c}_m$：

$$\hat{c}_m=\text{ave}(y_i \mid \boldsymbol{x}_i\in R_m)$$

它就是 R_m 上所有输入样本对应的输出 y_i 的平均值。

现在需要找到最佳的划分，使得该划分对应的回归树的平方误差在所有划分中最小。设 $\boldsymbol{x}_i=(x_i^{(1)},x_i^{(2)},\cdots,x_i^{(k)})$，即输入为 k 维。选择第 j 维 $\boldsymbol{x}_i^{(j)}$，它的取值 s 作为切分变量和切分点。定义两个区域：

$$R_1(j,s)=\{\boldsymbol{x}\mid x^{(j)}\leqslant s\},\quad R_2(j,s)=\{\boldsymbol{x}\mid x^{(j)}>s\} \tag{3.42}$$

然后寻求最优切分变量 j 和最优切分点 s。即求解

$$\min_{j,s}\left[\min_{c_1}\sum_{\boldsymbol{x}_i\in R_1(j,s)}(y_i-c_1)^2+\min_{c_2}\sum_{\boldsymbol{x}_i\in R_2(j,s)}(y_i-c_2)^2\right] \tag{3.43}$$

对于给定的维度 j 可以找到最优切分点 s。同时有

$$\begin{aligned}\hat{c}_1&=\text{ave}(y_i\mid \boldsymbol{x}_i\in R_1(j,s))\\ \hat{c}_2&=\text{ave}(y_i\mid \boldsymbol{x}_i\in R_2(j,s))\end{aligned} \tag{3.44}$$

问题是如何求解 j 呢？首先遍历所有的维度，找到最优切分维度 j；然后对该维度找到最优切分点 s 构成一个(j,s)对，并将输入空间划分为两个区域。然后在子区域中重复划分过程，直到满足停止条件为止。这样的回归树称为最小二乘回归树。

最小二乘回归树生成算法的描述如下。

① 输入。

■ 训练数据集 $\boldsymbol{D}$。

■ 停止计算条件。

② 输出：CART 回归树 $f(\boldsymbol{x})$。

③ 算法步骤。

■ 选择数据集 $\boldsymbol{D}$ 的最优切分维度 j 和切分点 s。即求解

$$\min_{j,s}\left[\min_{c_1}\sum_{\boldsymbol{x}_i\in R_1(j,s)}(y_i-c_1)^2+\min_{c_2}\sum_{\boldsymbol{x}_i\in R_2(j,s)}(y_i-c_2)^2\right]$$

求解方法为遍历 j、s，找到使上式最小的(j,s)对。

■ 用选定的(j,s)划分区域并决定相应的输出值。

$$R_1(j,s)=\{\boldsymbol{x}\mid x^{(j)}\leqslant s\}$$

$$R_2(j,s)=\{\boldsymbol{x} \mid \boldsymbol{x}^{(j)}>s\}$$

$$\hat{c}_1=\mathrm{ave}(y_i \mid \boldsymbol{x}_i \in R_1(j,s))$$

$$\hat{c}_2=\mathrm{ave}(y_i \mid \boldsymbol{x}_i \in R_2(j,s))$$

■ 对子区域 R_1、R_2 递归地调用上面两步，直到满足停止条件为止。

■ 将输入空间划分为 M 个区域 $R_1,R_2,\cdots,R_M$，生成决策树：

$$f(\boldsymbol{x})=\sum_{m=1}^{M}\hat{c}_m I(\boldsymbol{x} \in R_m)$$

④ 停止条件。

通常的停止条件为下列条件之一：

■ 节点中样本个数小于预定值。

■ 样本集的平方误差小于预定值。

■ 没有更多的特征。

(2) CART 分类树。

假设有 K 个分类，样本点属于第 k 类的概率为 $p_k=P(Y=c_k)$。定义概率分布的基尼系数为

$$\mathrm{Gini}(p)=\sum_{k=1}^{K}p_k(1-p_k)=1-\sum_{k=1}^{K}p_k^2 \tag{3.45}$$

对于给定的样本集合 $\boldsymbol{D}$，设属于类 c_k 的样本子集为 C_k，则基尼系数为

$$\mathrm{Gini}(\boldsymbol{D})=1-\sum_{k=1}^{K}\left(\frac{|C_k|}{|\boldsymbol{D}|}\right)^2 \tag{3.46}$$

给定特征 A，根据其是否取某一个可能值 α，样本集 $\boldsymbol{D}$ 被分为两个子集，分别为 $\boldsymbol{D}_1$ 和 $\boldsymbol{D}_2$，其中：

$$\begin{aligned}\boldsymbol{D}_1&=\{(\boldsymbol{x},y)\in \boldsymbol{D} \mid \boldsymbol{x}^{(A)}=\alpha\}\\ \boldsymbol{D}_2&=\{(\boldsymbol{x},y)\in \boldsymbol{D} \mid \boldsymbol{x}^{(A)}\neq\alpha\}=\boldsymbol{D}-\boldsymbol{D}_1\end{aligned} \tag{3.47}$$

定义 $\mathrm{Gini}(\boldsymbol{D},A)$ 如下：

$$\mathrm{Gini}(\boldsymbol{D},A)=\frac{|\boldsymbol{D}_1|}{|\boldsymbol{D}|}\mathrm{Gini}(\boldsymbol{D}_1)+\frac{|\boldsymbol{D}_2|}{|\boldsymbol{D}|}\mathrm{Gini}(\boldsymbol{D}_2) \tag{3.48}$$

它表示在特征 A 的条件下，集合 $\boldsymbol{D}$ 的基尼系数。

CART 分类树采用基尼系数选择最优特征。CART 分类树的生成算法描述如下。

① 输入。

■ 训练数据集 $\boldsymbol{D}$。

■ 停止计算条件。

②输出：CART 决策树。

③ 算法步骤。

■ 对每个特征 A，以及它可能的每个值 α，计算 $\mathrm{Gini}(\boldsymbol{D},A)$。

■ 选取最优特征和最优切分点。在所有特征 A 以及所有的切分点 α 中，基尼系数最小的 A 和 α 就是最优特征和最优切分点。根据最优特征和最优切分点将训练集 $\boldsymbol{D}$ 切分成两个子节点。

■ 对两个子节点递归调用上面两步，直到满足停止条件为止。

■ 最终生成 CART 决策树。

④ 停止条件。

通常的停止条件为下列条件之一：

■ 节点中样本个数小于预定值。

■ 样本集的基尼系数小于预定值。

■ 没有更多的特征。

2) 决策树剪枝算法

CART 剪枝是从生成树开始剪掉一些子树，使得决策树变小。剪枝过程由如下两步组成(假设初始的生成树为 T_0)。

(1) 从 T_0 开始不断地剪枝，直到剪成一棵单节点的树。这些剪枝树形成一个剪枝树序列 $\{T_0, T_1, \cdots, T_n\}$。

(2) 从该剪枝树序列中挑选出最优剪枝树。方法是通过交叉验证法使用验证数据集对剪枝树序列进行测试。

给出决策树的损失函数为 $C_\alpha(T)=C(T)+\alpha|T|$。其中 $C(T)$ 为决策树对训练数据的预测误差；$|T|$ 为决策树的叶节点个数。

对于固定的 α，存在使 $C_\alpha(T)$ 最小的树。令其为 T_α，可以证明 T_α 是唯一的。

■ 当 α 大时，T_α 偏小(即决策树比较简单)。

■ 当 α 小时，T_α 偏大(即决策树比较复杂)。

■ 当 $\alpha=0$ 时，生成树就是最优的。

■ 当 $\alpha=\infty$ 时，根组成的一个单节点树就是最优的。

考虑生成树 T_0。对 T_0 内任意节点 t，以 t 为单节点树(记作 $\tilde{t}$)的损失函数为 $C_\alpha()=C()+\alpha$，以 t 为根的子树 T_0 的损失函数为 $C_\alpha(\tilde{t})=C(\tilde{t})+\alpha$。可以证明：

■ 当 $\alpha=0$ 及充分小时，有 $C_\alpha(T_t)<C_\alpha(\tilde{t})$。

■ 当 α 增大到某个值时，有 $C_\alpha(T_t)=C_\alpha(\tilde{t})$。

■ 当 α 再增大时，有 $C_\alpha(T_t)>C_\alpha(\tilde{t})$。

因此，令 $\alpha=\dfrac{C(\tilde{t})-C(T_t)}{|T_t-1|}$，此时 T 与 $\tilde{t}$ 有相同的损失函数值，但是 $\tilde{t}$ 的叶节点更少。于是对 T_t 进行剪枝得到一棵单节点树 $\tilde{t}$。

对 T_0 内部的每个节点 t，定义 $g(t)=\dfrac{C(t)-C(T_t)}{|T_t|-1}$。设 T_0 内 $g(t)$ 最小的子树为 T_t^*，令该最小值的 $g(t)$ 为 $\tilde{\alpha}_1$。从 T_0 中剪去 T_t^*，即得到剪枝树 T_1。重复这种"求 $g(t)$－剪枝"的过程，直到根节点即完成剪枝。在此过程中不断增加 $\tilde{\alpha}_i$ 的值，从而生成剪枝树序列。

CART 剪枝交叉验证过程是通过验证数据集来测试剪枝树序列 $\{T_0, T_1, \cdots, T_n\}$ 中各剪枝树的。CART 回归树用于考查剪枝树的平方误差，平方误差最小的决策树被认为是最优决策树。CART 分类树用于考查剪枝树的基尼系数，基尼系数最小的决策树被认为是最优决策树。

CART 剪枝算法的描述如下。

(1) 输入：CART 生成树 T_0。

(2) 输出：CART 剪枝树 T_α。

(3) 算法步骤。

■ 令 $k=0, T=T_0, \alpha=\infty$。

■ 自下而上地对树 T 各内部节点 t 计算 $g(t)=\dfrac{C(t)-C(T_t)}{|T_t-1|}$。

■ 对于所有的内部节点，$\tilde{\alpha}_{k+1}=\min\limits_t(g(t))$，令 $t^*=\operatorname*{argmin}\limits_t(g(t))$。对内部节点 t^* 进行剪枝得到树 T_{k+1}。

■ 令 $T=T_{k+1}, k=k+1$。

■ 若 T 不是由根节点单独构成的树，则继续前面的步骤。

■ 采用交叉验证法在剪枝树序列 $T_0, T_1, \cdots, T_n$ 中选取最优剪枝树 T_α。

3.3.3 实战

1. 数据集

为了检验决策树的性能，本节选用经典的数据集：鸢尾花数据集，该数据集的详细介绍见 2.1.4 节。

2. Sklearn 实现

DecisionTreeClassifier()函数实现了分类决策树，用于分类问题。其原型如下：

```
class sklearn.tree.DecisionTreeClassifier(*, criterion='gini', splitter='best', max_depth=None, min_samples_split=2, min_samples_leaf=1, min_weight_fraction_leaf=0.0, max_features=None, random_state=None, max_leaf_nodes=None, min_impurity_decrease=0.0, class_weight=None, ccp_alpha=0.0)
```

1) 参数

(1) criterion：一个字符串，用于指定切分质量的评价准则。可以有以下取值。

■ 'gini'：表示切分时评价准则是基尼系数。

■ 'entropy'：表示切分时评价准则是熵。

(2) splitter：一个字符串，用于指定切分原则，可以有以下取值。

■ 'best'：表示选择最优的切分。

■ 'random'：表示随机切分。

(3) max_depth：取值可以为整数或者 None，用于指定树的最大深度。可以有以下取值。

■ 如果为 None，则表示树的深度不限（直到每个叶子都是纯的，即叶节点中所有的样本点都属于一个类，或者叶子中包含小于 min_samples_split 个样本点）。

■ 如果 max_leaf_nodes 为非 None 值，则忽略此选项。

(4) min_samples_split：取值为整数，用于指定每个内部节点（非叶节点）包含的最少的样本数。

(5) min_samples_leaf：取值为整数，用于指定每个叶节点包含的最少的样本数。

(6) min_weight_fraction_leaf：取值为浮点数，用于指定叶节点中样本的最小权重系数。

(7) max_features：取值可以为整数、浮点数、字符串或者 None，用于指定寻找 best split 时考虑的特征数量。可以有以下取值。

■ 如果是整数，则每次切分只考虑 max_features 个特征。

■ 如果是浮点数，则每次切分只考虑 max_features×n_features 个特征(max_features 指定了百分比)。

■ 如果是字符串'auto'或者'sqrt'，则 max_features=sqrt(n_features)。如果是字符串'log2'，则 max_features=log2(n_features)。

■ 如果是 None，则 max_features=n_features。

(8) random_state：取值为一个整数或一个 RandomState 实例或 None。

■ 如果为整数，则指定了随机数生成器的种子。

■ 如果为 RandomState 实例，则指定了随机数生成器。

■ 如果为 None，则使用默认的随机数生成器。

(9) max_leaf_nodes：取值为整数或者 None，用于指定最大的叶节点数量。

■ 如果为 None，此时叶节点数量不限。

■ 如果为非 None，则 max_depth 被忽略。

(10) class_weight：取值为一个字典、字典的列表、字符串'balanced'，或者 None，用于指定分类的权重。权重的形式为{class_label:weight}。

■ 如果为 None，则每个分类的权重都为 1。

■ 字符串'balanced'表示分类的权重是样本中各分类出现的频率的反比。

■ 如果 sample_weight 提供了权重(由 fit()方法提供)，则这些权重都会乘以 sample_weight。

2) 属性

(1) classes_：分类的标签值。

(2) feature_importances_：给出了特征的重要程度。该值越高，则该特征越重要(也称为 Gini importance)。

(3) max_features_：max_features 的推断值。

(4) n_classes_：给出了分类的数量。

(5) n_features_：执行 fit()方法之后，特征的数量。

(6) n_outputs_：执行 fit()方法之后，输出的数量。

(7) tree_：一个 Tree 对象，即底层的决策树。

3) 方法

(1) fit(X,y[,sample_weight,check_input,…])：训练模型。

(2) predict(X[,check_input])：用模型进行预测，返回预测值。

(3) predict_log_proba(X)：返回一个数组，数组的元素依次是 X 预测为各个类别的概率的对数值。

(4) predict_proba(X)：返回一个数组，数组的元素依次是 X 预测为各个类别的概率值。

（5）score(X,y[,sample_weight])：返回在(X,y)上预测的准确率。

首先导入包：

```
import numpy as np
import matplotlib.pyplot as plt
from sklearn import datasets
from sklearn import model_selection
from sklearn.tree import DecisionTreeClassifier
```

定义 DecisionTreeClassifier() 函数：

```
def test_DecisionTreeClassifier(*data):
  '''
测试 DecisionTreeClassifier()函数的用法

  :param data: 可变参数.它是一个元组,这里要求其元素依次为训练样本集、测试样本集、训练样本
的标记、测试样本的标记
  :return: None
  '''
  X_train, X_test, y_train, y_test = data
  clf = DecisionTreeClassifier()
  clf.fit(X_train, y_train)
  print("Training score: %f" % (clf.score(X_train, y_train)))
  print("Testing score: %f" % (clf.score(X_test, y_test)))
```

调入数据后，使用 DecisionTreeClassifier() 函数进行分类：

```
# 产生用于分类问题的数据集
X_train, X_test, y_train, y_test = load_data()

# 调用 test_DecisionTreeClassifier()函数
test_DecisionTreeClassifier(X_train, X_test, y_train, y_test)
```

结果如下：

```
Training score:1.000000
Testing score:0.974359
```

可以看出，实现了对训练数据集的完全拟合，对测试数据集的拟合精度高达97.435 9%。下面考察评价切分质量的评价准则 criterion 对分类性能的影响，给出如下函数：

```
def test_DecisionTreeClassifier_criterion(*data):
  '''
    测试 DecisionTreeClassifier()函数的预测性能随 criterion 参数的影响

  :param data: 可变参数.它是一个元组,这里要求其元素依次为训练样本集、测试样本集、训练样本
的标记、测试样本的标记
  :return: None
  '''
  X_train, X_test, y_train, y_test = data
```

```
criterions = ['gini', 'entropy']
for criterion in criterions:
    clf = DecisionTreeClassifier(criterion = criterion)
    clf.fit(X_train, y_train)
    print("criterion: %s" % criterion)
    print("Training score: %f" % (clf.score(X_train, y_train)))
    print("Testing score: %f" % (clf.score(X_test, y_test)))
```

使用该函数进行测试:

```
# 产生用于分类问题的数据集
X_train, X_test, y_train, y_test = load_data()
test_DecisionTreeClassifier_criterion(X_train,X_test,y_train,y_test)
```

结果如下:

```
criterion:gini
Training score:1.000000
Testing score:0.974359
criterion:entropy
Training score: 1.000000
Testing score:0.948718
```

可以看出,对于本问题,二者对训练集的拟合都非常完美(100%),对于测试集的预测准确率都较高,但是稍有不同;使用基尼系数的策略预测性能较高。

接下来检验随机划分与最优划分的影响,给出如下函数:

```
def test_DecisionTreeClassifier_splitter( * data):
  '''
测试 DecisionTreeClassifier()函数的预测性能随划分类型的影响

  :param data: 可变参数.它是一个元组,这里要求其元素依次为训练样本集、测试样本集、训练样本的标记、测试样本的标记
  :return: None
  '''
  X_train, X_test, y_train, y_test = data
  splitters = ['best', 'random']
  for splitter in splitters:
      clf = DecisionTreeClassifier(splitter = splitter)
      clf.fit(X_train, y_train)
      print("splitter: %s" % splitter)
      print("Training score: %f" % (clf.score(X_train, y_train)))
      print("Testing score: %f" % (clf.score(X_test, y_test)))
```

使用该函数:

```
# 产生用于分类问题的数据集
X_train, X_test, y_train, y_test = load_data()
test_DecisionTreeClassifier_splitter(X_train,X_test,y_train,y_test)
```

结果如下:

```
splitter:best
Training score:1.000000
Testing score:0.974359
splitter:random
Training score:1.008000
Testing score:0.948718
```

可以看出，对于本问题，二者对训练集的拟合都非常完美(100%)，对于测试集的预测准确率都较高，但是稍有不同；使用最优划分的性能要高于随机划分。

最后考察决策树深度的影响。决策树的深度对应着树的复杂度。决策树越深，则模型越复杂，给出如下函数：

```
def test_DecisionTreeClassifier_depth( * data, maxdepth):
  '''
  测试 DecisionTreeClassifier()函数的预测性能随 maxdepth 参数的影响

  :param data: 可变参数.它是一个元组,这里要求其元素依次为训练样本集、测试样本集、训练样本的标记、测试样本的标记
  :param maxdepth: 一个整数,用于指定 DecisionTreeClassifier()函数的 max_depth 参数
  :return: None
  '''
  X_train, X_test, y_train, y_test = data
  depths = np.arange(1, maxdepth)
  training_scores = []
  testing_scores = []
  for depth in depths:
     clf = DecisionTreeClassifier(max_depth = depth)
     clf.fit(X_train, y_train)
     training_scores.append(clf.score(X_train, y_train))
     testing_scores.append(clf.score(X_test, y_test))
## 绘图
  fig = plt.figure()
  ax = fig.add_subplot(1, 1, 1)
  ax.plot(depths, training_scores, label = "traing score", marker = 'o')
  ax.plot(depths, testing_scores, label = "testing score", marker = ' * ')
  ax.set_xlabel("maxdepth")
  ax.set_ylabel("score")
  ax.set_title("Decision Tree Classification")
  ax.legend(framealpha = 0.5, loc = 'best')
plt.show()
```

使用该函数：

```
# 产生用于分类问题的数据集
X_train, X_test, y_train, y_test = load_data()
test_DecisionTreeClassifier_depth(X_train,X_test,y_train,y_test,maxdepth = 100)
```

运行结果如图 3.13 所示。可以看出，随着树深度的增加(对应着模型复杂度的提高)，模型对训练集和预测集的拟合度都在提高。这里训练数据集大小仅为 150，不考虑任何条件，只需要一棵深度为$\log_2 150 \leqslant 8$ 的二叉树就能够完全拟合数据，使得每个叶节点最多只有一个样本。考虑到决策树算法中的提前终止条件(如叶节点中所有样本都是同一类则不再划分，此时叶节点中有超过一个样本)，则树的深度小于 8。

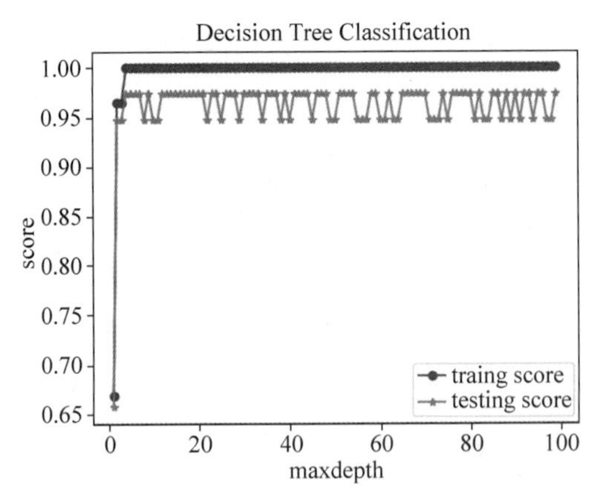

图 3.13 调用 DecisionTreeClassifier_depth()函数的运行结果

3. 算法实现

下面就以一个经典的打球的例子来说明如何构建决策树。是否去打球(play)主要由天气(outlook)、温度(temperature)、湿度(humidity)、是否有风(windy)来确定。样本中共 14 条数据。

表 3.2 打球数据集示例

序号	outlook	temperature	humidity	windy	play
1	sunny	hot	high	FALSE	no
2	sunny	hot	high	TRUE	no
3	overcast	hot	high	FALSE	yes
4	rainy	mild	high	FALSE	yes
5	rainy	cool	normal	FALSE	yes
6	rainy	cool	normal	TRUE	no
7	overcast	cool	normal	TRUE	yes
8	sunny	mild	high	FALSE	no
9	sunny	cool	normal	FALSE	yes
10	rainy	mild	normal	FALSE	yes
11	sunny	mild	normal	TRUE	yes
12	overcast	mild	high	TRUE	yes
13	overcast	hot	normal	FALSE	yes
14	rainy	mild	high	TRUE	no

下面将分别介绍使用 ID3 算法和 C4.5 算法构建决策树的方法。

1) 使用 ID3 算法构建决策树

ID3 算法是使用信息增益来选择特征的。

(1) 计算 play(是否去打球)的经验熵。

在本例中,目标变量 $\boldsymbol{D}$ 就是 play(是否去打球),即 yes(打球)和 no(不打球)。$|\boldsymbol{D}|=14$。K 就是目标变量 play(是否去打球)的分类数,有两类:yes(打球)和 no(不打球)。yes(打球)这个分类下有 9 个样本,而 no(不打球)这个分类下有 5 个样本,所以信息熵 $H(\boldsymbol{D})=H(\text{play})=-((9/14)\log(9/14)+(5/14)\log(5/14))=0.651\,756\,561\,173$。

注意：本书中的 $\log x$ 均按照以 e 为底进行计算的。

(2) 计算 outlook(天气)特征的信息增益。

记 outlook 特征为特征 A，共有 3 个不同的取值{sunny、overcast、rainy}，即 $v=3$，根据特征 A 的取值，将数据集 $\boldsymbol{D}$ 划分为如下 3 个子集。

- sunny 的子集：共有 5 个样本，2 个打球(play=yes)，3 个不打球(play=no)。
- overcast 的子集：共有 4 个样本，均为打球(play=yes)。
- rainy 的子集：共有 5 个样本，3 个打球(play=yes)，2 个不打球(play=no)。

每个子集可以分别计算熵，具体公式如下：

$H(\boldsymbol{D}|A)=H(\text{play}|\text{outlook})=(5/14)\text{sunny}$ 熵 $+(4/14)\text{overcast}$ 熵 $+(5/14)\text{rainy}$ 熵 $=(5/14)(-(2/5)\log(2/5)-(3/5)\log(3/5))+(4/14)(-(4/4)\log(4/4))+(5/14)(-(3/5)\log(3/5)-(2/5)\log(2/5))=0.480\ 722\ 619\ 292$

所以 outlook 特征的信息增益为 $g(\boldsymbol{D},A)=g(\boldsymbol{D},\text{outlook})=H(\boldsymbol{D})-H(\boldsymbol{D}|A)=0.171\ 033\ 941\ 88$。

(3) 计算 temperature(温度)特征的信息增益。

记 temperature 特征为特征 B，共有 3 个不同的取值{hot，mild，cool}，则 $v=3$。根据特征的取值，将数据集 $\boldsymbol{D}$ 划分为如下 3 个子集。

- hot 的子集：共有 4 个样本，2 个打球(play=yes)，2 个不打球(play=no)。
- mild 的子集：共有 6 个样本，4 个打球(play=yes)，2 个不打球(play=no)。
- cool 的子集：共有 4 个样本，3 个打球(play=yes)，1 个不打球(play=no)。

每个子集可以分别计算熵，具体公式如下：

$H(\boldsymbol{D}|B)=H(\text{play}|\text{temperature})=(4/14)\text{hot}$ 熵 $+(6/14)\text{mild}$ 熵 $+(4/14)\text{cool}$ 熵 $=(4/14)(-(2/4)\log(2/4)-(2/4)\log(2/4))+(6/14)(-(4/6)\log(4/6)-(2/6)\log(2/6))+(4/14)(-(3/4)\log(3/4)-(1/4)\log(1/4))=0.631\ 501\ 022\ 177$

所以 temperature 特征的信息增益为 $g(\boldsymbol{D},B)=g(\boldsymbol{D},\text{temperature})=H(\boldsymbol{D})-H(\boldsymbol{D}|B)=0.020\ 255\ 538\ 995\ 2$。

(4) 计算 humidity(湿度)特征的信息增益。

记 humidity 特征为特征 C，共有两个不同的取值{high，normal}，$v=2$。根据特征的取值将数据集 $\boldsymbol{D}$ 划分为如下两个子集：

high 的子集：共有 7 个样本，3 个打球(play=yes)，4 个不打球(play=no)。

normal 的子集：共有 7 个样本，6 个打球(play=yes)，1 个不打球(play=no)。

每个子集可以分别计算熵，具体公式如下：

$H(\boldsymbol{D}|C)=H(\text{play}|\text{humidity})=(7/14)\text{high}$ 熵 $+(7/14)\text{normal}$ 熵 $=(7/14)(-(3/7)\cdot\log(3/7)-(4/7)\log(4/7))+(7/14)(-(6/7)\log(6/7)-(1/7)\log(1/7))=0.546\ 512\ 211\ 494$

所以 humidity 特征的信息增益为 $g(\boldsymbol{D},C)=g(\boldsymbol{D},\text{humidity})=H(\boldsymbol{D})-H(\boldsymbol{D}|C)=0.105\ 244\ 349\ 678$。

(5) 计算 windy(是否有风)特征的信息增益。

记 windy 特征为特征 E，共有两个不同的取值{TRUE，FALSE}，$v=2$。根据特征的取值，将数据集 $\boldsymbol{D}$ 划分为如下两个子集：

TRUE 的子集：共有 6 个样本，2 个打球(play=yes)，4 个不打球(play=no)。

FALSE 的子集：共有 8 个样本，6 个打球(play=yes)，2 个不打球(play=no)。

每个子集可以分别计算熵，具体公式如下：

$H(\boldsymbol{D}|E)=H(\text{play}|\text{windy})=(6/14)$TRUE 熵$+(8/14)$FALSE 熵$=(6/14)(-(2/6)\cdot\log(2/6)-(4/6)\log(4/6))+(8/14)(-(6/8)\log(6/8)-(2/8)\log(2/8))=0.594\ 126\ 154\ 766$

所以 windy 特征的信息增益为 $g(\boldsymbol{D},E)=g(\boldsymbol{D},\text{windy})=H(\boldsymbol{D})-H(\boldsymbol{D}|E)=0.057\ 630\ 406\ 407$。

(6) 确定 root 节点。

对比上面四个特征的信息增益如下：

$$g(\boldsymbol{D},A)=g(\boldsymbol{D},\text{outlook})=0.171\ 033\ 941\ 88$$
$$g(\boldsymbol{D},B)=g(\boldsymbol{D},\text{temperature})=0.020\ 255\ 538\ 995\ 2$$
$$g(\boldsymbol{D},C)=g(\boldsymbol{D},\text{humidity})=0.105\ 244\ 349\ 678$$
$$g(\boldsymbol{D},E)=g(\boldsymbol{D},\text{windy})=0.057\ 630\ 406\ 407$$

可以看出 outlook 特征的信息增益最大，所以选择 outlook 特征作为决策树的根节点。

特征 A(天气)有三个不同的取值{sunny、overcast、rainy}，即 $v=3$，根据特征 A(天气)的取值，将数据集 $\boldsymbol{D}$ 划分为 3 个子集，其中：

■ sunny 的子集中有 5 个样本：2 个打球(play=yes)，3 个不打球(play=no)。

■ overcast 的子集中有 4 个样本：都为打球(play=yes)。

■ rainy 的子集中有 5 个样本：3 个打球(play=yes)，2 个不打球(play=no)。

对每个子集分别计算熵如下：

$$\text{sunny 熵}=-(2/5)\log(2/5)-(3/5)\log(3/5)>0$$
$$\text{overcast 熵}=-(4/4)\log(4/4)=0$$
$$\text{rainy 熵}=-(3/5)\log(3/5)-(2/5)\log(2/5)>0$$

上面的 overcast 熵=0，如图 3.14 所示。也就是这部分已经分好类了，都为打球，所以直接就可以作为叶节点了，不需要再进行分类。而 sunny 熵、rainy 熵都大于 0，还需要按照上面根节点的选择方式继续选择特征。

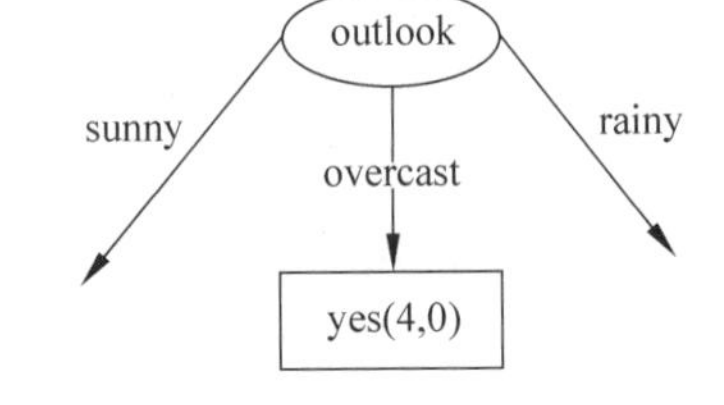

图 3.14 overcast 熵=0

(7) 计算 outlook 特征为 sunny 的数据集，该数据集如表 3.3 所示。

表 3.3 outlook 特征为 sunny 的数据集

序号	outlook	temperature	humidity	windy	play
1	sunny	hot	high	FALSE	no
2	sunny	hot	high	TRUE	no
8	sunny	mild	high	FALSE	no
9	sunny	cool	normal	FALSE	yes
11	sunny	mild	normal	TRUE	yes

① 计算 outlook 这个分支样本的信息熵。

yes(打球)这个分类下有 2 个样本，而 no(不打球)这个分类下有 3 个样本，所以信息熵 $H(\boldsymbol{D})=H(\text{play})=-((2/5)\log(2/5)+(3/5)\log(3/5))=0.673\ 011\ 667\ 009$。

② 计算 temperature 特征的信息增益。

记 temperature 特征为特征 A，其共有 3 个不同的取值{hot，mild，cool}，则 $v=3$。根据特征的取值，将数据集 $\boldsymbol{D}$ 划分为 3 个子集。其中：

- hot 的子集中有 2 个样本，2 个不打球(play=no)。
- mild 的子集中有个 2 样本，1 个打球(play=yes)，1 个不打球(play=no)。
- cool 的子集中有 1 个样本，1 个打球(play=yes)。

每个子集可以分别计算熵，具体公式如下：

$$\begin{aligned}H(\boldsymbol{D}|A)&=H(\text{play}|\text{temperature})=(2/5)\text{hot 熵}+(2/5)\text{mild 熵}+(1/5)\text{cool 熵}\\&=(2/5)(-(2/2)\log(2/2))+(2/5)(-(1/2)\log(1/2)-\\&\quad(1/2)\log(1/2))+(1/5)(-(1/1)\log(1/1))=-(2/5)\log(1/2)\\&=0.277\,258\,872\,224\end{aligned}$$

所以 temperature 特征对应的信息增益为

$$g(\boldsymbol{D},A)=g(\boldsymbol{D},\text{temperature})=H(\boldsymbol{D})-H(\boldsymbol{D}\mid A)=0.395\,752\,794\,785。$$

③ 计算 humidity 特征的信息增益。

记 humidity 特征为特征 B，共有两个不同的取值{high，normal}，$v=2$。根据特征的取值将数据集 $\boldsymbol{D}$ 划分为两个子集，其中：

- high 的子集有 3 个样本，3 个不打球(play=no)。
- normal 的子集有 2 个样本，2 个打球(play=yes)。

每个子集可以分别计算熵，具体公式如下：

$$\begin{aligned}H(\boldsymbol{D}|B)&=H(\text{play}|\text{humidity})=(3/5)\text{high 熵}+(2/5)\text{normal 熵}\\&=(3/5)(-(3/3)\log(3/3))+(2/5)(-(2/2)\log(2/2))=0\end{aligned}$$

所以 humidity 特征的信息增益为

$$g(\boldsymbol{D},B)=g(\boldsymbol{D},\text{humidity})=H(\boldsymbol{D})-H(\boldsymbol{D}\mid B)=0.673\,011\,667\,009$$

humidity 特征划分已经将信息熵降为 0，所以就不用继续计算了，直接把湿度作为分裂的特征即可，如图 3.15 所示。

(8) 计算 outlook 特征为 rainy 的数据。

用相同的方法计算此部分的数据后，最终得出的决策树如图 3.16 所示。

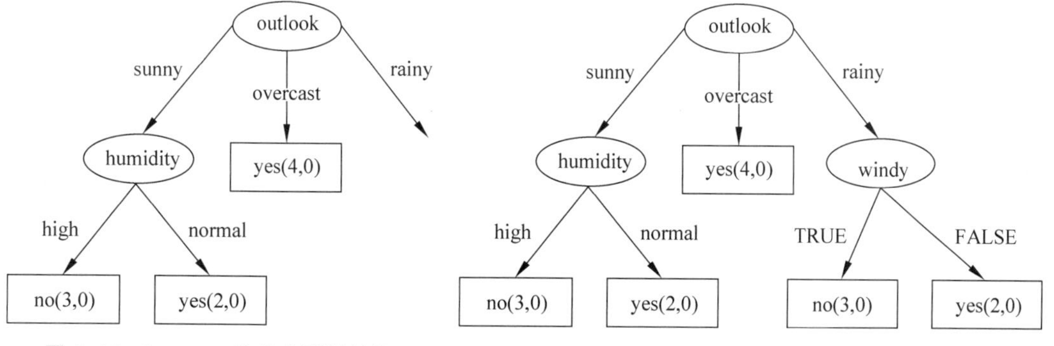

图 3.15 humidity 作为分裂的特征

图 3.16 windy 作为分裂的特征

下面的代码是基于 ID3 算法的信息增益来实现的。

```
#!/usr/bin/env python
# -*- coding: utf-8 -*-
```

```
# @Time   : 2022/5/12 20:04
# @Author :
# @File   : id3.py
# @Description :

from math import log
import operator
import treePlotter


def createDataSet():
    dataset = [[1, 1, 'yes'],
               [1, 1, 'yes'],
               [1, 0, 'no'],
               [0, 1, 'no'],
               [0, 1, 'no']]
    labels = ['no surfacing', 'flippers']
    return dataset, labels


def calcshannonent(dataset):
    """
    计算信息熵

    @param dataset:
    @return:
    """
    numEntries = len(dataset) # 样本数
    labelCounts = {} # 创建一个数据字典:key是最后一列的数值(即标签,也就是目标分类的类
# 别),value是属于该类别的样本个数
    for featVec in dataset: # 遍历整个数据集,每次取一行
        currentLabel = featVec[-1] # 取该行最后一列的值
        if currentLabel not in labelCounts.keys(): labelCounts[currentLabel] = 0
        labelCounts[currentLabel] += 1
    shannonEnt = 0.0 # 初始化信息熵
    for key in labelCounts:
        prob = float(labelCounts[key]) / numEntries
        shannonEnt -= prob * log(prob, 2) # log base 2 计算信息熵
    return shannonEnt


def splitDataSet(dataset, axis, value):
    """
    按给定的特征划分数据

    @param dataset:
    @param axis: 是dataset数据集下要进行特征划分的列号,如outlook是0列
    @param value: 是该列下某个特征值,如0列中的sunny
    @return:
    """
    retDataSet = []
    for featVec in dataset: # 遍历数据集,并抽取按axis的当前value特征进行划分的数据集(不
包括axis列的值)
```

```
        if featVec[axis] == value: # 判断 featVec 数组的第 axis 个是否等于 value
            reducedFeatVec = featVec[:axis] # 从 0 到 axis 进行分片
            reducedFeatVec.extend(featVec[axis + 1:])
            retDataSet.append(reducedFeatVec)
            # print axis,value,reducedFeatVec
    # print retDataSet
    return retDataSet


def chooseBestFeatureToSplit(dataset):
    """
    选取当前数据集下,用于划分数据集的最优特征

    @param dataset:
    @return:
    """
    numFeatures = len(dataset[0]) - 1        # 获取当前数据集的特征个数,最后一列是分类标签
    baseEntropy = calcshannonent(dataset)   # 计算当前数据集的信息熵
    bestInfoGain = 0.0;
    bestFeature = -1                         # 初始化最优信息增益和最优的特征
    for i in range(numFeatures):             # 遍历每个特征 iterate over all the features
        featList = [example[i] for example in dataset]   # 获取数据集中当前特征下的所有值
        uniqueVals = set(featList) # 获取当前特征值,如 outlook 下有 sunny、overcast、rainy
        newEntropy = 0.0
        for value in uniqueVals:             # 计算每种划分方式的信息熵
            subDataSet = splitDataSet(dataset, i, value)
            prob = len(subDataSet) / float(len(dataset))
            newEntropy += prob * calcshannonent(subDataSet)
        infoGain = baseEntropy - newEntropy # 计算信息增益
        if (infoGain > bestInfoGain):        # 比较每个特征的信息增益,只要最好的信息增益
            bestInfoGain = infoGain          # 如果此值比当前最优值要好,则将最优值更换为此值
            bestFeature = i
    return bestFeature                       # 返回一个整数


def majorityCnt(classList):
    """
    该函数使用分类名称的列表,然后创建键值为 classList 中唯一值的数据字典.
    字典对象存储了 classList 中每个类标签出现的频率.
    最后利用 operator 操作键值排序字典,
    并返回出现次数最多的分类名称

    @param classList:
    @return:
    """
    classcount = {}
    for vote in classList:
        if vote not in classcount.keys(): classcount[vote] = 0
        classcount[vote] += 1
    sortedclasscount = sorted(classcount.iteritems(), key = operator.itemgetter(1), reverse = 
True)
    return sortedclasscount[0][0]
```

```
  def createTree(dataset, labels):
  """
  生成决策树的主方法

  @param dataset:
  @param labels:
  @return:
  """
  classList = [example[-1] for example in dataset] # 返回当前数据集下标签列的所有值
  if classList.count(classList[0]) == len(classList):
     return classList[0]    # 当类别完全相同时则停止继续划分,直接返回该类的标签
  if len(dataset[0]) == 1:# 遍历完所有的特征时,仍然不能将数据集划分成仅包含唯一类别的
#分组 dataset
     return majorityCnt(classList) # 由于无法简单地返回唯一的类标签,这里就将返回出现次数
#最多的类别作为返回值
  bestFeat = chooseBestFeatureToSplit(dataset) # 获取最好的分类特征索引
  bestFeatLabel = labels[bestFeat] # 获取该特征的名字

  # 这里直接使用字典变量来存储树信息,这对于绘制树形图很重要
  myTree = {bestFeatLabel: {}} # 当前数据集选取最好的特征存储在 bestFeat 中
  del (labels[bestFeat])        # 删除已经在选取的特征
  featValues = [example[bestFeat] for example in dataset]
  uniqueVals = set(featValues)
  for value in uniqueVals:
     subLabels = labels[:] # 复制所有标签,这样生成树就不会弄乱存在的对应的标签
     myTree[bestFeatLabel][value] = createTree(splitDataSet(dataset, bestFeat, value),
subLabels)
  return myTree


def classify(inputTree, featLabels, testVec):
  firstStr = inputTree.keys()[0]
  secondDict = inputTree[firstStr]
  featIndex = featLabels.index(firstStr)
  key = testVec[featIndex]
  valueOfFeat = secondDict[key]
  if isinstance(valueOfFeat, dict):
     classLabel = classify(valueOfFeat, featLabels, testVec)
  else:
     classLabel = valueOfFeat
  return classLabel


def storeTree(inputTree, filename):
  import pickle
  fw = open(filename, 'w')
  pickle.dump(inputTree, fw)
  fw.close()


def grabTree(filename):
  import pickle
```

```
    fr = open(filename)
    return pickle.load(fr)


if __name__ == '__main__':
    fr = open('play.txt')
    lenses = [inst.strip().split(' ') for inst in fr.readlines()]
    print(lenses)
    lensesLabels = ['outlook', 'temperature', 'huminidy', 'windy']
    lensesTree = createTree(lenses, lensesLabels)
    treePlotter.createPlot(lensesTree)

#!/usr/bin/env python
# -*- coding: utf-8 -*-
# @Time   : 2022/5/12 20:04
# @Author :
# @File   : treePlotter.py
# @Description :

import matplotlib.pyplot as plt

decisionNode = dict(boxstyle="sawtooth", fc="0.8") # 定义文本框与箭头的格式
leafNode = dict(boxstyle="round4", fc="0.8")
arrow_args = dict(arrowstyle="<-")


def getNumLeafs(myTree):
    """
    获取树叶节点的数目
    @param myTree:
    @return:
    """
    numLeafs = 0
    firstStr = list(myTree.keys())[0]
    secondDict = myTree[firstStr]
    for key in secondDict.keys():
# 测试节点的数据类型是不是字典,如果是则需要递归地调用getNumLeafs()函数
        if type(secondDict[key]).__name__ == 'dict':
            numLeafs += getNumLeafs(secondDict[key])
        else:
            numLeafs += 1
    return numLeafs


def getTreeDepth(myTree):
    """
    获取树的深度

    @param myTree:
    @return:
    """
    maxDepth = 0
    firstStr = list(myTree.keys())[0]
```

```
    secondDict = myTree[firstStr]
    for key in secondDict.keys():
        if type(secondDict[
                key]).__name__ == 'dict': # 如果不是叶节点则测试该节点是否是字典类型
            thisDepth = 1 + getTreeDepth(secondDict[key])
        else:
            thisDepth = 1
        if thisDepth > maxDepth: maxDepth = thisDepth
    return maxDepth


# 绘制带箭头的注释
def plotNode(nodeTxt, centerPt, parentPt, nodeType):
    createPlot.ax1.annotate(nodeTxt, xy = parentPt, xycoords = 'axes fraction',
                            xytext = centerPt, textcoords = 'axes fraction',
                            va = "center", ha = "center", bbox = nodeType, arrowprops = arrow_args)

# 计算父节点和子节点的中间位置,在父节点间填充文本的信息
def plotMidText(cntrPt, parentPt, txtString):
    xMid = (parentPt[0] - cntrPt[0]) / 2.0 + cntrPt[0]
    yMid = (parentPt[1] - cntrPt[1]) / 2.0 + cntrPt[1]
    createPlot.ax1.text(xMid, yMid, txtString, va = "center", ha = "center", rotation = 30)

# 画决策树的准备方法
def plotTree(myTree, parentPt, nodeTxt): # 从第一个关键节点开始拆分
    numLeafs = getNumLeafs(myTree)         # 计算树的宽度
    depth = getTreeDepth(myTree)           # 计算树的深度
    firstStr = list(myTree.keys())[0]
    cntrPt = (plotTree.xOff + (1.0 + float(numLeafs)) / 2.0 / plotTree.totalW, plotTree.
yOff)
    plotMidText(cntrPt, parentPt, nodeTxt)
    plotNode(firstStr, cntrPt, parentPt, decisionNode)
    secondDict = myTree[firstStr]
    plotTree.yOff = plotTree.yOff - 1.0 / plotTree.totalD
    for key in secondDict.keys():
        if type(secondDict[
                key]).__name__ == 'dict':
            plotTree(secondDict[key], cntrPt, str(key)) # 递归
        else: # 如果是叶节点则打印
            plotTree.xOff = plotTree.xOff + 1.0 / plotTree.totalW
            plotNode(secondDict[key], (plotTree.xOff, plotTree.yOff), cntrPt, leafNode)
            plotMidText((plotTree.xOff, plotTree.yOff), cntrPt, str(key))
    plotTree.yOff = plotTree.yOff + 1.0 / plotTree.totalD

    # 画决策树的主方法
def createPlot(inTree):
    fig = plt.figure(1, facecolor = 'white')
    fig.clf()
    axprops = dict(xticks = [], yticks = [])
    createPlot.ax1 = plt.subplot(111, frameon = False, ** axprops)
    # createPlot.ax1 = plt.subplot(111, frameon = False) # 用于演示目的的记号
    plotTree.totalW = float(getNumLeafs(inTree))
```

```
    plotTree.totalD = float(getTreeDepth(inTree))
    plotTree.xOff = - 0.5 / plotTree.totalW;
    plotTree.yOff = 1.0;
    plotTree(inTree, (0.5, 1.0), '')
    plt.show()

  # def createPlot():
  #   fig = plt.figure(1, facecolor = 'white')
  #   fig.clf()
  #   createPlot.ax1 = plt.subplot(111, frameon = False) # 用于演示目的的记号
  #   plotNode('a decision node', (0.5, 0.1), (0.1, 0.5), decisionNode)
  #   plotNode('a leaf node', (0.8, 0.1), (0.3, 0.8), leafNode)
  #   plt.show()

  def retrieveTree(i):
    listOfTrees = [{'no surfacing': {0: 'no', 1: {'flippers': {0: 'no', 1: 'yes'}}}},
                  {'no surfacing': {0: 'no', 1: {'flippers': {0: {'head': {0: 'no', 1: 'yes'}}, 1: 'no'}}}}
                  ]
    return listOfTrees[i]
```

执行上述代码后画出的决策树如图 3.17 所示。

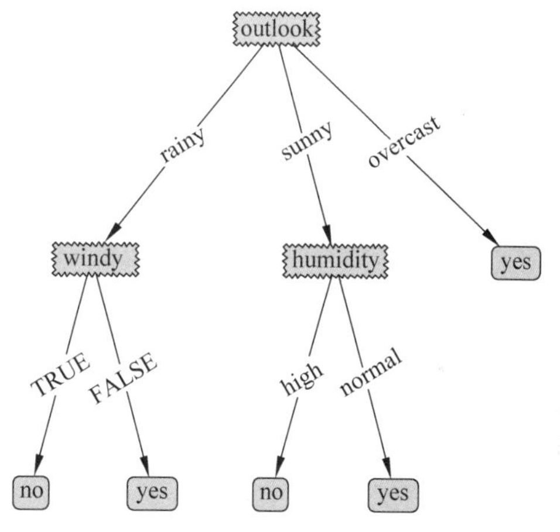

图 3.17 运行程序后画出的决策树

2）使用 C4.5 算法构建决策树

C4.5 算法使用信息增益率来进行特征选择。由于前面 ID3 算法使用信息增益选择分裂属性的方式会倾向于选择具有大量值的特征，如对于 no，每条数据都对应一个 play 值，即按此特征划分，每个划分都是纯的(即完全的划分，只有属于一个类别)，no 的信息增益为最大值 1，但这种按该特征的每个值进行分类的方式是没有任何意义的。为了解决这一弊端，有人提出了采用信息增益率(GainRate)来选择分裂特征。计算方式如下：

$$\mathrm{gr}(\boldsymbol{D},A)=g(\boldsymbol{D},A)/H(A)$$

其中，$g(\boldsymbol{D},A)$就是 ID3 算法中的新增增益。

计算各特征的信息增益率如下。

(1) outlook 特征的信息增益率。

$H(A)=H(\text{outlook})=-(5/14)\log(5/14)-(5/14)\log(5/14)-(4/14)\log(4/14)=1.093\ 374\ 717\ 56$

而上面已经计算了

$g(\boldsymbol{D},A)=g(\boldsymbol{D},\text{outlook})=0.171\ 033\ 941\ 88$

$\mathrm{gr}(\boldsymbol{D},A)=\mathrm{gr}(\text{play},\text{outlook})=g(\boldsymbol{D},A)/H(A)=0.156\ 427\ 562\ 421$

(2) temperature 特征的信息增益率。

$H(B)=H(\text{temperature})=-(4/14)\log(4/14)-(6/14)\log(6/14)-(4/14)\log(4/14)=$

1.078 992 207 88

而上面已经计算了

$g(\boldsymbol{D},B)=g(\boldsymbol{D},\text{temperature})=0.020\ 255\ 538\ 995\ 2$

$\text{gr}(\boldsymbol{D},B)=\text{gr}(\text{play},\text{temperature})=g(\boldsymbol{D},B)/H(B)=0.018\ 772\ 646\ 222\ 4$

(3) humidity 特征的信息增益率。

$H(C)=H(\text{humidity})=-(7/14)\log(7/14)-(7/14)\log(7/14)=0.693\ 147\ 180\ 56$

而上面已经计算了

$g(\boldsymbol{D},C)=g(\boldsymbol{D},\text{humidity})=0.105\ 244\ 349\ 678$

$\text{gr}(\boldsymbol{D},C)=\text{gr}(\text{play},\text{humidity})=g(\boldsymbol{D},C)/H(C)=0.151\ 835\ 501\ 362$

(4) windy 特征的信息增益率。

$H(E)=H(\text{windy})=-(8/14)\log(8/14)-(6/14)\log(6/14)=0.682\ 908\ 104\ 7$

而上面已经计算了

$g(\boldsymbol{D},E)=g(\boldsymbol{D},\text{windy})=0.057\ 630\ 406\ 407$

$\text{gr}(\boldsymbol{D},E)=\text{gr}(\text{play},\text{windy})=g(\boldsymbol{D},E)/H(E)=0.084\ 389\ 694\ 616\ 8$

对比上面 4 个特征的信息增益率，outlook 特征的信息增益率最大，所以 outlook 作为 root 节点。其他计算方法类似。

```
#!/usr/bin/python
#encoding:utf-8

# 对原始数据分类为训练数据和测试数据
import numpy as np
from sklearn import tree
from sklearn.model_selection import train_test_split
import pydotplus

def outlook_type(s):
    it = {b'sunny':1, b'overcast':2, b'rainy':3}
    return it[s]
def temperature(s):
    it = {b'hot':1, b'mild':2, b'cool':3}
    return it[s]
def humidity(s):
    it = {b'high':1, b'normal':0}
    return it[s]
def windy(s):
    it = {b'TRUE':1, b'FALSE':0}
    return it[s]

def play_type(s):
    it = {b'yes': 1, b'no': 0}
    return it[s]

play_feature_E = 'outlook', 'temperature', 'humidity', 'windy'
```

```
play_class = 'yes', 'no'

# 1.读入数据,并将原始数据中的数据转换为数字形式
data = np.loadtxt("play.txt", delimiter = " ", dtype = str, converters = {0:outlook_type,
1:temperature, 2:humidity, 3:windy,4:play_type})
x, y = np.split(data,(4,),axis = 1)

# 2.为了进行交叉验证,拆分训练数据与测试数据
# x_train, x_test, y_train, y_test = train_test_split(x, y, test_size = 0.3,random_state = 2)
x_train, x_test, y_train, y_test = train_test_split(x, y, test_size = 0.3)

# 3.使用信息熵作为划分标准,对决策树进行训练
clf = tree.DecisionTreeClassifier(criterion = 'entropy')
print(clf)
clf.fit(x_train, y_train)

# 4.把决策树结构写入文件
dot_data = tree.export_graphviz(clf, out_file = None, feature_names = play_feature_E, class_
names = play_class,filled = True, rounded = True, special_characters = True)
graph = pydotplus.graph_from_dot_data(dot_data)
graph.write_pdf('play1.pdf')

# 系数反映每个特征的影响力。系数越大表示该特征在分类中起到的作用越大
print(clf.feature_importances_)

# 5.使用训练数据预测,预测结果完全正确
answer = clf.predict(x_train)
y_train = y_train.reshape(-1)
print(answer)
print(y_train)
print(np.mean(answer == y_train))

# 6.对测试数据进行预测,准确率较低,说明过拟合
answer = clf.predict(x_test)
y_test = y_test.reshape(-1)
print(answer)
print(y_test)
print(np.mean(answer == y_test))
#输出
DecisionTreeClassifier(criterion = 'entropy')
[0.18045935 0.         0.59531747 0.22422318]
['1' '0' '0' '0' '1' '1' '0' '0' '1']
['1' '0' '0' '0' '1' '1' '0' '0' '1']
1.0
['0' '0' '1' '1' '0']
['1' '1' '1' '1' '1']
0.4
```

运行结果如图 3.18 所示。

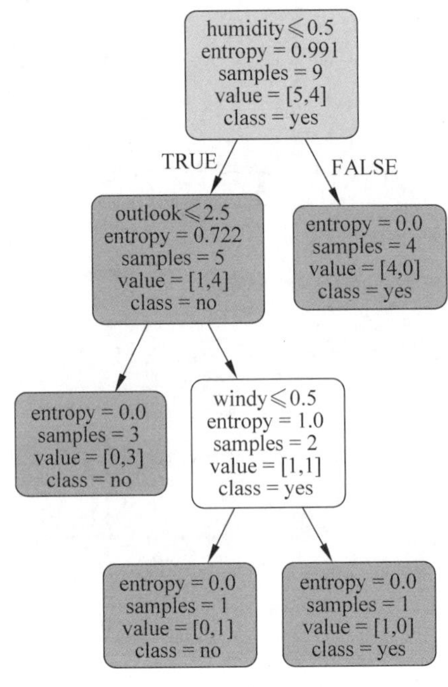

图 3.18 决策树结构图

3.3.4 实验

1. 实验目的

学会决策树的基本原理和基本的构建方法。了解分类问题以及训练集、测试集的构造以及决策树的基本定义,决策树的用法,构建决策树的方法流程。并拓展到在属性选择时用什么指标来度量,了解 ID3 信息熵以及 CART 使用基尼系数进行度量的两种重要方法。

2. 实验数据

选用经典的打球数据集,其数据示例见表 3.2。

3. 实验要求

分别使用 scikit-learn 的相关包、Python 语言编程来构建 ID3、C4.5 决策树,最后将训练出的决策树以图表形式显示。

3.4 支持向量机算法

3.4.1 原理简介

支持向量机(support vector machine,SVM)是一种二分类模型,它的基本模型是定义在特征空间上的间隔最大的线性分类器,间隔最大使它有别于感知机;SVM 还包括核技巧,这使它成为实质上的非线性分类器。SVM 的学习策略就是间隔最大化,可形式化为一个求解凸二次规划的问题,也等价于正则化的合页损失函数的最小化问题。SVM 的学习算法就是求解凸二次规划的最优化算法。

1. 线性 SVM 算法原理

SVM 的基本思想是求解能够正确划分训练数据集并且使几何间隔最大的分离超平面。如图 3.19 所示，其中，实心圆和空心圆代表两类样本；虚线为分类线，它们之间的距离叫作分类间隔(margin)；虚线上的点$(\boldsymbol{x}_i, y_i)$称为支持向量；$\boldsymbol{w} \cdot \boldsymbol{x} + b = 0$ 即为分离超平面，对于线性可分的数据集来说，这样的超平面有无穷多个(即感知机)，但是几何间隔最大的分离超平面却是唯一的。

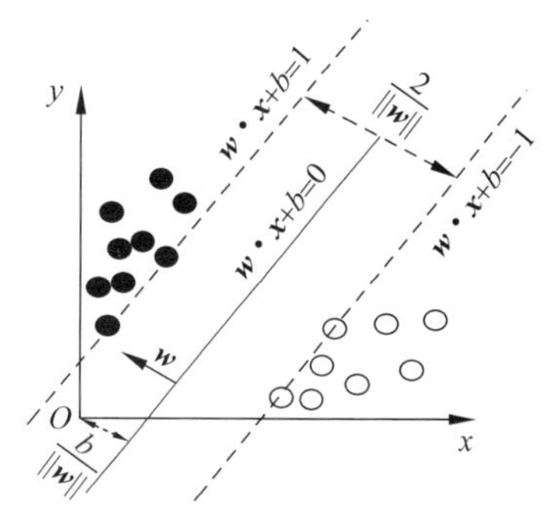

图 3.19 SVM 算法原理

假设给定一个在特征空间上线性可分的训练数据集为

$$\boldsymbol{T} = \{(\boldsymbol{x}_1, y_1), (\boldsymbol{x}_2, y_2), \cdots, (\boldsymbol{x}_N, y_N)\} \tag{3.49}$$

其中，$\boldsymbol{x}_i \in \mathbb{R}^n$，$y_i \in \{+1, -1\}$，$i = 1, 2, \cdots, N$；$\boldsymbol{x}_i$ 为第 i 个特征向量；y_i 为类标记，其为 +1 时代表正例，其为 −1 时代表负例。

对于给定的数据集 $\boldsymbol{T}$ 和超平面 $\boldsymbol{w} \cdot \boldsymbol{x} + b = 0$，则超平面关于样本点$(\boldsymbol{x}_i, y_i)$的几何间隔为

$$\gamma_i = y_i \left(\frac{\boldsymbol{w}}{\|\boldsymbol{w}\|} \cdot \boldsymbol{x}_i + \frac{b}{\|\boldsymbol{w}\|} \right) \tag{3.50}$$

超平面关于所有样本点的几何间隔的最小值为

$$\gamma = \min_{i=1,2,\cdots,N} \gamma_i$$

实际上，这个最小的几何间隔就是支持向量到超平面的距离。

根据以上定义，SVM 模型求解最大分割超平面的问题可以表示为以下约束最优化问题：

$$\text{s.t.} \quad y_i \left(\frac{\boldsymbol{w}}{\|\boldsymbol{w}\|} \cdot \boldsymbol{x}_i + \frac{b}{\|\boldsymbol{w}\|} \right) \geqslant \gamma, \quad i = 1, 2, \cdots, N \tag{3.51}$$

将约束条件两边同时除以 γ，得到

$$y_i \left(\frac{\boldsymbol{w}}{\|\boldsymbol{w}\| \gamma} \cdot \boldsymbol{x}_i + \frac{b}{\|\boldsymbol{w}\| \gamma} \right) \geqslant 1 \tag{3.52}$$

因为 $\|\boldsymbol{w}\|$、γ 都是标量，简化为

$$\boldsymbol{w} = \frac{\boldsymbol{w}}{\|\boldsymbol{w}\| \gamma}$$

$$b = \frac{b}{\|\boldsymbol{w}\| \gamma}$$

得到

$$y_i (\boldsymbol{w} \cdot \boldsymbol{x}_i + b) \geqslant 1, \quad i = 1, 2, \cdots, N \tag{3.53}$$

因为最大化 γ 等价于最大化$\frac{1}{\|\boldsymbol{w}\|}$，也等价于最小化$\frac{1}{2}\|\boldsymbol{w}\|^2$$\left(\frac{1}{2}\right.$是为了使后面的求导形式简洁，不影响结果$\left.\right)$，故 SVM 模型求解最大分割超平面的问题又可以表示为以下约束最优化问题：

$$\min_{w,b} \frac{1}{2}\|\boldsymbol{w}\|^2 \tag{3.54}$$

约束条件为

$$\text{s.t.}\quad y_i(\boldsymbol{w}\cdot\boldsymbol{x}_i+b)\geqslant 1,\quad i=1,2,\cdots,N$$

这是一个含有不等式约束的凸二次规划问题，可以对其使用拉格朗日乘子法得到其对偶问题(dual problem)，此处不再进行公式推导。

至此都是基于训练集数据线性可分的假设下进行的，但是实际情况下几乎不存在完全线性可分的数据，为了解决这个问题，引入了"软间隔"的概念，即允许某些点不满足约束：

$$y_i(\boldsymbol{w}\cdot\boldsymbol{x}_j+b)\geqslant 1 \tag{3.55}$$

采用 hinge 损失函数，将原优化问题改写为

$$\min_{w,b,\varepsilon_i} \frac{1}{2}\|\boldsymbol{w}\|^2+C\sum_{i=1}^{m}\varepsilon_i \tag{3.56}$$

约束条件为

$$\text{s.t.}\quad y_i(\boldsymbol{w}\cdot\boldsymbol{x}_i+b)\geqslant 1-\varepsilon_i,\varepsilon_i\geqslant 0,\quad i=1,2,\cdots,N$$

其中，ε_i 为松弛变量，$\varepsilon_i=\max(0,1-y_i(w\cdot x_i+b))$，即一个 hinge 损失函数。每个样本都有一个对应的松弛变量，表征该样本不满足约束的程度。$C>0$ 称为惩罚参数，C 值越大，对分类的惩罚越大。与线性完全可分求解的思路一样，这里需先用拉格朗日乘子法得到拉格朗日函数，再求其对偶问题。

2. 非线性 SVM 算法原理

在非线性的情况下，对于参数 ε 无法精准地估计，会对结果造成较大的影响及误差，在这里可以引入松弛因子 ξ_i、ξ_i^*，则二次凸优化问题可以变形为

$$\min \frac{1}{2}\|\boldsymbol{w}\|^2+C\sum_{i=1}^{N}(\xi_i+\xi_i^*) \tag{3.57}$$

而相应的约束条件也发生变化：

$$\begin{cases} y_i-\boldsymbol{w}\cdot\boldsymbol{x}_i-b\leqslant\varepsilon+\xi_i \\ \boldsymbol{w}\cdot\boldsymbol{x}_i+b-y_i\leqslant\varepsilon+\xi_i^* \end{cases} \tag{3.58}$$

根据实际情况可知，ξ_i、ξ_i^* 为正数，ε 则需满足不敏感损失函数，其表达式为

$$e(f(\boldsymbol{x})-y)=\max(0,\ |f(\boldsymbol{x})-y|-\varepsilon) \tag{3.59}$$

运用拉格朗日函数及对偶变量，则有

$$\begin{aligned} L=&\frac{1}{2}\|\boldsymbol{w}\|^2+C\sum_{i=1}^{N}(\xi_i+\xi_i^*)-\sum_{i=1}^{N}\alpha_i(\xi_i+\varepsilon-y_i+\boldsymbol{w}\cdot\boldsymbol{x}_i+b)- \\ &\sum_{i=1}^{N}\alpha_i^*(\xi_i^*+\varepsilon-y_i-\boldsymbol{w}\cdot\boldsymbol{x}_i-b)-\sum_{i=1}^{N}(\eta_i\xi_i+\eta_i^*\xi_i^*) \end{aligned} \tag{3.60}$$

其中，η_i、η_i^*、α_i、α_i^*、C 均大于 0。

再通过 KKT(Karush-Kuhn-Tucker)条件的运算得出

$$\begin{aligned} W(\alpha_i,\alpha_i^*)=&-\frac{1}{2}\sum_{i,j=1}^{N}(\alpha_i-\alpha_i^*)(\alpha_j-\alpha_j^*)k(\boldsymbol{x}_i,\boldsymbol{x}_j)+ \\ &\sum_{i=1}^{N}(\alpha_i-\alpha_i^*)y_i-\sum_{i=1}^{N}(\alpha_i+\alpha_i^*)\varepsilon \end{aligned} \tag{3.61}$$

并且有

$$\omega=\sum_{i=1}^{N}(\alpha_i-\alpha_i^*)\phi(\boldsymbol{x}_i)$$

对于输入空间中的非线性分类问题，可以通过非线性变换将其转换为不同维特征空间中的线性分类问题，在高维特征空间中去学习一个线性支持向量机。由于在线性SVM学习的对偶问题里，目标函数和分类决策函数都只涉及实例和实例之间的内积，不需要显式地指定非线性变换，所以在非线性SVM学习的对偶问题里，可用核函数替换当中的内积，其中，核函数表示通过一个非线性转换后的两个实例间的内积。具体地，$K(\boldsymbol{x}_i,\boldsymbol{x}_j)$是一个函数，意味着存在一个从输入空间到特征空间的映射$\phi(\boldsymbol{x})$，对任意输入空间中的$\boldsymbol{x}_i$、$\boldsymbol{x}_j$，有

$$K(\boldsymbol{x}_i,\boldsymbol{x}_j)=\phi(\boldsymbol{x}_i)\phi(\boldsymbol{x}_j) \tag{3.62}$$

在实际应用中，通常人们会从一些常用的核函数里选择(根据样本数据的不同，选择不同的参数，实际上就得到了不同的核函数)，下面给出常用的核函数：

■ 线性函数：$K(\boldsymbol{x}_i,\boldsymbol{x}_j)=\boldsymbol{x}_i\cdot\boldsymbol{x}_j$。

■ 多项式核函数：$K(\boldsymbol{x}_i,\boldsymbol{x}_j)=(\boldsymbol{x}_i\cdot\boldsymbol{x}_j+1)^d$。

■ 径向基核函数：$K(\boldsymbol{x}_i,\boldsymbol{x}_j)=\exp(-\|\boldsymbol{x}_i-\boldsymbol{x}_j\|^2/(2\sigma^2))$。

■ 拉普拉斯核函数：$K(\boldsymbol{x}_i,\boldsymbol{x}_j)=\exp(-\|\boldsymbol{x}_i-\boldsymbol{x}_j\|/\sigma^2)$。

■ Sigmoid核函数：$(\beta>0,\theta>0)K(x_i,x_j)=\tanh(\beta\boldsymbol{x}_i^{\mathrm{T}}\cdot\boldsymbol{x}_j+\theta)$。

综上所述，用核函数替代线性SVM学习的对偶问题中的内积，求解得到非线性SVM：

$$\begin{aligned}f(\boldsymbol{x})&=\sum_{i=1}^{N}(\alpha_i-\alpha_i^*)(\phi(\boldsymbol{x}_i)\cdot\phi(\boldsymbol{x}))+b\\&=\sum_{i=1}^{N}(\alpha_i-\alpha_i^*)K(\boldsymbol{x}_i,\boldsymbol{x})+b\end{aligned} \tag{3.63}$$

3.4.2 算法步骤

1) SVM的选用

当训练数据线性可分时，通过硬间隔最大化，学习一个线性分类器，即线性可分支持向量机。

当训练数据近似线性可分时，通过软间隔最大化，学习一个线性分类器，即线性支持向量机。

当训练数据线性不可分时，通过使用核函数，将低维度的非线性问题转换为高维度下的线性问题，学习得到非线性支持向量机。

2) 线性SVM算法

(1) 输入：训练数据集$\boldsymbol{T}=\{(\boldsymbol{x}_1,y_1),(\boldsymbol{x}_2,y_2),\cdots,(\boldsymbol{x}_N,y_N)\}$，其中，$\boldsymbol{x}_i\in\mathbb{R}^n$，$y_i\in\{+1,-1\}$，$i=1,2,\cdots,N$。

(2) 输出：分离超平面和分类决策函数。

(3) 算法步骤。

① 选择惩罚参数$C>0$，构造并求解凸二次规划问题。

$$\min_{\alpha}\frac{1}{2}\sum_{i=1}^{N}\sum_{j=1}^{N}\alpha_i\alpha_j y_i y_j(\boldsymbol{x}_i\cdot\boldsymbol{x}_j)-\sum_{i=1}^{N}\alpha_i \tag{3.64}$$

$$\text{s.t.} \quad \sum_{i=1}^{N} \alpha_i y_i = 0$$

$$0 \leqslant \alpha_i \leqslant C, \quad i = 1, 2, \cdots, N$$

得到最优解$\boldsymbol{\alpha}^* = [\alpha_1^*, \alpha_2^*, \cdots, \alpha_N^*]^{\mathrm{T}}$。

② 计算。

$$\boldsymbol{w}^* = \sum_{i=1}^{N} \alpha_i^* y_i \boldsymbol{x}_i \tag{3.65}$$

选择$\boldsymbol{\alpha}^*$的一个分量α_j^*满足条件$0 \leqslant \alpha_j^* \leqslant C$,计算:

$$b^* = y_j - \sum_{i=1}^{N} \alpha_j^* y_i (\boldsymbol{x}_i \cdot \boldsymbol{x}_j) \tag{3.66}$$

③ 求分离超平面。

$$\boldsymbol{w}^* \cdot \boldsymbol{x} + b^* = 0 \tag{3.67}$$

分类决策函数:

$$f(\boldsymbol{x}) = \mathrm{sign}(\boldsymbol{w}^* \cdot \boldsymbol{x} + b^*) \tag{3.68}$$

3) 非线性 SVM 算法

(1) 输入:训练数据集 $\boldsymbol{T} = \{(\boldsymbol{x}_1, y_1), (\boldsymbol{x}_2, y_2), \cdots, (\boldsymbol{x}_N, y_N)\}$,其中,$\boldsymbol{x}_i \in \mathbb{R}^n$,$y_i \in \{+1, -1\}$,$i = 1, 2, \cdots, N$。

(2) 输出:分离超平面和分类决策函数。

(3) 算法步骤。

① 选择适当的核函数 $K(\boldsymbol{x}, y)$和惩罚参数 $C > 0$,构造并求解凸二次规划问题。

$$\min_{\alpha} \frac{1}{2} \sum_{i=1}^{N} \sum_{j=1}^{N} \alpha_i \alpha_j y_i y_j K(\boldsymbol{x}_i \cdot \boldsymbol{x}_j) - \sum_{i=1}^{N} \alpha_i \tag{3.69}$$

$$\text{s.t.} \quad \sum_{i=1}^{N} \alpha_i y_i = 0$$

$$0 \leqslant \alpha_i \leqslant C, \quad i = 1, 2, \cdots, N$$

得到最优解$\boldsymbol{\alpha}^* = [\alpha_1^*, \alpha_2^*, \cdots, \alpha_N^*]^{\mathrm{T}}$。

② 计算。

$$\boldsymbol{w}^* = \sum_{i=1}^{N} \alpha_i^* y_i \boldsymbol{x}_i \tag{3.70}$$

选择$\boldsymbol{\alpha}^*$的一个分量α_j^*满足条件$0 \leqslant \alpha_j^* \leqslant C$,计算:

$$b^* = y_j - \sum_{i=1}^{N} \alpha_j^* y_i K(\boldsymbol{x}_i \cdot \boldsymbol{x}_j) \tag{3.71}$$

③ 分类决策函数。

$$f(\boldsymbol{x}) = \mathrm{sign}\left(\sum_{i=1}^{N} \alpha_j^* y_i K(\boldsymbol{x} \cdot \boldsymbol{x}_i) + b^*\right) \tag{3.72}$$

4) 自编 SMO(序列最小优化)算法的步骤

(1) 启发式方法选择 α_1 和 α_2。

(2) 计算上界 H 和下界 L。

（3）计算误差项 E_i。

（4）更新 α_2。

（5）更新 α_1。

（6）更新 b。

3.4.3 实战

1. 数据集

本实战选用经典的数据集：鸢尾花数据集，该数据集的详细介绍见 2.1.4 节。

2. Sklearn 实现

1）线性 SVM

导入相关模块：

```
# 导入模块
import numpy as np
import matplotlib.pyplot as plt
from matplotlib.colors import ListedColormap
from sklearn import svm, datasets
from sklearn.preprocessing import StandardScaler
```

导入鸢尾花数据：

```
# 鸢尾花数据
iris = datasets.load_iris()
x = iris.data
y = iris.target
X = x[y<2,:2]   # 为便于绘图仅选择两个特征
y = y[y<2]      # 为提供线性可分数据集,只选取了前两类鸢尾花数据集
```

数据预处理。选择归一化对数据进行无量纲化处理：

```
# 数据预处理：数据归一化
scaler = StandardScaler()
scaler.fit(X)
X = scaler.transform(X)
```

模型引入及训练：

```
#引入模型：线性 SVM
model = svm.SVC(C = 1e9, kernel = 'linear')
# 模型训练
model.fit(X, y)
```

绘制分类区域的网格：

```
# 测试样本(绘制分类区域)：以样本的特征向量生成多维的网格采样点矩阵
axis = [-3,3,-3,3]
xlist1 = np.linspace(axis[0],axis[1],int((axis[1] - axis[0]) * 100))
xlist2 = np.linspace(axis[2],axis[3],int((axis[3] - axis[2]) * 100))
XGrid1, XGrid2 = np.meshgrid(xlist1, xlist2)
```

计算正例分类线、负例分类线：

```
w = model.coef_[0]
b = model.intercept_[0]
plot_x = np.linspace(axis[0],axis[1],200)
up_y = -w[0]/w[1]*plot_x - b/w[1] + 1/w[1]
down_y = -w[0]/w[1]*plot_x - b/w[1] - 1/w[1]
up_index = (up_y>=axis[2]) & (up_y<=axis[3])
down_index = (down_y>=axis[2]) & (down_y<=axis[3])
```

结果可视化：

```
# 预测并绘制结果
Z = model.predict(np.vstack([XGrid1.ravel(), XGrid2.ravel()]).T)
Z = Z.reshape(XGrid1.shape)
# 设置标题、横坐标、纵坐标
plt.figure('SVM Linear', facecolor='lightgray')
plt.title('SVM Linear', fontsize=14)
plt.xlabel('x', fontsize=12)
plt.ylabel('y', fontsize=12)
plt.tick_params(labelsize=10)
# 绘制分类线
# y=1, 正例分类线
plt.plot(plot_x[up_index],up_y[up_index],c='black',linewidth=2,linestyle=':')
# y=-1, 负例分类线
plt.plot(plot_x[down_index],down_y[down_index],c='black',linewidth=2,linestyle=':')
# 绘制超平面
# 填充分类轮廓
plt.contourf(XGrid1, XGrid2, Z, cmap=ListedColormap(['#EF9A9A','#FFF59D','#90CAF9']))
# 绘制轮廓线、超平面
plt.contour(XGrid1, XGrid2, Z, colors=('k',))
# 绘制数据点
# 绘制类别1
plt.scatter(X[y==0,0],X[y==0,1],s=60, marker='o', alpha=0.7, label='class 1', c='r')
# 绘制类别2
plt.scatter(X[y==1,0],X[y==1,1],s=60, marker='o', alpha=0.7, label='class 2', c='b')
# 绘制支持向量
plt.scatter(model.support_vectors_[:,0],model.support_vectors_[:,1],s=100, c="none",
edgecolor='k', marker="o",label="support_vector")
plt.legend()
plt.show()
```

线性 SVM 的效果展示如图 3.20 所示。

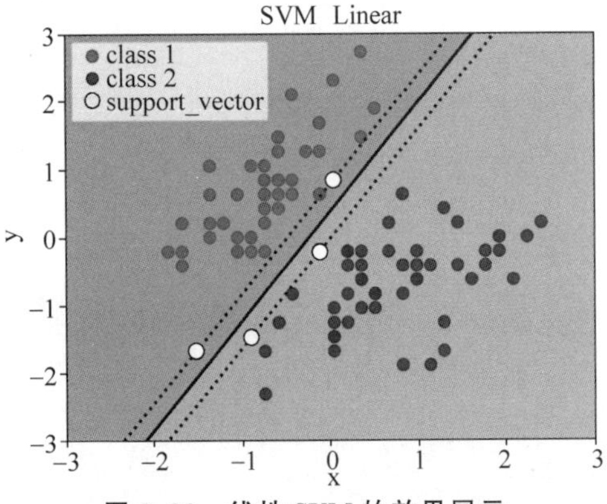

图 3.20 线性 SVM 的效果展示

2）非线性 SVM

导入相关模块：

```
# 导入模块
import numpy as np
import matplotlib.pyplot as plt
from matplotlib.colors import ListedColormap
from sklearn import svm, datasets
from sklearn.preprocessing import StandardScaler
```

导入鸢尾花数据集：

```
# 鸢尾花数据
iris = datasets.load_iris()
X = iris.data[:, :2]    # 为便于绘图仅选择两个特征
y = iris.target         # 对三类鸢尾花进行分类
```

数据预处理。选择归一化对数据进行无量纲化处理：

```
# 数据预处理：数据归一化
scaler = StandardScaler()
scaler.fit(X)
X = scaler.transform(X)
```

模型引入及训练：

```
# 非线性 SVM:
'''''
  常用核函数：kernel，多项式核函数:poly，径向基核函数:rbf，线性核函数:linear。
  核函数的超参数 gamma：0.5，
  SVC 的惩罚参数 C：1，
  SMO 迭代精度：1e-5，即停止训练的误差值大小
  内存 cache_size：1000MB，即核函数 cache 缓存大小
'''
model = svm.SVC(kernel='rbf', C=1, gamma=0.5, tol=1e-5, cache_size=1000).fit(X, y)
```

绘制分类区域的网格：

```
# 测试样本(绘制分类区域)
xlist1 = np.linspace(X[:, 0].min(), X[:, 0].max(), 200)
xlist2 = np.linspace(X[:, 1].min(), X[:, 1].max(), 200)
XGrid1, XGrid2 = np.meshgrid(xlist1, xlist2) # 以样本的特征向量生成多维的网格采样点矩阵
```

结果可视化：

```
# 预测并绘制结果
Z = model.predict(np.vstack([XGrid1.ravel(), XGrid2.ravel()]).T)
Z = Z.reshape(XGrid1.shape)
# 设置标题、横坐标、纵坐标
plt.figure('SVM RBF', facecolor='lightgray')
plt.title('SVM RBF', fontsize=14)
plt.xlabel('x', fontsize=12)
```

```
plt.ylabel('y', fontsize = 12)
plt.tick_params(labelsize = 10)
# 绘制分类区域
# 填充分类轮廓
plt.contourf(XGrid1, XGrid2, Z, cmap = ListedColormap(['#EF9A9A','#FFF59D','#90CAF9']))
plt.contour(XGrid1, XGrid2, Z, colors = ('k',)) # 绘制分类轮廓线
# 绘制样本点
plt.scatter(X[:, 0], X[:, 1], s = 60, marker = 'o', alpha = 0.7, label = 'Sample Points', c = y,
cmap = 'copper')
plt.legend()
plt.show()
```

非线性 SVM 的效果展示如图 3.21 所示。

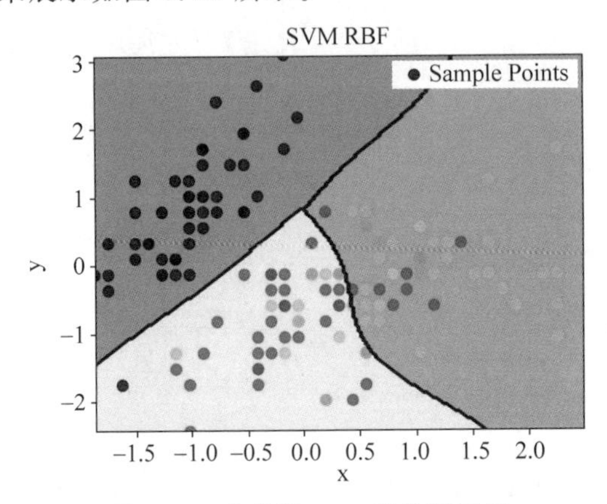

图 3.21 非线性 SVM 的效果展示

3. 自编代码实现

导入相应模块：

```
from numpy import *
import numpy as np
import random
import matplotlib.pyplot as plt
import pandas as pd
from sklearn import svm, datasets
from sklearn.preprocessing import StandardScaler
```

生成对应 alpha 的下标：

```
# 从 0~m 中产生一个不为 i 的整数
# i 是第一个 alpha 的下标,m 是所有 alpha 的数目
def selectJrand(i,m):
  j = i
  while(j == i):
     j = int(random.uniform(0,m))
  return j
```

过滤条件：

```
# 使得 aj 在边界值[L,H]以内
def clipAlpha(aj,H,L):
  if aj > H:
    aj = H
  if L > aj:
    aj = L
  return aj
```

简化 SMO 实现：

```
#SMO(序列最小优化)
#dataMatIn = 数据集,classLabels = 类别标签,常数 C,toler = 容错率 和 maxIter = 退出前的最大
#循环次数
def smoSimple(dataMatIn,classLabels,C,toler,maxIter):
  dataMat = mat(dataMatIn) #(100,2)
  labelMat = mat(classLabels).transpose() #(100,1)
  b = 0
  m,n = shape(dataMat) # m 为行数 ,m = 100, n 为列数, n = 2
  alphas = mat(zeros((m,1)))
  # iter 存储在没有任何 alpha 改变的情况下遍历数据集的次数,当该变量达到输入值 maxIter
# 时,函数结束运行并退出
  iter = 0
  # alphaPairsChanged 表示用来更新的次数
  # 当遍历连续无更新 maxIter 轮,则认为收敛,迭代结束
  while iter < maxIter:
    alphaPairsChanged = 0
    for i in range(m):
        # KKT 条件计算出
        # fXi 是预测的类别
        fXi = float(multiply(alphas,labelMat).T * (dataMat * dataMat[i,:].T)) + b
        # 误差,即输入 xi 的预测值和真实输出值 yi 之差
        Ei = fXi - float(labelMat[i])
        # toler:容忍错误的程度
        # labelMat[i] * Ei < - toler 则需要 alphas[i]增大,但是不能≥C
        # labelMat[i] * Ei > toler 则需要 alphas[i]减小,但是不能≤0
        if ((labelMat[i] * Ei < - toler) and (alphas[i] < C)) or ((labelMat[i] * Ei > toler)
and (alphas[i] > 0)):
            # 从 0~m 产生一个不为 i 的整数
            j = selectJrand(i,m)
            fXj = float(multiply(alphas,labelMat).T * (dataMat * dataMat[j,:].T) + b)
            Ej = fXj - float(labelMat[j])
            alphaIold = alphas[i].copy()
            alphaJold = alphas[j].copy()

            if labelMat[i] != labelMat[j]:
                L = max(0,alphas[j] - alphas[i])
                H = min(C,C + alphas[j] - alphas[i])
            else:
                L = max(0,alphas[j] + alphas[i] - C)
                H = min(C,alphas[j] + alphas[i])

            if L == H:
                continue
```

```
                eta =  -2.0 * dataMat[i,:] * dataMat[j,:].T + dataMat[i,:] * \
                    dataMat[i,:].T + dataMat[j,:] * dataMat[j,:].T
                # eta 是用于做分母的,不能为 0
                if eta <= 0:
                    continue
                # 更新 alphas[j] 数值
                alphas[j] += labelMat[j] * (Ei - Ej)/eta
                alphas[j] = clipAlpha(alphas[j],H,L)
                # 更新 alphas[i] 数值
                alphas[i] += labelMat[j] * labelMat[i] * (alphaJold - alphas[j])
                b1 = b - Ei - labelMat[i] * (alphas[i] - alphaIold) * dataMat[i,:] * dataMat[i,:].T\
                     - labelMat[j] * (alphas[j] - alphaJold) * dataMat[i,:] * dataMat[j,:].T
                b2 = b - Ej - labelMat[i] * (alphas[i] - alphaIold) * dataMat[i, :] *
                    dataMat[j, :].T \ - labelMat[j] * (alphas[j] - alphaJold) * dataMat[j, :] *
                    dataMat[j, :].T

                if (0 < alphas[i]) and (C > alphas[i]):
                    b = b1
                elif (0 < alphas[j]) and (C > alphas[j]):
                    b = b2
                else:
                    b = (b1 + b2)/2.0

                alphaPairsChanged += 1

        if alphaPairsChanged == 0:
            iter += 1
        else:
            iter = 0

    return b,alphas
```

引入鸢尾花数据集：

```
# 鸢尾花数据
iris = datasets.load_iris()
x = iris.data
y = iris.target
X = x[y<2,:2]    # 为便于绘图,仅选择两个特征
y = y[y<2]       # 为提供线性可分数据集,只选取了前两类鸢尾花数据集
```

重置标签。将两种类别分别记为−1 和 1：

```
# 重置标签
for i in range(int(len(y))):
  if y[i] == 0:
    y[i] = -1
```

归一化：

```
# 数据预处理：数据归一化
scaler = StandardScaler()
```

```
scaler.fit(X)
X = scaler.transform(X)
```

转变类型：

```
# 转为 list 类型
dataMat, labelMat = X.tolist(), y.tolist()
```

调用 SMO 算法：

```
# 调用 SMO 算法:计算 b 和 alphas
b, alphas = smoSimple(dataMat, labelMat,1,0.001,40)
```

计算 w：

```
# 计算最佳的 w
w_best = np.dot(np.multiply(alphas, labelMat).T, dataMat)
```

计算超平面、正例分类线、负例分类线：

```
# 按照数据集所在范围,选取 200 个范围内的随机点,分别计算超平面、正例分类线、负例分类线
plot_x = np.linspace(-3,3,200)  # 横坐标
lin_y = (float(b) + w_best[0,0] * plot_x) / w_best[0,1] # 超平面上的随机点的纵坐标
# 正例分类线上随机点的纵坐标
up_y = w_best[0,0]/w_best[0,1] * plot_x + b/ w_best[0,1] + 1/ w_best[0,1]
# 负例分类线上的随机点的纵坐标
down_y = w_best[0,0]/w_best[0,1] * plot_x + b/w_best[0,1] - 1/w_best[0,1]
# 过滤条件:防止 lin_y、up_y 和 down_y 的结果超过了 plot_x 中 y 坐标的范围
line_index = (lin_y>=-3) & (lin_y<=3)
up_index = (up_y>=-3) & (up_y<=3)
down_index = (down_y>=-3) & (down_y<=3)
# 将 matrix 转换为 array,并展平
up_y = up_y.A
up_y = up_y.flatten()
down_y = down_y.A
down_y = down_y.flatten()
# 同上
up_index = up_index.A
up_index = up_index.flatten()
down_index = down_index.A
down_index = down_index.flatten()
```

结果可视化：

```
# 设置标题、横坐标、纵坐标
plt.figure('SMO', facecolor='lightgray')
plt.title('SMO', fontsize=14)
plt.xlabel('x', fontsize=12)
plt.ylabel('y', fontsize=12)
plt.tick_params(labelsize=10)
# 绘制分类线
# y=1, 正例分类线
```

```
plt.plot(plot_x[up_index],up_y[up_index],c = 'black',linewidth = 2,linestyle = ':')
# y= -1, 负例分类线
plt.plot(plot_x[down_index],down_y[down_index],c = 'black',linewidth = 2,linestyle = ':')
plt.plot(plot_x[line_index],lin_y[line_index],c = 'black',linewidth = 2,linestyle = '-')
# 画出支持向量
plt.scatter(X[alphas.A.flatten()> 0, 0], X[alphas.A.flatten()> 0, 1], s = 100, c = 'none',
edgecolor = 'k', label = "support_vector")
plt.scatter(X[y== -1,0],X[y== -1,1],s = 60, marker = 'o', label = 'class 1', c = 'r') # 绘制类别 1
plt.scatter(X[y== 1,0],X[y== 1,1],s = 60, marker = 'o', label = 'class 2', c = 'b')  # 绘制类别 2
plt.legend()
plt.show()
```

调用 SMO 的效果展示如图 3.22 所示。

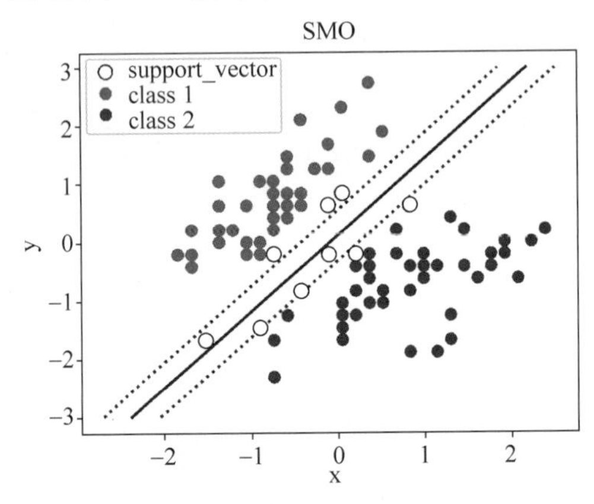

图 3.22 调用 SMO 的效果展示

3.4.4 实验

1. 实验目的

(1) 掌握 SVM 引入核函数的动机和核函数思想,会选用合适的核函数,对数据集进行分类。

(2) 理解软间隔和硬间隔,尤其是 KKT 条件的不同,并针对正则化系数 C 会进行参数调整和模型选择。

(3) 熟练使用 Python 及其 NumPy、Sklearn、Matplotlib 等第三方库。

2. 实验数据

定义五个函数,分别为 linear()、nolinear()、gauss_linear()、gauss_nolinear()、circle(),并按要求生成不同分布的数据:

(1) 生成两组线性均匀分布的数据(完全线性可分)。

(2) 生成两组线性均匀分布的数据(线性不可分)。

(3) 生成两组高斯分布的数据(完全线性可分)。

(4) 生成两组高斯分布的数据(线性不可分)。

(5) 生成环状数据。

3. 实验要求

使用线性 SVM 对实验数据(1)中生成的数据进行分类,并画出分类界面。

使用线性 SVM 对实验数据(2)中生成的数据进行分类,并画出分类界面。

分别使用 Linear 核、rbf 核、degree=2 的 poly 核和 degree=3 的 poly 核的 SVM 对实验数据(3)中生成的数据进行分类,并画出分类界面。

分别使用 Linear 核、rbf 核、degree=2 的 poly 核和 degree=3 的 poly 核的 SVM 对实验数据(4)中生成的数据进行分类,并画出分类界面。

分别使用 rbf 核、degree=2,3,4 的 poly 核的 SVM 对实验数据(5)中生成的数据进行分类,并画出分类界面。

3.5 EM 算法

3.5.1 原理简介

EM 算法是一种求含隐变量概率模型最优参数的迭代算法。该算法通过 E (expectation)步求期望,通过 M(maximization)步求期望最大化,不断迭代,使得似然函数的值不断变大。然而它不是机器学习模型,不学习输入(自变量)与输出(因变量)之间的模型关系。但是,若模型关系是一个含参数的概率分布,并且含有隐变量,则可以用 EM 算法估计出参数的取值。这就是 EM 算法有广泛应用的原因。在具体应用中,首先应根据具体问题给出具体的概率模型,然后,利用 EM 算法求解模型。常见的含隐变量的机器学习概率模型有高斯混合模型(Gaussian mixture model,GMM)和隐马尔可夫模型(hidden Markov model,HMM)。本节先介绍极大似然估计求解概率模型的参数,由隐变量导致完全数据与不完全数据,再阐述 EM 算法的原理,最后给出基于高斯混合模型的 EM 算法的应用。

1. 极大似然估计

概率模型是指:假定产生一组观测数据$\{x_i\}_{i=1}^n$的概率分布为$p(\boldsymbol{x}\mid\boldsymbol{\theta})$的形式已知,$\boldsymbol{x}$是随机变量,$\boldsymbol{\theta}$是未知参数。例如,图 3.23 中有 300 个样本点,这些样本点均来自于二元高斯模型:

$$p(\boldsymbol{x}\mid\boldsymbol{\theta})=\frac{1}{\sqrt{(2\pi)^m}}\,|\boldsymbol{\Sigma}|^{-1/2}\exp\left(-\frac{1}{2}(\boldsymbol{x}-\boldsymbol{\mu})^{\mathrm{T}}\boldsymbol{\Sigma}^{-1}(\boldsymbol{x}-\boldsymbol{\mu})\right) \tag{3.73}$$

其中,$\boldsymbol{\theta}=(\boldsymbol{\mu},\boldsymbol{\Sigma})$是参数,此时取$m=2$,且$\boldsymbol{\mu}$是二维均值向量,$\boldsymbol{\Sigma}$是二阶协方差矩阵。如何根据已知样本数据求取参数?

基于样本独立同分布的原理,由已知分布得到,这一组样本的$\{x_i\}_{i=1}^n$产生的似然函数为

$$l(\boldsymbol{\theta})=\prod_{i=1}^n p(x_i\mid\boldsymbol{\theta}) \tag{3.74}$$

最优参数是使似然函数取得最大值的一组参数,即

$$\hat{\theta}=\underset{\boldsymbol{\theta}}{\operatorname{argmax}}\,l(\boldsymbol{\theta})=\underset{\boldsymbol{\theta}}{\operatorname{argmax}}\prod_{i=1}^n p(x_i\mid\boldsymbol{\theta}) \tag{3.75}$$

式(3.75)的解就是极大似然估计的解。顾名思义,估计是指求未知参数,方式是对似然函数求极大值点。通俗地解释为,求得的参数是使这一组样本值出现概率最大的一组参数值。但是由于概率小于1,再连乘后的值会越来越小并接近0,导致数值下溢。同时求解优化问题的梯度法在这里仍然适用,但是连乘的形似不利于求导。因此将似然函数取对数,得到对数似然函数,记为$L(\boldsymbol{\theta})$,即

$$L(\boldsymbol{\theta})=\ln(l(\boldsymbol{\theta}))=\sum_{i=1}^{n}\ln(p(x_i \mid \boldsymbol{\theta})) \tag{3.76}$$

对数化以后会使得函数的值域从原本的(0,1)区间,变成了(0,+∞),有效地防止了数值下溢。同时,由于对数函数是单调递增的,导致对数似然函数的最优值点与原似然函数的最优值点是相同的,即下列优化问题

$$\hat{\theta}=\underset{\boldsymbol{\theta}}{\operatorname{argmax}}L(\boldsymbol{\theta})=\underset{\boldsymbol{\theta}}{\operatorname{argmax}}\sum_{i=1}^{n}\ln(p(x_i \mid \boldsymbol{\theta})) \tag{3.77}$$

与式(3.75)的解是一致的。例如,若$p(\boldsymbol{x}|\boldsymbol{\theta})$为二元高斯分布,由式(3.77)求出的最优解为样本均值与样本协方差矩阵(具体的推导可参阅统计学教材)。

2. EM 算法的引入

设概率模型中含有隐变量,例如,图3.24中1000个样本点分别来自3个二元高斯分布。此时每个样本点属于某个高斯分布就是隐变量z。

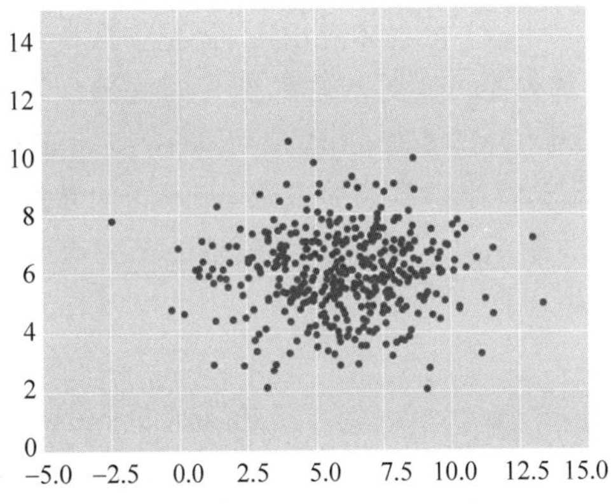

图3.23 一个二元高斯分布产生的样本点

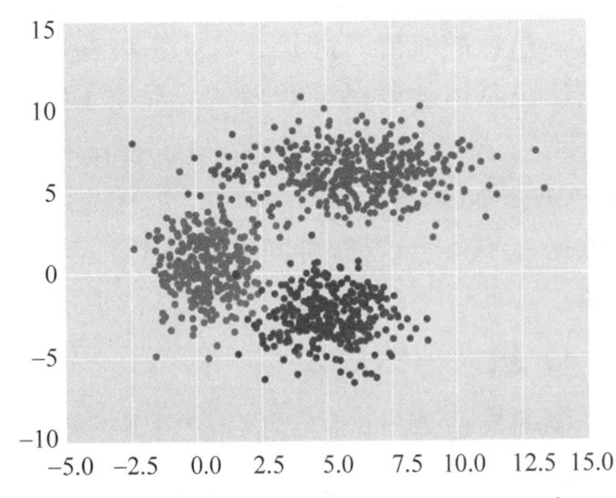

图3.24 3个二元高斯分布产生的样本点

此时,可观察到的数据仅仅为样本点的横纵坐标,则数据$\{x_i\}_{i=1}^{n}$被称为不完全数据,若不仅知道样本点的横、纵坐标,还知道每个样本点来自哪个高斯分布$\{x_i,z_i\}_{i=1}^{n}$,则称这样的数据为完全数据。在完全数据下估计参数是相对容易的,然而现实中若只能得到不完全数据,则需要在式(3.77)中引入隐变量z,令隐变量z的概率分布为

$$\begin{cases}p(z=j)=\pi_j \geqslant 0\\ \displaystyle\sum_{j=1}^{k}\pi_j=1\end{cases} \tag{3.78}$$

在处理实际问题中,除了对概率模型的参数做出估计,往往也关心每个样本由$z=j$这个类产生的概率值大小,这样就可以根据概率最大值来认定这个样本来自第几个类。例如,图3.24中每个样本点是由哪类高斯分布生成的,就可以根据概率最大值所属的类进行判定。因此,令$p(z=j|x_i,\boldsymbol{\theta})$表示第$i$个样本来自$z=j$这个类的概率,简记为$q_{ij}(\boldsymbol{\theta})$,由条

件概率公式与全概率公式,有

$$q_{ij}(\boldsymbol{\theta}) = p(z=j \mid x_i, \boldsymbol{\theta}) = \frac{p(z=j \mid x_i, \boldsymbol{\theta})}{p(x_i, \boldsymbol{\theta})} = \frac{p(z=j \mid x_i, \boldsymbol{\theta})}{\sum_{j=1}^{k} p(x_i, z=j \mid \boldsymbol{\theta})} \tag{3.79}$$

式(3.79)中第一个等式是条件概率公式,第二个等式是对分母使用全概率公式。

将 $q_{ij}(\boldsymbol{\theta})$ 对第二个指标求和,有

$$\sum_{i=1}^{k} q_{ij}(\boldsymbol{\theta}) = \frac{\sum_{j=1}^{k} p(z=j \mid x_i, \boldsymbol{\theta})}{\sum_{j=1}^{k} p(x_i, z=j \mid \boldsymbol{\theta})} = 1$$

表明对固定的 i、$\boldsymbol{\theta}$,$\{q_{ij}(\boldsymbol{\theta})\}_{j=1}^{k}$ 构成随机事件的一个概率分布。

考虑任意固定值 Θ,分布 $\{q_{ij}(\Theta)\}_{j=1}^{k}$ 是与参数 $\boldsymbol{\theta}$ 无关的概率分布,式(3.76)中的对数似然函数可写为

$$\begin{aligned} L(\boldsymbol{\theta}) &= \sum_{i=1}^{n} \ln(p(x_i \mid \boldsymbol{\theta})) = \sum_{i=1}^{n} \ln\Big(\sum_{j=1}^{k} p(x_i, z=j \mid \boldsymbol{\theta}\Big) \\ &= \sum_{i=1}^{n} \ln\left(\sum_{j=1}^{k} q_{ij}(\Theta) \frac{p(z=j, x_i, \boldsymbol{\theta})}{q_{ij}(\Theta)}\right) \end{aligned} \tag{3.80}$$

含有隐变量的极大似然估计的优化问题,为求式(3.80)的最值,但其中的 $L(\boldsymbol{\theta})$ 含有求和的对数,这在求导后会导致出现分式,且分母是求和式,不利于参数求解。这里利用 Jensen 不等式,将求和的对数优化转换为对数的和的形式,从而降低优化求解的难度。

Jensen 不等式是指当 X 是随机变量、$f(X)$ 为凸函数时,下面的关系成立:

$$E[f(X)] \geqslant f(E[X])$$

即对凸函数求期望值,大于或等于函数在期望处的取值。特别地,若 $f(X)$ 是对数函数,为凹函数,则 Jensen 不等式反号,即

$$E[\ln(X)] \leqslant \ln(E[X]) \tag{3.81}$$

在式(3.80)中,由于 $\sum_{j=1}^{k} q_{ij}(\Theta) = 1$,因此 $\sum_{j=1}^{k} q_{ij}(\Theta) X = E[X]$。取 $X = \frac{p(z=j, x_i, \boldsymbol{\theta})}{q_{ij}(\Theta)}$,有 $\sum_{j=1}^{k} q_{ij}(\Theta) \frac{p(z=j, x_i, \boldsymbol{\theta})}{q_{ij}(\Theta)} = E[X]$。代入式(3.81),有

$$\ln\left(\sum_{j=1}^{k} q_{ij}(\Theta) \frac{p(z=j, x_i, \boldsymbol{\theta})}{q_{ij}(\Theta)}\right) \geqslant \sum_{j=1}^{k} q_{ij}(\Theta) \ln\left(\frac{p(z=j, x_i, \boldsymbol{\theta})}{q_{ij}(\Theta)}\right) \tag{3.82}$$

将式(3.82)代入式(3.80),得到

$$\begin{aligned} L(\boldsymbol{\theta}) &= \sum_{i=1}^{n} \ln\left(\sum_{j=1}^{k} q_{ij}(\Theta) \frac{p(z=j, x_i, \boldsymbol{\theta})}{q_{ij}(\Theta)}\right) \\ &\geqslant \sum_{i=1}^{n} \sum_{j=1}^{k} q_{ij}(\Theta) \ln\left(\frac{p(z=j, x_i, \boldsymbol{\theta})}{q_{ij}(\Theta)}\right) \end{aligned} \tag{3.83}$$

式(3.83)右侧的表达式记为 $Q(\boldsymbol{\theta}, \Theta)$,称为期望函数,即

$$Q(\boldsymbol{\theta}, \Theta) = \sum_{i=1}^{n} \sum_{j=1}^{k} q_{ij}(\Theta) \ln\left(\frac{p(z=j, x_i, \boldsymbol{\theta})}{q_{ij}(\Theta)}\right) \tag{3.84}$$

由以上推导可知,对任意的$\boldsymbol{\theta}$、Θ,均有

$$L(\boldsymbol{\theta}) \geqslant Q(\boldsymbol{\theta},\Theta) \tag{3.85}$$

将期望函数$Q(\boldsymbol{\theta},\Theta)$在$\boldsymbol{\theta}=\Theta$处取值,利用式(3.79),有

$$\begin{aligned}
Q(\Theta,\Theta) &= \sum_{i=1}^{n}\sum_{j=1}^{k} q_{ij}(\Theta)\ln\left(\frac{p(z=j,x_i,\Theta)}{q_{ij}(\Theta)}\right) \\
&= \sum_{i=1}^{n}\sum_{j=1}^{k} q_{ij}(\Theta)\ln\left(\frac{p(z=j,x_i,\Theta)}{p(z=j \mid x_i,\Theta)}\right) \\
&= \sum_{i=1}^{n}\sum_{j=1}^{k} q_{ij}(\Theta)\ln\left(\frac{p(z=j,x_i,\Theta)}{\dfrac{p(z=j,x_i,\Theta)}{p(x_i,\Theta)}}\right) \\
&= \sum_{i=1}^{n}\sum_{j=1}^{k} q_{ij}(\Theta)\ln(p(x_i,\Theta)) \\
&= \sum_{i=1}^{n}\ln(p(x_i,\Theta))\sum_{j=1}^{k} q_{ij}(\Theta) \\
&= \sum_{i=1}^{n}\ln(p(x_i,\Theta)) = L(\Theta)
\end{aligned}$$

即$Q(\Theta,\Theta)=L(\Theta)$。

现在设置一个取值$\Theta=\boldsymbol{\theta}^{(t)}$,对期望函数$Q(\boldsymbol{\theta},\boldsymbol{\theta}^{(t)})$关于$\boldsymbol{\theta}$求极大值点,令其为$\boldsymbol{\theta}^{(t+1)}$,即

$$\boldsymbol{\theta}^{(t+1)} = \underset{\boldsymbol{\theta}}{\operatorname{argmax}} Q(\boldsymbol{\theta},\boldsymbol{\theta}^{(t)}) \tag{3.86}$$

由式(3.85)有

$$L(\boldsymbol{\theta}^{(t+1)}) \geqslant Q(\boldsymbol{\theta}^{(t+1)},\boldsymbol{\theta}^{(t)}) \geqslant Q(\boldsymbol{\theta}^{(t)},\boldsymbol{\theta}^{(t)}) = L(\boldsymbol{\theta}^{(t)}) \tag{3.87}$$

将式(3.87)形成的迭代序列$\{\boldsymbol{\theta}^{(t)}\}$代入对数似然函数$L(\boldsymbol{\theta})$,得到单调递增的数列$\{L(\boldsymbol{\theta}^{(t)})\}$。由对数函数的单调性,可知数列$\{l(\boldsymbol{\theta}^{(t)})\}$也是单调递增的。同时由似然函数$l(\boldsymbol{\theta})$的定义(见式(3.74)),有$l(\boldsymbol{\theta})\leqslant 1$,即数列$\{l(\boldsymbol{\theta}^{(t)})\}$有上界。而单调有界数列必有极限,即数列$\{l(\boldsymbol{\theta}^{(t)})\}$收敛。因此数列$\{L(\boldsymbol{\theta}^{(t)})\}$也收敛。事实上,式(3.86)就是EM算法的M步骤:求期望函数的极大值点。如此不断地迭代,算法必然收敛。但是如图3.25所示,EM算法可能导致数列$\{L(\boldsymbol{\theta}^{(t)})\}$收敛于期望函数的局部极大值,而不能保证$L(\boldsymbol{\theta})$全局最大。

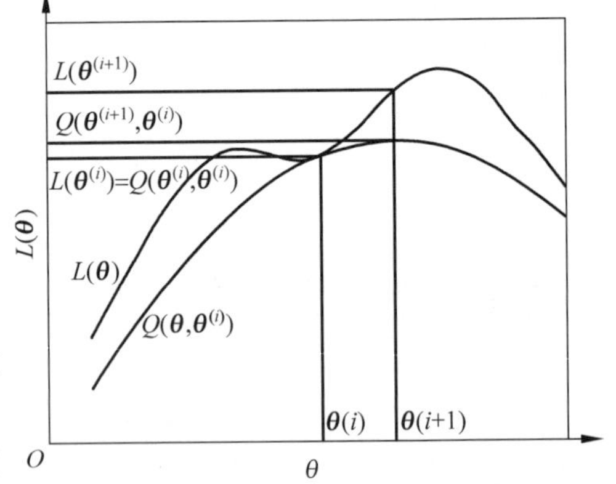

图3.25 EM算法原理示意图

EM算法的使用方法非常简单,通过E步和M步的交替计算即可实现。在M步中,对期望函数$Q(\boldsymbol{\theta},\boldsymbol{\theta}^{(t)})$取极值点的计算使迭代不断朝着对数似然函数$L(\boldsymbol{\theta})$增大的方向迭代,这避免了直接对$L(\boldsymbol{\theta})$求导的复杂计算,使得计算变得可行,同时保证算法的收敛性。但是带来的后果是,迭代收敛的值不能保证是全局最优值。同时,EM算法在输入时,需要指定联合分布$p(z,\boldsymbol{x}|\boldsymbol{\theta})$的形式与条件分布$q_{ij}(\boldsymbol{\theta})$的初值。联合分布形式的确定需要视具体

问题而定，初始值的选择也会影响最后的结果。

3. 基于 EM 算法的混合高斯模型

混合高斯模型的应用相当广泛，理论上任何连续分布的概率模型都可以用混合高斯模型来拟合。在混合高斯模型中，产生样本 $\boldsymbol{x}_i$ 的方式是，先从 k 个高斯分布中以概率 $p(z=j)$ 选中一个高斯分布，再以概率$\mathcal{N}(\boldsymbol{x}_i,\boldsymbol{\mu}_j,\boldsymbol{\Sigma}_j)$生成该样本，具体公式如下：

$$p(\boldsymbol{x}_i)=\sum_{j=1}^{k}\pi_j\ \mathcal{N}(\boldsymbol{x}_i,\boldsymbol{\mu}_j,\boldsymbol{\Sigma}_j) \tag{3.88}$$

其中，$\sum_{j=1}^{k}p(z=j)=\sum_{j=1}^{k}\pi_j=1$，$p(\boldsymbol{x}_i\mid z=j,\boldsymbol{\theta})=\mathcal{N}(\boldsymbol{x}_i,\boldsymbol{\mu}_j,\boldsymbol{\Sigma}_j)$是多元高斯分布，具体形式如式(3.73)所示。高斯分布的选择成为隐变量，因此在已知样本$\{\boldsymbol{x}_i\}_{i=1}^{n}$的情况下，待估计的参数$\boldsymbol{\theta}=(\pi_j,\boldsymbol{\mu}_j,\boldsymbol{\Sigma}_j|j=1,\cdots,k)$可由 EM 算法给出。下面给出具体的过程。

E 步：

计算期望函数 $Q(\boldsymbol{\theta},\boldsymbol{\theta}^{(t)})$，将式(3.88)代入式(3.84)，得到

$$\begin{aligned}Q(\boldsymbol{\theta},\boldsymbol{\theta}^{(t)})&=\sum_{i=1}^{n}\sum_{j=1}^{k}q_{ij}(\boldsymbol{\theta}^{(t)})\ln\left(\frac{\pi_j\ \mathcal{N}(\boldsymbol{x}_i,\boldsymbol{\mu}_j,\boldsymbol{\Sigma}_j)}{q_{ij}(\boldsymbol{\theta}^{(t)})}\right)\\&=\sum_{i=1}^{n}\sum_{j=1}^{k}q_{ij}(\boldsymbol{\theta}^{(t)})\left[\ln(\pi_j)+\ln(\mathcal{N}(\boldsymbol{x}_i,\boldsymbol{\mu}_j,\boldsymbol{\Sigma}_j))-\ln(q_{ij}(\boldsymbol{\theta}^{(t)}))\right]\end{aligned} \tag{3.89}$$

其中，$q_{ij}(\boldsymbol{\theta}^{(t)})$是与$\boldsymbol{\theta}$无关的量，将式(3.88)代入式(3.79)，得到 $q_{ij}(\boldsymbol{\theta}^{(t)})$的形式为

$$q_{ij}(\boldsymbol{\theta}^{(t)})=\frac{\pi_j\ \mathcal{N}(\boldsymbol{x}_i,\boldsymbol{\mu}_j^{(t)},\boldsymbol{\Sigma}_j^{(t)})}{\sum_{j=1}^{k}\pi_j\ \mathcal{N}(\boldsymbol{x}_i,\boldsymbol{\mu}_j^{(t)},\boldsymbol{\Sigma}_j^{(t)})} \tag{3.90}$$

M 步：

求期望函数 $Q(\boldsymbol{\theta},\boldsymbol{\theta}^{(t)})$的极值点，由式(3.89)可以直接对向量$\boldsymbol{\mu}_j$和矩阵$\boldsymbol{\Sigma}_j$分别求导，并令导数为 0，求解得到

$$\boldsymbol{\mu}_j=\frac{\sum_{i=1}^{n}q_{ij}(\boldsymbol{\theta}^{(t)})\boldsymbol{x}_i}{\sum_{i=1}^{n}q_{ij}(\boldsymbol{\theta}^{(t)})} \tag{3.91}$$

$$\boldsymbol{\Sigma}_j=\frac{\sum_{i=1}^{n}q_{ij}(\boldsymbol{\theta}^{(t)})(\boldsymbol{x}_i-\boldsymbol{\mu}_j)^{\mathrm{T}}(\boldsymbol{x}_i-\boldsymbol{\mu}_j)}{\sum_{i=1}^{n}q_{ij}(\boldsymbol{\theta}^{(t)})} \tag{3.92}$$

由于参数 π_j 带有约束条件 $\sum_{j=1}^{k}\pi_j=1$，因此添加 Lagrange 乘子 λ，构造 Lagrange 函数$\mathcal{L}$如下：

$$\mathcal{L}=Q(\boldsymbol{\theta},\boldsymbol{\theta}^{(t)})-\lambda\left(\sum_{j=1}^{k}\pi_j-1\right) \tag{3.93}$$

将式(3.89)代入式(3.93)，计算$\frac{\partial\mathcal{L}}{\partial\pi_j}$并令其为 0，有

$$\frac{\partial \mathcal{L}}{\partial \pi_j} = \frac{\sum_{i=1}^{n} q_{ij}(\boldsymbol{\theta}^{(t)})}{\pi_j} - \lambda = 0$$

解得

$$\pi_j = \frac{\sum_{i=1}^{n} q_{ij}(\boldsymbol{\theta}^{(t)})}{\lambda} \tag{3.94}$$

又由于 $\sum_{j=1}^{k} \pi_j = 1$，对式(3.94)两边关于 j 求和，并利用 $\sum_{j=1}^{k} q_{ij}(\boldsymbol{\theta}) = 1$，有

$$1 = \frac{\sum_{j=1}^{k}\sum_{i=1}^{n} q_{ij}(\boldsymbol{\theta}^{(t)})}{\lambda} = \frac{\sum_{i=1}^{n}\left(\sum_{j=1}^{k} q_{ij}(\boldsymbol{\theta}^{(t)})\right)}{\lambda} = \frac{n}{\lambda}$$

得到 $\lambda = n$，代入式(3.94)得到

$$\pi_j = \frac{\sum_{i=1}^{n} q_{ij}(\boldsymbol{\theta}^{(t)})}{n}$$

由此得到参数 $\boldsymbol{\theta} = (\pi_j, \boldsymbol{\mu}_j, \boldsymbol{\Sigma}_j \mid j = 1, \cdots, k)$ 的全部更新公式。

3.5.2 算法步骤

EM 算法流程如下。

(1) 输入：观测数据 $\{\boldsymbol{x}_i\}_{i=1}^{n}$，隐变量 z，联合分布 $p(z=j, \boldsymbol{x}_i, \boldsymbol{\theta})$ 与条件分布 $q_{ij}(\boldsymbol{\theta}) = p(z=j \mid \boldsymbol{x}_i, \Theta)$，正常数 ε。

(2) 输出：模型参数 $\boldsymbol{\theta}$。

① 设置初始值 $\boldsymbol{\theta}^{(0)}$。

② E 步：将第 t 次迭代参数 $\boldsymbol{\theta}^{(t)}$ 的值代入期望函数 $Q(\boldsymbol{\theta}, \boldsymbol{\theta}^{(t)})$ 的形式，即

$$Q(\boldsymbol{\theta}, \boldsymbol{\theta}^{(t)}) = \sum_{i=1}^{n}\sum_{j=1}^{k} q_{ij}(\boldsymbol{\theta}^{(t)}) \ln\left(\frac{p(z=j, \boldsymbol{x}_i, \boldsymbol{\theta})}{q_{ij}(\boldsymbol{\theta}^{(t)})}\right)$$

③ M 步：求期望函数 $Q(\boldsymbol{\theta}, \boldsymbol{\theta}^{(t)})$ 的最值点，以此确定第 $t+1$ 次迭代参数 $\boldsymbol{\theta}^{(t+1)}$ 的值

$$\boldsymbol{\theta}^{(t+1)} = \underset{\boldsymbol{\theta}}{\operatorname{argmax}} Q(\boldsymbol{\theta}, \boldsymbol{\theta}^{(t)})$$

④ 若 $\| \boldsymbol{\theta}^{(t+1)} - \boldsymbol{\theta}^{(t)} \| < \varepsilon$ 或 $\| Q(\boldsymbol{\theta}^{(t+1)}) - Q(\boldsymbol{\theta}^{(t)}) \| < \varepsilon$，则停止迭代；否则，重复第②步和第③步。

基于 EM 算法的高斯混合模型参数估计流程如下。

(1) 输入：观测数据 $\{\boldsymbol{x}_i\}_{i=1}^{n}$，正整数 k。

(2) 输出：模型参数 $\boldsymbol{\theta}$。

① 设置初始值 $\boldsymbol{\theta}^{(0)} = (\pi_j^{(0)}, \boldsymbol{\mu}_j^{(0)}, \boldsymbol{\Sigma}_j^{(0)} \mid j = 1, \cdots, k)$；

② E 步：利用第 t 次迭代参数 $\boldsymbol{\theta}^{(t)}$ 的值根据式(3.90)计算 $q_{ij}(\boldsymbol{\theta}^{(t)})$，即

$$q_{ij}(\boldsymbol{\theta}^{(t)}) = \frac{\pi_j \mathcal{N}(\boldsymbol{x}_i, \boldsymbol{\mu}_j^{(t)}, \boldsymbol{\Sigma}_j^{(t)})}{\sum_{j=1}^{k} \pi_j \mathcal{N}(\boldsymbol{x}_i, \boldsymbol{\mu}_j^{(t)}, \boldsymbol{\Sigma}_j^{(t)})}$$

③ M步：由 $q_{ij}(\boldsymbol{\theta}^{(t)})$ 的值依次更新参数，即

$$\boldsymbol{\mu}_j^{(t+1)}=\frac{\sum_{i=1}^{n}q_{ij}(\boldsymbol{\theta}^{(t)})\boldsymbol{x}_i}{\sum_{i=1}^{n}q_{ij}(\boldsymbol{\theta}^{(t)})}$$

$$\boldsymbol{\Sigma}_j^{(t+1)}=\frac{\sum_{i=1}^{n}q_{ij}(\boldsymbol{\theta}^{(t)})(\boldsymbol{x}_i-\boldsymbol{\mu}_j)^{\mathrm{T}}(\boldsymbol{x}_i-\boldsymbol{\mu}_j)}{\sum_{i=1}^{n}q_{ij}(\boldsymbol{\theta}^{(t)})}$$

$$\pi_j^{(t+1)}=\frac{\sum_{i=1}^{n}q_{ij}(\boldsymbol{\theta}^{(t)})}{n}$$

④ 若 $\|\boldsymbol{\theta}^{(t+1)}-\boldsymbol{\theta}^{(t)}\|<\varepsilon$ 或 $\|Q(\boldsymbol{\theta}^{(t+1)})-Q(\boldsymbol{\theta}^{(t)})\|<\varepsilon$，则停止迭代；否则，重复第②步和第③步。

以上算法不仅能求出GMM的各个参数，还记录下了每个样本属于各个高斯分布的概率值 $q_{ij}(\boldsymbol{\theta}^{(t)})$，可以根据 $\underset{j}{\mathrm{argmax}}q_{ij}(\boldsymbol{\theta}^{(t)})$，认定样本来自哪个高斯分布，由此可以应用GMM于数据聚类。

3.5.3　实战

1. 数据集

使用表3.4中的西瓜数据4.0实现高斯混合模型(GMM)。

表3.4　数据集

序号	x_1	x_2	序号	x_1	x_2	序号	x_1	x_2	序号	x_1	x_2
1	0.697	0.46	9	0.666	0.091	17	0.719	0.103	25	0.525	0.369
2	0.744	0.376	10	0.243	0.267	18	0.359	0.188	26	0.751	0.489
3	0.634	0.264	11	0.245	0.057	19	0.339	0.241	27	0.532	0.472
4	0.608	0.318	12	0.343	0.099	20	0.282	0.257	28	0.473	0.376
5	0.556	0.215	13	0.639	0.161	21	0.748	0.232	29	0.725	0.445
6	0.403	0.237	14	0.657	0.198	22	0.714	0.346	30		
7	0.481	0.149	15	0.36	0.37	23	0.483	0.312			
8	0.437	0.211	16	0.593	0.042	24	0.478	0.437			

2. Sklearn实现

```
# coding:utf8
# 高斯混合模型,使用 EM 算法
# 数据集:《机器学习》-- 西瓜数据 4.0,文件 watermelon4.txt
import numpy as np
import matplotlib.pyplot as plt
```

```
# 预处理数据
def loadData(filename):
    dataset = []
    fr = open(filename)
    for line in fr.readlines():
        curLine = line.strip().split('\t ')
        fltLine = [float(item) for item in curLine]
        dataset.append(fltLine)
    return dataset
# 高斯分布的概率密度函数
def prob(x, mu, sigma):
    n = np.shape(x)[1]
    expOn = float(-0.5 * (x - mu) * (sigma.I) * ((x - mu).T))
        # np.linalg.det 计算矩阵的行列式
    divBy = pow(2 * np.pi, n / 2) * pow(np.linalg.det(sigma), 0.5)
    return pow(np.e, expOn) / divBy
# EM 算法
def EM(dataMat, maxIter = 50):
    m, n = np.shape(dataMat)
        # 1.初始化各高斯混合成分参数
    alpha = [1 / 3, 1 / 3, 1 / 3] # 1.初始化 alpha1 = alpha2 = alpha3 = 1/3
    # 2.初始化 mu1 = x6,mu2 = x22,mu3 = x27
    mu = [dataMat[5, :], dataMat[21, :], dataMat[26, :]]
    sigma = [np.mat([[0.1, 0], [0, 0.1]]) for x in range(3)]  # 3.初始化协方差矩阵
    gamma = np.mat(np.zeros((m, 3)))
    for i in range(maxIter):
        for j in range(m):
            sumAlphaMulP = 0
            for k in range(3):
                gamma[j, k] = alpha[k] * prob(dataMat[j, :], mu[k], sigma[k]) # 4.计算混合成
                                                                # 分生成的后验概率,即 gamma
                sumAlphaMulP += gamma[j, k]
            for k in range(3):
                gamma[j, k] /= sumAlphaMulP
        sumGamma = np.sum(gamma, axis = 0)
        for k in range(3):
            mu[k] = np.mat(np.zeros((1, n)))
            sigma[k] = np.mat(np.zeros((n, n)))
            for j in range(m):
                mu[k] += gamma[j, k] * dataMat[j, :]
            mu[k] /= sumGamma[0, k] # 5.计算新均值向量
            for j in range(m):
                sigma[k] += gamma[j, k] * (dataMat[j, :] - mu[k]).T * (dataMat[j, :] - mu[k])
            sigma[k] /= sumGamma[0, k] # 6. 计算新的协方差矩阵
            alpha[k] = sumGamma[0, k] / m # 7. 计算新混合系数
            # print(mu)
    return gamma
# 随机选取中心点
def initCentroids(dataMat, k):
    numSamples, dim = dataMat.shape
    centroids = np.zeros((k, dim))
    for i in range(k):
        index = int(np.random.uniform(0, numSamples))
```

```
        centroids[i, :] = dataMat[index, :]
    return centroids
def gaussianCluster(dataMat):
    m, n = np.shape(dataMat)
    centroids = initCentroids(dataMat, m)
    clusterAssign = np.mat(np.zeros((m, 2)))
    gamma = EM(dataMat)
    for i in range(m):
        # amx 返回矩阵最大值,argmax 返回矩阵最大值所在下标
        # 9.确定 x 的簇标记 lambda
        clusterAssign[i, :] = np.argmax(gamma[i, :]), np.amax(gamma[i, :])
    for j in range(m):
        pointsInCluster = dataMat[np.nonzero(clusterAssign[:, 0].A == j)[0]]
        centroids[j, :] = np.mean(pointsInCluster, axis = 0) # 计算出均值向量
    return centroids, clusterAssign
def showCluster(dataMat, k, centroids, clusterAssment):
    numSamples, dim = dataMat.shape
    if dim != 2:
        print("Sorry! I can not draw because the dimension of your data is not 2!")
        return 1
    mark = ['or', 'ob', 'og', 'ok', '^r', '+r', 'sr', 'dr', '<r', 'pr']
    if k > len(mark):
        print("Sorry! Your k is too large!")
        return 1
        # draw all samples
    for i in range(numSamples):
        markIndex = int(clusterAssment[i, 0])
        plt.plot(dataMat[i, 0], dataMat[i, 1], mark[markIndex])
    mark = ['Dr', 'Db', 'Dg', 'Dk', '^b', '+b', 'sb', 'db', '<b', 'pb']
        # 绘制聚类中心
    for i in range(k):
        plt.plot(centroids[i, 0], centroids[i, 1], mark[i], markersize = 12)
    plt.show()
if __name__ == "__main__":
    dataMat = np.mat(loadData('.txt'))
    centroids, clusterAssign = gaussianCluster(dataMat)
    print(clusterAssign)
    showCluster(dataMat, 3, centroids, clusterAssign)
```

EM 算法的实现效果如图 3.26 所示。

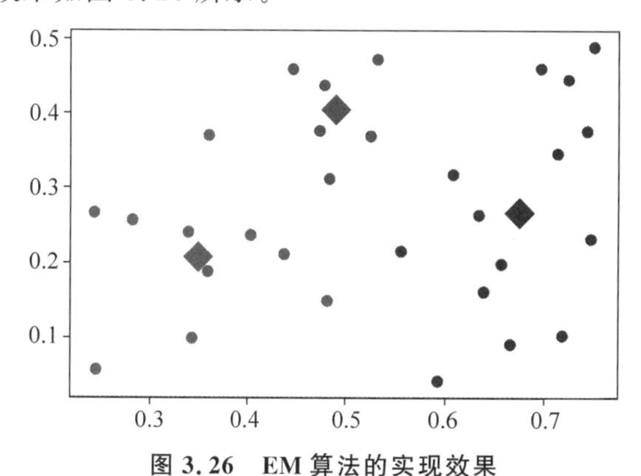

图 3.26 EM 算法的实现效果

3. 自编代码实现

```
# - * - coding: utf - 8 - * -
# 使用 EM 算法解算 GGM ,EM 算法采用 scikit-learn 包提供的 api
# 数据集:《机器学习》-- 西瓜数据 4.0,文件 watermelon4.txt
from sklearn import mixture
import matplotlib.pyplot as plt
import numpy as np
# 预处理数据
def loadData(filename):
  dataset = []
  fr = open(filename)
  for line in fr.readlines():
     curLine = line.strip().split('\t ')
     fltLine = [float(item) for item in curLine]
     dataset.append(fltLine)
  return dataset

def test_GMM(dataMat, components = 3,iter = 100,cov_type = "full"):
  clst = mixture.GaussianMixture(n_components = n_components,max_iter = iter,covariance_
type = cov_type)
  clst.fit(dataMat)
  predicted_labels = clst.predict(dataMat)
  return clst.means_,predicted_labels     # clst.means_返回均值
def showCluster(dataMat, k, centroids, clusterAssment):
  numSamples, dim = dataMat.shape
  if dim != 2:
     print("Sorry! I can not draw because the dimension of your data is not 2!")
     return 1
  mark = ['or', 'ob', 'og', 'ok', '^r', '+r', 'sr', 'dr', '<r', 'pr']
  if k > len(mark):
     print("Sorry! Your k is too large!")
     return 1
     # draw all samples
  for i in range(numSamples):
     markIndex = int(clusterAssment[i])
     plt.plot(dataMat[i, 0], dataMat[i, 1], mark[markIndex])
  mark = ['Dr', 'Db', 'Dg', 'Dk', '^b', '+b', 'sb', 'db', '<b', 'pb']
  # draw the centroids
  for i in range(k):
     plt.plot(centroids[i, 0], centroids[i, 1], mark[i], markersize = 12)
  plt.show()
if __name__ == "__main__":
  dataMat = np.mat(loadData('.txt'))
  n_components = 3
  iter = 100
  cov_types = ['spherical', 'tied', 'diag', 'full']
  centroids,labels = test_GMM(dataMat,n_components,iter,cov_types[3])
  showCluster(dataMat, n_components, centroids, labels) # 这里 labels 的维度改变了,注意修
# 改 showCluster()方法
```

自编代码的实现效果如图 3.27 所示。

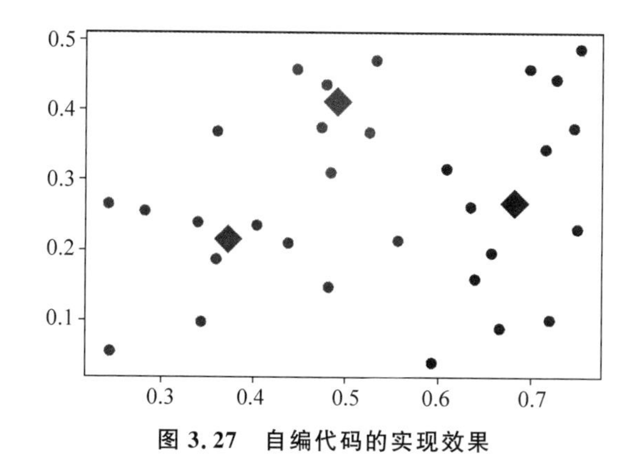

图 3.27　自编代码的实现效果

3.5.4　实验

1. 实验目的

判断 EM 算法与最大似然估计的关系。

2. 实验数据

考虑一个投掷硬币的实验：有两枚特制的硬币 A 和 B，这两枚硬币和普通的硬币不一样。A 和 B 投掷出正面的概率分别记为 θ_A 和 θ_B。现在独立地做 6 次试验：随机从这两枚硬币中抽取 1 枚，投掷 10 次，统计出现正面的次数。那么就得到了如表 3.5 所示的实验结果。

表 3.5　实验结果

试验代号	正面次数	硬　币
1	3	B
2	9	A
3	8	A
4	4	B
5	7	A

在这个实验中，记录两组随机变量 $X=(3,9,8,4,7)$，$Z=(Z^1,Z^2,Z^3,Z^4,Z^5)$，其中，Z^i 辨识第 i 次实验选择的硬币，$Z^i=(1,2,\cdots,5)$，分别表示选择的是 A 还是 B。

3. 实验要求

本实验的目标是通过这个实验来估计 $\theta=(\theta_A;\theta_B)$ 的数值。实验中的参数估计就是有完整数据的参数估计，这是因为我们不仅仅知道每次实验中投掷出正面的次数，还知道每次实验中投掷的是硬币 A 还是硬币 B。

一个很简单也很直接的估计 θ 的方法如下(其实是最大似然估计的结果)：

$$\hat{\theta}_A=\frac{\text{用硬币 A 投掷出正面的次数}}{\text{用硬币 A 投掷的次数}}=\frac{24}{30}$$

$$\hat{\theta}_B=\frac{\text{用硬币 B 投掷出正面的次数}}{\text{用硬币 B 投掷的次数}}=\frac{10}{30}$$

问：如果不知道表 3.3 中的第三列，即标量 Z 为未知变量，如何估计 θ_A 和 θ_B？

3.6 BP 神经网络的分类和回归算法

3.6.1 原理简介

2012 年 AlexNet 的提出，大大降低了 ImageNet 数据集上图像识别的错误率，神经网络的研究又一次被推上了热潮。由于网络的结构越来越复杂、层次越来越深，Hinton 大师提出了一个新的名词——深度学习(deep learning)——来区别传统的神经网络。从此，深度学习引来了爆发性发展，在语音、图像、视频等各类复杂任务中均获得了前所未有的准确率。深度学习的基础是 BP 神经网络，BP 为 Back Propagation 的简写，最早是由 Rumelhart、McCelland 等科学家于 1986 年提出的，是一种按照误差逆向传播算法训练的多层前馈神经网络，经过不断的改进、更新，已成为应用最为广泛的神经网络模型。为了保持算法的经典性和可读性，本章在理论部分沿用了 UFDL(用户文件说明程序库)中的基本术语和符号表示。

1. 神经元模型

神经元是神经网络构成的基本单元，为更好地描述神经网络，先描述神经元结构。神经元本质上是仅有一个神经元的最简单的神经网络，如图 3.28 所示。

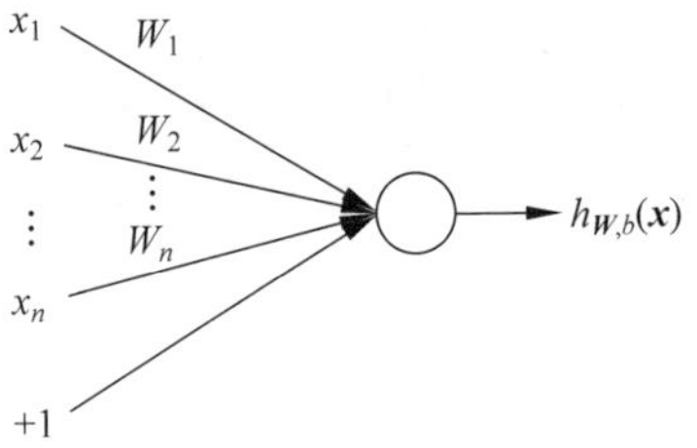

图 3.28 神经元结构

神经元是一个以多个变量 $x_1, x_2, \cdots, x_n$ 及偏置项 b (图 3.28 中的+1 符号)为输入的运算单元，其输出为

$$h_{\boldsymbol{W},b}(\boldsymbol{x}) = f(\boldsymbol{W}^{\mathrm{T}}\boldsymbol{x}) = f\left(\sum_{i=1}^{n} W_i x_i + b\right) \tag{3.95}$$

其中，n 为输入变量的个数，函数 $f: \mathbb{R} \mapsto \mathbb{R}$ 称为激活函数(activation function)，它负责将神经元的输入映射到输出端，其作用是在神经网络中引入非线性，强化网络的学习能力。常用的激活函数有 Sigmoid、双曲正切(tanh)及 ReLU 等。

Sigmoid 函数如下：

$$f(z) = \frac{1}{1 + \exp(-z)} \tag{3.96}$$

Sigmoid 函数的优点是值域为(0,1)，可以放到模型最后一层，作为模型的概率输出，例如，单神经元构成的输入-输出映射关系本质上是一个逻辑回归(logistic regression)，目标检测模型 YoLov3 同时做多目标分类时，也是使用 Sigmoid 作为最后一层。缺点是容易产生梯度消失，涉及指数运算，计算量大。

双曲正切(tanh)函数：

$$f(z) = \tanh(z) = \frac{\mathrm{e}^{z} - \mathrm{e}^{-z}}{\mathrm{e}^{z} + \mathrm{e}^{-z}} \tag{3.97}$$

$\tanh(z)$函数是 Sigmoid 函数的一种变体，它的取值范围为[-1,1]，仍然存在梯度消失问题；涉及指数运算，缺点是复杂度高一些，优点是函数均值为 0，可作为图像生成的最后一层激活函数。

ReLU 函数如下：

$$f(x)=\max(0,x) \tag{3.98}$$

ReLU 函数的优点是梯度和计算量小，可以得到稀疏激活的神经网络。经常用于神经网络的中间层激活函数。缺点是函数均值不为 0，当 $x<0$ 时梯度为 0，不利于反向传播。

2. BP 神经网络模型及参数表示

神经网络是将多个神经元连接在一起的网络结构，一个神经元的输出可以作为其他神经元的输入。BP 神经网络指的是神经网络中应用 BP 算法进行权重修正的网络，它构成的连接图没有闭环或回路。图 3.29 给出了一个具有输入层、隐藏层和输出层的简单三层结构神经网络，其中的圆圈表示神经元，标上“+1”的圆圈被称为偏置节点，也就是截距项。一般地，将神经网络最左边的一层定义为输入层，它作为特殊的神经元处理。最右的一层定义为输出层，中间所有节点组成的各层均是隐藏层，隐藏层可以有多个。图 3.29 中所示的网络，输入层由 3 个输入单元组成，隐藏层由 3 个隐藏单元组成，输出层由一个输出单元组成。

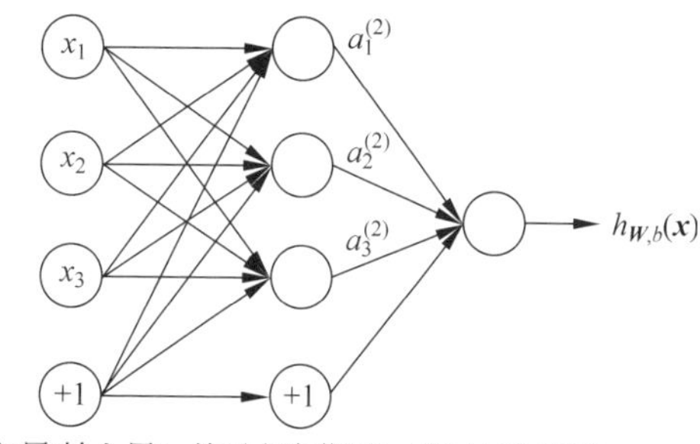

图 3.29 具有三层结构的神经网络

为方便描述和计算，对一个含有多个隐藏层的网络结构，用 n_l 来表示网络的层数，第 l 层记为 L_l，一般 L_1 是输入层，L_{n_l} 是输出层。用 s_l 表示第 l 层的节点数。$a_i^{(l)}$ 表示第 l 层第 i 单元的激活值(输出值)。网络中需要训练的参数包括权重 $\boldsymbol{W}$ 和偏置项 b，其中 $W_{ij}^{(l)}$ 是第 l 层第 j 单元与第 $l+1$ 层第 i 单元之间连接的权重，$b_i^{(l)}$ 是第 $l+1$ 层第 i 单元的偏置项。图 3.29 中的网络层数 $n_l=3$，需要训练的参数$(\boldsymbol{W},b)=(\boldsymbol{W}^{(1)},b^{(1)},\boldsymbol{W}^{(2)},b^{(2)})$，其中 $\boldsymbol{W}^{(1)}\in\mathbb{R}^{3\times3}$，$\boldsymbol{W}^{(2)}\in\mathbb{R}^{1\times3}$。当 $l=1$ 时，$a_i^{(1)}=x_i$，即第 i 个输入值(输入值的第 i 个特征)。

3. 前向传播

无论是回归还是分类任务，最终是要通过迭代方法求出模型中的参数集合 $\boldsymbol{W}$、b，迭代求参数就是不断重复前向传播(forward propagation)和反向传播这两个过程，直到神经网络中的参数趋于稳定。给定参数 $\boldsymbol{W}$、b，前向传播就可以按照每个神经元函数 $h_{\boldsymbol{W},b}(\boldsymbol{x})$ 从输入层到输出层依次计算输出结果。以图 3.29 中三层结构的神经网络为例，其前向传播计算如式(3.99)至(3.102)所示。

$$a_1^{(2)}=f(W_{11}^{(1)}x_1+W_{12}^{(1)}x_2+W_{13}^{(1)}x_3+b_1^{(1)}) \tag{3.99}$$

$$a_2^{(2)}=f(W_{21}^{(1)}x_1+W_{22}^{(1)}x_2+W_{23}^{(1)}x_3+b_2^{(1)}) \tag{3.100}$$

$$a_3^{(2)}=f(W_{31}^{(1)}x_1+W_{32}^{(1)}x_2+W_{33}^{(1)}x_3+b_3^{(1)}) \tag{3.101}$$

$$h_{\boldsymbol{W},b}(\boldsymbol{x})=a_1^{(3)}=f(W_{11}^{(2)}a_1^{(2)}+W_{12}^{(2)}a_2^{(2)}+W_{13}^{(2)}a_3^{(2)}+b_1^{(2)}) \tag{3.102}$$

如果用 $z_i^{(l)}$ 表示第 l 层第 i 单元的输入加权和(包括偏置单元)，例如，$z_i^{(2)}=\sum_{j=1}^{n}W_{ij}^{(1)}x_j+b_i^{(1)}$，则 $a_i^{(l)}=f(z_i^{(l)})$。

如果将激活函数 $f(\cdot)$扩展为用向量(分量的形式)表示，即 $f([z_1,z_2,z_3])=[f(z_1),f(z_2),f(z_3)]$，则上面的等式可以更简洁地表示为

$$\boldsymbol{z}^{(2)}=\boldsymbol{W}^{(1)}\boldsymbol{x}+b^{(1)} \tag{3.103}$$

$$a^{(2)}=f(z^{(2)}) \tag{3.104}$$

$$z^{(3)}=W^{(2)}a^{(2)}+b^{(2)} \tag{3.105}$$

$$h_{W,b}(x)=a^{(3)}=f(z^{(3)}) \tag{3.106}$$

上面的计算步骤叫作前向传播。令 $a^{(1)}=x$ 表示输入层的激活值，则前向传播可统一表示为

$$z^{(l+1)}=W^{(l)}a^{(l)}+b^{(l)} \tag{3.107}$$

$$a^{(l+1)}=f(z^{(l+1)}) \tag{3.108}$$

其中，$a^{(l)}$、$a^{(l+1)}$ 分别为第 l 层、第 $l+1$ 层的激活值。

前文以三层网络结构直观讲述了前向传播的过程，对于具有更多隐藏层的 BP 神经网络，其前向传播的过程方法完全一样：从输入层 L_1 开始，逐一计算第 L_2 层的所有激活值，然后是第 L_3 层的激活值，以此类推，直到第 L_{n_l} 层，即得到了神经网络的输出。

4. 反向传播

BP 算法通过前向传播和反向传播（back propagation）不断迭代，每轮迭代根据神经网络的输出与真值的差来调整网络参数 W、b，直到网络趋于稳定。因此 BP 算法属于监督学习，要求每个样本数据具有真值标签。假定数据集的第 k 个样本及真值标签用 $(x^{(k)},y^{(k)})$ 表示，其中 $k=1,2,\cdots,m$，m 表示样本的数量，$x^{(k)}=[x_1^{(k)},x_2^{(k)},\cdots,x_n^{(k)}]$，$n$ 为输入数据的维度，$y^{(k)}=[y_1^{(k)},y_2^{(k)},\cdots,y_c^{(k)}]$，$c$ 为输出数据的维度。则求权重 W 和偏置项 b 的过程如下：①初始化参数 W 和 b 为很小的、接近零的随机值；②给定某个样本输入，使用前向传播得到网络输出；③计算神经网络的输出结果和给定真值标签的误差；④根据误差进行反向传播，更新权重 W 和偏置项参数 b。

步骤①②在前向传播环节实现，步骤③需要定义模型的代价函数，计算网络输出和真值标签之间的误差。以回归任务为例，只有一个输出单元的神经网络，如波士顿房价预测案例，经典的代价函数（cost function）如式(3.109)所示，该代价函数由均方误差和权重衰减项两部分组成，均方误差的目标是通过误差最小化使神经网络的输出尽量和真值标签靠近，而权重衰减项属于 L_2 正则化，目标是使权值收敛到较小的绝对值，而惩罚大的权值，防止系统出现过拟合现象，提升网络的泛化性能，参数 λ 为权重衰减系数，控制权重衰减项的重要性。

$$\begin{aligned} J(W,b) &= \left[\frac{1}{m}\sum_{k=1}^{m}J(W,b;x^{(k)},y^{(k)})\right]+\frac{\lambda}{2}\sum_{l=1}^{n_l-1}\sum_{i=1}^{s_l}\sum_{j=1}^{s_l+1}(W_{ji}^{(l)})^2 \\ &= \left[\frac{1}{m}\sum_{k=1}^{m}\left(\frac{1}{2}\parallel h_{W,b}(x^{(k)})-y^{(k)}\parallel^2\right)\right]+\frac{\lambda}{2}\sum_{l=1}^{n_l-1}\sum_{i=1}^{s_l}\sum_{j=1}^{s_l+1}(W_{ji}^{(l)})^2 \end{aligned} \tag{3.109}$$

其中

$$J(W,b;x^{(k)},y^{(k)})=\frac{1}{2}\parallel h_{W,b}(x^{(k)})-y^{(k)}\parallel^2 \tag{3.110}$$

表示单个样本的代价函数。

反向传播的方法是：采用梯度下降算法，从输出层到输入层反向依次计算代价函数对参数的偏导数值，根据偏导数值对各参数进行修改，网络结构中的每个参数的更新如式(3.111)和式(3.112)所示，公式中的参数 α 为神经网络的学习速率。

$$W_{ij}^{(l)}=W_{ij}^{(l)}-\alpha\frac{\partial}{\partial W_{ij}^{(l)}}J(\boldsymbol{W},b)\tag{3.111}$$

$$b_i^{(l)}=b_i^{(l)}-\alpha\frac{\partial}{\partial b_i^{(l)}}J(\boldsymbol{W},b)\tag{3.112}$$

5. 权重更新公式推导

BP算法推导的关键是定义残差变量和偏导逐级反向传播。先计算出最后一层的残差，通过利用相邻两层神经元间的数据关系($z_i^{(l)}$ 与 $z_j^{(l+1)}$)建立偏导和残差之间的关系以及相邻两层残差之间的关系，从而计算出各隐藏层代价函数对权重和偏置项参数的偏导(即式(3.111)和式(3.112)中的$\frac{\partial}{\partial W_{ij}^{(l)}}J(\boldsymbol{W},b)$和$\frac{\partial}{\partial b_i^{(l)}}J(\boldsymbol{W},b)$)，以下给出推导过程，在推导过程中会给出残差的定义。

根据式(3.111)和式(3.112)，权重更新的关键是需要计算代价函数对权重和偏置项的偏导数，将式(3.109)分别代入式(3.111)和式(3.112)，可得到式(3.113)和式(3.114)。

$$\frac{\partial}{\partial W_{ij}^{(l)}}J(\boldsymbol{W},b)=\left[\frac{1}{m}\sum_{k=1}^{m}\frac{\partial}{\partial W_{ij}^{(l)}}J(\boldsymbol{W},b;\boldsymbol{x}^{(k)},\boldsymbol{y}^{(k)})\right]+\lambda\boldsymbol{W}_{ij}^{(l)}\tag{3.113}$$

$$\frac{\partial}{\partial b_i^{(l)}}J(\boldsymbol{W},b)=\frac{1}{m}\sum_{k=1}^{m}\frac{\partial}{b_i^{(l)}}J(\boldsymbol{W},b;\boldsymbol{x}^{(k)},\boldsymbol{y}^{(k)})\tag{3.114}$$

为了描述方便，在下文推导过程中，分别用$\frac{\partial J}{\partial W_{ij}^{(l)}}$、$\frac{\partial J}{\partial b_i^{(l)}}$表示$\frac{\partial}{\partial W_{ij}^{(l)}}J(\boldsymbol{W},b;\boldsymbol{x}^{(k)},\boldsymbol{y}^{(k)})$、$\frac{\partial}{\partial b_i^{(l)}}J(\boldsymbol{W},b;\boldsymbol{x}^{(k)},\boldsymbol{y}^{(k)})$，先求解对权重的偏导$\frac{\partial J}{\partial W_{ij}^{(l)}}$。

如果令 $\delta_j^{(l+1)}=\frac{\partial J}{\partial z_j^{(l+1)}}$，$\delta_j^{(l+1)}$ 定义为第 $l+1$ 层第 j 个神经元的残差。

又因为

$$z_j^{(l+1)}=\sum_{k=1}^{s_l}W_{jk}^{(l)}a_k^{(l)}+b_j^{(l+1)}=\sum_{k=1}^{s_l}W_{jk}^{(l)}f(z_k^{(l)})+b_j^{(l+1)}\tag{3.115}$$

可得

$$\frac{\partial z_j^{(l+1)}}{\partial W_{ij}^{(l)}}=a_j^{(l)}$$

则

$$\frac{\partial J}{\partial W_{ij}^{(l)}}=\frac{\partial J}{\partial z_j^{(l+1)}}\frac{\partial z_j^{(l+1)}}{\partial W_{ij}^{(l)}}=\frac{\partial z_j^{(l+1)}}{\partial W_{ij}^{(l)}}\frac{\partial J}{\partial z_j^{(l+1)}}=a_j^{(l)}\delta_i^{(l+1)}\tag{3.116}$$

同理可得

$$\frac{\partial J}{\partial b_i^{(l)}}=\frac{\partial J}{\partial z_j^{(l+1)}}\frac{\partial z_j^{(l+1)}}{\partial b_i^{(l)}}=\frac{\partial z_j^{(l+1)}}{\partial b_i^{(l)}}\frac{\partial J}{\partial z_j^{(l+1)}}=\delta_i^{(l+1)}\tag{3.117}$$

下面推导根据第 $l+1$ 层的残差计算第 l 层的残差的公式。

由式(3.115)得出$\frac{\partial z_j^{(l+1)}}{\partial z_i^{(l)}}=W_{ji}^{(l)}f'(z_i^{(l)})$，则

$$\delta_i^{(l)}=\frac{\partial J}{\partial z_i^{(l)}}=\sum_{j=1}^{s_{l+1}}\frac{\partial J}{\partial z_j^{(l+1)}}\frac{\partial z_j^{(l+1)}}{\partial z_i^{(l)}}=\sum_{j=1}^{s_{l+1}}\delta_j^{(l+1)}W_{ji}^{(l)}f'(z_i^{(l)})$$

$$=\sum_{j=1}^{s_{l+1}}(W_{ji}^{(l)}\delta_j^{(l+1)})f'(z_i^{(l)}) \tag{3.118}$$

有了残差计算的递推公式(见式(3.118))和代价函数对参数的偏导计算公式(见式(3.116)和式(3.117))仍然不够,还需要计算最后一层的残差,有了最后一层残差的数值,才能根据式(3.116)~式(3.118)计算各层的偏导数,从而对参数进行更新。由于神经网络的最后一层有输出,因此可以根据输出和真值标签数据得到残差:

$$\delta_i^{(n_l)}=\frac{\partial}{\partial z_i^{(n_l)}}J(\boldsymbol{W},b;\boldsymbol{x}^{(k)},\boldsymbol{y}^{(k)})=\frac{\partial}{\partial z_i^{(n_l)}}\frac{1}{2}\parallel \boldsymbol{y}^{(k)}-h_{\boldsymbol{W},b}(\boldsymbol{x}^{(k)})\parallel^2 \tag{3.119}$$

对于神经网络输出层,$h_{\boldsymbol{W},b}(x_j^{(k)})=a_j^{(n_l)}=f(z_j^{(n_l)})$,因此:

$$式(3.119)=\frac{\partial}{\partial z_i^{(n_l)}}\frac{1}{2}\sum_{j=1}^{s_{n_l}}(y_j^{(k)}-f(z_j^{(n_l)}))^2 \tag{3.120}$$

该偏导数为累和求导的问题,只有当 $j=i$ 时的求和项,导数才存在,当 $j\neq i$ 时导数都为0,因此:

$$式(3.120)=-(y_i^{(k)}-f(z_i^{(n_l)}))f'(z_i^{(n_l)})$$

$$=-(y_i^{(k)}-a_i^{(n_l)})f'(z_i^{(n_l)}) \tag{3.121}$$

由于 $y_i^{(k)}$ 为已知真值标签,$f(\cdot)$为激活函数,$a_i^{(n_l)}$、$f'(z_i^{(n_l)})$均可通过前向传播计算,因此输出层某个单元的残差 $\delta_i^{(n_l)}$ 可以计算,结合式(3.111)至式(3.114),式(3.116)至式(3.118)即可进行逐层反向传播,对参数进行更新。

3.6.2 算法步骤

1. 算法步骤

BP神经网络算法属于监督学习(supervised learning)范畴,即带有标签的学习,包括正向传播和反向传播两个过程。正向传播环节的目标是求损失,在这个环节,根据输入样本,给定初始化权值 $\boldsymbol{W}$ 和偏置项 b,计算最终输出值以及输出值与真实值(标签)之间的损失值。如果损失值未达到设定的条件则进行反向传播并更新参数 $\boldsymbol{W}$、b,否则停止 $\boldsymbol{W}$、b 的更新。而反向传播的任务是进行误差的回传,它将输出以某种形式通过隐藏层向输入层逐层反传,并将误差分摊到各层的所有单元,根据各层单元的误差信号对各单元权值和偏置项参数进行修正。

具体来讲,完成一个BP神经网络算法程序主要包含以下几部分内容。

(1) 数据准备。数据对神经网络模型的性能有很大影响。同样一组数据,在不同的数据空间有着不同的分布,因此,提取有差异化的特征、选择合适的数据表达可以有效降低解决问题的难度、提升神经网络模型的性能。

(2) 神经网络模型定义。不同结构的神经网络在不同的问题下得到的效果不同,应该针对具体问题,选择合适的神经网络结构。

（3）神经网络模型训练。使用给定的训练数据集训练神经网络。通过前向传播和反向传播更新模型中的参数，直到模型趋于稳定或达到预先设定的条件。如果模型训练时无法趋于稳定，必要时需要调整神经网络模型结构。

（4）模型预测。使用训练好的神经网络模型对测试集或未知数据进行预测。

具体过程可以由图 3.30 表示。

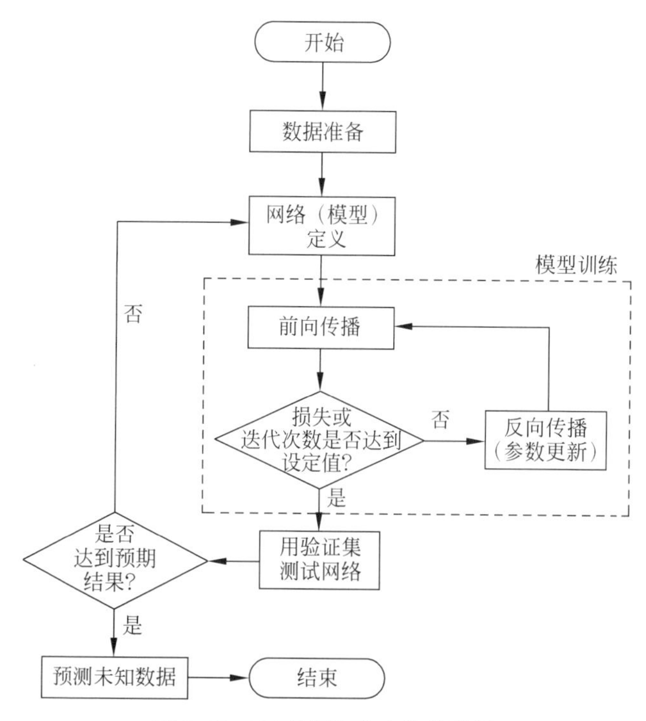

图 3.30　BP 神经网络实施流程图

2. 算法实现

3.6.1 节已经给出了 BP 神经网络的前向传播、反向传播的公式推导，以及 BP 神经网络算法的步骤过程。为了让读者更清晰地理解权重更新过程，3.6.1 节“前向传播”中的大部分公式都是逐层基于每个神经元进行计算的，如式(3.99)至式(3.102)，逐层计算每个神经元的输出，直到最后一层得到整个神经网络的输出，“权重更新公式推导”中也是针对每个权值或偏置项求解。最直观、容易理解的 BP 算法就是在程序中采用多层循环依次进行前向传播和反向传播过程，在前向传播和反向传播过程，逐层计算每个神经元的输出或梯度更新。然而多层循环的计算方式计算效率低，不能充分利用 GPU 资源和并行计算，因而更多的实现是基于矩阵运算的方式进行 BP 算法的实现。具有一个隐藏层的 BP 算法实现鸢尾花数据(参考 3.1 节)分类的代码如下：

```
import sklearn.datasets as ds
import sklearn.preprocessing as prep
import sklearn.model_selection as ms
import numpy as np

# Sigmoid 激活函数
```

```
def sigmoid(x):
  return 1/(1 + np.exp( - x))

# Sigmoid 函数求倒数
def sigmoidDerv(x):
  return x * (1 - x)

# 将 BP 神经网络封装为一个类
class BpNeuralNet:
   # 定义只有一个隐藏层,包括输入层、输出层共三层的神经网络,本质上是定义层与层之间的权值
# W 和偏置项 b
  def __init__(self,layers):
     self.W1 = np.random.random((layers[0],layers[1])) * 2 - 1
     self.W2 = np.random.random((layers[1],layers[2])) * 2 - 1
     self.b1 = np.random.random((1,layers[1])) * 2 - 1
     self.b2 = np.random.random((1,layers[2])) * 2 - 1

  def netTrain(self,train,labelTrain,test,labelTest,lr = 0.1,epochs = 1000): #lr 为学习率,
#epochs 为迭代的次数
      # 使用随机梯度下降进行权值训练更新
      for n in range(epochs + 1):
          i = np.random.randint(train.shape[0]) #随机选取一行数据(一个样本)进行更新
          x = train[i]
          x = np.atleast_2d(x) # 维度变化

          L1_out = sigmoid(np.dot(x,self.W1) + self.b1)
          L2_out = sigmoid(np.dot(L1_out,self.W2) + self.b2)

          # 根据公式求梯度 delta
          L2_delta = (labelTrain[i] - L2_out) * sigmoidDerv(L2_out)
          L1_delta = L2_delta.dot(self.W2.T) * sigmoidDerv(L1_out)

          # 更新参数
          self.W2 += lr * L1_out.T.dot(L2_delta)
          self.W1 += lr * x.T.dot(L1_delta)
          self.b2 += lr * L2_delta
          self.b1 += lr * L1_delta

          # 每训练 1000 次预测准确率,使用 test 数据验证当前模型效果
          if n % 1000 == 0:
              predictions = []
              for j in range(test.shape[0]):
                out = self.netPredict(test[j])
                predictions.append(np.argmax(out))
              accuracy = np.mean(np.equal(predictions,labelTest))
              print('epoch:',n,'accuracy:',accuracy)

  def netPredict(self,x):
     L1 = sigmoid(np.dot(x,self.W1)++self.b1) #隐藏层输出
     L2 = sigmoid(np.dot(L1,self.W2)++self.b2) #输出层输出
     return L2
     # 神经网络封装 end
     # 主程序部分
```

```
    # 使用 Sklearn 载入数据,并进行归一化
    irisData = ds.load_iris() #载入数据
    data_x = irisData.data #数据
    target_y = irisData.target #真值标签

    data_x -= data_x.min()
    data_x /= data_x.max()

    # 划分训练集和测试集
    #训练集占 80%,测试集占 20%
    train_X,test_X,train_Y,test_Y = ms.train_test_split(data_x,target_y,test_size = 0.2)

    # 对输出标签进行 one-hot 编码
    labels_train = prep.LabelBinarizer().fit_transform(train_Y)

    #创建神经网络并训练,[4,32,3]表示输入层、隐藏层、输出层的单元个数,鸢尾花数据集的每个
#样本有 4 个特征,共有 3 类不同的花
neuralModel = BpNeuralNet([4,32,3])
neuralModel.netTrain(train_X,labels_train,test_X,test_Y,epochs = 20000)
```

3.6.3 实战

本节分别以鸢尾花数据集和波士顿房价数据集来说明 BP 神经网络如何应用于分类和回归任务。无论是分类还是回归,神经网络也可以有多个输出单元。例如,鸢尾花分类任务输出层具有三个输出单元对应这三类不同的鸢尾属植物,波士顿房价回归任务输出层仅有房价一个输出单元。

1. 数据集介绍

(1) 分类数据集选择经典的鸢尾花数据集,其详细介绍参见 2.1.4 节。

(2) 回归数据集采用波士顿房价数据集,可通过 sklearn.datasets.load_boston 加载相关数据。

波士顿房价数据集是一个回归问题。每个类的观察值数量是均等的,共有 506 个观察值,13 个输入变量和 1 个输出变量。

每条数据包含房屋以及房屋周围的详细信息。其中包含城镇犯罪率、一氧化氮浓度、住宅平均房间数、到中心区域的加权距离以及自住房平均房价等。波士顿房价数据集的属性描述如表 3.6 所示。

表 3.6 波士顿房价数据集的属性描述

属 性 名	解 释	类 型
CRIM	该镇的人均犯罪率	连续值
ZN	占地面积超过 $2778m^2$ 的住宅用地比例	连续值
INDUS	非零售商业用地比例	连续值
CHAS	是否邻近查尔斯河	离散值,1=邻近;0=不邻近
NOX	一氧化氮浓度	连续值
RM	每栋房屋的平均客房数	连续值
AGE	1940 年之前建成的自用单位比例	连续值

续表

属 性 名	解 释	类 型
DIS	到波士顿 5 个就业中心的加权距离	连续值
RAD	到径向公路的可达性指数	连续值
TAX	全值财产税率	连续值
PTRATIO	学生与教师的比例	连续值
B	$1000(BK-0.63)^2$,其中 BK 为黑人占比	连续值
LSTAT	低收入人群占比	连续值
MEDV	同类房屋价格的中位数	连续值

鸢尾花数据集和波士顿房价数据集都是机器学习中的经典数据集,获取它们的途径非常多,正规途径有两种:其一,UCI 机器学习网站下载;其二,利用 Python 中的机器学习包,如 scikit-learn、Pandas 等直接导入。

2. 应用第三方工具实现分类和回归

实现了 BP 算法的第三方平台有很多,使用不同的平台需要的代码量也有区别。本节将依次使用 Sklearn 和 Keras 来示范如何使用 BP 神经网络完成分类和回归任务。

1) 使用 Sklearn 进行分类和回归

Sklearn 的全称为 scikit-learn,Sklearn 是其包名。Sklearn 是一个由 Python 第三方提供的机器学习库,包含了从数据预处理到训练模型的各个方面。使用 Sklearn 可以极大地节省编写代码的时间并减少代码量,使人们有更多的精力去关注数据内在的本质,分析数据分布,进行模型更新和超参调整。Sklearn 中用于分类和回归的 BP 神经网络模型是 MLPClassifier() 和 MLPRegressor() 函数,其中 MLPClassifier() 函数有 22 个参数,MLPRegressor()函数有 23 个参数,两个函数的前 22 个参数基本一致,涵盖了定义多层神经网络所需要的隐藏层、激活函数、优化求解器、学习率等,完全可以覆盖对不同需求多层神经网络的定义,在定义神经网络时,对于未设置的参数,系统将自动用默认值进行填充,详细参数说明请参考官方网站。

(1) MLPClassifier()函数用于鸢尾花分类。

MLPClassifier()函数是 sklearn.neural_network 中的函数,它是利用反向传播误差进行计算的多层感知器算法。完整代码如下,主要包括数据准备、网络定义、网络训练、网络预测和结果评估几个环节。

```
import numpy as np
from functools import reduce
from sklearn import datasets
from sklearn.preprocessing import StandardScaler
from sklearn.neural_network import MLPClassifier

def main():
    #数据准备:使用 Sklearn 获取数据,data 和 target 数据组合在一起便于随机打乱
    IrisDataSet = datasets.load_iris()
    dataAndTarget = np.zeros(shape = (150,5))
    dataAndTarget[:,:4] = np.array(IrisDataSet['data'])
    dataAndTarget[:,4] = np.array(IrisDataSet['target'])
```

```
    #随机打乱数据,前 100 个数据作为训练,后 50 个数据作为测试
    np.random.shuffle(dataAndTarget)
    x_train = dataAndTarget[:100,:4]
    y_train = dataAndTarget[:100,4]
    x_test = dataAndTarget[100:150,:4]
    y_test = dataAndTarget[100:150,4]

    #分别对训练测试数据进行标准化
    scaler = StandardScaler() # 标准化转换
    scaler.fit(x_test) # 训练标准化对象
    x_test_Standard = scaler.transform(x_test)      scaler.fit(x_train) # 训练标准化对象
    x_train_Standard = scaler.transform(x_train)

    #网络(模型)定义:使用 MLPClassifier()函数建立神经网络分类模型
    bpNetwork = MLPClassifier(hidden_layer_sizes = (500, ),activation = 'relu', solver = 'lbfgs',
alpha = 0.0001,batch_size = 'auto', learning_rate = 'constant')

    #模型训练:调用 fit()函数使用训练集训练网络
    bpNetwork.fit(x_train_Standard,y_train.astype('int'))

    #模型预测:使用训练好的模型对测试数据进行预测
    y_predict = bpNetwork.predict(x_test_Standard)

    y_test = y_test.tolist()
    y_test = list(map(int, y_test))
    y_predict = list(y_predict)

    #结果评估:计算预测错误的数量
    comResult = list(map(lambda x: x[0] - x[1], zip(y_test, y_predict)))
    falsePredict = reduce(lambda x,y:abs(x) + abs(y),comResult)

    print("Ground Truth:\t",y_test)
    print("BP Predicted:\t",y_predict)
    print("Accuracy:",(1 - falsePredict/50) * 100," % ")

      if __name__ == "__main__":
        main()
```

(2) MLPRegressor()函数用于波士顿房价预测。

```
import numpy as np
from math import sqrt
from sklearn import datasets
from sklearn.preprocessing import StandardScaler
from sklearn.metrics import mean_squared_error
from sklearn.neural_network import MLPRegressor

def main():
    ##数据准备:使用 Sklearn 获取数据,data 和 target 数据组合
    BostonDataSet = datasets.load_boston()
    dataAndTarget = np.zeros(shape = (506,140))
    dataAndTarget[:,:13] = np.array(BostonDataSet['data'])
```

```
    dataAndTarget[:,13] = np.array(BostonDataSet['target'])

    #随机打乱,前 400 个数据作为训练,后 106 个数据作为测试
    np.random.shuffle(dataAndTarget)
    x_train = dataAndTarget[:400,:13]
    y_train = dataAndTarget[:400,13]
    x_test = dataAndTarget[400:506,:13]
    y_test = dataAndTarget[400:506,13]


    #分别对训练测试数据进行标准化
    scaler = StandardScaler()
    scaler.fit(x_test)
    x_test_Standard = scaler.transform(x_test)
    scaler.fit(x_train)
    x_train_Standard = scaler.transform(x_train)

    ##网络(模型)定义:使用 MLPRegressor()函数建立神经网络分类模型
    regNetwork = MLPRegressor(hidden_layer_sizes = (500, ), activation = 'relu', solver = 'lbfgs',
alpha = 0.0001, batch_size = 'auto', learning_rate = 'constant')

    #模型训练:调用 fit()函数使用训练集训练网络
    regNetwork.fit(x_train_Standard, y_train)

    #模型预测:使用训练好的模型对测试数据进行预测
    y_predict = regNetwork.predict(x_test_Standard)

    #结果评估:计算预测和真值的均方根误差
    y_test = y_test.tolist()
    y_predict = list(y_predict)
    rms = sqrt(mean_squared_error(y_test, y_predict))

    print("Ground Truth:\t", y_test)
    print("BP Predicted:\t", y_predict)
    print("Root Mean Square Error: \t", rms)

if __name__ == "__main__":
    main()
```

2）使用 Keras 进行分类和回归

Keras 是一个用 Python 编写的高级神经网络 API（应用程序编程接口），它能够以 TensorFlow、CNTK，或者 Theano 作为后端运行。Keras 的优点是用户友好，高度模块化，可扩展，开发效率高，支持当前主流的网络结构，如卷积神经网络和循环神经网络，可以在 CPU 和 GPU 上无缝运行。同样的，代码仍然包括数据准备、网络定义、网络训练、网络预测和结果评估几个环节，与 Sklearn 的差别在于网络定义和网络训练环节更灵活，所定义网络的复杂性可以更高。

（1）Keras 用于鸢尾花分类。

```
import numpy as np
from tensorflow.keras import models
```

```
from tensorflow.keras import layers
from sklearn import datasets
from tensorflow import keras


#数据准备:通过 Sklearn 获取数据
IrisDataSet = datasets.load_iris()
dataAndTarget = np.zeros(shape = (150,5))
dataAndTarget[:,:4] = np.array(IrisDataSet['data'])
dataAndTarget[:,4] = np.array(IrisDataSet['target'])

#随机打乱数据,前 100 个数据作为训练,后 50 个数据作为测试
np.random.shuffle(dataAndTarget)
x_train = dataAndTarget[:100,:4]
y_train = dataAndTarget[:100,4]
x_test = dataAndTarget[100:150,:4]
y_test = dataAndTarget[100:150,4]

#softmax 要求对输出的分类标签进行 one-hot 编码
one_hot_train = keras.utils.to_categorical(y_train)
one_hot_test = keras.utils.to_categorical(y_test)


# 对特征数据进行标准化,train 和 test 数据使用同一个标准
mean = x_train.mean(axis = 0)
x_train -= mean
std = x_train.std(axis = 0)
x_train /= std
x_test -= mean
x_test /= std

# 定义函数,该函数的作用是创建神经网络模型
def newBpClsModel():
  model = models.Sequential()
  model.add(layers.Dense(8, activation = 'relu',input_shape = (x_train.shape[1],)))
  model.add(layers.Dense(3, activation = 'softmax'))

  model.compile(optimizer = 'adam', loss = 'categorical_crossentropy', metrics = ['accuracy'])
  return model

#网络(模型)定义
clsModel = newBpClsModel()

#网络训练
history = clsModel.fit(x_train, one_hot_train, epochs = 200, batch_size = 16, verbose = 0,
validation_data = (x_test, one_hot_test))

#网络预测及结果评估
test_loss_score, test_acc_score = clsModel.evaluate(x_test, one_hot_test)
test_out_hot = clsModel.predict(x_test)
test_out = np.argmax(test_out_hot)

print('test_acc_score: ', test_acc_score) # Mean Squared Error
```

(2) Keras 用于波士顿房价预测。

```
from tensorflow.keras import models
from tensorflow.keras import layers
from tensorflow.keras.datasets import boston_housing

#数据准备:使用 Keras 直接得到数据
(train_data, train_targets), (test_data, test_targets) = boston_housing.load_data()

# 对特征数据进行标准化,train 和 test 数据使用同一个标准
mean = train_data.mean(axis = 0)
train_data -= mean
std = train_data.std(axis = 0)
train_data /= std
test_data -= mean
test_data /= std

# 定义函数用于新建网络模型
def newBpRegModel():
  model = models.Sequential()
  model.add(layers.Dense(32, activation = 'relu',input_shape = (train_data.shape[1],)))
  model.add(layers.Dense(64, activation = 'relu'))
  model.add(layers.Dense(64, activation = 'relu'))
  # 最后一层不要加激活函数,输出任意房价数值
  model.add(layers.Dense(1))
  # MSE (mean squared error,均方误差),MAE(平均绝对误差) 有绝对值
  model.compile(optimizer = 'rmsprop', loss = 'mse', metrics = ['mae'])
  return model

#网络(模型)定义
regModel = newBpRegModel()

#网络训练
history = regModel.fit(train_data, train_targets, epochs = 200, batch_size = 16, verbose = 0,
validation_data = (test_data, test_targets))
mae_history = history.history['val_mae']

#网络预测及结果评估
test_mse_score, test_mae_score = regModel.evaluate(test_data, test_targets)
test_out = regModel.predict(test_data)
print('test_mae_score: ', test_mae_score) # Mean Squared Error
```

3.6.4 实验

1. 实验目的

(1) 掌握 BP 神经网络的原理及梯度更新推导方法;

(2) 能应用 BP 算法解决实际问题。

2. 实验数据

MINST 数据集。它是机器学习领域中非常经典的一个数据集,由 60 000 个训练样本和 10 000 个测试样本组成,每个样本都是一张 28×28 像素的灰度手写数字图片。

3. 实验要求

(1) 基于现有的主流平台 TensorFlow、PyTorch、Keras 等。

(2) 构建一个四层神经网络模型,隐藏层神经单元个数及超参数根据经验调整。

(3) 按 MINST 数据集已定义好的训练集、测试集对模型进行训练及测试,使测试集上的准确率不低于 96%。

3.7 卷积神经网络分类算法

3.7.1 原理简介

卷积神经网络(convolutional neural network,CNN)是一类包含卷积计算且具有深度结构的前馈神经网络(feedforward neural network),是受生物自然视觉认知机制启发而来的。现在,卷积神经网络已经成为众多科学领域的研究热点之一,特别是在模式分类领域,该网络避免了对图像进行复杂的前期预处理,可以直接输入原始图像,因而得到了更为广泛的应用。可应用于图像分类、目标识别、目标检测、语义分割等。本节介绍可用于图像分类的卷积神经网络的基本结构。

卷积神经网络由三部分构成。第一部分是输入层;第二部分由 N 个卷积层和池化层的组合组成;第三部分由一个全连接的多层感知机分类器构成。

图 3.31 是一个简单的卷积神经网络结构图,第一层输入图片进行卷积(convolution)操作。得到第二层深度为 3 的特征图(feature map)。对第二层的特征图进行池化(pooling)操作,得到第三层深度为 3 的特征图。重复上述操作得到第五层深度为 5 的特征图,最后将 5 个特征图按行展开连接成向量,传入全连接(fully connected)层。图中的每个特征图都可以看成是排列成矩阵形式的神经元,下面是卷积和池化的计算过程。

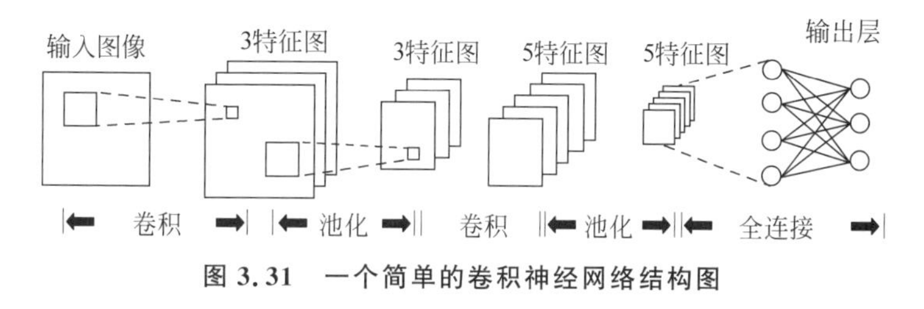

图 3.31 一个简单的卷积神经网络结构图

1. 卷积

对于一张输入图片,将其转换为矩阵,矩阵的元素为对应的像素值。如图 3.32 所示,对于一个 5×5 的图像,使用一个 3×3 的卷积核进行卷积,可得到一个 3×3 大小的特征图,其中卷积核也称为滤波器(filter)。输入图片经过卷积后所得特征图大小的计算公式为

$$w' = \frac{w + 2p - k}{s} + 1$$

其中,w 表示图片大小;p 表示填充;k 表示卷积核大小;s 表示步幅。

详细过程如图 3.33 所示。其中框选出的区域表示卷积核在输入矩阵中从上到下、从左到右滑动,每滑动到一个位置,将对应数字相乘并求和,得到一个特征图矩阵的元素。注意到,动图中卷积核每次滑动了一个单位,也就是步幅(stride) 为 1,实际上滑动的幅度可以根

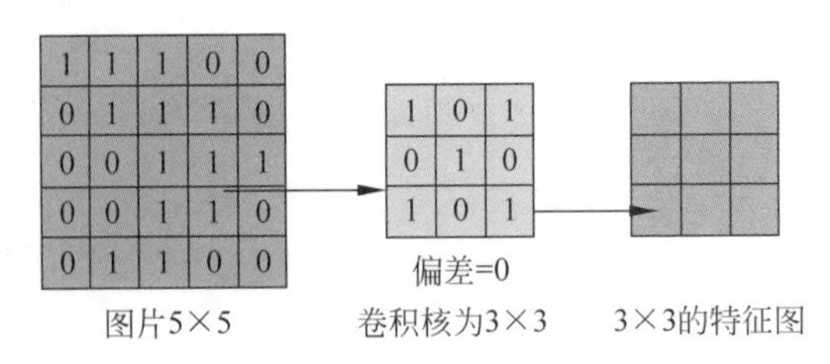

图 3.32 卷积神经网络的卷积过程图

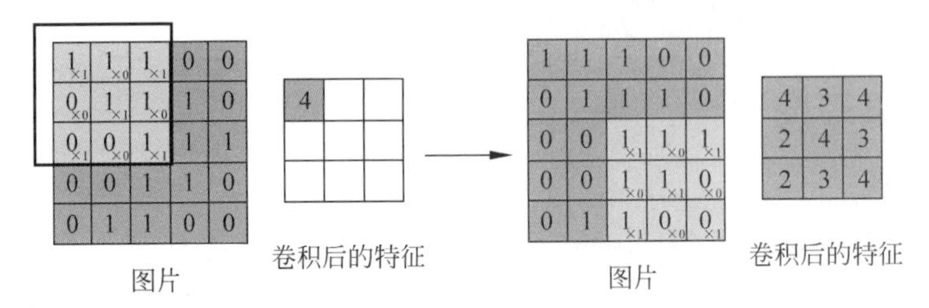

图 3.33 卷积步骤详解图

据需要进行调整。如果滑动步幅大于 1,则卷积核有可能无法恰好滑到边缘,针对这种情况,可在矩阵最外层补零,即用参数填充(padding),补零层(zero padding),是一个可以设置的超参数,但要根据卷积核的大小、步幅,输入矩阵的大小进行调整,以使卷积核恰好滑动到边缘。

2. 池化

池化又叫下采样(down sampling)。图像中的相邻像素倾向于具有相似的值,因此通常卷积层相邻的输出像素也具有相似的值。这意味着卷积层输出中包含的大部分信息都是冗余的。如果使用边缘检测滤波器并在某个位置找到强边缘,那么也可能会在距离这个像素 1 个偏移的位置找到相对较强的边缘。但是它们都一样是边缘,我们并没有找到任何新东西。池化层解决了这个问题。这个网络层所做的就是通过减小输入的大小降低输出值的数量。

卷积得到的特征图一般需要一个池化层以降低数据量。一般不在池化操作中使用 padding 操作,则池化后所得特征图大小的计算公式为

$$\frac{n-f}{s}+1$$

池化的操作步骤如图 3.34 所示。

池化层的滑动可被称为滑动窗口,图 3.34 中滑动窗口的大小为 2×2,步幅为 2,每滑动到一个区域,则取最大值作为输出,这样的操作称为最大池化(max pooling),还可以采用输出均值的方式,被称为平均池化(mean pooling)。

3. 全连接

经过若干层的卷积、池化操作后,将得到的特征图依次按行展开,连接成向量,输入全连接网络,如图 3.35 所示。

卷积神经网络与普通神经网络的区别在于,卷积神经网络包含了一个由卷积层和子采样层构成的特征抽取器。在卷积神经网络的卷积层中,一个神经元只与部分邻层神经元连接。在卷积神经网络的一个卷积层中,通常包含若干特征平面(feature map),每个特征平

面由一些矩形排列的神经元组成，同一特征平面的神经元共享权值，这里共享的权值就是卷积核。卷积核一般以随机小数矩阵的形式初始化，在网络的训练过程中卷积核将学习得到合理的权值。共享权值(卷积核)带来的直接好处是减少网络各层之间的连接，同时又降低了过拟合的风险。子采样也叫作池化(pooling)，通常有均值子采样和最大值子采样两种形式。子采样可以看作一种特殊的卷积过程。卷积和子采样大大简化了模型的复杂度，减少了模型的参数。

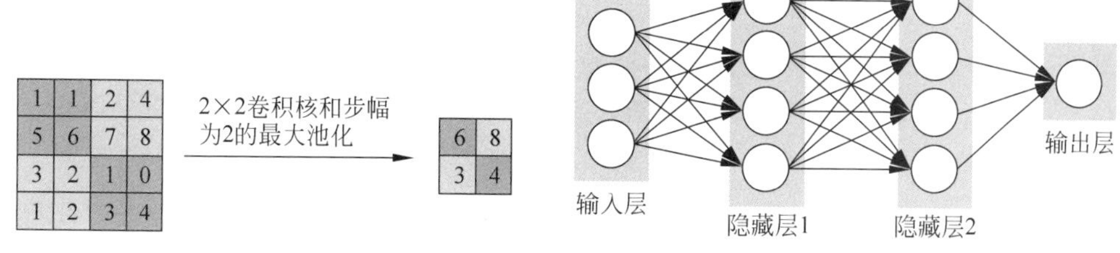

图 3.34 池化步骤详解图

图 3.35 全连接步骤示意图

3.7.2 算法步骤

卷积神经网络的算法流程主要包括数据集的划分和处理、卷积神经网络的训练、模型测试验证、分类四部分，其卷积神经网络的训练包含输入层、卷积层、池化层和全连接层，如图 3.36 所示。

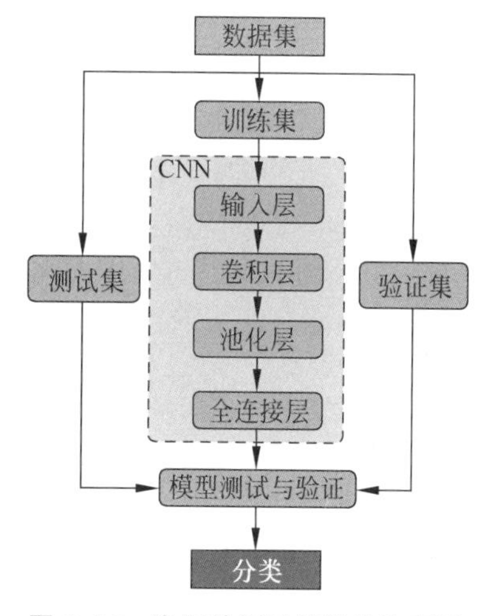

图 3.36 卷积神经网络算法流程图

以分类任务为例，对训练目标数据集，卷积神经网络执行了以下操作：首先对目标数据集进行划分，分别划分为训练集、验证集和测试集。在训练集上训练模型，在验证集上做模型选择，最后为了测试已经训练好的模型的精确度，在测试集上进行模型评估。

在模型训练过程中，先对网络进行权值的初始化，输入数据计算出结果，比较结果计算误差并进行反向传播更新网络中的权值和阈值，直到满足给定正确率后保存网络模型参数。使用训练好的模型计算测试集中的目标数据，得到其数据集的分类标签，完成分类任务。

(1) 输入：目标数据集。

(2) 算法步骤。

① 划分训练集、验证集和测试集。

② 选定训练组，从样本集中分别随机地寻求 N 个样本作为训练组。

③ 卷积网络训练模型。

(3) 训练过程。

① 将各权值、阈值，置成小的接近于 0 的随机值，并初始化精度控制参数和学习率。

② 从训练组中取一个批次数据加到网络，并给出它的目标输出向量。

③ 计算出中间层输出向量，计算出网络的实际输出向量。

④ 将输出向量中的元素与目标向量中的元素进行比较，计算出输出误差；对于中间层

的隐单元也需要计算出误差。

⑤ 依次计算出各权值的调整量和阈值的调整量。

⑥ 调整权值和阈值。

⑦ 当经历 M 次循环后，判断指标是否满足精度要求，如果不满足，则返回③，继续迭代；如果满足就进入下一步。

⑧ 训练结束，将权值和阈值保存在文件中。

(4) 分类过程。

① 加载模型权值、阈值文件。

② 从待分类数据集中取一个批次的数据加到网络中。

③ 计算出中间层输出向量，计算出网络的实际输出向量。

④ 将输出向量中通过 softmax 激活函数输出 0、1 整数确定所属类别。

3.7.3 实战

1. MINST 手写数字数据集

如图 3.37 所示，MINST 数据库是由 Yann 提供的手写数字数据库文件，数据集来自美国国家标准与技术研究所(national institute of standards and technology，NIST)。主要包含了 60 000 张的训练图像和 10 000 张的测试图像，训练集 (training set) 和测试集(test set) 均由来自 250 个不同人手写的数字构成，其中 50% 是高中学生，50% 来自人口普查局(the Census Bureau) 的工作人员。包含以下四部分。

图 3.37 MINST 数据集展示

(1) Training set images：train-images-idx3-ubyte. gz(9. 9MB，解压后为 47MB，包含 60 000 个样本)。

(2) Training set labels：train-labels-idx1-ubyte. gz(29KB，解压后为 60KB，包含 60 000 个标签)。

(3) Test set images：t10k-images-idx3-ubyte. gz(1. 6MB，解压后为 7. 8MB，包含 10 000 个样本)。

(4) Test set labels：t10k-labels-idx1-ubyte. gz(5KB，解压后为 10KB，包含 10 000 个标签)。

数据库里的图像都是 28×28 大小的灰度图像，每像素对应一个 8 位字节(0～255)。

2．Sklearn 实现

```
# ------------------------导入环境运行库---------------------------------
import tensorflow as tf
import tensorflow as tf
import numpy as np
import pandas as pd
import matplotlib as mpl
import matplotlib.pyplot as plt
import sklearn
import os
import sys
import time
from tensorflow import keras
#数据加载
minst = keras.datasets.mnist
img_rows, img_cols = 28, 28 # 图片大小为 28×28
(x_train, y_train), (x_test, y_test) = minst.load_data()
# 数据维度重建,以便网络模型训练
if keras.backend.image_data_format() == 'channels_first':
   x_train = x_train.reshape(x_train.shape[0],1,img_rows, img_cols)
   x_test = x_test.reshape(x_test.shape[0],1,img_rows,img_cols)
   input_shape = (1, img_rows, img_cols)
else:
   x_train = x_train.reshape(x_train.shape[0],img_rows,img_cols, 1)
   x_test = x_test.reshape(x_test.shape[0],img_rows,img_cols, 1)
   input_shape = (img_rows, img_cols, 1)
#数据预处理
x_train = x_train.astype('float32')
x_test = x_test.astype('float32')
# 数据归一化,方便计算
x_train = x_train / 255
x_test = x_test / 255
# 样本标签转换为 0-1 矩阵,便于分类
y_train_onehot = tf.keras.utils.to_categorical(y_train)
y_test_onehot = tf.keras.utils.to_categorical(y_test)
# 调用 Keras 中的 Sequential 序贯模型搭建网络
model = tf.keras.Sequential()
# 配置卷积层(Conv2D)并设置卷积核个数、卷积核大小、激活函数等参数
# 首层卷积层需定义输入数据维度大小
model.add(tf.keras.layers.Conv2D(32,kernel_size = (3,3),activation = 'relu', input_shape =
(28, 28, 1)))
# 添加池化层(MaxPooling2D)并设置池化核大小
model.add(tf.keras.layers.MaxPooling2D(pool_size = (2, 2)))
model.add(tf.keras.layers.Conv2D(64,kernel_size = (3,3),activation = 'relu'))
model.add(tf.keras.layers.MaxPooling2D(pool_size = (2, 2)))
# 添加全连接层并设置神经元个数和激活函数
model.add(tf.keras.layers.Flatten())
model.add(tf.keras.layers.Dense(128, activation = 'relu'))
model.add(tf.keras.layers.Dropout(0.5))
```

```
model.add(tf.keras.layers.Dense(10, activation='softmax'))
# 打印模型结构
model.summary()
# 设置优化器、损失函数和评价指标
model.compile(optimizer='adam',loss='categorical_crossentropy', metrics=['accuracy'])
# 模型训练,配置训练次数、批次大小、验证集
history=model.fit(x_train, y_train_onehot, batch_size = 256, epochs = 10, verbose = 1,
validation_data = (x_test, y_test_onehot))
# 模型评估
score = model.evaluate(x_test, y_test_onehot, verbose=0)
# 结果可视化
print('Test loss:', score[0])
print('Test accuracy:', score[1])
```

输出结果：

```
Epoch 1/10
235/235 [==============================] - 25s 102ms/step - loss: 0.4057 -
accuracy: 0.8764 - val_loss: 0.0742 - val_accuracy: 0.9768
Epoch 2/10
235/235 [==============================] - 24s 101ms/step - loss: 0.1146 -
accuracy: 0.9665 - val_loss: 0.0458 - val_accuracy: 0.9854
Epoch 3/10
235/235 [==============================] - 24s 102ms/step - loss: 0.0858 -
accuracy: 0.9749 - val_loss: 0.0396 - val_accuracy: 0.9877
Epoch 4/10
235/235 [==============================] - 24s 101ms/step - loss: 0.0696 -
accuracy: 0.9794 - val_loss: 0.0338 - val_accuracy: 0.9882
Epoch 5/10
235/235 [==============================] - 24s 103ms/step - loss: 0.0606 -
accuracy: 0.9812 - val_loss: 0.0321 - val_accuracy: 0.9888
Epoch 6/10
235/235 [==============================] - 25s 105ms/step - loss: 0.0541 -
accuracy: 0.9835 - val_loss: 0.0297 - val_accuracy: 0.9902
Epoch 7/10
235/235 [==============================] - 25s 104ms/step - loss: 0.0479 -
accuracy: 0.9858 - val_loss: 0.0261 - val_accuracy: 0.9904
Epoch 8/10
235/235 [==============================] - 24s 103ms/step - loss: 0.0418 -
accuracy: 0.9871 - val_loss: 0.0243 - val_accuracy: 0.9914
Epoch 9/10
235/235 [==============================] - 24s 103ms/step - loss: 0.0378 -
accuracy: 0.9887 - val_loss: 0.0263 - val_accuracy: 0.9914
Epoch 10/10
235/235 [==============================] - 24s 103ms/step - loss: 0.0355 -
accuracy: 0.9896 - val_loss: 0.0253 - val_accuracy: 0.9920

Test loss: 0.025268295779824257
Test accuracy: 0.991999983787536
    # 定义预测函数
    def predict(image_path):
    # 以黑白方式读取图片
```

```
    img = Image.open(image_path).convert('L')
    img = np.reshape(img, (28, 28, 1)) / 255.
    x = np.array([1 - img])
    y = model.predict(x)
    # np.argmax()取得最大值的下标,即代表的数字
    print(image_path)
    print(y[0])
    print('       -> Predict digit', np.argmax(y[0]))
# 目标图片分类(输入目标图片路径)
predict('../test_images/0.png')
predict('../test_images/1.png')
predict('../test_images/4.png')
#待分类照片预览
plt.imshow(../test_images/0.png,'gray')
plt.imshow(../test_images/1.png,'gray')
plt.imshow(../test_images/4.png,'gray')
```

```
#结果显示
../test_images/0.png
[1. 0. 0. 0. 0. 0. 0. 0. 0. 0.]
       -> Predict digit 0
../test_images/1.png
[0. 1. 0. 0. 0. 0. 0. 0. 0. 0.]
       -> Predict digit 1
../test_images/4.png
[0. 0. 0. 0. 1. 0. 0. 0. 0. 0.]
       -> Predict digit 4
```

3.7.4　实验

1. 实验目的

掌握卷积神经网络算法的基本原理以及执行流程,并熟练运用该算法完成分类任务。

2. 实验数据集

Fashion-MNIST 是由 Zalando 旗下的研究部门提供的图像数据集,涵盖了来自 10 种类别的共 7 万个不同商品的正面图片,包括 t-shirt(T 恤)、trouser(裤子)、pullover(套衫)、dress(裙子)、coat(外套)、sandal(凉鞋)、shirt(衬衫)、sneaker(运动鞋)、bag(包)、ankle boot(短靴)。Fashion-MNIST 的格式和训练集/测试集的划分与原始的 MNIST 完全一致。60000/10000 的训练测试数据划分,28×28 的灰度图片,可直接用来测试机器学习和深度学习算法性能。部分原始图片如图 3.38 所示。

标注编号描述如下。

0：t-shirt/top(T 恤)。

1：trouser(裤子)。

图 3.38 Fashion-MNIST 数据集展示

2：pullover(套衫)。

3：dress(裙子)。

4：coat(外套)。

5：sandal(凉鞋)。

6：shirt(衬衫)。

7：sneaker(运动鞋)。

8：bag(包)。

9：ankle boot(短靴)。

```
#模型编译和训练
model.compile(
  optimizer = 'adam',
  loss = 'sparse_categorical_crossentropy',
  metrics = ['acc']
)
history = model.fit(x_train, x_label, epochs = 100, batch_size = 1000)
```

显示结果：

```
Train on 10000 samples
Epoch 1/100
10000/10000 [ ============================== ] - 14s 1ms/sample - loss: 1.5669 -
acc: 0.4776
```

```
Epoch 2/100
10000/10000 [ ============================== ] - 15s 2ms/sample - loss: 0.7624 -
acc: 0.7458
Epoch 3/100
10000/10000 [ ============================== ] - 17s 2ms/sample - loss: 0.6300 -
acc: 0.7808
Epoch 4/100
2000/10000 [ =====>........................] - ETA: 11s - loss: 0.5707 - acc: 0.7960
```

绘制损失函数和准确率图像：

```
#绘制损失函数和准确率图像
hist = pd.DataFrame(history.history)
hist['epoch'] = history.epoch
hist['epoch'] = hist['epoch'] + 1

def plot_history(hist):
  plt.figure(figsize = (10,5))
  plt.subplot(1,2,1)
  plt.xlabel('Epoch')
  plt.plot(hist['epoch'], hist['loss'],
        label = 'loss')
  plt.legend()
  plt.subplot(1,2,2)
  plt.xlabel('Epoch')
  plt.plot(hist['epoch'], hist['acc'],
        label = 'acc',color = 'red')
  plt.legend()
plot_history(hist)
```

运行结果如图 3.39 所示。

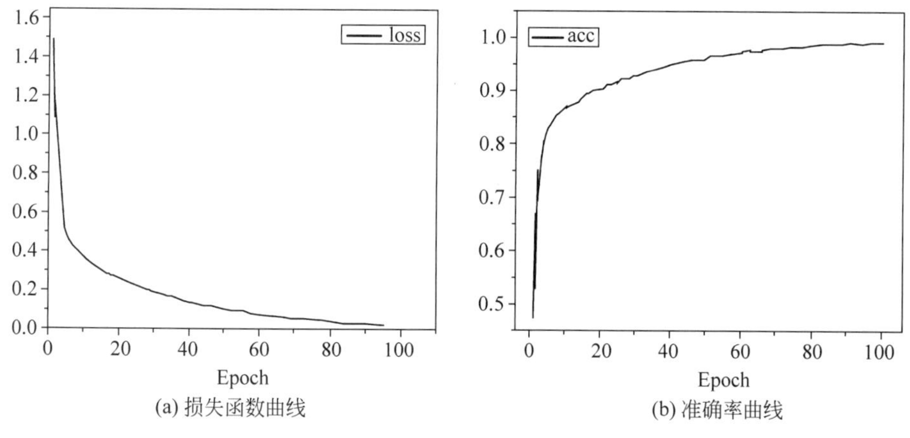

(a) 损失函数曲线　(b) 准确率曲线

图 3.39　运行结果

模型评价及结果可视化的代码如下：

```
model.evaluate(test_features, test_labels, verbose = 2)
#模型分类结果及可视化
prediction = model.predict(test_features)
def plot_image(i, predictions_array, true_labels, images):
```

```
    predictions_array, true_label, img = predictions_array[i], true_labels[i], images[i]
    plt.grid(False)
    plt.xticks([])
    plt.yticks([])
    plt.grid(False)
    plt.imshow(images[i], cmap = plt.cm.binary)
    predicted_label = np.argmax(prediction[i])
    true_label = test_labels[i]
    if predicted_label == true_label:
       color = 'black'
    else:
       color = 'red'
  plt.xlabel("预测{:2.0f}%是{}(实际{})".
  format(100 * np.max(predictions_array),class_names[predicted_label],class_names[true_
  label]),color = color)
  def plot_value_array(i, predictions_array, true_label):
    predictions_array, true_label = predictions_array[i], true_label[i]
    plt.grid(False)
    plt.xticks(range(10))
    plt.yticks([])
    thisplot = plt.bar(range(10), predictions_array, color = "#777777")
    plt.ylim([0, 1])
    predicted_label = np.argmax(predictions_array)
    thisplot[predicted_label].set_color('red')
    thisplot[true_label].set_color('blue')
  num_rows = 5
  num_cols = 3
  num_images = num_rows * num_cols
  plt.figure(figsize = (2 * 2 * num_cols, 2 * num_rows))
  for i in range(num_images):
    plt.subplot(num_rows, 2 * num_cols, 2 * i + 1)
    plot_image(i, prediction, test_labels, test_features)
    plt.subplot(num_rows, 2 * num_cols, 2 * i + 2)
  plot_value_array(i, prediction, test_labels)
  #结果显示(图片可视化)
```

模型评价的运行结果如图 3.40 所示。

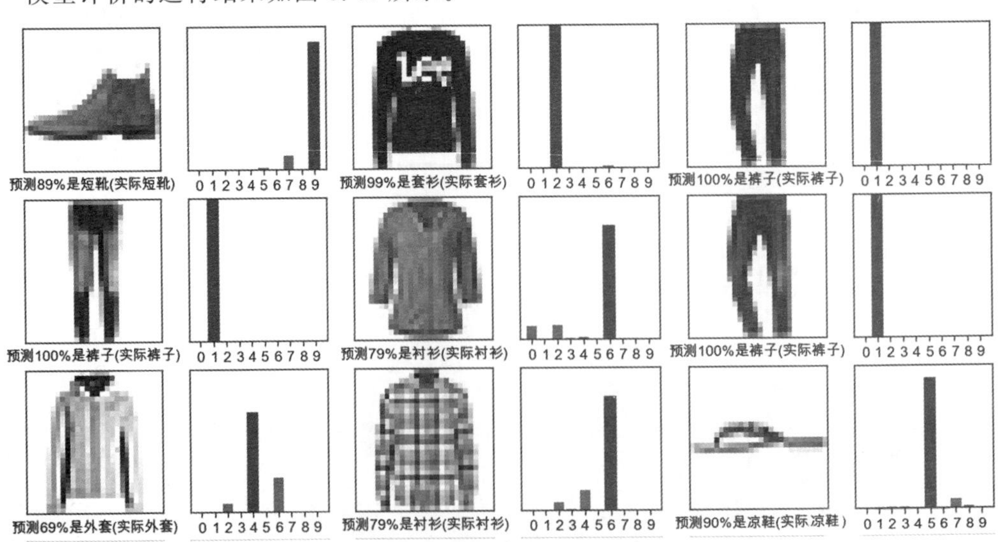

图 3.40　模型评价的运行结果

3.8 多类分类算法

3.8.1 原理简介

1. 基于二分类的多类分类方法

二分类是最简单的分类任务,多分类任务可分解为多个二分类任务,然后通过一定的集成完成多分类。考虑 N 个类别 $C_1, C_2, \cdots, C_n$,多分类学习的基本思路是"拆解法",即将多分类任务拆为若干二分类任务来求解。具体来说,先对问题进行拆分,然后为拆出的每个二分类任务训练一个分类器。在测试时,对这些分类器的预测结果进行集成以获得最终的多分类结果。这里的关键是如何对多分类任务进行拆分,以及如何对多个分类器进行集成。本节主要介绍拆分策略。

最经典的拆分策略有三种:"一对一"(one vs. one,OvO)、"一对其余"(one vs. rest,OvR)和"多对多"(many vs. many,MvM)。

给定数据集 $\boldsymbol{D}=\{(x_1,y_1),(x_2,y_2),\cdots,(x_m,y_m)\}, y_i \in \{C_1,C_2,\cdots,C_n\}$。OvO 将这 N 个类别两两配对,从而产生 $N(N-1)/2$ 个二分类任务,如 OvO 将为区分类别 C_i 和 C_j,训练一个分类器,该分类器把 $\boldsymbol{D}$ 中的 C_i 类样例作为正例,C_j 类样例作为反例。在测试阶段,新样本将同时提交给所有分类器,于是将得到 $N(N-1)/2$ 个分类结果,最终结果可通过投票产生,即把被预测得最多的类别作为最终分类结果。图 3.41 给出了一个示意图。

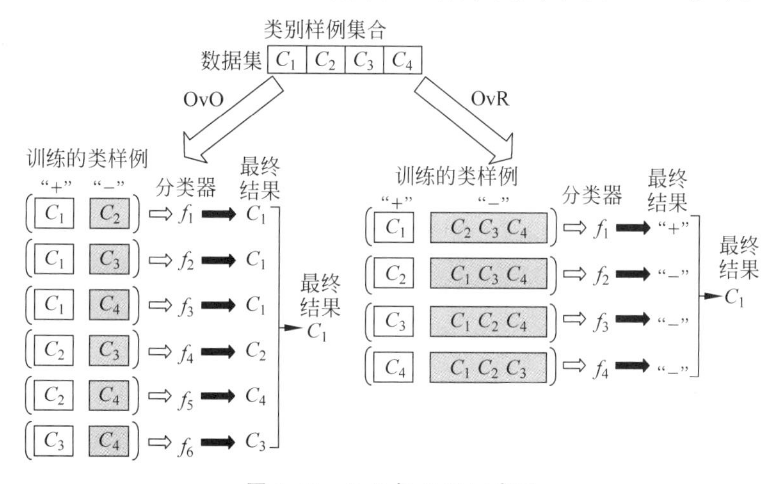

图 3.41 OvO 与 OvR 示意图

OvR 则是每次将一个类的样例作为正例、所有其他类的样例作为反例来训练 N 个分类器。在测试时若仅有一个分类器预测为正类,则对应的类别标记作为最终分类结果,如图 3.41 所示。若有多个分类器预测为正类,则通常考虑各分类器的预测置信度,选择置信度最大的类别标记作为分类结果。

容易看出,OvR 只需训练 N 个分类器,而 OvO 需训练 $N(N-1)/2$ 个分类器,因此,OvO 的存储开销和测试时间开销通常比 OvR 更大。但在训练时,OvR 的每个分类器均使用全部训练样例,而 OvO 的每个分类器仅用到两个类的样例,因此,在类别很多时,OvO 的训练时间开销通常比 OvR 更小。至于预测性能,则取决于具体的数据分布,在多数情形下两者差不多。

MvM 是每次将若干类作为正类，若干其他类作为反类。显然，OvO 和 OvR 是 MvM 的特例。MvM 的正、反类构造必须有特殊的设计，不能随意选取。这里介绍一种最常用的 MvM 技术：纠错输出码(error correcting output codes，ECOC)。

ECOC 是将编码的思想引入类别拆分，并尽可能在解码过程中具有容错性。ECOC 的工作过程主要分为如下两步。

① 编码：对 N 个类别做 M 次划分，每次划分将一部分类别划为正类，一部分划为反类，从而形成一个二分类训练集。这样共产生 M 个训练集，可训练出 M 个分类器。

② 解码：M 个分类器分别对测试样本进行预测，这些预测标记组成一个编码。将这个预测编码与每个类别各自的编码进行比较，返回其中距离最小的类别作为最终预测结果。

类别划分通过编码矩阵(coding matrix)指定。编码矩阵有多种形式，常见的主要有二元码和三元码。前者将每个类别分别指定为正类和反类，后者在正、反类之外，还可指定“停用类”。图 3.42 给出了一个示意图，在图 3.42 (a)中，分类器 f_2 将 C_1 类和 C_3 类的样例作为正例，C_2 类和 C_4 类的样例作为反例；在图 3.42 (b)中，分类器 f_4 将 C_3 类和 C_4 类的样例作为正例，C_1 类的样例作为反例。在解码阶段，各分类器的预测结果联合起来形成了测试示例的编码，该编码与各类所对应的编码进行比较，将距离最小的编码所对应的类别作为预测结果。例如，在图 3.42 (a)中，若基于欧氏距离，预测结果将是 C_2。

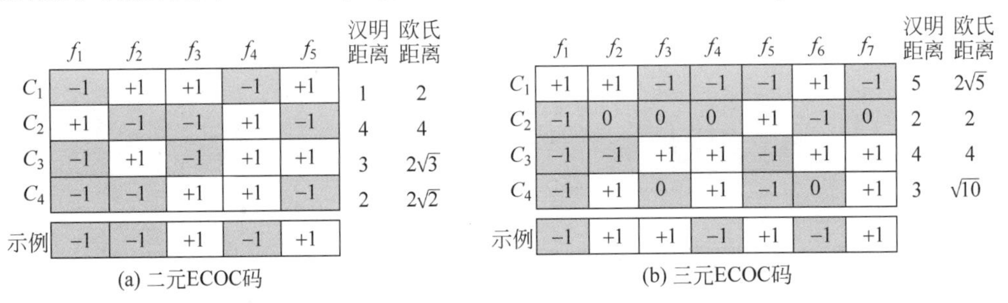

	f_1	f_2	f_3	f_4	f_5	汉明距离	欧氏距离
C_1	−1	+1	+1	−1	+1	1	2
C_2	+1	−1	−1	+1	−1	4	4
C_3	−1	+1	−1	+1	+1	3	$2\sqrt{3}$
C_4	−1	−1	+1	+1	−1	2	$2\sqrt{2}$
示例	−1	−1	+1	−1	+1		

(a) 二元ECOC码

	f_1	f_2	f_3	f_4	f_5	f_6	f_7	汉明距离	欧氏距离
C_1	+1	+1	−1	−1	−1	+1	−1	5	$2\sqrt{5}$
C_2	−1	0	0	0	+1	−1	0	2	2
C_3	−1	−1	+1	+1	−1	+1	+1	4	4
C_4	−1	+1	0	+1	−1	0	+1	3	$\sqrt{10}$
示例	−1	+1	+1	−1	+1	−1	+1		

(b) 三元ECOC码

图 3.42　ECOC 编码示意图

注：其中+1、−1 分别表示学习器将该样本作为正、反例，三元码中 0 表示不使用该类样本

2. 基于 softmax 函数的多类分类

深度学习时代，利用神经网络解决多分类问题时，常常采用 softmax 函数。softmax 一般加在网络的最后，其主要作用是对网络的输出进行对应类别的概率计算。softmax 函数的定义如下：

$$P_i = \frac{\mathrm{e}^{z_i}}{\sum_{j=1}^{N} \mathrm{e}^{z_j}} \tag{3.122}$$

其中，z_i 为神经网络的输出，N 为网络输出的数量。该公式用于计算该元素的指数除以所有元素的指数和，取指数是为了使差别更大。经过 softmax 函数计算后，神经网络的每个元素被压缩到(0,1)，并且和为 1，即 P_i 可以看成每个输出端对应类别的分类概率。在进行分类时，此概率越大，被分为此类别的可能性就越大。限于篇幅，softmax 函数的分类实例请参考 3.7 节的说明。

3.8.2 算法步骤

1. 一对一

设训练集数据共有 M 个类，一对一方法是在每两个类之间构造一个二分类模型，例如，对第 i 类数据和第 j 类数据训练一个二分类 SVM 模型。

在测试阶段，采用投票策略进行分类。每个二分类 SVM 根据其决策函数对新数据 x_{new} 有一个预测（投票），以 i 类和 j 类之间二分类 SVM 为例，若对 x_{new} 的预测为 i 类，则 i 类得票加 1；否则 j 类加 1；最终得票最多的类别就是对 x_{new} 的预测；若出现平票的情况，简单地选择索引较小的那个类别作为对 x_{new} 的分类。

2. 一对多

对于每个类，将其作为 +1 类，而其余 $M-1$ 个类的所有样本作为 −1 类，构造一个二分类模型，如 SVM。

在测试阶段，对于 x_{new}，M 个决策函数共有 M 个输出预测，若有唯一正类即选择其作为 x_{new} 的预测，若有多个正类则需要考虑各分类器的预测置信度，选择置信度最大的类别作为分类结果。

3. ECOC

ECOC-SVM 的算法步骤如图 3.43 所示，其中 M 指对数据所有类进行了 M 次划分，即共有 M 个分类器。

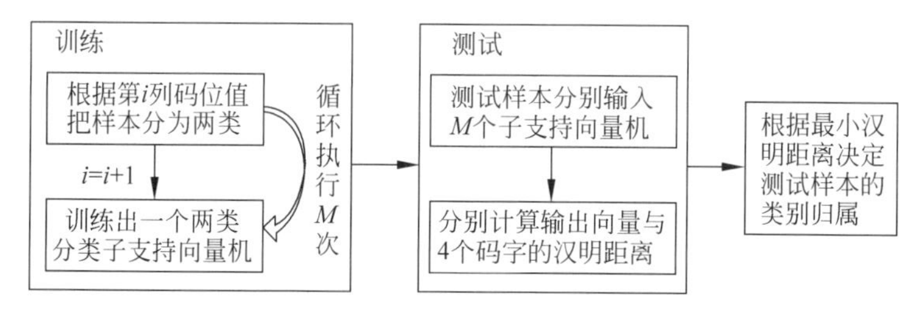

图 3.43 基于汉明距离的 ECOC-SVM 的训练及测试过程

3.8.3 实战

1. 数据集

采用经典的鸢尾花数据集，该数据集的详细介绍见 2.1.4 节。

2. Sklearn 实现

(1) 原理。

主要使用 Sklearn 上的 SVM 进行调包训练，例如，svm.SVC(kernel='rbf',gamma=0.1,C=0.8,decision_function_shape='ovo')，kernel='linear'时，为线性核，C 越大在训练集上的分类准确率越高，但有可能会过拟合(default C=1)。kernel='rbf'时(default)，为高斯核，gamma 值越小，分类界面越连续；gamma 值越大，分类界面越"散"，分类效果越好，但有可能会过拟合。decision_function_shape='ovr'时，为 one vs rest，即一个类别与其他类别进行划分，decision_function_shape='ovo'时，为 one vs one，即将类别两两之间进行划分，用

二分类的方法模拟多分类的结果。具体代码如下。

(2) 导入模块。

```
# 导入模块
import numpy as np
import matplotlib.pyplot as plt
import matplotlib as mpl
from matplotlib.colors import ListedColormap
from sklearn import svm, datasets
from sklearn.preprocessing import StandardScaler
from sklearn.model_selection import train_test_split
```

(3) 数据处理。

```
# 鸢尾花数据处理
iris = datasets.load_iris()
X = iris.data[:, :2] # 为便于绘图仅选择两个特征
y = iris.target # 类别

# 数据预处理:数据标准化
scaler = StandardScaler()
scaler.fit(X)
X = scaler.transform(X)

# 随机划分训练集与测试集,训练集占总数据的60%(train_size = 0.6),random_state是随机数
# 种子
x_train, x_test, y_train, y_test = train_test_split(X, y, random_state = 1, train_size = 0.6)
# 搭建模型,训练SVM分类器
# 调包实现一对多(OvR)
clf = svm.SVC(C = 0.8, kernel = 'rbf', gamma = 20, decision_function_shape = 'ovr')
# 调包实现一对一(OvO)
# clf = svm.SVC(kernel = 'rbf',gamma = 0.1,C = 0.8,decision_function_shape = 'ovo')

clf.fit(x_train, y_train.ravel()) #调用ravel()函数将矩阵转变成一维数组
# 输出模型准确率
print("SVM - 输出训练集的准确率为: ", clf.score(x_train, y_train))
print("SVM - 输出测试集的准确率为:",clf.score(x_test,y_test))
# 绘制图像
# 确定坐标轴范围,x、y轴分别表示两个特征
x1_min, x1_max = X[:, 0].min(), X[:, 0].max()
# 第0列的范围 x[:, 0] ":"表示所有行,0表示第1列
x2_min, x2_max = X[:, 1].min(), X[:, 1].max()
# 第1列的范围 x[:, 0] ":"表示所有行,1表示第2列
x1, x2 = np.mgrid[x1_min:x1_max:200j, x2_min:x2_max:200j] # 生成网格采样点
grid_test = np.stack((x1.flat, x2.flat), axis = 1)
# 先将网格点x1和x2展平为列向量,然后按列拼接两个列向量,构建测试样本点
grid_hat = clf.predict(grid_test)       # 预测分类值
grid_hat = grid_hat.reshape(x1.shape) # 使之与输入的形状相同
# 指定默认字体
mpl.rcParams['font.sans - serif'] = [u'SimHei']
mpl.rcParams['axes.unicode_minus'] = False
```

```
# 绘制
cm_light = mpl.colors.ListedColormap(['#A0FFA0', '#FFA0A0', '#A0A0FF'])
cm_dark = mpl.colors.ListedColormap(['g', 'r', 'b'])
plt.pcolormesh(x1, x2, grid_hat, cmap = cm_light)
plt.scatter(X[:, 0], X[:, 1], c = y, edgecolors = 'k', s = 50, cmap = cm_dark) # 样本
plt.scatter(x_test[:, 0], x_test[:, 1], s = 120, facecolors = 'none', zorder = 10) # 圈中测试
# 集样本
plt.xlabel(u'花萼长度', fontsize = 13)
plt.ylabel(u'花萼宽度', fontsize = 13)
plt.xlim(x1_min, x1_max)
plt.ylim(x2_min, x2_max)
plt.title(u'鸢尾花 SVM 二特征分类', fontsize = 15)
plt.rcParams['figure.dpi'] = 2000 #分辨率
# plt.grid()
plt.show()

#由于准确率表现不直观,可以通过其他方式观察结果
#首先将原始结果与训练集预测结果进行对比
y_train_hat = clf.predict(x_train)
y_train_1d = y_train.reshape((-1))
print('鸢尾花训练集准确率:',clf.score(x_train,y_train))

#同样的,可以用训练好的模型对测试集的数据进行预测
#输出训练集的准确率
print('鸢尾花测试集准确率:',clf.score(x_test,y_test))
y_test_hat = clf.predict(x_test)
y_test_1d = y_test.reshape((-1))
comp = zip(y_test_1d,y_test_hat)
print('鸢尾花测试集实际结果与预测结果显示如下:',list(comp))


# 将测试集实际分类与预测分类进行可视化对比
# 还可以通过图像进行可视化
plt.figure()
plt.subplot(121)
plt.scatter(x_test[:,0],x_test[:,1],c = y_test.reshape((-1)),edgecolors = 'k',s = 50)
plt.title(u'鸢尾花测试集实际分类情况', fontsize = 15)
plt.subplot(122)
plt.scatter(x_test[:,0],x_test[:,1],c = y_test_hat.reshape((-1)),edgecolors = 'k',s = 50)
plt.title(u'鸢尾花测试集 SVM 分类情况', fontsize = 15)
plt.rcParams['figure.dpi'] = 1000 #分辨率
```

(4) 运行结果。

一对一模型的准确率如下：

```
SVM-输出训练集的准确率为:0.7888888888888889
SVM-输出测试集的准确率为:0.75
```

一对一模型的鸢尾花分类结果如图 3.44 所示。

一对一模型中将测试集的实际结果与预测结果相对比,结果如下,作图可以得到如图 3.45 所示的结果。

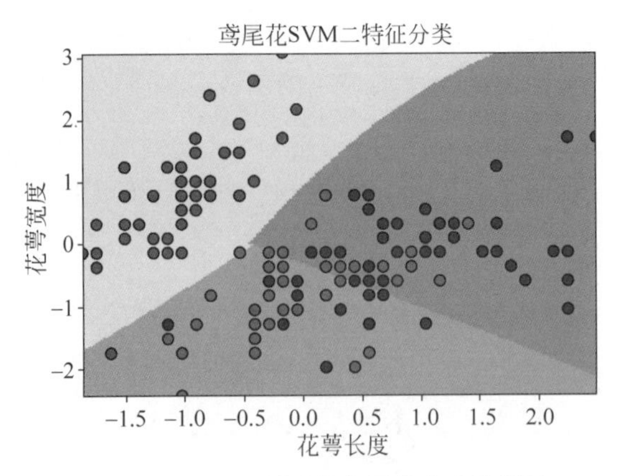

图 3.44 一对一模型的鸢尾花分类结果图

```
鸢尾花训练集准确率：0.7888888888888889
鸢尾花测试集准确率：0.75
鸢尾花测试集实际结果与预测结果显示如下：[(0, 0), (1, 1), (1, 2), (0, 0), (2, 2), (1, 2), (2, 2), (0, 0), (0, 0), (2, 2), (1, 1), (0, 0), (2, 2), (1, 2), (1, 2), (0, 0), (1, 1), (1, 1), (0, 0), (0, 0), (1, 1), (1, 0), (1, 2), (0, 0), (2, 2), (1, 1), (0, 0), (0, 0), (1, 1), (2, 1), (1, 2), (2, 2), (1, 1), (2, 2), (2, 1), (0, 0), (1, 1), (0, 0), (1, 2), (2, 1), (2, 2), (0, 0), (2, 1), (2, 2), (1, 2), (2, 2), (0, 0), (0, 0), (0, 0), (1, 1), (0, 0), (0, 0), (2, 2), (2, 2), (2, 2), (2, 2), (2, 2), (1, 2), (2, 2), (1, 2)]
```

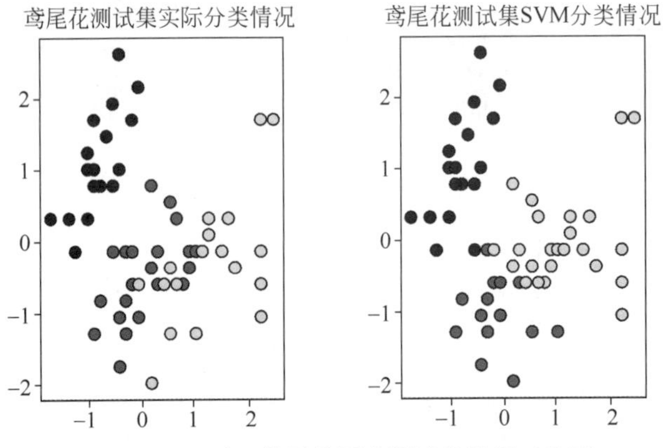

图 3.45 一对一模型鸢尾花测试集结果对比图

一对多模型的准确率如下所示：

```
SVM - 输出训练集的准确率为：0.9444444444444444
SVM - 输出测试集的准确率为：0.5333333333333333
```

一对多模型的鸢尾花分类结果如图 3.46 所示。

一对多模型中将测试集的实际结果与预测结果相对比，可以得到如图 3.47 所示的结果。

```
鸢尾花训练集准确率：0.9444444444444444
鸢尾花测试集准确率：0.5333333333333333
```

```
鸢尾花测试集实际结果与预测结果显示如下：[(0, 1), (1, 2), (1, 2), (0, 1), (2, 1), (1, 2),
(2, 1), (0, 0), (0, 0), (2, 1), (1, 1), (0, 1), (2, 2), (1, 2), (1, 1), (0, 0), (1, 1), (1, 1),
(0, 0), (0, 0), (1, 1), (1, 1), (1, 2), (0, 0), (2, 1), (1, 1), (0, 1), (0, 0), (1, 1), (2, 1),
(1, 2), (2, 2), (1, 1), (2, 2), (2, 1), (0, 0), (1, 1), (0, 0), (1, 2), (2, 1), (2, 2), (0, 0),
(2, 1), (2, 1), (1, 2), (2, 1), (0, 1), (0, 0), (0, 0), (1, 1), (0, 0), (0, 0), (2, 1), (2, 1),
(2, 2), (2, 2), (2, 1), (1, 2), (2, 1), (1, 1)]
```

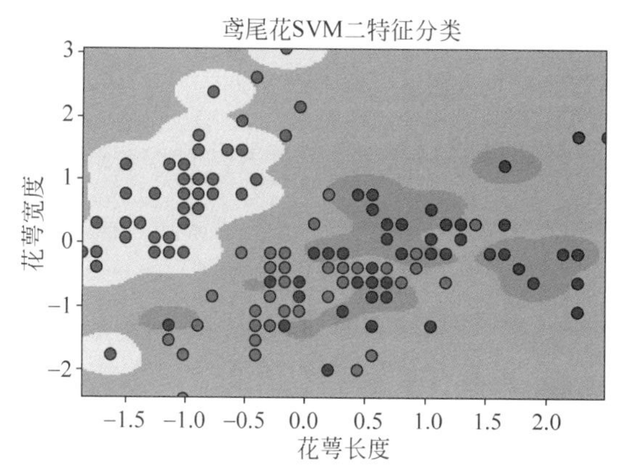

图 3.46 一对多模型的鸢尾花分类结果图

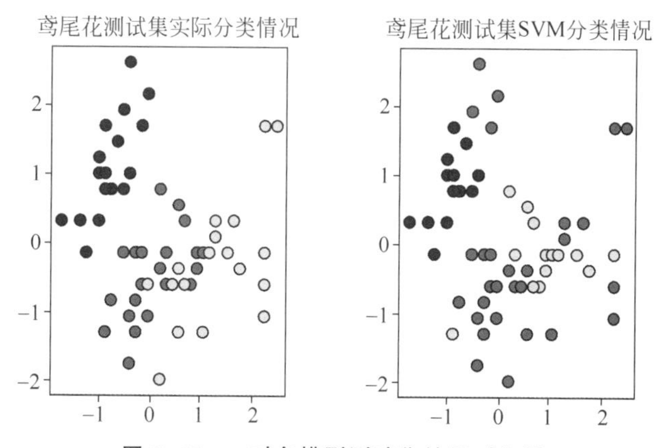

图 3.47 一对多模型测试集结果对比图

3. 自编代码实现

1）一对一自编代码

（1）导入模块。

```
# 导入模块
import numpy as np
import matplotlib.pyplot as plt
import matplotlib as mpl
from matplotlib.colors import ListedColormap
from sklearn import svm, datasets
from sklearn.preprocessing import StandardScaler
from sklearn.model_selection import train_test_split
from numpy import array
from sklearn.utils import shuffle
```

(2) 数据导入。

```
# 鸢尾花数据处理
iris = datasets.load_iris()
X = iris.data[:, :2] # 为便于绘图仅选择两个特征
y = iris.target # 类别
# 数据预处理: 数据标准化
scaler = StandardScaler()
scaler.fit(X)
X = scaler.transform(X)

# 随机划分训练集与测试集,测试集占训练集的 60% (train_size = 0.6),random_state 是随机数
# 种子
# x_train, x_test, y_train, y_test = train_test_split(X, y, random_state = 1, train_size =
0.6)
```

(3) 将任意两个类别组合并打乱后划分训练集和测试集。

```
# 任意两个类别进行组合,打乱后划分训练集和测试集
x1 = [ex for ex, ey in zip(X, y) if ey in [0, 1]]
y1 = [ey for ey in y if ey in [0, 1]]
x1, y1 = shuffle(x1, y1, random_state = 1)
x1 = array(x1)
y1 = array(y1)
x1_train = x1[:80]
y1_train = y1[:80]
x1_test = x1[80:]
y1_test = y1[80:]
# 任意两个类别进行组合,打乱后划分训练集和测试集
x2 = [ex for ex, ey in zip(X, y) if ey in [0, 2]]
y2 = [ey for ey in y if ey in [0, 2]]
x2, y2 = shuffle(x2, y2, random_state = 1)
x2 = array(x2)
y2 = array(y2)
x2_train = x2[:80]
y2_train = y2[:80]
x2_test = x2[80:]
y2_test = y2[80:]
# 任意两个类别进行组合,打乱后划分训练集和测试集
x3 = [ex for ex, ey in zip(X, y) if ey in [1, 2]]
y3 = [ey for ey in y if ey in [1, 2]]
x3, y3 = shuffle(x3, y3, random_state = 1)
x3 = array(x3)
y3 = array(y3)
x3_train = x3[:80]
y3_train = y3[:80]
x3_test = x3[80:]
y3_test = y3[80:]
```

(4) 调包进行模型训练。

```
#引入模型 线性 SVM
# 模型 1 训练
```

```
model1 = svm.SVC(C = 1e9, kernel = 'linear')
model1.fit(x1_train, y1_train)

# 模型 2 训练
model2 = svm.SVC(C = 1e9, kernel = 'linear')
model2.fit(x2_train, y2_train)

# 模型 3 训练
model3 = svm.SVC(C = 0.8, gamma = 0.1, kernel = 'rbf')
model3.fit(x3_train, y3_train)
```

（5）输出三个二分类模型各自的训练准确率。

```
print("SVM1 - 输出训练集的准确率为: ", model1.score(x1_train, y1_train))
print("SVM1 - 输出测试集的准确率为:", model1.score(x1_test,y1_test))

print("SVM2 - 输出训练集的准确率为: ", model2.score(x2_train, y2_train))
print("SVM2 - 输出测试集的准确率为:", model2.score(x2_test,y2_test))

print("SVM3 - 输出训练集的准确率为: ", model3.score(x3_train, y3_train))
print("SVM3 - 输出测试集的准确率为:",model3.score(x3_test,y3_test))
```

（6）绘制三个二分类模型的分类结果图。

```
# 绘制图像
# 确定坐标轴范围,x、y 轴分别表示两个特征
x1_min, x1_max = x1[:, 0].min(), x1[:, 0].max() # 第 0 列的范围为 x[:, 0],其中":"表示所有
                                                # 行,0 表示第 1 列
x2_min, x2_max = x1[:, 1].min(), x1[:, 1].max() # 第 1 列的范围为 x[:, 1],其中":"表示所有
                                                # 行,1 表示第 2 列
x1_grid, x2_grid = np.mgrid[x1_min:x1_max:200j, x2_min:x2_max:200j] # 生成网格采样点
grid_test = np.stack((x1_grid.flat, x2_grid.flat), axis = 1) # 先将网格点 x1 和 x2 展平为列
# 向量,然后按列拼接两个列向量,构建测试样本点
grid_hat = model1.predict(grid_test)       # 预测分类值
grid_hat = grid_hat.reshape(x1_grid.shape) # 使之与输入的形状相同
# 指定默认字体
mpl.rcParams['font.sans - serif'] = [u'SimHei']
mpl.rcParams['axes.unicode_minus'] = False
# 绘制
cm_light = mpl.colors.ListedColormap(['#A0FFA0', '#FFA0A0'])
cm_dark = mpl.colors.ListedColormap(['g', 'r'])

plt.pcolormesh(x1_grid, x2_grid, grid_hat, cmap = cm_light)
plt.scatter(x1[:, 0], x1[:, 1], c = y1, edgecolors = 'k', s = 50, cmap = cm_dark) # 样本
plt.scatter(x1_test[:, 0], x1_test[:, 1], s = 120, facecolors = 'none', zorder = 10) # 圈中测
                                                                                      # 试集样本
plt.xlabel(u'花萼长度', fontsize = 13)
plt.ylabel(u'花萼宽度', fontsize = 13)
plt.xlim(x1_min, x1_max)
plt.ylim(x2_min, x2_max)
plt.title(u'鸢尾花 SVM 二特征分类', fontsize = 15)
# plt.grid()
plt.show()
```

```
# 绘制图像
# 确定坐标轴范围,x、y轴分别表示两个特征
x1_min, x1_max = x2[:, 0].min(), x21[:, 0].max() # 第0列的范围为x[:, 0],其中":"表示所有
                                                  # 行,0表示第1列
x2_min, x2_max = x2[:, 1].min(), x2[:, 1].max() # 第1列的范围为x[:, 1],其中 ":"表示所有
                                                 # 行,1表示第2列
x1_grid, x2_grid = np.mgrid[x1_min:x1_max:200j, x2_min:x2_max:200j] # 生成网格采样点
grid_test = np.stack((x1_grid.flat, x2_grid.flat), axis = 1) # 先将网格点x1和x2展平为列
#向量,然后按列拼接两个列向量,构建测试样本点
grid_hat = model1.predict(grid_test)        # 预测分类值
grid_hat = grid_hat.reshape(x1_grid.shape) # 使之与输入的形状相同
# 指定默认字体
mpl.rcParams['font.sans - serif'] = [u'SimHei']
mpl.rcParams['axes.unicode_minus'] = False
# 绘制
cm_light = mpl.colors.ListedColormap(['#A0FFA0', '#FFA0A0'])
cm_dark = mpl.colors.ListedColormap(['g', 'r'])

plt.pcolormesh(x1_grid, x2_grid, grid_hat, cmap = cm_light)
plt.scatter(x2[:, 0], x2[:, 1], c = y2, edgecolors = 'k', s = 50, cmap = cm_dark)      # 样本
plt.scatter(x2_test[:, 0], x2_test[:, 1], s = 120, facecolors = 'none', zorder = 10) # 圈中测
# 试集样本
plt.xlabel(u'花萼长度', fontsize = 13)
plt.ylabel(u'花萼宽度', fontsize = 13)
plt.xlim(x1_min, x1_max)
plt.ylim(x2_min, x2_max)
plt.title(u'鸢尾花 SVM 二特征分类', fontsize = 15)
# plt.grid()
plt.show()

# 绘制图像
# 确定坐标轴范围,x、y轴分别表示两个特征
x1_min, x1_max = x3[:, 0].min(), x3[:, 0].max() # 第0列的范围为x[:, 0],其中":"表示所有
                                                 # 行,0表示第1列
x2_min, x2_max = x3[:, 1].min(), x3[:, 1].max() # 第1列的范围为x[:, 1],其中":"表示所有
                                                 # 行,1表示第2列
x1_grid, x2_grid = np.mgrid[x1_min:x1_max:200j, x2_min:x2_max:200j] # 生成网格采样点
grid_test = np.stack((x1_grid.flat, x2_grid.flat), axis = 1)
# 先将网格点x1和x2展平为列向量,然后按列拼接两个列向量,构建测试样本点
grid_hat = model1.predict(grid_test)        # 预测分类值
grid_hat = grid_hat.reshape(x1_grid.shape) # 使之与输入的形状相同
# 指定默认字体
mpl.rcParams['font.sans - serif'] = [u'SimHei']
mpl.rcParams['axes.unicode_minus'] = False
# 绘制
cm_light = mpl.colors.ListedColormap(['#A0FFA0', '#FFA0A0'])
cm_dark = mpl.colors.ListedColormap(['g', 'r'])

plt.pcolormesh(x1_grid, x2_grid, grid_hat, cmap = cm_light)
plt.scatter(x3[:, 0], x3[:, 1], c = y3, edgecolors = 'k', s = 50, cmap = cm_dark) # 样本
plt.scatter(x3_test[:, 0], x3_test[:, 1], s = 120, facecolors = 'none', zorder = 10) # 圈中测
                                                                                     # 试集样本
```

```
plt.xlabel(u'花萼长度', fontsize = 13)
plt.ylabel(u'花萼宽度', fontsize = 13)
plt.xlim(x1_min, x1_max)
plt.ylim(x2_min, x2_max)
plt.title(u'鸢尾花 SVM 二特征分类', fontsize = 15)
# plt.grid()
plt.show()
```

（7）将测试集合并后，放到三个模型中。

```
# 将每个二分类器的测试集合并
x_test = np.concatenate((x1_test,x2_test),axis = 0)
x_test = np.concatenate((x_test,x3_test),axis = 0)
y_test = np.concatenate((y1_test,y2_test),axis = 0)
y_test = np.concatenate((y_test,y3_test),axis = 0)

# 将合并后的测试集分别放进三个二分类器中进行测试
y1_test_hat = model1.predict(x_test)
y2_test_hat = model2.predict(x_test)
y3_test_hat = model3.predict(x_test)
```

（8）根据三个二分类模型的预测结果通过投票产生最终三分类结果。

```
# 根据三个 SVM 二分类器结果,通过投票产生最终分类结果
y_test_hat = np.zeros(60)
for i in range(60):
  if y1_test_hat[i] == y2_test_hat[i]:
     y_test_hat[i] = y1_test_hat[i]
  elif y1_test_hat[i] == y3_test_hat[i]:
     y_test_hat[i] = y1_test_hat[i]
  elif y2_test_hat[i] == y3_test_hat[i]:
     y_test_hat[i] = y2_test_hat[i]
  else:
     y_test_hat[i] = -1
y_test_hat = y_test_hat.astype(int)
```

（9）计算最终三分类结果的准确率。

```
# 计算一对一模型的测试集准确率
count = 0
for i in range(60):
  if y_test[i] == y_test_hat[i]:
     count += 1
ac = count / len(y_test)
print('测试集的准确率为:',ac)
```

（10）将测试集实际三分类与预测三分类进行可视化对比。

```
# 将一对多模型测试集的分类情况进行可视化

comp = zip(y_test,y_test_hat) #用 zip 把原始结果和预测结果放在一起,显示如下
print('鸢尾花测试集原始结果与预测结果显示如下:',list(comp))
```

```
# 还可以通过图像进行可视化
plt.figure()
plt.subplot(121)
plt.scatter(x_test[:,0],x_test[:,1],c = y_test.reshape((-1)),edgecolors = 'k',s = 50)
plt.title(u'鸢尾花测试集实际分类情况', fontsize = 13)
plt.subplot(122)
plt.scatter(x_test[:,0],x_test[:,1],c = y_test_hat.reshape((-1)),edgecolors = 'k',s = 50)
plt.title(u'鸢尾花测试集一对一分类情况', fontsize = 13)
```

2）一对一结果展示

三个二分类器的准确率如下。

```
SVM1 - 输出训练集的准确率为：1.0
SVM1 - 输出测试集的准确率为：1.0
SVM2 - 输出训练集的准确率为：1.0
SVM2 - 输出测试集的准确率为：1.0
SVM3 - 输出训练集的准确率为：0.725
SVM3 - 输出测试集的准确率为：0.7
```

三个二分类器的分类结果如图 3.48 所示。

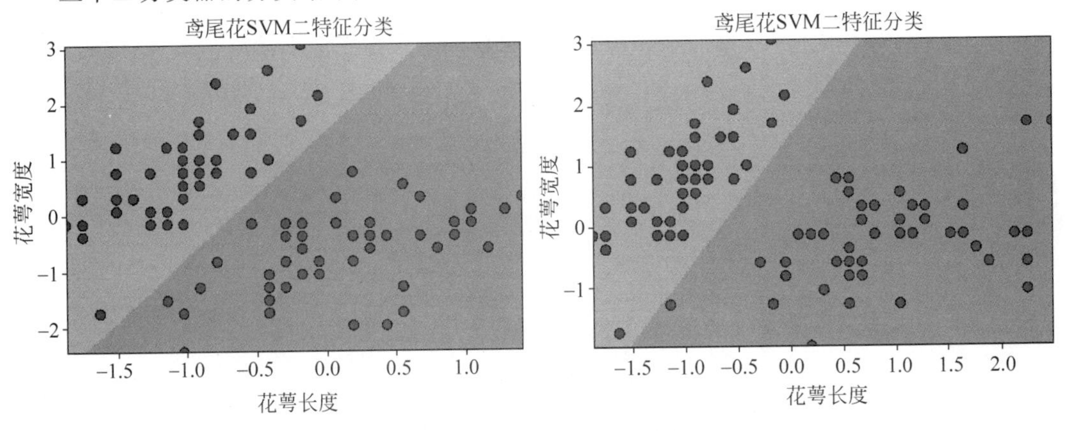

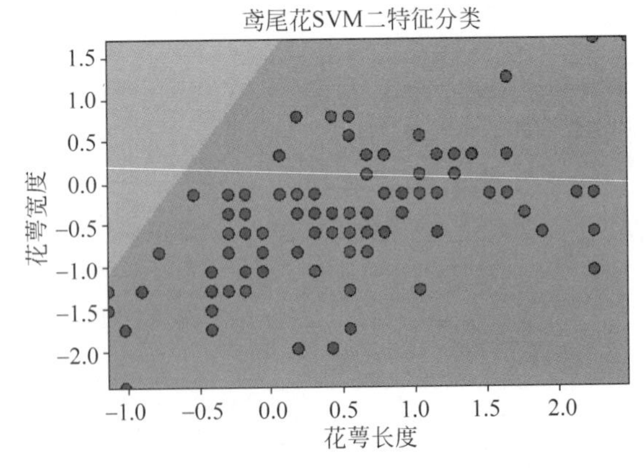

图 3.48　自编一对一模型中三个分类器结果图

将三个二分类器组合后，其对测试集的三分类准确率为：

```
测试集的准确率为：0.8
```

将测试集实际结果与预测结果可视化对比如图 3.49 所示。

```
鸢尾花测试集实际结果与预测结果显示如下：[(0, 0), (0, 0), (0, 0), (0, 0), (0, 0), (1, 2),
(0, 0), (0, 0), (1, 1), (1, 2), (0, 0), (0, 0), (1, 1), (1, 1), (0, 0), (1, 2), (0, 0), (1, 1),
(0, 0), (0, 0), (0, 0), (0, 0), (0, 0), (0, 0), (0, 0), (2, 2), (0, 0), (0, 0), (2, 1), (2, 1),
(0, 0), (0, 0), (2, 1), (2, 2), (0, 0), (2, 2), (0, 0), (2, 2), (0, 0), (0, 0), (1, 1), (1, 1),
(1, 1), (1, 1), (1, 1), (2, 2), (1, 2), (1, 2), (2, 1), (2, 1), (1, 2), (1, 1), (2, 1), (2, 2),
(1, 1), (2, 2), (1, 1), (2, 2), (1, 1), (1, 1)]
```

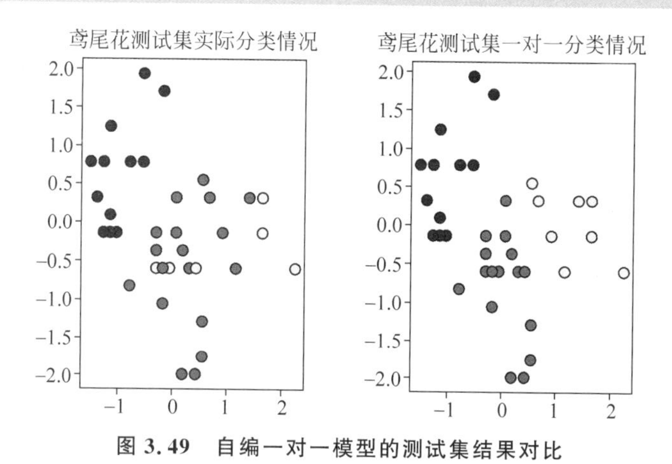

图 3.49　自编一对一模型的测试集结果对比

3）一对多自编代码

导入模块如下：

```
# 导入模块
import numpy as np
import matplotlib.pyplot as plt
import matplotlib as mpl
from matplotlib.colors import ListedColormap
from sklearn import svm, datasets
from sklearn.preprocessing import StandardScaler
from sklearn.model_selection import train_test_split
```

(1) 数据处理。

```
# 鸢尾花数据处理
iris = datasets.load_iris()
# x = iris.data
# y = iris.target
# X = x[y<2,:2] # 为便于绘图仅选择两个特征
# y = y[y<2] # 为提供线性可分数据集，只选取了前两类鸢尾花数据集
X = iris.data[:, :2] # 为便于绘图仅选择两个特征
y = iris.target # 类别

# 数据预处理：数据归一化
scaler = StandardScaler()
scaler.fit(X)
x = scaler.transform(X)
```

```
# x_test, y_test = shuffle(x_test, y_test, random_state = 1) # 随机划分训练集与测试集,测试
# 集占训练集的 60 % (train_size = 0.6),random_state 是随机数种子
x_train, x_test, y_train, y_test = train_test_split(X, y, random_state = 1, train_size = 0.6)

# 为了便于画图,将打乱后的特征合并在一起
x1 = np.concatenate((x_train,x_test),axis = 0)
# 将 0 类作为正例,其他两类作为反例
y1_train = np.zeros(len(y_train))
for i in range(len(y_train)):
  if y_train[i] != 0:
    y1_train[i] = -1
  else:
    y1_train[i] = y_train[i]

    y1_test = np.zeros(len(y_test))
    for i in range(len(y_test)):
  if y_test[i] != 0:
    y1_test[i] = -1
  else:
    y1_test[i] = y_test[i]

# 为了便于画图,将重新定义后的标签合并在一起
y1 = np.concatenate((y1_train, y1_test), axis = 0)
# 将 1 类作为正例,其他两类作为反例
y2_trai n = np.zeros(len(y_train))
for i in range(len(y_train)):
  if y_train[i] != 1:
    y2_train[i] = -1
  else:
    y2_train[i] = y_train[i]

    y2_test = np.zeros(len(y_test))
    for i in range(len(y_test)):
  if y_test[i] != 1:
    y2_test[i] = -1
  else:
    y2_test[i] = y_test[i]

# 为了便于画图,将重新定义后的标签合并在一起
y2 = np.concatenate((y2_train, y2_test), axis = 0)
# 将 2 类作为正例,其他两类作为反例
y3_train = np.zeros(len(y_train))
for i in range(len(y_train)):
  if y_train[i] != 2:
    y3_train[i] = -1
  else:
    y3_train[i] = y_train[i]

y3_test = np.zeros(len(y_test))
for i in range(len(y_test)):
  if y_test[i] != 2:
    y3_test[i] = -1
```

```
    else:
        y3_test[i] = y_test[i]

# 为了便于画图,将重新定义后的标签合并在一起
y3 = np.concatenate((y3_train, y3_test), axis = 0)
```

(2)调包进行模型训练。

```
#引入模型 线性 SVM
# 模型 1 训练
model1 = svm.SVC(C = 1e9, kernel = 'linear')
model1.fit(x_train, y1_train)

# 模型 2 训练
# model2 = svm.SVC(C = 0.01, gamma = 0.5, kernel = 'rbf')
model2 = svm.SVC(C = 1e9, kernel = 'linear')
model2.fit(x_train, y2_train)

# 模型 3 训练
model3 = svm.SVC(C = 0.8, gamma = 0.1, kernel = 'rbf')
model3.fit(x_train, y3_train)
```

(3)输出三个二分类模型的准确率。

```
print("SVM1 - 输出训练集的准确率为: ", model1.score(x_train, y1_train))
print("SVM1 - 输出测试集的准确率为:", model1.score(x_test,y1_test))

print("SVM2 - 输出训练集的准确率为: ", model2.score(x_train, y2_train))
print("SVM2 - 输出测试集的准确率为:", model2.score(x_test,y2_test))

print("SVM3 - 输出训练集的准确率为: ", model3.score(x_train, y3_train))
print("SVM3 - 输出测试集的准确率为:",model3.score(x_test,y3_test))
```

(4)绘制三个二分类模型的分类结果图。

```
# 绘制图像
# 确定坐标轴范围,x、y 轴分别表示两个特征
x1_min, x1_max = x1[:, 0].min(), x1[:, 0].max()
# 第 0 列的范围为 x[:, 0],其中":"表示所有行,0 表示第 1 列
x2_min, x2_max = x1[:, 1].min(), x1[:, 1].max()
# 第 1 列的范围为 x[:, 1],其中":"表示所有行,1 表示第 2 列
x1_grid, x2_grid = np.mgrid[x1_min:x1_max:200j, x2_min:x2_max:200j]
# 生成网格采样点
grid_test = np.stack((x1_grid.flat, x2_grid.flat), axis = 1)
# 先将网格点 x1 和 x2 展平为列向量,然后按列拼接两个列向量,构建测试样本点
grid_hat = model1.predict(grid_test)        # 预测分类值
grid_hat = grid_hat.reshape(x1_grid.shape) # 使之与输入的形状相同
# 指定默认字体
mpl.rcParams['font.sans - serif'] = [u'SimHei']
mpl.rcParams['axes.unicode_minus'] = False
# 绘制
cm_light = mpl.colors.ListedColormap(['#A0FFA0', '#FFA0A0'])
cm_dark = mpl.colors.ListedColormap(['g', 'r'])
```

```
plt.pcolormesh(x1_grid, x2_grid, grid_hat, cmap = cm_light)
plt.scatter(x1[:, 0], x1[:, 1], c = y1, edgecolors = 'k', s = 50, cmap = cm_dark)   # 样本
plt.scatter(x_test[:, 0], x_test[:, 1], s = 120, facecolors = 'none', zorder = 10) # 圈中测试
# 集样本
plt.xlabel(u'花萼长度', fontsize = 13)
plt.ylabel(u'花萼宽度', fontsize = 13)
plt.xlim(x1_min, x1_max)
plt.ylim(x2_min, x2_max)
plt.title(u'鸢尾花 SVM 二特征分类', fontsize = 15)
# plt.grid()
plt.show()

# 绘制图像
# 确定坐标轴范围,x、y 轴分别表示两个特征
x1_min, x1_max = x1[:, 0].min(), x1[:, 0].max()
# 第 0 列的范围为 x[:, 0],其中":"表示所有行,0 表示第 1 列
x2_min, x2_max = x1[:, 1].min(), x1[:, 1].max()
# 第 1 列的范围为 x[:, 0],其中":"表示所有行,1 表示第 2 列
x1_grid, x2_grid = np.mgrid[x1_min:x1_max:200j, x2_min:x2_max:200j]
# 生成网格采样点
grid_test = np.stack((x1_grid.flat, x2_grid.flat), axis = 1) # 先将网格点 x1 和 x2 展平为列
# 向量,然后按列拼接两个列向量,构建测试样本点
grid_hat = model2.predict(grid_test)                          # 预测分类值
grid_hat = grid_hat.reshape(x1_grid.shape)                    # 使之与输入的形状相同
# 指定默认字体
mpl.rcParams['font.sans-serif'] = [u'SimHei']
mpl.rcParams['axes.unicode_minus'] = False
# 绘制
cm_light = mpl.colors.ListedColormap(['#A0FFA0', '#FFA0A0'])
cm_dark = mpl.colors.ListedColormap(['g', 'r'])

plt.pcolormesh(x1_grid, x2_grid, grid_hat, cmap = cm_light)
plt.scatter(x1[:, 0], x1[:, 1], c = y2, edgecolors = 'k', s = 50, cmap = cm_dark)   # 样本
plt.scatter(x_test[:, 0], x_test[:, 1], s = 120, facecolors = 'none', zorder = 10) # 圈中测试
# 集样本
plt.xlabel(u'花萼长度', fontsize = 13)
plt.ylabel(u'花萼宽度', fontsize = 13)
plt.xlim(x1_min, x1_max)
plt.ylim(x2_min, x2_max)
plt.title(u'鸢尾花 SVM 二特征分类', fontsize = 15)
# plt.grid()
plt.show()

# 绘制图像
# 确定坐标轴范围,x、y 轴分别表示两个特征
x1_min, x1_max = x1[:, 0].min(), x1[:, 0].max()
# 第 0 列的范围为 x[:, 0],其中":"表示所有行,0 表示第 1 列
x2_min, x2_max = x1[:, 1].min(), x1[:, 1].max()
# 第 1 列的范围为 x[:, 1],其中":"表示所有行,1 表示第 2 列
x1_grid, x2_grid = np.mgrid[x1_min:x1_max:200j, x2_min:x2_max:200j]
# 生成网格采样点
grid_test = np.stack((x1_grid.flat, x2_grid.flat), axis = 1)
# 先将网格点 x1 和 x2 展平为列向量,然后按列拼接两个列向量,构建测试样本点
grid_hat = model3.predict(grid_test)         # 预测分类值
```

```
grid_hat = grid_hat.reshape(x1_grid.shape) # 使之与输入的形状相同
# 指定默认字体
mpl.rcParams['font.sans-serif'] = [u'SimHei']
mpl.rcParams['axes.unicode_minus'] = False
# 绘制
cm_light = mpl.colors.ListedColormap(['#A0FFA0', '#FFA0A0'])
cm_dark = mpl.colors.ListedColormap(['g', 'r'])

plt.pcolormesh(x1_grid, x2_grid, grid_hat, cmap=cm_light)
plt.scatter(x1[:, 0], x1[:, 1], c=y3, edgecolors='k', s=50, cmap=cm_dark) # 样本
plt.scatter(x_test[:, 0], x_test[:, 1], s=120, facecolors='none', zorder=10) # 圈中测试
                                                                              # 集样本
plt.xlabel(u'花萼长度', fontsize=13)
plt.ylabel(u'花萼宽度', fontsize=13)
plt.xlim(x1_min, x1_max)
plt.ylim(x2_min, x2_max)
plt.title(u'鸢尾花 SVM 二特征分类', fontsize=15)
# plt.grid()
plt.show()
```

（5）将测试集放进三个二分类器中进行测试。

```
# 将合并后的测试集分别放进三个二分类器中进行测试
y1_test_hat = model1.predict(x_test)
y2_test_hat = model2.predict(x_test)
y3_test_hat = model3.predict(x_test)
```

（6）根据三个二分类器的预测结果，得到最终分类结果。

```
y_test_hat = np.ones(60)
# 根据三个 SVM 二分类器结果,产生最终分类结果
for i in range(60):
  if y1_test_hat[i] != -1:
     y_test_hat[i] = y1_test_hat[i]
  elif y2_test_hat[i] != -1:
     y_test_hat[i] = y2_test_hat[i]
  elif y3_test_hat[i] != -1:
     y_test_hat[i] = y3_test_hat[i]
  else:
     y_test_hat[i] = -1
y_test_hat = y_test_hat.astype(int)
```

（7）输出最终三分类结果的准确率。

```
# 计算一对多模型的测试集准确率
count = 0
for i in range(60):
  if y_test[i] == y_test_hat[i]:
     count += 1
    ac = count / len(y_test)
print('测试集的准确率为:',ac)
```

（8）将最终测试集三分类结果与实际三分类情况进行可视化对比。

```
# 将一对多模型测试集的分类情况进行可视化
comp = zip(y_test,y_test_hat) #用 zip 把实际结果和预测结果放在一起,显示如下
print('鸢尾花测试集实际结果与预测结果显示如下:',list(comp))
# 还可以通过图像进行可视化
plt.figure()
plt.subplot(121)
plt.scatter(x_test[:,0],x_test[:,1],c = y_test.reshape((-1)),edgecolors = 'k',s = 50)
plt.title(u'鸢尾花测试集实际分类情况', fontsize = 13)
plt.subplot(122)
plt.scatter(x_test[:,0],x_test[:,1],c = y_test_hat.reshape((-1)),edgecolors = 'k',s = 50)
plt.title(u'鸢尾花测试集一对多分类情况', fontsize = 13)
```

4）一对多运行结果

三个二分类器的准确率如下。

```
SVM1 - 输出训练集的准确率为: 1.0
SVM1 - 输出测试集的准确率为: 1.0
SVM2 - 输出训练集的准确率为: 0.7444444444444445
SVM2 - 输出测试集的准确率为: 0.6166666666666667
SVM3 - 输出训练集的准确率为: 0.8
SVM3 - 输出测试集的准确率为: 0.8166666666666667
```

三个二分类器的分类结果如图 3.50 所示。

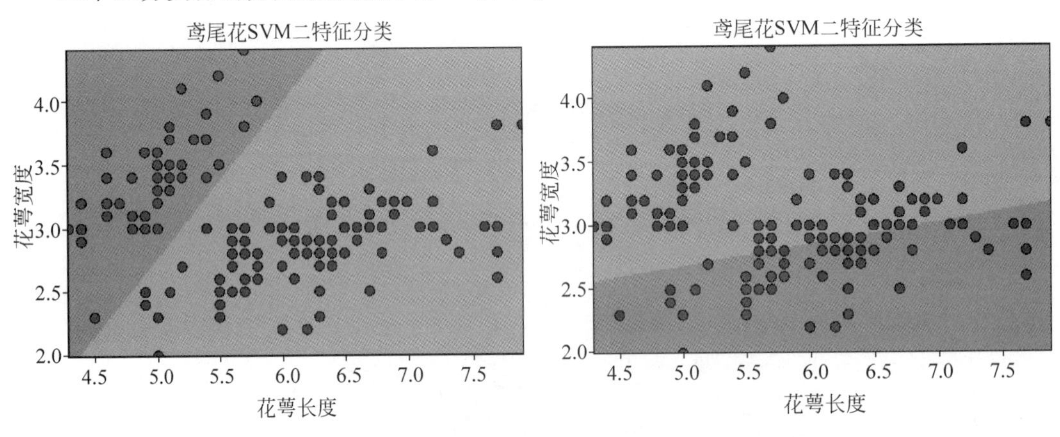

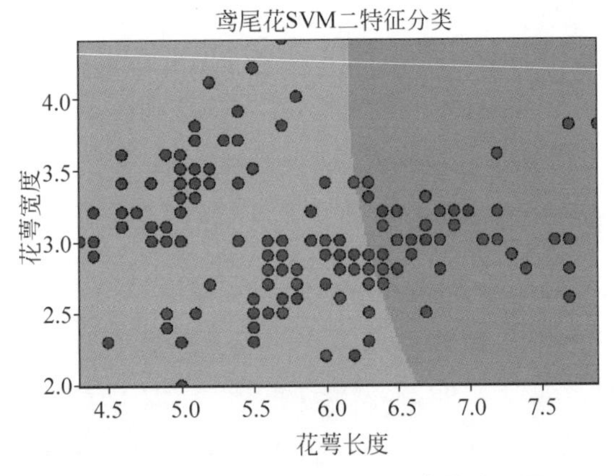

图 3.50　自编一对多模型中三个分类器结果图

将三个二分类器组合后，其对测试集三分类准确率如下：

```
测试集的准确率为: 0.6166666666666667
```

测试集实际结果与预测结果显示如下，可视化对比如图 3.51 所示。

```
鸢尾花测试集实际结果与预测结果显示如下: [(0, 0), (1, 1), (1, 2), (0, 0), (2, 2), (1, 2), (2, 2), (0, 0), (0, 0), (2, 2), (1, 1), (0, 0), (2, 1), (1, 2), (1, -1), (0, 0), (1, 1), (1, -1), (0, 0), (0, 0), (1, 1), (1, -1), (1, 2), (0, 0), (2, 2), (1, 1), (0, 0), (0, 0), (1, 1), (2, 1), (1, -1), (2, 1), (1, 1), (2, 1), (2, 1), (0, 0), (1, 1), (0, 0), (1, 1), (2, 1), (2, 2), (0, 0), (2, 1), (2, 1), (1, 1), (2, 1), (0, 0), (0, 0), (0, 0), (1, 1), (0, 0), (0, 0), (2, 2), (2, 2), (2, 1), (2, 1), (2, 1), (1, -1), (2, 1), (1, -1)]
```

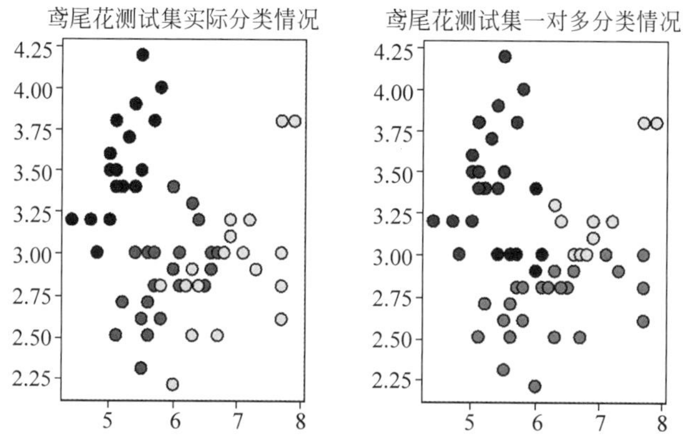

图 3.51　自编一对多模型测试集结果对比图

3.8.4　实验

1. 实验目的

（1）理解机器学习的基本理论，训练运用机器学习的思想对软件问题进行分析、设计、实践的基本技术，掌握科学的实验方法。

（2）培养学生观察问题、分析问题和独立解决问题的能力。

（3）通过实验使学生能够正确使用开发环境，掌握编译、编辑、连接、调试程序的基本能力。

（4）通过综合性、设计性实验训练，使学生初步掌握一般应用软件的设计方法；培养良好的编程习惯，注意源码管理、程序可读性、规范化等问题。

（5）培养正确记录实验数据和现象，正确处理实验数据和分析实验结果及调试程序的能力，以及正确书写实验报告的能力。

2. 实验数据

手写数字 MNIST 数据集。

3. 实验要求

利用手写数字 MNIST 数据集，任选其中四类进行多类分类，要求分别使用一对一和一对多进行实现。

回归问题

4.1 线性回归算法

4.1.1 原理简介

1. 线性回归模型

回归模型建立了输入 $\boldsymbol{X}$(自变量)与输出 $\boldsymbol{Y}$(因变量)之间的关系,即 $\boldsymbol{Y}=f(\boldsymbol{X})$。通常 $\boldsymbol{Y}$ 是连续型变量,否则这个模型应该是分类模型而不是回归模型。这里的关系式 $f(\boldsymbol{X})$既可以是显性的函数关系式,如高斯函数、多项式函数;也可以是隐性的对应关系,如神经网络结构。若 $f(\boldsymbol{X})$是线性函数,则称这类回归模型为线性回归模型。即

$$\boldsymbol{Y}=\theta_0+\theta_1 X_1+\cdots+\theta_p X_p \tag{4.1}$$

$\boldsymbol{X}=(X_1,\cdots,X_p)$是 p 维向量,特别地,若 $p=1$,则称其为一元回归模型;否则称其为多元回归模型。其中 $\theta_0,\theta_1,\cdots,\theta_p$ 为未知模型参数。建立线性回归模型的本质就是通过已知数据学习出这些模型参数,因此线性回归模型是参数学习模型。

线性回归模型在现实中有广泛的应用,一方面在于其思想简单,易于实现,同时具有强大的可解释性,既可以用线性回归模型进行预测,依据式(4.1),输入 $\boldsymbol{X}$ 的值可以获得预测的 $\boldsymbol{Y}$ 值,还能根据式(4.1)右边各个系数的大小得到各特征对因变量影响程度的重要性,用于控制分析;另一方面,线性回归模型往往是其他非线性回归模型的基础,如多项式回归、非线性回归模型就可以通过数据预处理转换为线性模型,而不加激活函数的神经网络模型,其本质上也是线性模型。从而线性模型的诸多基本思想都可以推广到很多机器学习模型中去。

2. 线性回归模型的参数估计

已知带标签的训练数据集为 $\boldsymbol{D}=\{(x_{i1},x_{i2},\cdots,x_{ip},y_i)\mid i=1,2,\cdots,n\}$,建立线性回归模型的本质是学习式(4.1)中的参数$\boldsymbol{\theta}=[\theta_0,\theta_1,\cdots,\theta_p]$,从而建立线性回归方程。下面以身高-体重数据为例,展示这个学习过程中的相关问题。

分析一组人群的身高 $\boldsymbol{x}$(cm)和体重 $\boldsymbol{y}$(kg)之间的对应关系。数据如下:

$$\boldsymbol{x}=[171,175,159,155,152,158,154,164,168,166,159,165]$$

$$\boldsymbol{y}=[57,64,41,38,35,44,41,51,57,49,47,46]$$

其中，自变量是一维的，可以通过可视化的方式观察自变量与因变量之间是否具有线性关系，从而判断该数据集是否适用于线性回归建立模型。代码如下：

```
%matplotlib inline
import matplotlib.pyplot as plt
plt.rcParams['font.sans-serif'] = 'SimHei'
plt.rcParams['font.size'] = 14
y = [57,64,41,38,35,44,41,51,57,49,47,46]
x = [171,175,159,155,152,158,154,164,168,166,159,165]
plt.scatter(x,y)
plt.xlabel('身高/cm')
plt.ylabel('体重/kg')
```

输出结果如图 4.1 所示。

由图 4.1 可以看出，该组人群的身高和体重具有正的线性关系，因此，该数据适用于线性回归模型建立身高和体重的关系。虽然没有一条直线能够经过图中所有的点，但是可以找一条离所有点尽量近的直线，如图 4.2 所示。

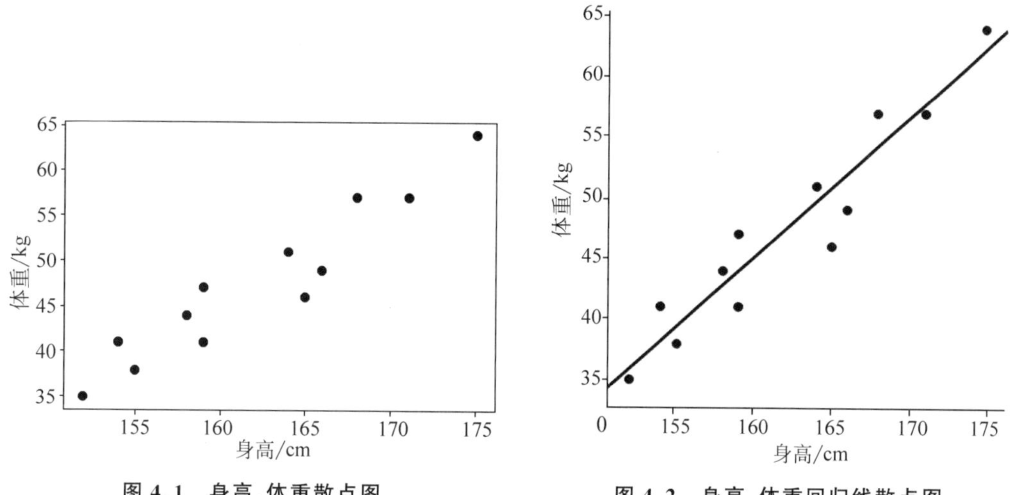

图 4.1　身高、体重散点图

图 4.2　身高、体重回归线散点图

一个自然的问题是，图 4.2 中的直线是如何得到的？为什么不能选择其他的直线？此问题的关键在于要以一个合理的指标定义“尽量近”这个概念。然后以算法选出符合概念要求的直线。这就是优化问题中确定目标函数(或损失函数)及求其最值的思想。

(1) 回归模型的损失函数。

由已知数据集 $\boldsymbol{D}=\{(x_{i1},x_{i2},\cdots,x_{ip},y_i)\mid i=1,2,\cdots,n\}$，需要建立一个线性模型：

$$\hat{y}_i=\theta_0+\theta_1 x_{i1}+\cdots+\theta_p x_{ip},\quad i=1,2,\cdots,n \tag{4.2}$$

对第 i 个样本 $\boldsymbol{x}_i=[x_{i1},x_{i2},\cdots,x_{ip}]$，线性模型会输出一个 $\hat{y}_i$ 值，这个值同样本真正的标签值 y_i 可能存在差异，将所有的 n 个差异求平方和并除以 $2n$，以消除对样本数目的依赖，得到线性回归模型的平方损失函数：

$$L(\boldsymbol{\theta})=\frac{1}{2n}\sum_{i=1}^{n}(\hat{y}_i-y_i)^2 \tag{4.3}$$

平方的作用是在求和中消除差异正负值的相互抵消的问题，同时又便于求导。以平方损失函数最小为原则，可以确定线性回归模型中的参数，即线性回归模型的参数求解问题等价于求解下面的优化问题：

$$\boldsymbol{\theta}^* = \underset{\theta_0,\theta_1,\cdots,\theta_p}{\operatorname{argmin}} \frac{1}{2n}\sum_{i=1}^{n}(\theta_0+\theta_1 x_{i1}+\cdots+\theta_p x_{ip}-y_i)^2 \tag{4.4}$$

因此，建立线性回归模型的策略即是最小化平方损失函数。

接下来需要使用算法求出最优参数$\boldsymbol{\theta}^*=[\theta_0^*,\theta_1^*,\cdots,\theta_p^*]$。

(2) 基于最小二乘法的参数求解。

为书写方便，常采用矩阵的形式，令：

$$\boldsymbol{y}=\begin{bmatrix} y_1 \\ y_2 \\ \vdots \\ y_n \end{bmatrix},\quad \hat{\boldsymbol{y}}=\begin{bmatrix} \hat{y}_1 \\ \hat{y}_2 \\ \vdots \\ \hat{y}_n \end{bmatrix},\quad \boldsymbol{\theta}=\begin{bmatrix} \theta_0 \\ \theta_1 \\ \vdots \\ \theta_p \end{bmatrix},\quad \boldsymbol{X}=\begin{bmatrix} 1 & x_{11} & \cdots & x_{1p} \\ 1 & x_{21} & \cdots & x_{2p} \\ \vdots & \vdots & \ddots & \vdots \\ 1 & x_{n1} & \cdots & x_{np} \end{bmatrix}$$

则式(4.2)可以表示为

$$\hat{\boldsymbol{y}}=\boldsymbol{X}\boldsymbol{\theta} \tag{4.5}$$

用矩阵的形式重写式(4.3)为

$$L(\boldsymbol{\theta})=\frac{1}{2n}(\boldsymbol{X}\boldsymbol{\theta}-\boldsymbol{y})^{\mathrm{T}}(\boldsymbol{X}\boldsymbol{\theta}-\boldsymbol{y}) \tag{4.6}$$

在式(4.6)中对向量$\boldsymbol{\theta}$求导并令其为零向量，由向量求导公式可以得到

$$\frac{1}{n}\boldsymbol{X}^{\mathrm{T}}(\boldsymbol{X}\boldsymbol{\theta}-\boldsymbol{y})=\boldsymbol{0} \tag{4.7}$$

若$\boldsymbol{X}^{\mathrm{T}}\boldsymbol{X}$可逆，则使式(4.6)达到极值的参数向量是

$$\boldsymbol{\theta}^*=(\boldsymbol{X}^{\mathrm{T}}\boldsymbol{X})^{-1}\boldsymbol{X}^{\mathrm{T}}\boldsymbol{y} \tag{4.8}$$

由于式(4.6)的极值点是唯一的，因此该极值称为最值，即式(4.8)是优化问题(式(4.4))的解析解，称为线性回归模型的最小二乘法参数估计。

虽然最小二乘法能够给出解析解，但是在实际使用时，会存在两个问题。第一个问题是：当数据体量较大时，逆矩阵$(\boldsymbol{X}^{\mathrm{T}}\boldsymbol{X})^{-1}$往往不易求得，即使使用数值计算的方式，也只能求得近似的表达式，同时若矩阵$\boldsymbol{X}^{\mathrm{T}}\boldsymbol{X}$的行列式接近于0，则逆矩阵$(\boldsymbol{X}^{\mathrm{T}}\boldsymbol{X})^{-1}$的数值解可能存在很大的误差。第二个问题是：$\boldsymbol{X}^{\mathrm{T}}\boldsymbol{X}$可能没有逆矩阵，如当矩阵$\boldsymbol{X}$的列数大于行数时，或矩阵$\boldsymbol{X}$的各特征之间存在多重共线性时，$\boldsymbol{X}^{\mathrm{T}}\boldsymbol{X}$矩阵不可逆，无法使用式(4.8)求最优解。此时可以用梯度算法来求解优化问题。

(3) 基于梯度下降算法的参数求解。

对函数的最小值优化问题，若不能用解析的方式得到解，则可以使用迭代的方式求解。若始终满足：

$$L(\boldsymbol{\theta}^{(i+1)})<L(\boldsymbol{\theta}^{(i)}) \tag{4.9}$$

即第$i+1$次更新得到的函数值小于第i次的函数值，则这个迭代的方向是朝着函数值变小的方向前进的。为了加快迭代的收敛速度，希望每次迭代前后的函数值变化尽量大，可令：

$$\boldsymbol{\theta}^{(i+1)}=\underset{\boldsymbol{\theta}}{\operatorname{argmax}} L(\boldsymbol{\theta}^{(i)})-L(\boldsymbol{\theta}) \tag{4.10}$$

在很多机器学习算法中，都利用目标函数的梯度进行自变量的迭代更新，同时又能满足式(4.9)。下面以一元函数为例简单阐述该原理。

若 $L(\boldsymbol{\theta})$ 是一元函数(此时 $L(\boldsymbol{\theta})$ 可以是任意目标函数，而不局限于平方损失函数)，由泰勒展开式，有：

$$L(\boldsymbol{\theta}+\Delta\boldsymbol{\theta})=L(\boldsymbol{\theta})+\Delta\boldsymbol{\theta}L'(\boldsymbol{\theta})+o(\Delta\boldsymbol{\theta})$$

其中，$o(\Delta\boldsymbol{\theta})$ 表示 $\Delta\boldsymbol{\theta}$ 的高阶无穷小，即 $o(\Delta\boldsymbol{\theta})$ 趋向于零的速度远远快于 $\Delta\theta$，因此在 θ 附近，近似地有：

$$L(\boldsymbol{\theta}+\Delta\boldsymbol{\theta})\approx L(\boldsymbol{\theta})+\Delta\boldsymbol{\theta}L'(\boldsymbol{\theta}) \tag{4.11}$$

令式(4.10)中 $\boldsymbol{\theta}=\boldsymbol{\theta}^{(i)}$，$\boldsymbol{\theta}^{(i+1)}=\boldsymbol{\theta}^{(i)}+\Delta\boldsymbol{\theta}$，利用式(4.11)，并由导数与极值的关系容易得到式(4.10)的解为 $\Delta\boldsymbol{\theta}=-L'(\boldsymbol{\theta}^{(i)})$，将之代入式(4.11)，得到：

$$L(\boldsymbol{\theta}^{(i+1)})\approx L(\boldsymbol{\theta}^{(i)})-[L'(\boldsymbol{\theta}^{(i)})]^2\leqslant L(\boldsymbol{\theta}^{(i)})$$

因此，构造迭代公式为

$$\boldsymbol{\theta}^{(i+1)}=\boldsymbol{\theta}^{(i)}-L'(\boldsymbol{\theta}^{(i)}) \tag{4.12}$$

式(4.12)保证了迭代后函数值不增加，满足式(4.9)，减少的幅度在 $\boldsymbol{\theta}^{(i)}$ 附近，满足式(4.10)。在一元的情形，函数的梯度就是它的导数，梯度下降是指沿着负梯度的方向变化使函数值变小。式(4.12)可以自然地推广到多元函数的情况，此时 $\boldsymbol{\theta}^{(i+1)}$，$\boldsymbol{\theta}^{(i)}$ 都是向量，式(4.12)中的导数由梯度向量 $\boldsymbol{\nabla}_{\boldsymbol{\theta}}\boldsymbol{L}$ 代替，式(4.11)可写成向量的形式

$$\boldsymbol{\theta}^{(i+1)}=\boldsymbol{\theta}^{(i)}-\boldsymbol{\nabla}_{\boldsymbol{\theta}}\boldsymbol{L}(\boldsymbol{\theta}^{(i)}) \tag{4.13}$$

由式(4.13)进行的迭代过程，会在梯度等于0处停止。光滑函数取最值处的梯度必为0，但是反过来却不一定成立。这也是梯度算法的缺陷——容易陷入局部极值而得不到最值。为了保证添加的 $\Delta\boldsymbol{\theta}$ 后仍然在 $\boldsymbol{\theta}$ 附近，使式(4.11)的近似关系保持，可以在式(4.13)中加入步长 η(η 一般是一个很小的数)，即

$$\boldsymbol{\theta}^{(i+1)}=\boldsymbol{\theta}^{(i)}-\eta\boldsymbol{\nabla}_{\boldsymbol{\theta}}\boldsymbol{L}(\boldsymbol{\theta}^{(i)}) \tag{4.14}$$

通过调整步长 η 的数值，虽然能控制迭代的收敛速度，但仍不能保证得到全局最值。然而如果目标函数是凸函数，则局部极值即为全局最值。式(4.3)中的目标函数平方损失函数是二次函数，是强凸的，因此在线性回归模型使用梯度算法求解最优化问题时，可以确信它将收敛于正确的最小值。而同样使用梯度算法进行优化的人工神经网络模型，如深度神经网络模型等，因为不能保证目标函数的凸性，所以往往容易陷入局部最优。

以上关于 $L(\boldsymbol{\theta})$ 的梯度优化算法的讨论可以适用于任意的目标函数，下面将具体计算线性回归模型的平方损失函数的梯度，由式(4.2)～式(4.6)可得

$$\boldsymbol{\nabla}_{\boldsymbol{\theta}}\boldsymbol{L}=\begin{bmatrix}\dfrac{\partial L}{\partial\theta_0}\\ \dfrac{\partial L}{\partial\theta_1}\\ \vdots\\ \dfrac{\partial L}{\partial\theta_p}\end{bmatrix}=\begin{bmatrix}\dfrac{1}{n}\sum\limits_{i=1}^{n}(\hat{y}_i-y_i)\\ \dfrac{1}{n}\sum\limits_{i=1}^{n}(\hat{y}_i-y_i)x_{i1}\\ \vdots\\ \dfrac{1}{n}\sum\limits_{i=1}^{n}(\hat{y}_i-y_i)x_{ip}\end{bmatrix}=\frac{1}{n}\boldsymbol{X}^{\mathrm{T}}(\boldsymbol{X\theta}-\boldsymbol{y}) \tag{4.15}$$

3. 模型的评估指标

模型建立以后需要有客观的评价指标来评价模型是否适用于该问题，以及与其他模型

的结果相比较。在回归问题中常用的计算指标有 R^2 指标、均方误差、均方根误差、平均绝对误差等。

(1) R^2 指标。

$$R^2=\frac{\sum_{i=0}^{n}(\hat{y}_i^*-\bar{y})^2}{\sum_{i=0}^{n}(y_i-\bar{y})^2} \tag{4.16}$$

其中，$\hat{\boldsymbol{y}}^*=\boldsymbol{X\theta}^*$ 是拟合出的模型，$\bar{y}$ 是样本的均值，即 $\bar{y}=\frac{1}{n}\sum_{i=0}^{n}y_i$。$R^2$ 从数值上衡量了拟合出的模型 $\hat{\boldsymbol{y}}^*=\boldsymbol{X\theta}^*$ 输出值偏离样本均值的程度与真实值偏离样本均值程度的比值，反映了因变量 Y 与自变量 $X_1,X_2,\cdots,X_p$ 之间相关性的密切程度。这个比值越接近 1，相关性越大，说明模型拟合的效果越好。R^2 是 scikit-learn 中回归模型的默认指标，是一个通用的指标，不受具体问题和具体模型的限制。

(2) 均方误差(mean squared error，MSE)。

$$\text{MSE}=\frac{1}{n}\sum_{i=0}^{n}(\hat{y}_i^*-y_i)^2 \tag{4.17}$$

用 MSE 的值来筛选模型，当然是值越小越好，但是由于 MSE 是残差的平方，因此会放大异常值的影响，使模型对异常值敏感。

(3) 均方根误差(rooted mean squared error，RMSE)。

$$\text{RMSE}=\sqrt{\frac{1}{n}\sum_{i=0}^{n}(\hat{y}_i^*-y_i)^2} \tag{4.18}$$

RMSE 与 MSE 筛选出的模型是一致的，但是 RMSE 统一了因变量和误差值的量纲，方便对误差背后的意义进行分析。

(4) 平均绝对误差(mean absolute error，MAE)。

$$\text{MAE}=\frac{1}{n}\sum_{i=0}^{n}|\hat{y}_i^*-y_i| \tag{4.19}$$

MAE 的值仍然是越小越好，但是相比 MSE 而言，异常值的影响会明显减少，然而这个评判标准不方便求导，在优化求解时会复杂一些。

4. 模型的泛化能力

监督学习中提高模型的泛化能力通常的做法是进行交叉验证，第 2 章已有介绍，本章不再赘述。本章重点介绍从统计学的角度如何衡量线性回归模型的泛化能力，以及机器学习中另一种提升模型泛化能力的方式——正则化，是如何在线性回归模型中具体应用的。

(1) 模型的显著性检验。

根据已知数据集 $\boldsymbol{D}=\{(x_{i1},x_{i2},\cdots,x_{ip},y_i)|i=1,2,\cdots,n\}$，建立的线性模型 $\hat{\boldsymbol{y}}^*=\boldsymbol{X\theta}^*$，与样本真实的标签值比较往往存在差异，从统计的角度来看，模型的输出值与真实值的误差是一个随机向量 ε，称为随机误差，即

$$\boldsymbol{y}=\hat{\boldsymbol{y}}^*+\boldsymbol{\varepsilon} \tag{4.20}$$

令$\boldsymbol{\varepsilon}=[\varepsilon_1,\varepsilon_2,\cdots,\varepsilon_n]^{\mathrm{T}}$，规定向量$\boldsymbol{\varepsilon}$ 的各分量 ε_i 之间是相互独立的，且均值为 0，方差为

常数 σ^2。这个规定基本是合理的，因为得到的观察样本数据集 $\boldsymbol{D}$ 往往是基于独立同分布的假设。

同时为了方便进一步的假设检验，可进一步假设 ε_i 是高斯(正态)分布 $N(0,\sigma^2)$，即随机向量 $\boldsymbol{\varepsilon}$ 服从 n 维高斯分布。由独立性假设及高斯分布的性质，可得到，利用最小二乘法得到的参数 $\boldsymbol{\theta}^*=(\boldsymbol{X}^{\mathrm{T}}\boldsymbol{X})^{-1}\boldsymbol{X}^{\mathrm{T}}\boldsymbol{y}$ 服从 $p+1$ 维高斯分布。

因此，根据样本数据集 $\boldsymbol{D}$，令原假设线性回归模型的所有参数皆为 0，构造 F 统计量：

$$F=\frac{\sum_{i=0}^{n}(\hat{\boldsymbol{y}}_i^{\,*}-\bar{y})^2/p}{\sum_{i=0}^{n}(y_i-\bar{y})^2/(n-p-1)}$$

若假设为真，则应该服从 $F(p,n-p-1)$ 分布，对于给定的显著性水平 α，检验的拒绝域为 $F>F_\alpha(p,n-p-1)$。为了方便计算机计算，通常用 p 值来检验该假设是不是显著的，具体的，若 F 统计量小于预先设定的小数 α(一般假设为 0.05)，则拒绝原假设，即认为该数据集适合用线性回归建立模型。

类似地，可以对回归方程中第 $j(0\leqslant j\leqslant p)$ 个参数 θ_j 是否显著，提出原假设：$\theta_j=0$，在此假设下构造 t 统计量：

$$T_j=\frac{\hat{\theta}_j^*}{\hat{\sigma}^*\sqrt{c_{jj}}}$$

其中，$\hat{\sigma}^*=\|\boldsymbol{y}-\hat{\boldsymbol{y}}^*\|^2/(n-p-1)$ 是随机误差方差 σ^2 的最小二乘估计，c_{jj} 是矩阵 $(\boldsymbol{X}^{\mathrm{T}}\boldsymbol{X})^{-1}$ 对角线上的第 j 个元素。由原假设，该统计量服从自由度为 $n-p-1$ 的 t 分布。同样可以用返回的 p 值是否小于 α 来判断该参数 θ_j 是否显著。对不显著的自变量，意味着对因变量的贡献不大，同时还可能影响预测的精确性，应该予以剔除。提出自变量的方式有全子集回归法、向前剔除法、向后剔除法与逐步回归法。通过比较剔除自变量前后的 AIC(赤池信息量准则)值来判断是否予以剔除。

在 Python 中，可利用 statemodel 调用库中的最小二乘法来生成线性模型，并查看显著性分析结果。

若回归方程显著，则可以利用回归方程进行预测，得到输入 $\boldsymbol{x}_0=[1,x_{01},x_{02},\cdots,x_{0p}]$ 的输出值 $\hat{\boldsymbol{y}}_0^*=\boldsymbol{x}_0\boldsymbol{\theta}^*$，由此可得到真实值 $\boldsymbol{y}_0$ 的预测区间为

$$\left[\hat{\boldsymbol{y}}_0^*-t_{\frac{\alpha}{2}}(n-p-1)\hat{\sigma}^*\sqrt{1+\boldsymbol{x}_0^{\mathrm{T}}(\boldsymbol{X}^{\mathrm{T}}\boldsymbol{X})^{-1}\boldsymbol{x}_0},\right.$$

$$\left.\hat{\boldsymbol{y}}_0^*+t_{\frac{\alpha}{2}}(n-p-1)\hat{\sigma}^*\sqrt{1+\boldsymbol{x}_0^{\mathrm{T}}(\boldsymbol{X}^{\mathrm{T}}\boldsymbol{X})^{-1}\boldsymbol{x}_0}\right]$$

图 4.3 绘制出了上例中线性回归直线的置信区间。

值得注意的是，哪怕线性回归方程及其参数都通过了显著性检验，也并非意味着这个模型就是完美的。如著名的 Anscombe 数据集，该数据集有 4 组数据(Ⅰ-Ⅳ)，每组 11 个样本。图 4.4 为这 4 组数据对应的线性回归线。

从图 4.4 中可以直观地看出，除了第Ⅰ组数据外，其他三组数据在使用线性回归来拟合数据是存在问题的：第Ⅱ组数据显然是非线性关系；第Ⅲ组数据的一个点偏离整体数据构成的回归直线；第Ⅳ组作回归是不合理的，显然当自变量是同一个时，会有若干不同的因变

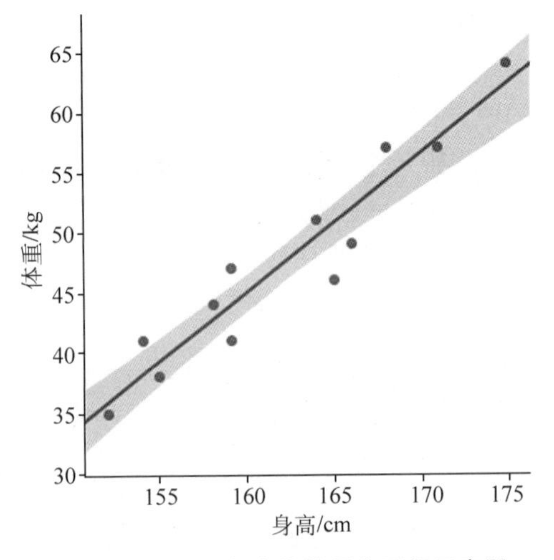

图 4.3　线性回归直线的置信区间示意图

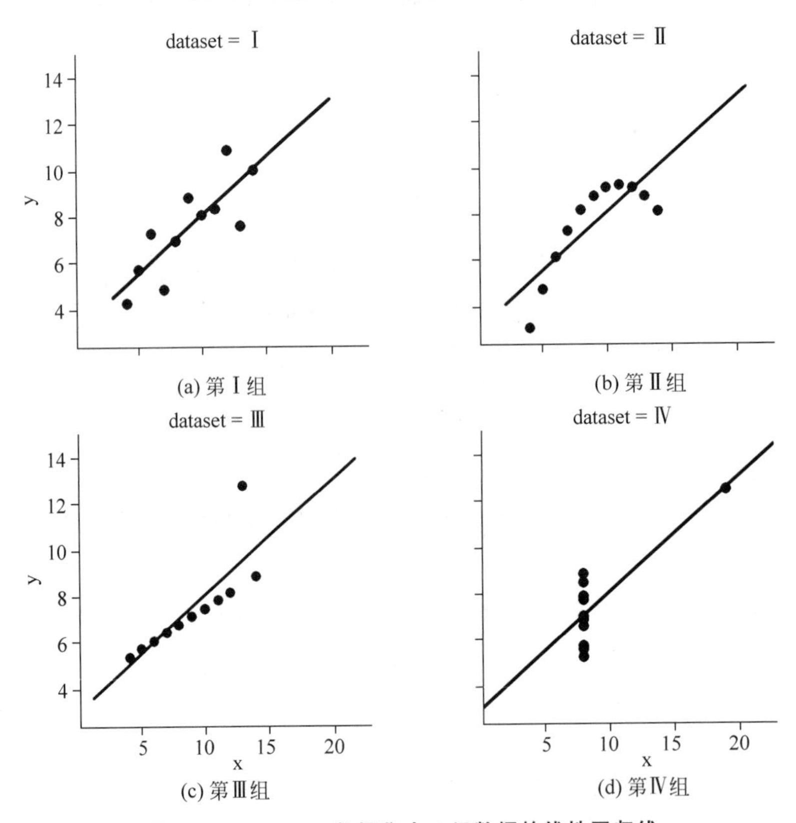

图 4.4　Anscombe 数据集中 4 组数据的线性回归线

量,无法建立函数关系。然而对它们作线性回归,全都能够通过显著性检验。存在这种现象的原因是,显著性检验的前提是对随机误差的独立正态分布的假设,若实际情况不满足这个假设,那么显著性检验就没有意义。通常情况下,需要进一步诊断随机误差是否服从正态分布,是否独立且具有方差齐性,自变量是否存在多重共线性。若诊断结果不满足正态分布假设前提,可以对数据预先作一些变换,如对数变换、Box-Cox 变换、以满足这个前提;若诊断结果不满足自变量的独立性,可以用下面介绍的岭回归方法消除多重共线性。

(2) 岭回归(L_2 正则)。

机器学习中的正则化方法,是从控制模型复杂度出发,提高模型的泛化能力。具体是指损失函数为经验损失函数加上常数倍的正则项。正则项是一个函数,只需要满足随模型复杂度的增加而函数值变大这个条件,相当于对模型的复杂度提出惩罚。常数系数的加入是为控制这个惩罚力度,常数系数为零,意味着不控制模型的复杂程度。

岭回归(ridge regression)要建立的线性模型仍然形如 $\hat{\boldsymbol{y}}=\boldsymbol{X\theta}$,只是最优参数$\boldsymbol{\theta}^*$ 为下列损失函数的最小值点,即

$$\boldsymbol{\theta}^*=[\theta_0^*,\theta_1^*,\cdots,\theta_p^*]=\underset{\theta_0,\theta_1,\cdots,\theta_p}{\operatorname{argmin}}\frac{1}{2n}\sum_{i=1}^{n}(\hat{y}_i-y_i)^2+\frac{1}{2}\alpha\|\boldsymbol{\theta}\|_{L_2} \tag{4.21}$$

其中,$\hat{y}_i=\theta_0+\theta_1x_{i1}+\cdots+\theta_px_{ip}$,$\|\boldsymbol{\theta}\|_{L_2}=\|\boldsymbol{\theta}\|^2=\boldsymbol{\theta}^{\mathrm{T}}\boldsymbol{\theta}=\sum_{i=0}^{p}\theta_i^2$ 是 L_2 模长。常数 α 是一个超参数,用于控制惩罚力度:α 越大,意味着惩罚力度越强,当 α 非常大时,会使优化问题几乎只受到$\boldsymbol{\theta}$ 的L_2 模长 $\|\boldsymbol{\theta}\|^2$ 的控制,与平方损失函数关系不大,以至于最优参数趋于零;当 $\alpha=0$ 时,式(4.18)就是无正则化项的线性模型的优化问题(式(4.4))。一般使用交叉验证来选择合适的超参数 α。

岭回归的目标函数仍然是凸二次函数,类似于最小二乘法的参数求解方式,将岭回归的目标函数写成矩阵的形式,即

$$L_{\text{Ridge}}(\boldsymbol{\theta})=\frac{1}{2n}(\boldsymbol{X\theta}-\boldsymbol{y})^{\mathrm{T}}(\boldsymbol{X\theta}-\boldsymbol{y})+\frac{1}{2}\alpha\boldsymbol{\theta}^{\mathrm{T}}\boldsymbol{\theta} \tag{4.22}$$

对 $L_{\text{Ridge}}(\boldsymbol{\theta})$关于向量$\boldsymbol{\theta}$ 求导,得到

$$\frac{\partial L_{\text{Ridge}}}{\partial\boldsymbol{\theta}}=\frac{1}{n}[\boldsymbol{X}^{\mathrm{T}}(\boldsymbol{X\theta}-\boldsymbol{y})+\lambda\boldsymbol{\theta}] \tag{4.23}$$

其中,$\lambda=n\alpha$,令式(4.23)为零,解出最优参数$\boldsymbol{\theta}^*$ 为

$$\boldsymbol{\theta}^*=(\boldsymbol{X}^{\mathrm{T}}\boldsymbol{X}+\lambda\boldsymbol{I})^{-1}\boldsymbol{X}^{\mathrm{T}}\boldsymbol{y} \tag{4.24}$$

其中,$\boldsymbol{I}$ 是单位矩阵,由线性代数的知识可得,只要 λ 足够大,则矩阵 $\boldsymbol{X}^{\mathrm{T}}\boldsymbol{X}+\lambda\boldsymbol{I}$ 必可逆,且使矩阵 $\boldsymbol{X}^{\mathrm{T}}\boldsymbol{X}+\lambda\boldsymbol{I}$ 不可逆的λ 取值只有有限个。这就解决了当自变量存在多重共线性导致的 $\boldsymbol{X}^{\mathrm{T}}\boldsymbol{X}$ 不可逆,从而不能用最小二乘法求解的问题。但是最小二乘解是参数的无偏估计,岭回归的解析解(见式(4.24)),是有偏估计,表现在平方损失函数上的取值往往高于最小二乘解的平方损失函数。然而岭回归以损失部分信息为代价,克服自变量存在多重共线性的病态数据的影响,使模型更加稳定和可靠。

由于式(4.23)实际也求出了 $L_{\text{Ridge}}(\boldsymbol{\theta})$关于$\boldsymbol{\theta}$ 的梯度,因此可类似地得到岭回归梯度算法的求解参数。

在 Sklearn 中,岭回归由线性模型库中的 Ridge、RidgeCV(有交叉验证)类来调用。RidgeCV 的目标函数与式(4.21)右侧的表达式一致,同时 RidgeCV 使用 R^2 来选择最优参数 α。

(3) Lasso 回归(L_1 正则)。

岭回归的正则项为未知参数的 L_2 模长,求偏导后始终有 $\lambda\theta$ 项,导致参数不会为 0,最终会保留建模时所有的自变量,无法以减缩自变量个数的方式降低模型的复杂度。同时,平方损失函数会放大异常点的影响,使模型对异常点敏感。以下要介绍的 Lasso(least absolute shrinkage and selection operator)回归就是为了解决上述问题而提出的。

对于线性模型 $\hat{\boldsymbol{y}}=\boldsymbol{X\theta}$，若其最优参数来自于下列优化问题的解：

$$\begin{aligned}\boldsymbol{\theta}^* &=(\theta_0^*,\theta_1^*,\cdots,\theta_p^*)=\underset{\theta_0,\theta_1,\cdots,\theta_p}{\operatorname{argmin}} L_{\text{Lasso}}(\boldsymbol{\theta}) \\ &=\underset{\theta_0,\theta_1,\cdots,\theta_p}{\operatorname{argmin}} \frac{1}{2n}(\boldsymbol{X\theta}-\boldsymbol{y})^{\mathrm{T}}(\boldsymbol{X\theta}-\boldsymbol{y})+\alpha\|\boldsymbol{\theta}\|_{L_1}\end{aligned} \tag{4.25}$$

其中，$\|\boldsymbol{\theta}\|_{L_1}=\sum_{l=0}^{p}|\theta_l|$ 是 L_1 模长，则由此优化问题得到参数的线性回归称为 Lasso 回归。虽然式(4.25)只是将式(4.21)的平方正则项改成了绝对值正则项，当 α 取适当的值时，向量$\boldsymbol{\theta}$ 的某些分量可能为 0，从而在自变量个数非常多时，达到筛选自变量的目的。但是若实际问题中，由先验知识已知每个自变量都十分重要时，则需慎用 Lasso 回归。

优化问题(式(4.25))的目标函数为

$$L_{\text{Lasso}}(\boldsymbol{\theta})=\frac{1}{2n}(\boldsymbol{X\theta}-\boldsymbol{y})^{\mathrm{T}}(\boldsymbol{X\theta}-\boldsymbol{y})+\alpha\sum_{l=0}^{p}|\boldsymbol{\theta}_l| \tag{4.26}$$

$L_{\text{Lasso}}(\boldsymbol{\theta})$的第一项是可导的凸二次函数，第二个加项是凸的不可导的函数，无法直接求导，可使用次梯度方法(subgradient method)求解不可导的部分。次梯度法是传统的梯度下降方法的拓展，具体的内容可参阅相关资料。直接给出 $\alpha\sum_{l=0}^{p}|\boldsymbol{\theta}_l|$ 关于第 k 个参数 θ_k 的求次导数结果：

$$\alpha\frac{\partial\sum_{l=0}^{p}|\theta_l|}{\partial\theta_k}=\begin{cases}-\alpha, & \theta_k<0\\ [-\alpha,\alpha], & \theta_k=0\\ \alpha, & \theta_k>0\end{cases} \tag{4.27}$$

$L_{\text{Lasso}}(\boldsymbol{\theta})$的第一项$\frac{1}{2n}(\boldsymbol{X\theta}-\boldsymbol{y})^{\mathrm{T}}(\boldsymbol{X\theta}-\boldsymbol{y})$关于第 k 个参数 θ_k 求偏导的结果是：

$$\begin{aligned}\frac{\partial L_{\text{Lasso}}(\boldsymbol{\theta})}{\partial\theta_k}&=\frac{1}{2n}\frac{\partial(\boldsymbol{X\theta}-\boldsymbol{y})^{\mathrm{T}}(\boldsymbol{X\theta}-\boldsymbol{y})}{\partial\theta_k}=\frac{1}{n}\sum_{i=1}^{n}x_{ik}\Big(\sum_{l=0}^{p}\theta_l x_{il}-y_i\Big)\\ &=\frac{1}{n}\sum_{i=1}^{n}x_{ik}\Big(\sum_{l=0,l\neq k}^{p}\theta_l x_{il}-y_i\Big)+\frac{1}{n}\theta_k\sum_{i=1}^{n}x_{ik}^2\end{aligned} \tag{4.28}$$

令 $A_k=-\frac{1}{n}\sum_{i=1}^{n}x_{ik}\Big(\sum_{l=0,l\neq k}^{p}\theta_l x_{il}-y_i\Big)$，$B_k=\frac{1}{n}\sum_{i=1}^{n}x_{ik}^2$，由式(4.27)和式(4.28)可得到 $L_{\text{Lasso}}(\boldsymbol{\theta})$关于第 k 个参数 θ_k 的偏导为

$$\begin{aligned}\frac{\partial L_{\text{Lasso}}(\boldsymbol{\theta})}{\partial\theta_k}&=A_k-\theta_k B_k+\begin{cases}-\alpha, & \theta_k<0\\ [-\alpha,\alpha], & \theta_k=0\\ \alpha, & \theta_k>0\end{cases}\\ &=\begin{cases}-A_k+\theta_k B_k-\alpha, & \theta_k<0\\ [-A_k-\alpha,-A_k+\alpha], & \theta_k=0\\ -A_k+\theta_k B_k+\alpha, & \theta_k>0\end{cases}\end{aligned}$$

令$\frac{\partial L_{\text{Lasso}}(\boldsymbol{\theta})}{\partial\theta_k}=0$，可得

$$\hat{\theta}_k=\begin{cases}(A_k+\alpha)/B_k, & A_k<-\alpha \\ 0, & -\alpha\leqslant A_k\leqslant\alpha \\ (A_k-\alpha)/B_k, & A_k>\alpha\end{cases}\tag{4.29}$$

式(4.29)给出了函数 $L_{\text{Lasso}}(\boldsymbol{\theta})$ 在第 k 个维度的最优参数。注意,在这个过程中,除了第 k 个变量,其他维度的变量都视为常量,即视 $L_{\text{Lasso}}(\boldsymbol{\theta})$ 为一元函数求极值,由此获得一个维度上参数的迭代更新。遍历整个维度后,得到参数向量的整体迭代更新,相当于一个梯度迭代。这种优化搜索的方法称为坐标下降法。坐标下降法在使用时比梯度下降简单,特别是在稀疏矩阵上时,其计算速度非常快,是 Lasso 回归优化求解最快的算法,然而与梯度算法一样也容易陷入局部最优。但是当目标函数是光滑凸函数时,坐标下降法搜索到的必定是全局最优值。

在 Sklearn 中,Lasso 回归由线性模型库中的 Lasso、LassoCV 类来调用,LassoCV 的目标函数与式(4.25)右侧的表达式一致。与岭回归不同的是,LassoCV 使用均方误差(MSE)来选择最优参数 α。

4.1.2　算法步骤

1. 基于最小二乘法的线性回归模型算法

利用正则解析式求解线性回归模型的算法步骤如下。

(1) 输入:数据集 $\boldsymbol{D}=\{(x_{i1},x_{i2},\cdots,x_{ip},y_i)\mid i=1,2,\cdots,n\}$,令 $\boldsymbol{X}=\begin{bmatrix}1 & x_{11} & \cdots & x_{1p}\\ 1 & x_{21} & \cdots & x_{2p}\\ \vdots & \vdots & \ddots & \vdots\\ 1 & x_{n1} & \cdots & x_{np}\end{bmatrix}$。

(2) 输出:$\hat{\boldsymbol{y}}^*=\boldsymbol{X}\boldsymbol{\theta}^*$,$\boldsymbol{\theta}^*=(\boldsymbol{X}^{\mathrm{T}}\boldsymbol{X})^{-1}\boldsymbol{X}^{\mathrm{T}}\boldsymbol{y}$。

2. 基于梯度下降的线性回归模型算法

利用梯度算法求解线性回归模型的算法步骤如下。

(1) 输入:数据集 $\boldsymbol{D}=\{(x_{i1},x_{i2},\cdots,x_{ip},y_i)\mid i=1,2,\cdots,n\}$,阈值 $\varepsilon>0$,步长 $\eta(0<\eta\leqslant1)$。

(2) 输出:$\hat{\boldsymbol{y}}^*=\boldsymbol{X}\boldsymbol{\theta}^*$。

① 初始化 $\boldsymbol{\theta}^{(0)}$。

② 计算函数在当前位置 $\boldsymbol{\theta}^{(t)}$ 的梯度 $\nabla_{\boldsymbol{\theta}}L(\boldsymbol{\theta}^{(t)})=\dfrac{1}{n}\boldsymbol{X}^{\mathrm{T}}(\boldsymbol{X}\boldsymbol{\theta}^{(t)}-\boldsymbol{y})$,若 $\|\nabla_{\boldsymbol{\theta}}L(\boldsymbol{\theta}^{(t)})\|<\varepsilon$,则返回的当前参数为最优参数,$\boldsymbol{\theta}^*=\boldsymbol{\theta}^{(t)}$。

③ 更新参数 $\boldsymbol{\theta}^{(t+1)}=\boldsymbol{\theta}^{(t)}-\eta\nabla_{\boldsymbol{\theta}}L(\boldsymbol{\theta}^{(t)})$。

④ 令 $t=t+1$,转至步骤②。

在以上算法中,每次计算梯度都需要所有的样本参与计算,计算时长会随样本量的增加而增加。在梯度算法中会有以下加速算法,如随机梯度下降算法,读者可查相关资料,本书不作详细介绍。

3. 岭回归模型解析解算法

利用正则解析式求解岭回归模型的算法步骤如下。

(1) 输入：数据集 $\boldsymbol{D}=\{(x_{i1},x_{i2},\cdots,x_{ip},y_i)\mid i=1,2,\cdots,n\}$，常数 λ。

(2) 输出：$\hat{\boldsymbol{y}}^*=\boldsymbol{X}\boldsymbol{\theta}^*$，$\boldsymbol{\theta}^*=(\boldsymbol{X}^{\mathrm{T}}\boldsymbol{X}+\lambda\boldsymbol{I})^{-1}\boldsymbol{X}^{\mathrm{T}}\boldsymbol{y}$。

4. 基于梯度下降的岭回归模型算法

利用梯度算法求解岭回归模型的算法步骤如下。

(1) 输入：数据集 $\boldsymbol{D}=\{(x_{i1},x_{i2},\cdots,x_{ip},y_i)\mid i=1,2,\cdots,n\}$，阈值 $\varepsilon>0$，步长 $\eta(0<\eta\leqslant1)$，常数 α。

(2) 输出：$\hat{\boldsymbol{y}}^*=\boldsymbol{X}\boldsymbol{\theta}^*$。

① 初始化 $\boldsymbol{\theta}^{(0)}$。

② 计算函数在当前位置 $\boldsymbol{\theta}^{(t)}$ 的梯度 $\nabla_{\boldsymbol{\theta}}L(\boldsymbol{\theta}^{(t)})=\dfrac{1}{n}[(\boldsymbol{X}^{\mathrm{T}}\boldsymbol{X}+\lambda\boldsymbol{I})\boldsymbol{\theta}^{(t)}-\boldsymbol{X}^{\mathrm{T}}\boldsymbol{y}]$，若 $\|\nabla_{\boldsymbol{\theta}}L(\boldsymbol{\theta}^{(t)})\|<\varepsilon$，则返回当前参数为最优参数，$\boldsymbol{\theta}^*=\boldsymbol{\theta}^{(t)}$。

(3) 更新参数 $\boldsymbol{\theta}^{(t+1)}=\boldsymbol{\theta}^{(t)}-\eta\nabla_{\boldsymbol{\theta}}L(\boldsymbol{\theta}^{(t)})$。

(4) 令 $t=t+1$，转至步骤②。

5. 基于坐标下降法的 Lasso 回归模型参数求解算法

利用次导数求解 Lasso 回归模型的坐标下降法的算法步骤如下。

(1) 输入：数据集 $\boldsymbol{D}=\{(x_{i1},x_{i2},\cdots,x_{ip},y_i)\mid i=1,2,\cdots,n\}$，阈值 $\varepsilon>0$，常数 α。

(2) 输出：$\hat{\boldsymbol{y}}=\boldsymbol{X}\boldsymbol{\theta}$。

① 初始化 $\boldsymbol{\theta}^{(0)}$。

② 在当前参数向量 $\boldsymbol{\theta}^{(t)}=(\theta_0^{(t)},\theta_1^{(t)},\cdots,\theta_p^{(t)})$ 下，按坐标依次更新参数，即 k 从 0 增加到 p

$$\theta_k^{(t+1)}=L_k(\theta_0^{(t+1)},\theta_1^{(t+1)},\cdots,\theta_{k-1}^{(t+1)},\theta_k^{(t)},\theta_{k+1}^{(t)},\cdots,\theta_p^{(t)})$$

其中，函数 $L_k(\theta_0^{(t+1)},\theta_1^{(t+1)},\cdots,\theta_{k-1}^{(t+1)},\theta_k^{(t)},\theta_{k+1}^{(t)},\cdots,\theta_p^{(t)})$ 为式(4.29)右边的分段函数。

③ 若 $\|\boldsymbol{\theta}^{(t+1)}-\boldsymbol{\theta}^{(t)}\|<\varepsilon$，则停止迭代；否则重复步骤②，进行下一轮迭代。

4.1.3 实战

1. 数据集

一元线性回归示例：身高(cm)和体重(kg)数据集。

数据输入：

```
import pandas as pd
import numpy as np
import matplotlib.pyplot as plt
y = np.array([58,59,60 , 61,62, 63,64,65,66 ,67, 68, 69,70 , 71, 72]).reshape( - 1,1)   #体重
x = np.array([115,117,120,123,126,129,132 ,135 ,139 ,142 ,146,150,154,159,164]).
reshape( - 1,1)                                                                      #身高
```

绘制散点图：

```
%matplotlib inline
plt.scatter(x,y)
plt.xlabel('height')
plt.ylabel('weight')
```

绘制的散点图如图 4.5 所示。

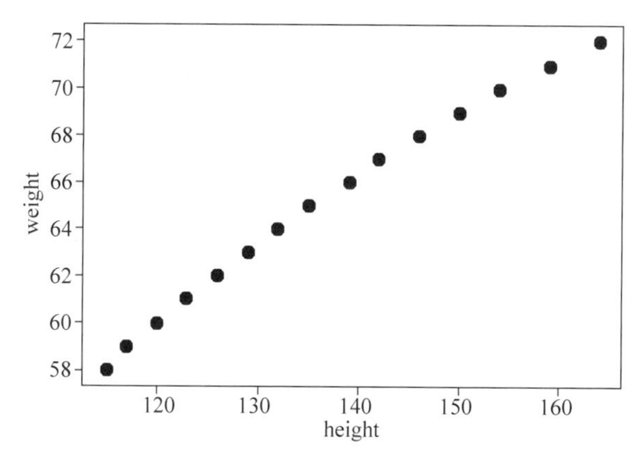

图 4.5　身高体重散点图

用最小二乘法建立线性回归模型：

```
ones = np.ones(15).reshape(-1,1)
X = np.concatenate([ones, x],axis=1)                # 添加常数列
X_mat = np.matrix(X)
X_transpose = np.transpose(X_mat)                   # 矩阵求转置
A = np.matmul(X_transpose,X_mat)                    # 矩阵相乘
w = np.matmul(np.matmul(A.I,X_transpose),y)         # A.I 为矩阵求逆
print("线性回归模型为:y=",w[1],"x+",w[0])
```

输出结果如下：

```
线性回归模型为:y= [[0.28724923]] x+ [[25.72345571]]
```

如上线性回归模型的意义为，当自变量(身高)增加 1 个单位时，因变量(体重)增加 0.28724923 个单位。数据量大的时候，矩阵直接求逆不会有结果，可以使用求伪逆的方式代替。

调用 Sklean 库中的 LinearRegression 类求解。

```
from sklearn.linear_model import LinearRegression
lin_reg = LinearRegression()
lin_reg.fit(x,y)
a=np.round(lin_reg.coef_.ravel()[0],2)
b=np.round(lin_reg.intercept_.ravel()[0],2)
print("线性回归模型为:y=",a,"x+",b) #打印出模型的形式
```

输出结果如下：

```
线性回归模型为:y= 0.29 x+ 25.72
```

该线性回归模型与直接求解得到的结果是一致的(保留两位小数位)。

接下来预测身高为 160cm 的人体重：

```
x_predict = np.array([160]).reshape(-1,1)
y_predict = lin_reg.predict(x_predict)
np.round(y_predict[0][0],2)
```

输出结果如下：

```
71.68
```

这个结果可信吗？下面计算 R^2 值：

```
lin_reg.score(x,y)
```

输出结果如下：

```
0.9910098326857506
```

这个结果说明线性回归模型在数据集上拟合的相当好，但是由于只有 15 条数据，结果似乎过拟合了。由于这 15 条数据仅用于示例，读者可以自行下载完整的数据集(共 25 000 个 18 岁青年的身高(cm)和体重(kg))以获得较为科学、可信的结果。

2. Sklean 实现

多元线性回归：波士顿房价数据集。

(1) 载入数据。

```
from sklearn.datasets import load_boston
boston = load_boston()    # 加载数据
```

由于在一元线性回归实例中已经演示了如何在 Sklearn 中调用线性回归方法，接下来演示如何在 statsmodels 库中完成线性回归分析。后续需要使用 DataFrame 格式的数据，因此先做数据转换：

```
import pandas as pd
import statsmodels.api as sm
X = pd.DataFrame(boston.data, columns = boston.feature_names)
y = pd.DataFrame(boston.target, columns = ['price'])
X_y = pd.concat([X,y],axis = 1)
X_y.head(5)
```

显示前 5 行数据如图 4.6 所示。

	CRIM	ZN	INDUS	CHAS	NOX	RM	AGE	DIS	RAD	TAX	PTRATIO	B	LSTAT	price
0	0.00632	18.0	2.31	0.0	0.538	6.575	65.2	4.0900	1.0	296.0	15.3	396.90	4.98	24.0
1	0.02731	0.0	7.07	0.0	0.469	6.421	78.9	4.9671	2.0	242.0	17.8	396.90	9.14	21.6
2	0.02729	0.0	7.07	0.0	0.469	7.185	61.1	4.9671	2.0	242.0	17.8	392.83	4.03	34.7
3	0.03237	0.0	2.18	0.0	0.458	6.998	45.8	6.0622	3.0	222.0	18.7	394.63	2.94	33.4
4	0.06905	0.0	2.18	0.0	0.458	7.147	54.2	6.0622	3.0	222.0	18.7	396.90	5.33	36.2

图 4.6 数据集的前 5 行数据

（2）划分数据集为训练集和测试集。

```
from sklearn.model_selection import train_test_split
train, test = train_test_split(X_y,test_size = 0.2, random_state= 666)
```

（3）使用 statsmodels 库做线性回归。

```
train_x = train[train.columns[:-1]]
train_x= sm.add_constant(train_x)
#statsmodels 中的线性回归模型没有截距项,需要给训练集加上
train_y = train[train.columns[13:14]]
import statsmodels.api as sm
lin_reg_ols = sm.OLS(train_y, train_x).fit()
lin_reg_ols.summary() #查看回归详细信息
```

输出结果如下：

```
OLS Regression Results
      Dep. Variable:             price          R-squared:        0.761
              Model:               OLS      Adj. R-squared:       0.753
             Method:     Least Squares          F-statistic:      95.42
               Date:  Thu, 16 Jun 2022  Prob (F-statistic):   2.41e-112
               Time:          20:34:37      Log-Likelihood:     -1186.3
   No. Observations:               404                 AIC:       2401.
       Df Residuals:               390                 BIC:       2457.
           Df Model:                13
    Covariance Type:         nonrobust
                 coef      std err        t       P>|t|     [0.025     0.975]
      const   32.9270        5.639    5.839       0.000     21.840     44.014
       CRIM   -0.0757        0.036   -2.102       0.036     -0.146     -0.005
         ZN    0.0493        0.015    3.253       0.001      0.020      0.079
      INDUS    0.0686        0.070    0.985       0.325     -0.068      0.205
       CHAS    2.5588        0.881    2.903       0.004      0.826      4.292
        NOX  -16.0401        4.209   -3.811       0.000    -24.315     -7.765
         RM    4.0969        0.453    9.054       0.000      3.207      4.987
        AGE    0.0066        0.014    0.460       0.646     -0.021      0.035
        DIS   -1.4174        0.219   -6.474       0.000     -1.848     -0.987
        RAD    0.2924        0.076    3.854       0.000      0.143      0.442
        TAX   -0.0142        0.004   -3.261       0.001     -0.023     -0.006
    PTRATIO   -0.9680        0.146   -6.642       0.000     -1.255     -0.681
          B    0.0117        0.003    4.093       0.000      0.006      0.017
      LSTAT   -0.5335        0.055   -9.687       0.000     -0.642     -0.425
           Omnibus:      140.619        Durbin-Watson:            1.998
     Prob(Omnibus):        0.000     Jarque-Bera (JB):          617.019
              Skew:        1.465             Prob(JB):        1.04e-134
          Kurtosis:        8.298             Cond. No.         1.52e+04
```

从以上输出结果可以看出，Prob (F-statistic)的值为 2.41e−112，小于 0.05，说明线性回归模型是显著的。R-squared 的数值为 0.761，拟合效果较好。$P>|t|$ 列反映了各系数在回归方程中的显著性，发现 INDUS 和 AGE 特征的 P 值大于了 0.05，说明这两个特征不显著。

可以通过下列代码查看不显著的特征：

```
lin_reg_ols.pvalues[lin_reg_ols.pvalues.values > 0.05]
```

输出结果如下：

```
INDUS  0.325113
AGE    0.646013
dtype: float64
```

(4) 考虑删除 INDUS 和 AGE 两个特征重新拟合回归方程。

```
train_x.drop(['INDUS','AGE'],axis = 1)
lin_reg_ols2 = sm.OLS(train_y,train_x.drop(['INDUS','AGE'],axis = 1)).fit()
```

(5) 比较 INDUS 和 AGE 两个模型的 R^2 值与 AIC 值。

```
print('原模型的 R^2 值为:',lin_reg_ols.rsquared)
print('简化模型的 R^2 值为:',lin_reg_ols2.rsquared)
print('原模型的 AIC 值为:',lin_reg_ols.aic)
print('简化模型的 AIC 值为:',lin_reg_ols2.aic)
```

输出结果如下：

```
原模型的 R² 值为: 0.7608053462687876
简化模型的 R² 值为: 0.760091136832049
原模型的 AIC 值为: 2400.5733280068976
简化模型的 AIC 值为: 2397.7778310673066
```

从输出结果可以看出，这两个指标的变化都非常小，说明删除这两个不显著的指标后对模型的性能改进并没有太大影响。这里的性能改进是指希望在 R^2 值前后变化不大的前提下，AIC 值明显减小。因此删除变量的意义不大。还是使用原线性回归模型。

(6) 查看原最小二乘法线性回归模型的系数并按从小到大排序。

```
print('原最小二乘法线性回归模型的系数为:\n',lin_reg_ols.params.sort_values())
```

输出结果如下：

```
原最小二乘法线性回归模型的系数为:
NOX        -16.040065
DIS         -1.417428
PTRATIO     -0.968020
LSTAT       -0.533536
CRIM        -0.075686
TAX         -0.014186
AGE          0.006557
B            0.011681
ZN           0.049331
INDUS        0.068590
RAD          0.292373
CHAS         2.558761
RM         4.096930
```

```
const   32.926955
dtype: float64
```

其中，const 项没有意义，影响模型最显著的四个特征分别是：①NOX：一氧化氮浓度，这个数值每升高 1 个单位，房价下降约 16 个单位，说明人们买房对环境因素的考虑是首要的；②RM：每栋住宅房间数，呈正相关，很好理解，房间数越多房价一般越高；③CHAS：原本是二元离散变量，1 表示与河(Charles River)相邻，0 为否，理解为与河相邻的房价高；④RAD：教师与学生的比例，呈负相关，也好理解，类似孟母三迁，最终邻学堂而居。人们愿意选择教育氛围良好的地方居住，房价也因此上涨。

(7) 计算在测试集上的均方误差。

```
from sklearn.metrics import mean_squared_error,r2_score
test_x = test[test.columns[:-1]]
test_x= sm.add_constant(test_x)          #添加常数列
test_y = test[test.columns[13:14]]
pre_test_x = lin_reg_ols.predict(test_x) #在测试集上进行预测
ols_mse = mean_squared_error(test_y.values,pre_test_x.values)
ols_r2 = r2_score(test_y.values,pre_test_x.values)
print('最小二乘法线性回归模型在测试集上的均方误差为:',np.round(ols_mse,2))
print('最小二乘法线性回归模型在测试集上的 R2 值为:',np.round(ols_r2,2))
```

输出结果如下：

```
最小二乘法线性回归模型在测试集上的均方误差为: 27.21
最小二乘法线性回归模型在测试集上的 R2 值为: 0.63
```

(8) 分别采用 Sklearn 中岭回归与 Lasso 回归的方法并进行比较。

首先将数据转换为矩阵的形式：

```
X_train = train.values[:,:13]
X_train = np.asmatrix(X_train)
y_train = train.values[:,13].reshape(-1,1)
X_test = test.values[:,:13]
X_test = np.asmatrix(X_test)
y_test = test.values[:,13].reshape(-1,1)
```

导入所需要的方法：

```
from sklearn.linear_model import Ridge,RidgeCV,LinearRegression,Lasso,LassoCV
```

用交叉验证的方式选择最优的超参数 α：

```
Lambdas1 = np.linspace(0.001,1,1000)
# Lasso 回归模型的交叉验证
lasso_cv = LassoCV(alphas = Lambdas, normalize = True, cv = 10, max_iter = 10000)
lasso_cv.fit(X_train,y_train)
# 输出最佳的 lambda 值
lasso_best_alpha = lasso_cv.alpha_
lasso_best_alpha
```

Lasso 回归最优超参数结果如下：

```
0.01
```

类似地，确定岭回归的最优超参数：

```
ridge_cv = RidgeCV(alphas = Lambdas, normalize = True, cv = 10)
ridge_cv.fit(X_train,y_train)
# 输出最佳的 lambda 值
ridge_best_alpha = ridge_cv.alpha_
ridge_best_alpha
```

结果如下：

```
0.060020010005002504
```

用最优超参数拟合模型：

```
lasso = Lasso(alpha=lasso_best_alpha, normalize = True , max_iter = 10000)
lasso.fit(X_train,y_train)
ridge = Ridge( alpha=ridge_best_alpha,normalize = True , max_iter = 10000)
ridge.fit(X_train,y_train)
```

查看在训练集和测试集上的性能：

```
# 岭回归模型的性能得分
ridge_train_predict = ridge.predict(X_train)
ridge_test_predict = ridge.predict(X_test).reshape(-1,1)
r2_score_ridge_train =r2_score(ridge_train_predict.reshape(-1,1),y_train.reshape(-1,1))
r2_score_ridge_test =r2_score(ridge_test_predict.reshape(-1,1),y_test.reshape(-1,1))
mse_ridge_train =mean_squared_error(ridge_train_predict.reshape(-1,1),y_train.reshape(-1,1))
mse_ridge_test =mean_squared_error(ridge_test_predict.reshape(-1,1),y_test.reshape(-1,1))
# Lasso 回归模型的性能得分
lasso_train_predict = lasso.predict(X_train)
lasso_test_predict = lasso.predict(X_test).reshape(-1,1)
r2_score_lasso_train =r2_score(lasso_train_predict.reshape(-1,1),y_train.reshape(-1,1))
r2_score_lasso_test =r2_score(lasso_test_predict.reshape(-1,1),y_test.reshape(-1,1))
mse_lasso_train = mean_squared_error(lasso_train_predict.reshape(-1,1),y_train.reshape
(-1,1))
mse_lasso_test =mean_squared_error(lasso_test_predict.reshape(-1,1),y_test.reshape(-1,1))
print('岭回归模型在训练集上的均方误差为:',mse_ridge_train)
print('Lasso 回归模型在训练集上的均方误差为:',mse_lasso_train)
print('岭回归模型在训练集上的 R2 值为:',r2_score_ridge_train)
print('Lasso 回归模型在训练集上的 R2 值为:',r2_score_lasso_train)
```

结果如下：

```
岭回归模型在训练集上的均方误差为: 21.191552234406455
Lasso 回归模型在训练集上的均方误差为: 22.204142948451466
岭回归模型在训练集上的 R2 值为: 0.6533674313900715
Lasso 回归模型在训练集上的 R2 值为: 0.6251568441780613
```

查看在测试集上的性能：

```
print('岭回归模型在测试集上的均方误差为:',mse_ridge_test)
print('Lasso 回归模型在测试集上的均方误差为:',mse_lasso_test)
print('岭回归模型在测试集上的 R² 值为:',r2_score_ridge_test)
print('Lasso 回归模型在测试集上的 R² 值为:',r2_score_lasso_test)
print('最小二乘法线性回归模型在测试集上的均方误差为:',np.round(ols_mse,2))
print('最小二乘法线性回归模型在测试集上的 R² 值为:',np.round(ols_r2,2))
```

结果如下：

```
岭回归模型在测试集上的均方误差为: 27.222833406821252
Lasso 回归模型在测试集上的均方误差为: 28.824855567715396
岭回归模型在测试集上的 R² 值为: 0.4906726907608808
Lasso 回归模型在测试集上的 R² 值为: 0.43820819237340336
最小二乘法线性回归模型在测试集上的均方误差为: 27.21
最小二乘法线性回归模型在测试集上的 R² 值为: 0.63
```

可以看出，统计模型中最小二乘法在这个问题上的拟合效果更好，无论对测试集还是训练集，其性能都优于岭回归和 Lasso 回归。

4.1.4 实验

1. 实验目的

(1) 掌握线性回归模型的基础知识，包括理论与编程两部分，其中编程部分涉及模型的构建、训练，以及使用 Matplotlib 对结果进行可视化，并观察不同的特征对标签的实际影响。

(2) 利用线性回归解决实际问题。

2. 实验数据

使用 Sklearn 中的糖尿病数据集(diabetes dataset)。

3. 实验要求

(1) 划分训练集和测试集；在训练集上建立模型(分别用 L_0、L_1、L_2 正则)并评价模型(必做)。

(2) 基于梯度算法自编参数求解的代码，运行并计时，与 Sklean 中直接调用的库函数的运算时间进行比较，并分析原因(选做)。

(3) 进行显著性分析，剔除不显著(选做)。

4.2 多项式回归算法

4.2.1 原理简介

在现实世界中，输入(自变量)X 与输出(因变量)Y 之间的关系不会总是满足线性的函数关系。理论上，任何一个非线性的光滑函数都可以由一个足够高阶的多项式来逼近，因此在输入与输出的非线性关系中，使用多项式回归模型建立函数关系是合理且有广泛应用的。

多项式回归模型是利用多项式建立输入和输出对应关系的，输入是特征数据，输出是多项式的值。从模型原理的角度，线性回归可以视作 1 次多项式回归。从模型实现的角度，只需要将原始特征数据进行多项式变换，将原始数据从低维空间投影到高维多项式空间，再在多项式空间中使用线性回归，就能得到多项式的输出值，即：

多项式回归＝多项式变换＋线性回归

以一元多项式回归模型为例，设数据集 $\boldsymbol{D}=\{(x_i,y_i)|i=1,2,\cdots,n\}$，设定输出与输入的对应关系为 k 次多项式：

$$\hat{y}_i=\theta_0+\theta_1x_i+\theta_2x_i^2+\cdots+\theta_kx_i^k,\quad i=1,2,\cdots,n \tag{4.30}$$

令 $z_{i1}=x_i,z_{i2}=x_i^2,\cdots,z_{ik}=x_i^k$，就可以转换为如下 k 元线性回归模型：

$$\hat{y}_i=\theta_0+\theta_1z_{i1}+\theta_2z_{i2}+\cdots+\theta_kz_{ik},\quad i=1,2,\cdots,n \tag{4.31}$$

多项式回归模型在数据拟合的精度上往往高于普通的线性回归模型。但是多项式模型的可解释性与泛化能力不如线性回归模型。同时，在使用多项式回归模型来拟合数据时，选定多项式的形式是至关重要的：选择低次多项式拟合可能导致拟合精度欠佳，而高次多项式回归拟合精度高但是容易过拟合。在多项式回归模型中，正则项的加入能调节精度和泛化能力之间的矛盾。

多元数据集的多项式变换容易产生组合爆炸问题，例如，如果原始数据是 3 维，使用两次多项式变换，则线性回归需要拟合的数据维数为 9 维，其中有 3 项交叉项；若使用 3 次多项式变换，则线性回归需要拟合的数据维数为 21，维数增长相当快，且很难解释各项系数的意义。所以在多项式拟合时，可以选择不生成交叉项以降低变换后的维数。

4.2.2 算法步骤

多项式回归算法的描述如下。

输入：数据集 $\boldsymbol{D}=\{(x_{i1},x_{i2},\cdots,x_{ip},y_i)|i=1,2,\cdots,n\}$。

输出：$\hat{y}^*=f(\boldsymbol{X})\theta^*$。

步骤如下：

(1) 将数据集拆分为特征数据 $\boldsymbol{X}=\{(x_{i1},x_{i2},\cdots,x_{ip})|i=1,2,\cdots,n\}$ 与标签集 $Y=\{y_i|i=1,2,\cdots,n\}$。

(2) 利用选定的多项式 f 作数据集变换：$Z=f(\boldsymbol{X})$。

(3) 构造新的标签数据集 $\boldsymbol{D}_{\text{new}}=\{(Z,Y)\}$。

(4) 对数据集 $\boldsymbol{D}_{\text{new}}$ 使用线性回归算法得到回归参数 θ^*。

(5) 构造输出 $\hat{y}^*=Z\theta^*$。

4.2.3 实战

1. 数据集(见表 4.1)

表 4.1 温度-压力数据集

序　号	温度(Temperature)	压力(Pressure)
1	0	0.0002
2	20	0.0012
3	40	0.006
4	60	0.03
5	80	0.09
6	100	0.27

2. Sklearn 实现

```
#导入库和数据集
import numpy as np
import matplotlib.pyplot as plt
import pandas as pd
datas = pd.read_csv('温度-压力.csv')
#将数据集分为两个组件
x = datas.iloc[:,1:2].values
y = datas.iloc[:,2].values
#将线性回归拟合到数据集
from sklearn.linear_model import LinearRegression
lin = LinearRegression()
lin.fit(x,y)
#将多项式回归拟合到数据集
from sklearn.preprocessing import PolynomialFeatures
poly = PolynomialFeatures(degree = 4)
x_poly = poly.fit_transform(x)
poly.fit(x_poly,y)
lin2 = LinearRegression()
lin2.fit(x_poly,y)
#使用散点图可视化线性回归结果
plt.scatter(x,y,color = 'blue')
plt.plot(x,lin.predict(x),color = 'red')
plt.title('Linear Regression')
plt.xlabel('Temperature')
plt.ylabel('Pressure')
plt.show()
#使用散点图可视化多项式回归结果
plt.scatter(x,y,color = 'blue')
plt.plot(x,lin2.predict(poly.fit_transform(x)),color = 'red')
plt.title('Polynomial Regression')
plt.xlabel('Temperature')
plt.ylabel('Pressure')
plt.show()
#使用线性和多项式回归预测新结果
new_x = 110.0
new_x = np.array(new_x).reshape(1,-1)
y_lr = lin.predict(new_x)
y_pr = lin2.predict(poly.fit_transform(new_x))
print(y_lr)
print(y_pr)
```

预测结果如图 4.7 所示。

3. 自编代码实现

在一元二次函数上加噪声：

```
import numpy as np
import matplotlib.pyplot as plt
x = np.random.uniform(-3, 3, size=100)
X = x.reshape(-1, 1) #一列
y = 0.5 + x**2 + x + 2 + np.random.normal(0, 1, size=100) #在一元二次函数上加噪声
```

```
plt.scatter(x, y)
plt.show()
```

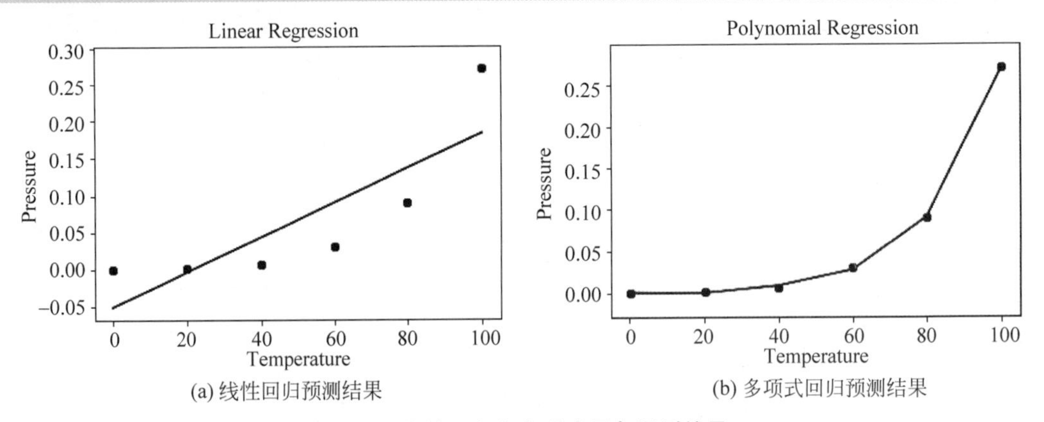

(a) 线性回归预测结果　(b) 多项式回归预测结果

图 4.7　线性回归和多项式回归预测结果

加噪声后的散点图如图 4.8 所示。

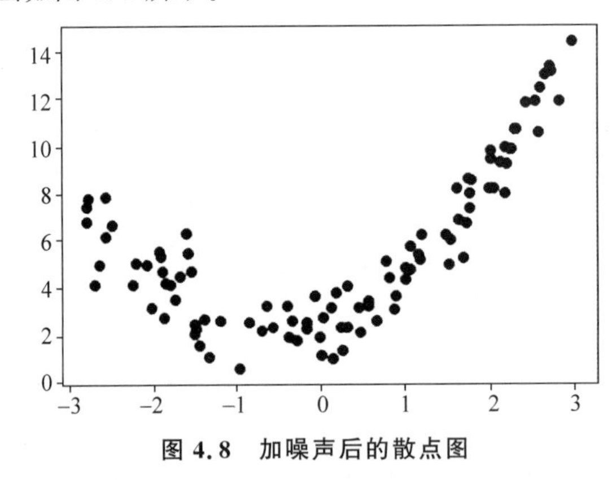

图 4.8　加噪声后的散点图

查看线性回归的拟合效果：

```
from sklearn.linear_model import LinearRegression
#线性回归的拟合效果
lin_reg = LinearRegression()
lin_reg.fit(X, y)
y_predict = lin_reg.predict(X)
plt.scatter(x, y)
plt.plot(x, y_predict, color='r')
plt.show()
```

线性回归的拟合效果如图 4.9 所示。

加一个特征：

```
#加一个特征
(X**2).shape
X2 = np.hstack([X, X**2])
X2.shape
lin_reg2 = LinearRegression()
lin_reg2.fit(X2, y)
```

```
y_predict2 = lin_reg2.predict(X2)
plt.scatter(x, y)
plt.plot(np.sort(x), y_predict2[np.argsort(x)], color='r')
plt.show()
```

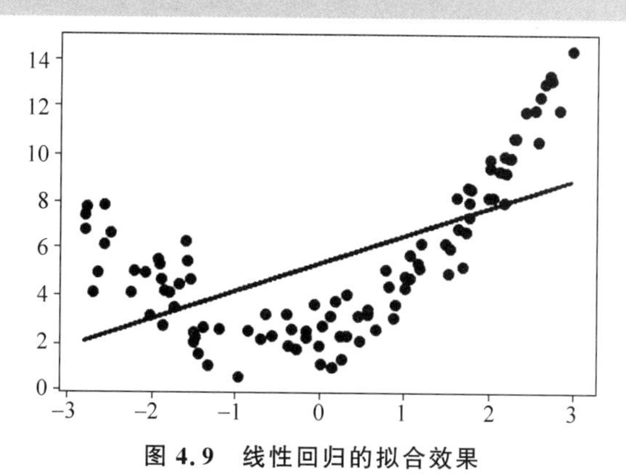

图 4.9 线性回归的拟合效果

一元二次方程的拟合效果如图 4.10 所示。

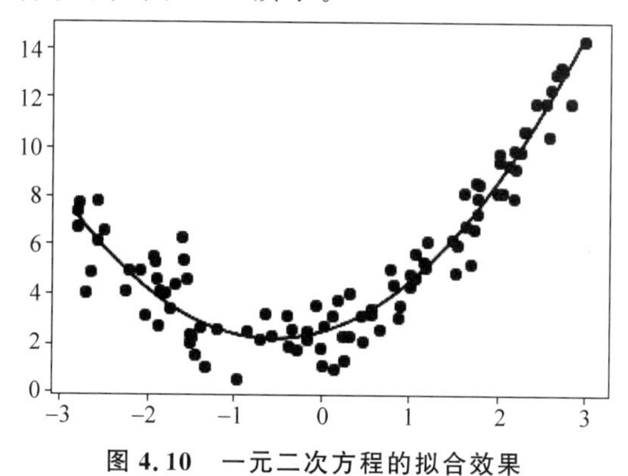

图 4.10 一元二次方程的拟合效果

4.2.4 实验

1. 实验目的

掌握多项式回归原理；能用 Python 实现其算法和模型。

2. 实验数据

实验数据为 22 个婴幼儿头围和身长的数据，如表 4.2 所示。

表 4.2 两岁内婴幼儿的平均头围和平均身长

月龄	平均身长/cm	平均头围/cm	月龄	平均身长/cm	平均头围/cm
初生	49.90	33.73	12	69.85	44.15
1	56.60	37.45	14	72.30	44.70
2	59.25	39.10	16	74.98	45.50
4	61.40	40.25	18	77.63	46.05
6	63.38	41.33	20	80.03	46.55
8	65.10	42.18	22	82.50	46.98
10	67.28	43.20	24	85.93	47.45

3. 实验要求

（1）简单写出多项式回归的原理。

（2）修改拟合维度，体会过拟合和欠拟合。

（3）写出代码并给出运行结果。

4.3 支持向量回归算法

4.3.1 原理简介

SVR（支持向量回归）是SVM（支持向量机）中的一个重要的应用分支，其与SVM的区别在于，SVR的样本点最终只有一类，它所寻求的最优超平面是使所有的样本点离超平面的总偏差最小，两者示意图如图4.11所示，SVM是使到超平面最近的样本点的"距离"最大，SVR则是使到超平面最远的样本点的"距离"最小。

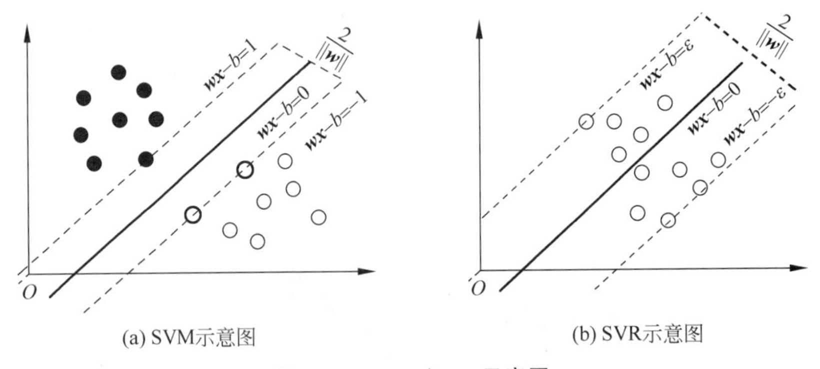

图 4.11 SVM/SVR 示意图

图4.11中两虚线之间的几何间隔 $r=\frac{d}{\|\boldsymbol{w}\|}$，这里的 d 就为两虚线之间的函数间隔。

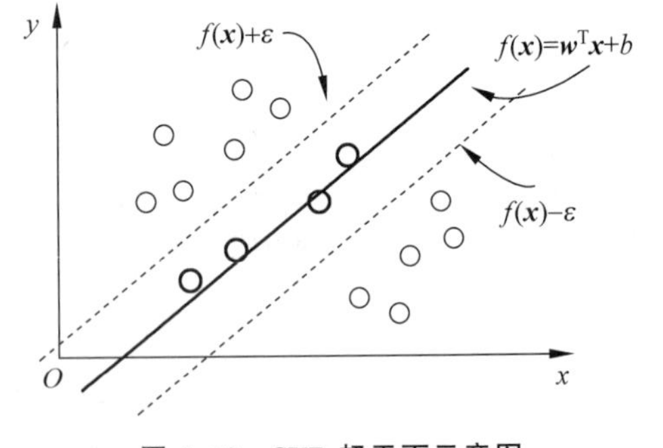

图 4.12 SVR 超平面示意图

传统的回归方法当且仅当回归 $f(\boldsymbol{x})$ 完全等于 y 时才认为预测正确，需计算其损失；而SVR则认为只要 $f(\boldsymbol{x})$ 与 y 偏离程度不太大，便可认为预测正确，不用计算损失。具体的方法就是设置一个阈值 α，计算 $|f(\boldsymbol{x})-y|>\alpha$ 数据点的损失。如图4.12所示，SVR表示凡是在虚线内部的值都可认为是预测正确，只需计算虚线外部值的损失即可。

SVR在线性函数两侧制造了一个"间隔带"，间距为 ε（也叫容忍偏差，是一个由人工设定的经验值），对所有落入间隔带内的样本不计算损失，也就是只有支持向量才会对其函数模型产生影响，最后通过最小化总损失和最大化间隔来得出优化后的模型。

对于SVR，就是求一个平面或者一个函数，可以把所有数据都拟合，即使所有数据的类内方差最小，把所有类的数据看作是一个类。

1. 线性硬间隔 SVR

SVR 的优化目标为

$$\min_{w,b} \frac{1}{2} \| \boldsymbol{w} \|^2 \tag{4.32}$$

其中,位于边界内的点满足条件

$$| y_i - (\boldsymbol{w} x_i + b) | \leqslant \varepsilon \tag{4.33}$$

不仅需要最大化间隔带 r,同时也要最小化损失,以此来确定参数 $\boldsymbol{w}$ 和 b。

SVR 的代价函数为

$$\sum_{i=1}^{m} l_{\varepsilon}(f(x_i), y_i), \quad l_{\varepsilon}(z) = \begin{cases} 0, & |z| \leqslant \varepsilon \\ |z| - \varepsilon, & \text{其他} \end{cases} \tag{4.34}$$

从而 SVR 问题可形式化为

$$\min_{w,b} \frac{1}{2} \| \boldsymbol{w} \|^2 + \text{loss} \tag{4.35}$$

$$\min_{w,b} \frac{1}{2} \| \boldsymbol{w} \|^2 + C \sum_{i=1}^{m} l_{\varepsilon}(f(x_i), y_i) \tag{4.36}$$

即在间隔带中加入损失,允许间隔带外存在点,但损失应尽可能小。

2. 线性软间隔 SVR(见图 4.13)

在现实任务中,往往很难直接确定合适的 ε 来确保大部分数据都能在间隔带内,而 SVR 希望所有的训练数据都在间隔带内,所以加入松弛变量 ξ,从而使函数的间隔要求变得放松,也就是允许一些样本可以不在间隔带内。

引入松弛变量后,所有的样本数据都满足条件

$$| y_i - (\boldsymbol{w} x_i + b) | \leqslant \varepsilon + \xi, \quad \forall i \tag{4.37}$$

这就是引入松弛变量后的限制条件,所以又称软间隔 SVR。

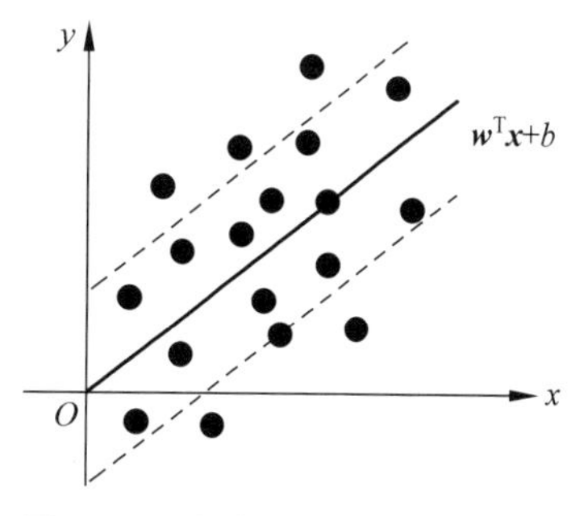

图 4.13 线性软间隔 SVR 示意图

注意:对于任意样本 x_i,如果它在隔离带里面或者边缘上,ξ 都为 0;如果 x_i 在隔离带上方,则 $\xi > 0, \xi^* = 0$;在隔离带下方则 $\xi^* > 0, \xi = 0$。

其中:

- $f(\boldsymbol{x}) = \boldsymbol{w}\boldsymbol{x} + b$ 是最终要求得的模型函数。
- $\boldsymbol{w}\boldsymbol{x} + b + \varepsilon$、$\boldsymbol{w}\boldsymbol{x} + b - \varepsilon$(也就是 $f(\boldsymbol{x}) + \varepsilon$ 和 $f(\boldsymbol{x}) - \varepsilon$)是隔离带的上、下边缘。
- ξ^* 是隔离带下边缘之下样本点到隔离带下边缘上的投影,与该样本点 y 值的差。
- 引入松弛变量 ξ_i 和 $\hat{\xi}_i$,可将式(4.36)重写为

$$\begin{aligned} &\min_{w,b,\xi_i,\hat{\xi}_i} \frac{1}{2} \| \boldsymbol{w} \|^2 + C \sum_{i=1}^{m} (\xi_i, \hat{\xi}_i) \\ &\text{s.t.} \quad f(x_i) - y_i \leqslant \varepsilon + \xi_i \\ &\qquad\; y_i - f(x_i) \leqslant \varepsilon + \hat{\xi}_i \\ &\qquad\; \xi_i \geqslant 0, \hat{\xi}_i \geqslant 0, \quad i = 1, 2, \cdots, m \end{aligned} \tag{4.38}$$

3. 非线性SVR

提高维度，低维映射到高维（非线性变线性）。之前的SVR低维数据模型是以内积$\boldsymbol{x}_i * \boldsymbol{x}_j$的形式出现：

$$f(\boldsymbol{x})=\sum_{i=1}^{m}(a_i-a_i^*)\langle \boldsymbol{x}_i,\boldsymbol{x}\rangle+b \tag{4.39}$$

现定义一个低维到高维的映射ϕ来替代以前的内积形式：

$$f(\boldsymbol{x})=\sum_{i=1}^{m}(\alpha_i-\alpha_i^*)\langle \phi(\boldsymbol{x}_i)^{\mathrm{T}},\phi(\boldsymbol{x}_j)\rangle+b \tag{4.40}$$

其中，$\langle \phi(\boldsymbol{x}_i)^{\mathrm{T}},\phi(\boldsymbol{x}_j)\rangle$表示映射到高维特征空间之后的内积。

映射到高维的问题：二维可以映射到五维，但当低维是1000映射到超级高的维度时计算特征的内积，这个时候从低维到高维的运算量会爆炸性增长。由于特征空间维数可能很高，甚至是无穷维，因为直接计算$\langle \phi(\boldsymbol{x}_i)^{\mathrm{T}},\phi(\boldsymbol{x}_j)\rangle$通常是困难的，这里就涉及核函数。

常用的核函数如下。

■ 线性函数：

$$K(\boldsymbol{x}_i,\boldsymbol{x}_j)=\boldsymbol{x}_i\cdot\boldsymbol{x}_j$$

■ 多项式核函数：

$$K(\boldsymbol{x}_i,\boldsymbol{x}_j)=(\boldsymbol{x}_i\cdot\boldsymbol{x}_j+1)^d$$

■ 径向基核函数：

$$K(\boldsymbol{x}_i,\boldsymbol{x}_j)=\exp(-\|\boldsymbol{x}_i-\boldsymbol{x}_j\|^2/(2\sigma^2))$$

■ 拉普拉斯核函数：

$$K(\boldsymbol{x}_i,\boldsymbol{x}_j)=\exp(-\|\boldsymbol{x}_i-\boldsymbol{x}_j\|/\sigma^2)$$

■ Sigmoid核函数：

$$K(\boldsymbol{x}_i,\boldsymbol{x}_j)=\tanh(\beta\boldsymbol{x}_i^{\mathrm{T}}\cdot\boldsymbol{x}_j+\theta),\quad(\beta>0,\theta>0)$$

核函数是对向量内积空间的一个扩展，使非线性回归的问题在经过核函数的转换后可以变成一个近似线性回归的问题。SVR引入核函数后可重写为

$$\begin{aligned}f(\boldsymbol{x})=\boldsymbol{w}^{\mathrm{T}}\phi(\boldsymbol{x})+b&=\sum_{i=1}^{m}\alpha_i y_i\phi(\boldsymbol{x}_i)^{\mathrm{T}}\phi(\boldsymbol{x})+b\\&=\sum_{i=1}^{m}\alpha_i y_i K(\boldsymbol{x},\boldsymbol{x}_i)+b\end{aligned} \tag{4.41}$$

4.3.2 算法步骤

1. 算法说明

SVR算法采用Sklearn提供的算法库实现，该算法库包括SVR、NuSVR和LinearSVR，操作说明如下。

(1) 一般在做训练之前对数据进行归一化，当然测试集中的数据也需要归一化。

(2) 在特征数非常多的情况下，或者样本数远小于特征数时，使用线性核的效果较好，并只需要选择惩罚系数C即可。

(3) 在选择核函数时，如果线性拟合不好，一般推荐使用默认的高斯核。这时主要需要

对惩罚系数 C 和核函数参数 γ 进行调参,通过多轮的交叉验证选择合适的惩罚系数 C 和核函数参数 γ。

2. 实现步骤

(1) 准备数据。

(2) 划分数据集。

(3) 引入 SVR 模型。

(4) 训练模型。

(5) 测试模型效果。

(6) 可视化回归预测结果。

4.3.3 实战

1. 数据集

本实战所用数据集均为随机生成的实验数据集,包括时间序列分析数据和特征参数回归预测数据。

2. Sklearn 实现

(1) 时间序列分析。

导入相关模块:

```
# 导入相关模块
import numpy as np
from sklearn import svm
from sklearn.model_selection import GridSearchCV  # 0.17 grid_search
from sklearn.metrics import r2_score
import matplotlib.pyplot as plt
plt.rcParams['figure.dpi'] = 800                   # 分辨率
```

数据准备一——构造训练数据:

```
# 构造训练数据
N = 50
np.random.seed(0) # 种子
x = np.sort(np.random.uniform(0, 6, N), axis = 0) # 时间序列
y = 2 * np.sin(x) + 0.1 * np.random.randn(N)
x = x.reshape( - 1, 1)
```

数据准备二——构造测试数据:

```
# 构造测试数据
x_test = np.linspace(x.min(), 1.1 * x.max(), 100)
y_test = 2 * np.sin(x_test) + 0.1 * np.random.randn(100)
x_test = x_test.reshape( - 1,1)
```

引入模型,此处采用高斯卷积核:

```
# 模型引入
model = svm.SVR(kernel = 'rbf')
# 设置模型参数的可变性范围:0.01～100,取 100 个数字
```

```
c_can = np.logspace(-2, 2, 10)
gamma_can = np.logspace(-2, 2, 10)
svr = GridSearchCV(model, param_grid={'C': c_can, 'gamma': gamma_can}, cv=5)
```

模型训练：

```
# 模型训练
svr.fit(x, y)
print('验证参数:\n', svr.best_params_)
```

模型测试：

```
# 模型测试
y_hat = svr.predict(x_test)
```

测试模型效果：

```
# 测试得分
print("得分:", r2_score(y_test, y_hat))
# 支持向量下标
sp = svr.best_estimator_.support_
print("支持向量下标:", sp)
```

可视化回归预测结果：

```
# 绘制回归预测图
# 设置标题、横坐标、纵坐标
plt.figure('SVR', facecolor='lightgray')
plt.title('SVR', fontsize=16)
plt.xlabel('x', fontsize=12)
plt.ylabel('y', fontsize=12)
plt.scatter(x[sp], y[sp], s=120, c='r', marker='*', label='Support Vectors', zorder=3)
plt.plot(x_test, y_hat, 'r-', linewidth=2, label='predict')
plt.plot(x_test, y_test, 'go', markersize=5 , label='real')
plt.legend()
plt.show()
```

SVR 的时间序列数据预测效果如图 4.14 所示。

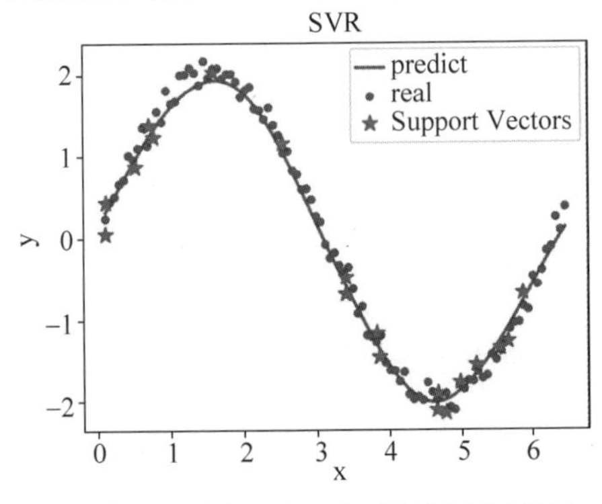

图 4.14　SVR 的时间序列数据预测效果

(2) 特征参数回归预测。

引入相关模块：

```
# 导入相关模块
import matplotlib.pyplot as plt
import numpy as np
from sklearn.model_selection import train_test_split, GridSearchCV
from sklearn import svm
from sklearn.metrics import r2_score
plt.rcParams['figure.dpi'] = 800 #分辨率
```

准备数据集，此处是整个完整的数据集：

```
# 准备数据
np.random.seed(0) # 设随机种子
x = np.random.randn(80, 2)
y = x[:, 0] + 2 * x[:, 1] + np.random.randn(80)
```

划分数据集，将数据集划分为训练数据和测试数据：

```
# 划分数据集
x_tran,x_test,y_train,y_test = train_test_split(x, y, test_size = 0.25)
```

SVR 模型引入及训练，此处采用线性卷积核：

```
# 模型训练
svr = svm.SVR(kernel = 'linear', C = 100)
```

SVR 模型训练及测试：

```
# 模型训练
svr.fit(x_tran, y_train)
# 模型测试
y_hat = svr.predict(x_test)
```

测试模型效果：

```
# 测试得分
print("得分:", r2_score(y_test, y_hat))
```

计算测试范围：

```
# 计算测试范围
r = len(x_test) + 1
```

可视化回归预测结果：

```
# 绘制回归预测图
# 设置标题、横坐标、纵坐标
plt.figure('SVR', facecolor = 'lightgray')
plt.title('SVR', fontsize = 16)
plt.xlabel('x', fontsize = 12)
plt.ylabel('y', fontsize = 12)
```

```
plt.plot(np.arange(1,r), y_hat, 'go-', label="predict")
plt.plot(np.arange(1,r), y_test, 'co-', label="real")
plt.legend()
plt.show()
```

SVR 的特征参数回归预测效果如图 4.15 所示。

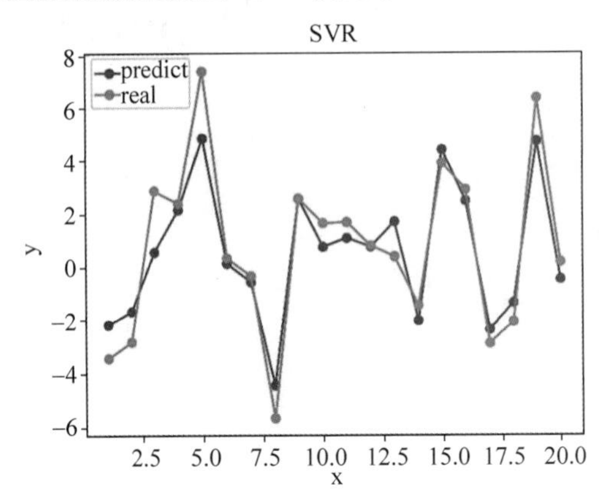

图 4.15 SVR 的特征参数回归预测效果

4.3.4 实验

1. 实验目的

(1) 加深对支持向量机学习器原理的理解，如带有不等式约束的目标函数的建立到拉格朗日对偶的转换，以及 KKT 调节。

(2) 掌握支持向量回归的原理，其对偶形式、KKT 条件和损失函数会根据误差间隔带参数进行调参。

(3) 熟练使用 Python 及 NumPy、Sklearn、Matplotlib 等第三方库。

2. 实验数据

实验 1：

从网址(https://sci2s.ugr.es/keel/category.php?cat=reg)下载混凝土压缩强度数据集(concrete.dat)，该数据集共有 1030 个样本，8 个属性，因变量为 ConcreteCompressiveStrength。

实验 2：

从 Sklearn 提供的数据集中下载波士顿房价数据集，该数据集共有 506 个样本，13 个属性，因变量为 MEDV。该数据集的详细介绍见 3.6.3 节。

3. 实验要求

实验 1 的要求如下：

(1) 分析数据，判断是否需要进行标准化处理，并划分数据集为训练集和测试集。

(2) 使用 Sklearn 库中的指定模型库函数 svm.SVR()，建立支持向量回归，选择不同的核函数，分析不同核函数情况下的拟合优度和均方误差。

(3) 选用其中一个核函数，适当调参，分析模型。

实验 2 的要求如下：

(1) 数据分割与标准化处理。

(2) 选择 Sklearn 库中的不同模型库分别建立支持向量回归,分析不同模型情况下的拟合效果。

(3) 选择其中一个支持向量回归模型,适当调参,分析模型性能。

4.4　循环神经网络算法

4.4.1　原理简介

1. 循环神经网络

循环神经网络(recurrent neural network,RNN)是一类以序列(sequence)数据为输入,在序列的演进方向进行递归(recursion)且所有节点(循环单元)按链式连接的递归神经网络(recursive neural network)。对循环神经网络的研究始于 20 世纪 80～90 年代,并在 21 世纪初发展为深度学习(deep learning)算法之一,它不仅考虑前一时刻的输入,而且赋予了网络对前面内容的一种"记忆"功能。

传统的前馈神经网络(feedforward neural network)是一种模型输出与模型本身无反馈连接的神经网络。在处理时间序列信号时,由于前馈神经网络的单向无反馈连接方式使网络只能处理输入信号所包含时间段的信号,而常见时间序列信号都和它所在时间段前后时间区间的背景信号有着密切的联系,使得前馈神经网络对时间序列的处理能力难以满足现实需求。而循环神经网络具有记忆性、参数共享以及图灵完备(Turing completeness)的特点,能够对前面的信息进行记忆并应用于当前输出的计算中,因此在对序列的非线性特征进行学习时具有一定优势。循环神经网络在自然语言处理(natural language processing,NLP),如语音识别、语言建模、机器翻译等领域有应用,也广泛应用于实体名字识别、图像描述生成、视频行为识别和视频标记等计算机视觉领域。

循环神经网络的隐藏层之间的节点不再无连接而是有连接的,并且隐藏层的输入不仅包括输入层的输出,还包括上一时刻隐藏层的输出,其网络结构如图 4.16 所示。

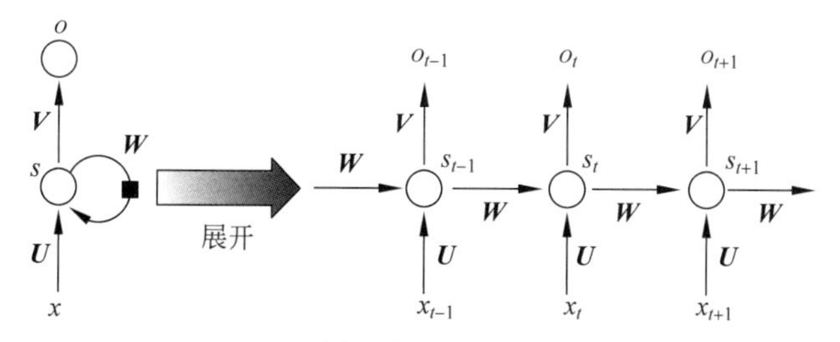

图 4.16　循环神经网络的网络结构

其中,x_t 为 t 时刻的输入层,s_t 为 t 时刻的隐藏层,o_t 为 t 时刻的输出层,权重矩阵 $\boldsymbol{W}$ 的计算公式如下:

$$o_t = g(\boldsymbol{V}s_t) \tag{4.42}$$

$$s_t = f(\boldsymbol{U}x_t + \boldsymbol{W}s_{t-1}) \tag{4.43}$$

在 t 时刻接收到输入 x_t 后,隐藏层的值为 s_t,输出为 o_t。而 s_t 的值不仅仅取决于 x_t,还取决于 s_{t-1}。权重矩阵 $\boldsymbol{W}$ 则是隐藏层上一次的值作为这一次输入的权重。RNN 通过对前面信息进行记忆，在时间序列信号的处理上表现出色。但这种记忆仍较为粗糙，只能记忆最近的序列。导致 RNN 在处理较长时间序列时会出现梯度消失、梯度爆炸的情况，影响其使用的效果。这导致 RNN 往往只适用于短时间序列的处理。

2. 长短时记忆网络

为解决 RNN 在处理较长时间序列的过程中存在梯度爆炸与梯度消失的问题，相应的 RNN 改进网络相继被提出。其中，拥有复杂门控存储单元的长短时记忆网络(long short-term memory，LSTM)，具有对隐藏层信息进行筛选的能力。LSTM 的本质在于对强化网络对信息的筛选能力，仅将有用信息传递给下一单元，以解决 RNN 记忆力差难以处理长时间序列的问题。LSTM 单元内通过遗忘门(forget gate)、输入门(input gate)、细胞门(cell gate)、输出门(output gate)这四个门控单元来确定 t 时刻的隐藏状态并对输入信号进行筛选。之所以该结构叫作门是因为使用 Sigmoid 作为激活函数的全连接神经网络层会输出一个 0～1 的值 a，用于描述当前输入有多少信息量可以通过这个结构，于是这个结构的功能就类似于一扇门，当门打开时(Sigmoid 输出为 1 时)，全部信息都可以通过；当门关上时(Sigmoid 输出为 0 时)，任何信息都无法通过。一个 LSTM 单元的结构如图 4.17 所示。

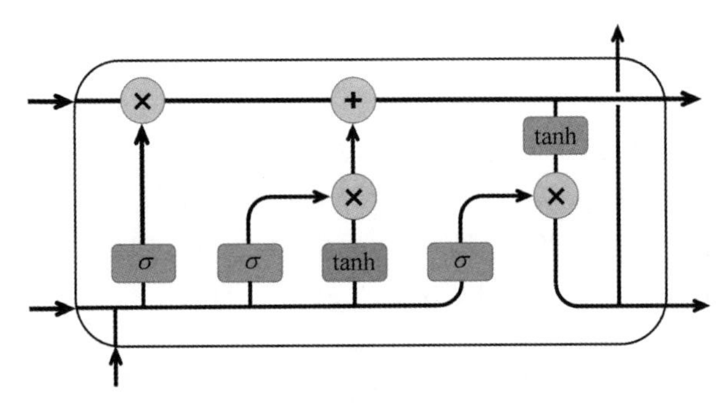

图 4.17 LSTM 单元结构

对于时间序列 $\boldsymbol{X}=[x_1,x_2,\cdots,x_N]$，$x_i \in N$，其中 N 为输入时间序列的抽样点数。上一时刻的细胞状态 C_{t-1}，$C\in[0,1]$与输出 h_{t-1} 同当前时刻的输入 x_t 输入到 LSTM 单元中，形成新的细胞状态 C_t 与输出 h_t。四个门的计算过程如下。

输入门：

$$i_t=\sigma(W_i \cdot [h_{t-1},x_t]+b_i) \tag{4.44}$$

遗忘门：

$$f_t=\sigma(W_f \cdot [h_{t-1},x_t]+b_f) \tag{4.45}$$

候选记忆单元：

$$\widetilde{C}_t=\tanh(W_C \cdot [h_{t-1},x_t]+b_C) \tag{4.46}$$

当前时刻记忆单元：

$$C_t=f_t * C_{t-1}+i_t * \widetilde{C}_t \tag{4.47}$$

输出门：

$$O_t=\sigma(W_o \cdot [h_{t-1},x_t]+b_o) \tag{4.48}$$

输出：

$$h_t = O_t * \tanh(C_t) \tag{4.49}$$

总结以上计算过程，总的计算公式如下：

$$C_t = \sigma(W_f \cdot [h_{t-1}, x_t] + b_f) * C_{t-1} + \sigma(W_i \cdot [h_{t-1}, x_t] + b_i) * \tanh(W_C \cdot [h_{t-1}, x_t] + b_C) \tag{4.50}$$

$$h_t = \sigma(W_o \cdot [h_{t-1}, x_t] + b_o) * \tanh(C_t) \tag{4.51}$$

其中，$\boldsymbol{W}$ 与 b 为对应隐藏层的权重与偏执向量，经过激活函数 σ()和 tanh()对 t 时刻细胞状态进行更新并确定 t 时刻的输出 h_t。

3. GRU

GRU(门控循环单元)作为 LSTM 的一种变体，将忘记门和输入门合成了一个单一的更新门。同样还混合了细胞状态和隐藏状态，加诸其他一些改动。最终的模型比标准的 LSTM 模型要简单，在不影响效果的情况下节约了算力，因此也是非常流行的 LSTM 变体。其结构如图 4.18 所示，GRU 由重置门、更新门组成。

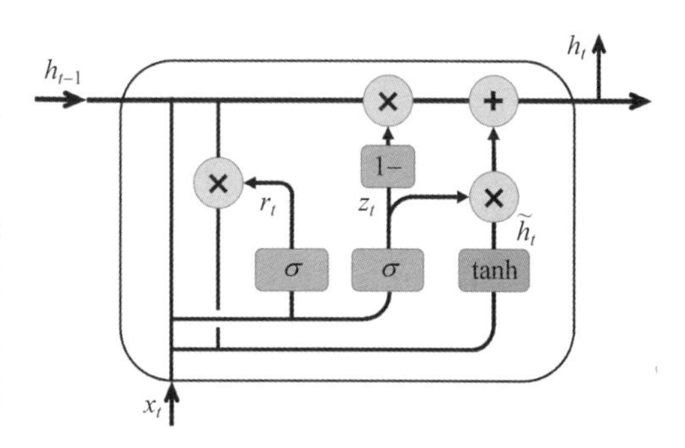

图 4.18 GRU 的结构

GRU 的更新过程如下。

重置门：

$$r_t = \sigma(W_r X_t + U_r h_{t-1} + b_r) \tag{4.52}$$

更新门：

$$z_t = \sigma(W_z X_t + U_z h_{t-1} + b_z) \tag{4.53}$$

候选记忆单元：

$$\tilde{h}_t = \tanh(\boldsymbol{W} X_t + r_t \boldsymbol{U} h_{t-1} + b) \tag{4.54}$$

当前时刻记忆单元：

$$h_t = (1 - z_t)\tilde{h}_t + z_t h_{t-1} \tag{4.55}$$

4. 双向 RNN

在经典的循环神经网络中，状态的传输是从前往后单向的。然而，在有些问题中，当前时刻的输出不仅和之前的状态有关系，也和之后的状态相关。这时就需要双向 RNN (BiRNN)来解决这类问题。例如，预测一条语句中缺失的单词不仅需要根据前文来判断，也需要根据后面的内容来判断，这时双向 RNN 就可以发挥了它的作用。

双向 RNN 是由两个 RNN 上下叠加在一起组成的。输出由这两个 RNN 的状态共同决定。图 4.19 是典型的双向长短时记忆网络(BiLSTM)。

从图 4.19 可以看出，BiLSTM 的主题结构就是两个单向 LSTM 的结合。在每个时刻 t，输入会同时提供给这两个方向相反的 LSTM，而输出则是由这两个单向 LSTM 共同决定的(可以拼接或者求和等)。

同样地，将 BiLSTM 网络中的 LSTM 替换成 GRU 结构，则组成了 BiGRU。

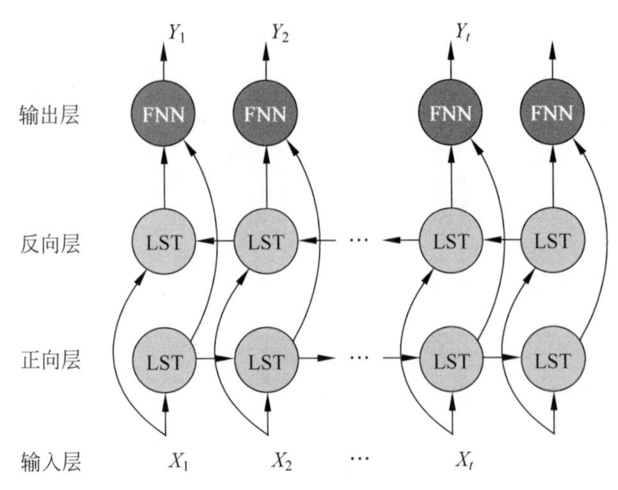

图 4.19 双向长短时记忆网络

4.4.2 算法步骤

1. RNN

1）RNN 的选用

RNN 用于处理序列数据，即一个序列当前的输出与前面的输出有关。RNN 可记忆序列之前的信息，并应用于当前输出的计算中，其隐藏层之间的节点建立连接，隐藏层的输入包括输入层的输出以及上一时刻隐藏层的输出。

2）RNN 的算法步骤

RNN 的输入是一个张量序列，我们将其编码成大小为 (t_steps, input_features) 的二维张量。它对时间步(t_steps)进行遍历，在每个时间步，它考虑 t 时刻的当前状态 state_t 与 t 时刻的输入[形状为 (input_ features)]，对二者计算得到 t 时刻的输出。然后，将下一个时间步的状态设置为上一个时间步的输出。RNN 会将输入序列分解后进行遍历，之后，当前单元的状态取决于上一个单元的状态。

输入：训练数据集 $\boldsymbol{X}=\{(t_1,x_1),(t_2,x_2),\cdots,(t_N,x_N)\}$，其中，$t_i\in\mathbb{R}$，$x_i\in\mathbb{R}$，$i=1,2,\cdots,N$。

输出：预测输出数据集 $\boldsymbol{Y}=\{(t_1,\hat{y}_1),(t_2,\hat{y}_2),\cdots,(t_N,\hat{y}_N)\}$ 其中，$t_i\in\mathbb{R}$，$\hat{y}_i\in\mathbb{R}$，$i=1,2,\cdots,N$。

算法步骤：

(1) 定义一个全零向量 $\boldsymbol{h}_t$，$t=0$ 作为网络的初始状态，并随机初始化权重矩阵 $\boldsymbol{W}_{hx}$、$\boldsymbol{W}_{hh}$、W_{yh} 以及偏执向量 $\boldsymbol{b}_h$、$\boldsymbol{b}_y$。

$$\boldsymbol{h}_0=\boldsymbol{0}$$

(2) 计算时间步 t_1 时刻的隐藏层状态 $\boldsymbol{h}_1$ 以及时间步 t_1 时刻的输出 $\hat{y}_1$，f 为激活函数，可选取 tanh 函数，g 为激活函数，可选取 Sigmoid 函数或者 softmax 函数。

$$\boldsymbol{h}_1=f(\boldsymbol{W}_{hx}\cdot x_1+\boldsymbol{W}_{hh}\cdot\boldsymbol{h}_0+\boldsymbol{b}_h)$$

$$\hat{y}_1=g(\boldsymbol{W}_{yh}\cdot\boldsymbol{h}_1+\boldsymbol{b}_y)$$

(3) 重复上述步骤，依次计算隐藏层状态 $\boldsymbol{h}_2,\boldsymbol{h}_3,\cdots,\boldsymbol{h}_N$ 和输出 $\hat{y}_2,\hat{y}_3,\cdots,\hat{y}_N$。

$$h_t = f(W_{hx} \cdot x_t + W_{hh} \cdot h_{t-1} + b_h), \quad t = 2,3,\cdots,N$$

$$\hat{y}_t = g(W_{yh} \cdot h_t + b_y), \quad t = 2,3,\cdots,N$$

3) 自编 RNN 的训练步骤

(1) 定义网络初始状态 $\boldsymbol{h}_t$。

(2) 随机初始化权重参数 $\boldsymbol{W}_{hx}$、$\boldsymbol{W}_{hh}$、$\boldsymbol{W}_{yh}$ 以及偏执向量 $\boldsymbol{b}_h$、$\boldsymbol{b}_y$。

(3) 计算每一时间步 t 的隐藏层状态 $\boldsymbol{h}_t$ 与输出 $\hat{y}_t$。

(4) 计算所有 $\hat{y}_t$ 与 y_t 的损失 Loss。

(5) 利用梯度下降算法更新权重矩阵 $\boldsymbol{W}_{hx}$、$\boldsymbol{W}_{hh}$、$\boldsymbol{W}_{yh}$ 以及偏执向量 $\boldsymbol{b}_h$、$\boldsymbol{b}_y$。

2. LSTM

1) LSTM 的选用

LSTM 是基于 RNN 改进而来的,其用于处理长时间序列数据,通过一种称作"门"的结构来去除或者增加信息到细胞状态的能力,其突出作用在于选择性地允许过去的信息稍后重新进入,从而解决梯度消失问题以及 RNN 无法处理的时间序列长期依赖问题。

2) LSTM 的算法步骤

LSTM 通过"遗忘门"的 Sigmoid 函数来决定从细胞状态中丢弃什么信息,通过"输入门"层的 Sigmoid 函数来决定哪些值用来更新,从而获得 f_t 和 i_t。再通过 tanh 函数将生成新的候选值相加,得到了候选值 k_t,用于更新细胞状态 C_{t+1}。C_{t+1} 的值为 0～1。最后通过"输出门",由 state_t(前一个输出)、input_t(当前输入)和上一个单元格的状态 C_t 决定。

输入:训练数据集 $\boldsymbol{X}=\{(t_1,x_1),(t_2,x_2),\cdots,(t_N,x_N)\}$,其中,$t_i \in \mathbb{R}$,$x_i \in \mathbb{R}$,$i=1,2,\cdots,N$。

输出:预测输出数据集 $Y=\{(t_1,\hat{y}_1),(t_2,\hat{y}_2),\cdots,(t_N,\hat{y}_N)\}$ 其中,$t_i \in \mathbb{R}$,$\hat{y}_i \in \mathbb{R}$,$i=1,2,\cdots,N$。

算法步骤:

(1) 分别定义记忆细胞 C_t 与隐藏层状态 state_t 为零向量作为网络的初始状态,并随机初始化权重矩阵 $\boldsymbol{U}_f$、$\boldsymbol{W}_f$、$\boldsymbol{U}_i$、$\boldsymbol{W}_i$、$\boldsymbol{U}_k$、$\boldsymbol{W}_k$、$\boldsymbol{U}_o$、$\boldsymbol{W}_o$ 以及偏执向量 $\boldsymbol{b}_f$、$\boldsymbol{b}_i$、$\boldsymbol{b}_k$、$\boldsymbol{b}_o$。

$$C_0 = \mathbf{0}$$

$$\text{state}_0 = \mathbf{0}$$

(2) 计算时间步 t_1 时刻的遗忘门单元 f_1,$\sigma()$函数采取 Sigmoid 激活函数。

$$f_1 = \sigma(\text{state}_0 \cdot \boldsymbol{U}_f) + \sigma(x_1 \cdot \boldsymbol{W}_f) + \boldsymbol{b}_f$$

(3) 计算时间步 t_1 时刻的输入门单元 i_1 以及候选信息 k_1。$\sigma()$函数采取 Sigmoid 激活函数。$g()$函数采取 tanh 激活函数。

$$i_1 = \sigma(\text{state}_0 \cdot \boldsymbol{U}_f) + \sigma(x_1 \cdot \boldsymbol{W}_f) + \boldsymbol{b}_i$$

$$k_1 = g(\text{state}_0 \cdot \boldsymbol{U}_f) + g(x_1 \cdot \boldsymbol{W}_f) + \boldsymbol{b}_k$$

(4) 更新记忆细胞状态 C_1。

$$C_1 = f_1 * C_0 + i_1 * k_1$$

(5) 计算时间步 t_1 时刻的输出门单元 o_1。

$$o_1 = g(\text{state}_0 \cdot \boldsymbol{U}_o) + g(x_1 \cdot \boldsymbol{W}_o) + \boldsymbol{b}_o$$

(6) 计算时间步 t_1 时刻的输出信息以及隐藏层状态 state_1,$g()$函数采取 tanh 激活函数。

$$\text{state}_1 = o_1 * g(C_1)$$

(7) 重复上述步骤，依次计算 f_t、i_t、k_t、o_t，state_t，$g()$函数采取 tanh 激活函数。

$$\text{state}_t = o_t * g(f_t * C_{t-1} + i_t * k_t)$$

3）自编 LSTM 网络的训练步骤

(1) 定义网络初始隐藏层状态 state_t 与细胞记忆状态 C_t。

(2) 随机初始化权重参数 $\boldsymbol{U}_f$、$\boldsymbol{W}_f$、$\boldsymbol{U}_i$、$\boldsymbol{W}_i$、$\boldsymbol{U}_k$、$\boldsymbol{W}_k$、$\boldsymbol{U}_o$、$\boldsymbol{W}_o$ 以及偏执向量 $\boldsymbol{b}_f$、$\boldsymbol{b}_i$、$\boldsymbol{b}_k$、$\boldsymbol{b}_o$。

(3) 计算每一时间步 t 的 f_t、i_t、k_t、o_t、state_t。

(4) 计算所有 $\hat{y}_t$ 与 y_t 的损失 Loss，其中 $\hat{y}_t$ 即为 state_t。

(5) 利用梯度下降算法更新权重矩阵 $\boldsymbol{U}_f$、$\boldsymbol{W}_f$、$\boldsymbol{U}_i$、$\boldsymbol{W}_i$、$\boldsymbol{U}_k$、$\boldsymbol{W}_k$、$\boldsymbol{U}_o$、$\boldsymbol{W}_o$ 以及偏执向量 $\boldsymbol{b}_f$、$\boldsymbol{b}_i$、$\boldsymbol{b}_k$、$\boldsymbol{b}_o$。

4.4.3 实战

1. 数据集

本实战利用 LSTM 做时间序列的预测——航班预测。数据来源于 Seaborn 库，它是一个建立在 matplot 之上，可用于制作丰富和非常具有吸引力统计图形的 Python 库。我们调用该库中的 flights. csv 文件作为本实战的数据集。flights 数据集可以直接以调库的方式加载到 Python 环境，如果加载失败则可直接从 GitHub 上下载到本地：https://codechina.csdn.net/mirrors/mwaskom/seaborn-data?utm_source=csdn_github_accelerator。

数据可视化代码如下：

```
import seaborn as sns
import numpy as np
import pandas as pd
import matplotlib.pyplot as plt

sns.set()
flight_data = pd.read_csv("E:\\shujuji\\seaborn-data-master\\flights.csv")
print(flight_data.head())
print(np.shape(flight_data))

flights = flight_data.pivot("month","year","passengers")
print(flights)

# fig_size = plt.rcParams["figure.figsize"]
# fig_size[0] = 15
# fig_size[1] = 5
# plt.rcParams["figure.figsize"] = fig_size
# plt.title('Month vs Passenger')
# plt.ylabel('Total Passengers')
# plt.xlabel('Months')
# plt.grid(True)
# plt.autoscale(axis = 'x', tight = True)
# plt.plot(flight_data['passengers'])
# plt.show()
```

flights 数据集有 144 行数据，按照参数分为三列，分别为 year、month、passengers，描述了 12 年间不同月份乘飞机旅行的旅客数量，打印前 5 行的数据如表 4.3 所示。

表 4.3　flights 数据集前 5 行

序　号	year	month	passengers
0	1949	January	112
1	1949	February	118
2	1949	March	132
3	1949	April	129
4	1949	May	121

如图 4.20 所示，通过绘制的每月旅客数量趋势图，直观反应了乘飞机旅行的平均旅客人数有所增加，且一年内旅行的旅客数量的波动存在一定规律。针对这 144 个月的记录数据，可以利用循环神经网络通过前面 118 个月的数据来预测后面 26 个月的数据。

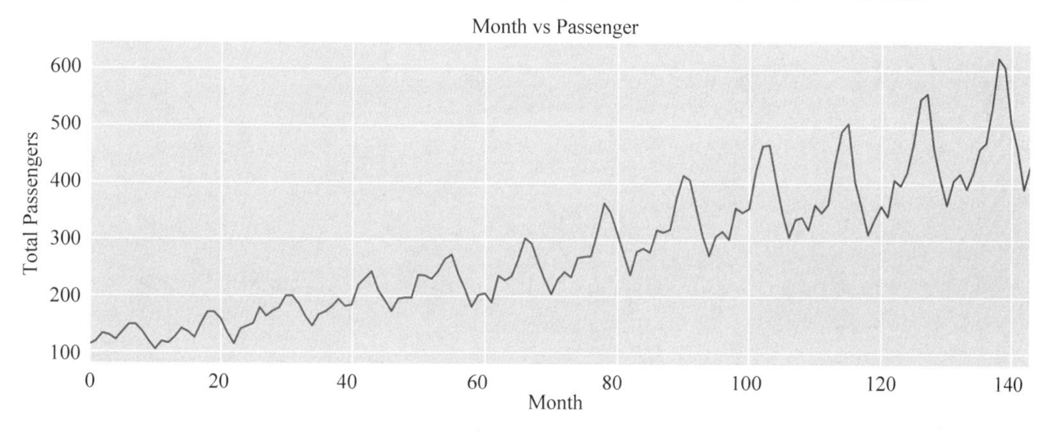

图 4.20　每月旅客数量趋势图

2. Keras 实现 LSTM 预测模型

Keras 是一个由 Python 编写的开源人工神经网络库，可以作为 TensorFlow、Theano 和 Microsoft-CNTK 的高阶 API 进行深度学习模型的设计、调试、评估、应用和可视化。它的开发重点是实现快速实验，具有简单、快捷、扩展能力强的特点。既容易上手，又能够尽快从想法转变为结果，是做好研究的关键。因此在研究和工作中均得到了广泛应用。本节将前 118 条记录用于训练模型，后 26 条记录用作测试集，具体代码如下：

```
from keras.models import Sequential
from keras.layers import LSTM, Dense, Activation
from sklearn.preprocessing import MinMaxScaler
import seaborn as sns
import numpy as np
import pandas as pd
import matplotlib.pyplot as plt

flight_data = pd.read_csv("E:\\shujuji\\seaborn-data-master\\flights.csv") # 导入数据

df = flight_data.set_index("year")
flights = flight_data.pivot("month","year","passengers")
```

```
data_all = flight_data['passengers'].values.astype(float) # 将数据转化为 float

#数据归一化
scaler = MinMaxScaler()
data_all = scaler.fit_transform(data_all.reshape(-1,1))

#建立时间序列
sequence_length = 10
data = []
for i in range(len(data_all) - sequence_length - 1):
  data.append(data_all[i: i + sequence_length + 1])
reshaped_data = np.array(data).astype('float64')

split = 0.8 # 划分训练集和验证集
np.random.shuffle(reshaped_data)
x = reshaped_data[:, :-1]
y = reshaped_data[:, -1]
split_boundary = int(reshaped_data.shape[0] * split)
train_x = x[: split_boundary]
test_x = x[split_boundary:]

train_y = y[: split_boundary]
test_y = y[split_boundary:]

train_x = np.reshape(train_x, (train_x.shape[0], train_x.shape[1], 1))
test_x = np.reshape(test_x, (test_x.shape[0], test_x.shape[1], 1))

#搭建 LSTM 模型
model = Sequential()
model.add(LSTM(input_dim = 1, units = 50, return_sequences = True))
print(model.layers)
model.add(LSTM(100, return_sequences = False))
model.add(Dense(units = 1))
model.add(Activation('linear'))

model.compile(loss = 'mse', optimizer = 'rmsprop')

model.fit(train_x, train_y, batch_size = 512, epochs = 100, validation_split = 0.1)
predict = model.predict(test_x)
predict = np.reshape(predict, (predict.size, ))

predict_y = scaler.inverse_transform([[i] for i in predict])
test = scaler.inverse_transform(test_y)

plt.plot(predict_y, 'g:', label = 'prediction')
plt.plot(test, 'r-', label = 'true')
plt.legend(['predict', 'true'])
plt.show()
```

最后的预测结果如图 4.21 所示。

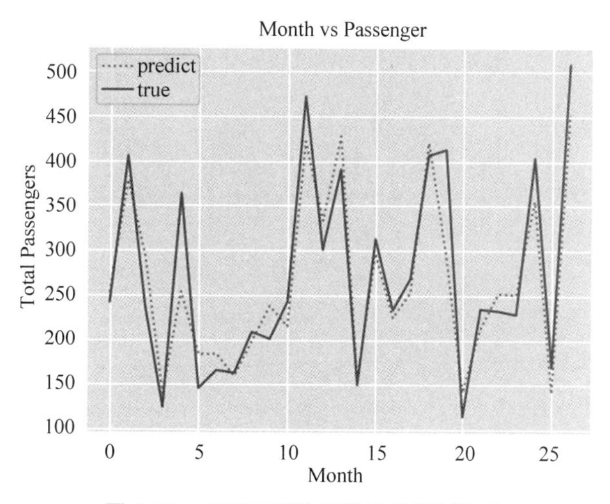

图 4.21　LSTM 对旅客数量的预测结果

3. NumPy 实现 LSTM 预测模型

随着 TensorFlow 和 PyTorch 等框架的流行，很多时候搭建神经网络往往只需要调用 API 即可完成。这导致很多人对神经网络的结构和运算方式不甚了解，在需要对神经网络进行改进时难以下手。对此本节用 NumPy 库构建了一个 LSTM 的模型，可以帮助读者充分了解循环神经网络的前向传播、反向传播和梯度下降等运算过程，代码如下：

```
import numpy as np

# 定义相关函数
def softmax(x):
    e_x = np.exp(x - np.max(x))
    return e_x / e_x.sum(axis = 0)

def sigmoid(x):
    return 1 / (1 + np.exp( - x))

class LSTM:
    def __init__(self, epochs = 20, n_a = 16, alpha = 0.001, batch_size = 32):
        """
        param epochs: 迭代次数
        param n_a: 隐藏层节点数
        param alpha: 梯度下降参数
        param batch_size: 每个 batch 大小
        """
        self.epochs = epochs
        self.n_a = n_a
        self.alpha = alpha
        self.parameters = {}
        self.loss = 0.0
        self.n_x = 2
        self.n_y = 2
        self.m = batch_size

    def initialize_parameters(self, n_a, n_x, n_y):
```

```
        """
        输入参数
            n_a: 每个 cell 输出 a 的维度
            n_x: 每个 cell 输入 xi 的维度
            n_y: 每个 cell 输出 yi 的维度
        模型关键参数
            Wf:遗忘门的权重矩阵,形状为 (n_a, n_a + n_x) 的 numpy 数组
            bf:遗忘门的偏置,形状为(n_a, 1)的 numpy 数组
            Wi:更新门的权重矩阵,形状为 (n_a, n_a + n_x) 的 numpy 数组
            bi:更新门的偏置,形状为(n_a, 1)的 numpy 数组
            Wc:第一个 tanh 的权重矩阵,形状为(n_a, n_a + n_x)的 numpy 数组
            bc:第一个 tanh 的偏置,形状为(n_a, 1)的 numpy 数组
            Wo:输出门的权重矩阵,形状为 (n_a, n_a + n_x) 的 numpy 数组
            bo:输出门的偏置,形状为(n_a, 1)的 numpy 数组
            Wy:将隐藏状态与输出相关的权重矩阵,形状为 (n_y, n_a) 的 numpy 数组
            by:将隐藏状态与输出相关的偏置,形状为 (n_y, 1) 的 numpy 数组
        """
        np.random.seed(1) # 初始化参数值
        Wf = np.random.randn(n_a, n_a + n_x) * 0.01
        bf = np.zeros((n_a, 1))
        Wi = np.random.randn(n_a, n_a + n_x) * 0.01
        bi = np.zeros((n_a, 1))
        Wc = np.random.randn(n_a, n_a + n_x) * 0.01
        bc = np.zeros((n_a, 1))
        Wo = np.random.randn(n_a, n_a + n_x) * 0.01
        bo = np.zeros((n_a, 1))
        Wy = np.random.randn(n_y, n_a) * 0.01
        by = np.zeros((n_y, 1))

        self.parameters = {
            "Wf": Wf,
            "bf": bf,
            "Wi": Wi,
            "bi": bi,
            "Wc": Wc,
            "bc": bc,
            "Wo": Wo,
            "bo": bo,
            "Wy": Wy,
            "by": by,
        }
        self.n_x = n_x
        self.n_y = n_y

    def lstm_cell_forward(self, xt, a_prev, c_prev):
        """
        实现单个 LSTM 单元的前向传播
        输入参数
            xt:时间步 t 时的输入数据,形状为 (n_x, m) 的 numpy 数组
            a_prev:时间步 t-1 时的隐藏状态,形状为(n_a, m)的 numpy 数组
            c_prev:时间步 t-1 时的内存状态,形状为(n_a, m)的 numpy 数组
        返回参数
            a_next:下一个隐藏状态,形状为 (n_a, m)
```

```
            c_next:下一个内存状态,形状为 (n_a, m)
            yt_pred:时间步长 "t" 的预测,numpy 形状数组为(n_y, m)
            cache:缓存
        """
        # 从 parameters 字典中根据键检索参数
        Wf = self.parameters["Wf"]
        bf = self.parameters["bf"]
        Wi = self.parameters["Wi"]
        bi = self.parameters["bi"]
        Wc = self.parameters["Wc"]
        bc = self.parameters["bc"]
        Wo = self.parameters["Wo"]
        bo = self.parameters["bo"]
        Wy = self.parameters["Wy"]
        by = self.parameters["by"]

        # 从 xt 和 Wy 的形状中检索尺寸
        n_x, m = xt.shape
        n_y, n_a = Wy.shape

        # 将 a_prev 和 xt 连接起来 (≈3 lines)
        concat = np.zeros((n_a + n_x, m))
        concat[: n_a, :] = a_prev
        concat[n_a :, :] = xt

        # 使用给定的公式计算 ft、it、cct、c_next、ot、a_next 的值
        ft = sigmoid(np.dot(Wf, concat) + bf)
        it = sigmoid(np.dot(Wi, concat) + bi)
        cct = np.tanh(np.dot(Wc, concat) + bc)
        c_next = np.multiply(ft, c_prev) + np.multiply(it, cct)
        ot = sigmoid(np.dot(Wo, concat) + bo)
        a_next = np.multiply(ot, np.tanh(c_next))

        # 计算 LSTM 单元的预测
        yt_pred = softmax(np.dot(Wy, a_next) + by)

        #在缓存中存储向后传播所需的值
        cache = (a_next, c_next, a_prev, c_prev, ft, it, cct, ot, xt)

        return a_next, c_next, yt_pred, cache

    def lstm_forward(self, x, a0):
        """
        LSTM 单元实现循环神经网络的前向传播.
        输入参数
            x:每个时间步长的输入数据,形状为 (n_x, m, T_x)
            a0:初始隐藏状态,形状为 (n_a, m)
        返回参数
            a:每个时间步的隐藏状态,形状为(n_a, m, T_x)
            y:每个时间步长的预测,形状为(n_y, m, T_x)
            caches:向后传递所需的值的元组,包含(所有缓存的列表,x).
            """
```

```
        # 初始化 caches,它将跟踪所有缓存的列表
        caches = []

        # 获取 x and parameters['Wy']的形状
        n_x, m, T_x = x.shape
        n_y, n_a = self.parameters['Wy'].shape

        # 初始化变量 a、c 和 y 为 0 矩阵
        a = np.zeros((n_a, m, T_x))
        c = np.zeros((n_a, m, T_x))
        y = np.zeros((n_y, m, T_x))
        # Initialize a_next and c_next (≈2 lines)
        a_next = a0
        c_next = np.zeros((n_a, m))

        #循环迭代
        for t in range(T_x):
            #更新下一个隐藏状态等信息
            a_next, c_next, yt, cache = self.lstm_cell_forward(xt = x[:, :, t], a_prev =
            a_next, c_prev - c_next)
            a[:, :, t] = a_next
            y[:, :, t] = yt
            c[:, :, t] = c_next
            caches.append(cache)
        caches = (caches, x) #存储缓存信息
        return a, y, c, caches

    def compute_loss(self, y_hat, y):
        """
        计算损失函数
        :param y_hat: (n_y, m, T_x),经过 RNN 正向传播得到的值
        :param y: (n_y, m, T_x),标记的真实值
        :return: loss
        """
        n_y, m, T_x = y.shape
        for t in range(T_x):
        self.loss -= 1/m * np.sum(np.multiply(y[:, :, t], np.log(y_hat[:, :, t])))
        return self.loss

    def lstm_cell_backward(self, dz, da_next, dc_next, cache):
        """
        对 LSTM 单元执行反向传递(单时间步).
        输入参数
            da_next:下一个隐藏状态的梯度
            dc_next:下一个单元状态的梯度
            缓存:缓存存储来自前向传递的信息
        返回参数
            渐变:包含以下内容的 Python 字典
            dxt:时间步 t 处输入数据的梯度
            da_prev:梯度 w.r.t.先前的隐藏状态
            dc_prev:梯度 w.r.t.以前的记忆状态
            dWf:渐变 w.r.t.遗忘门的权重矩阵
            dWi:梯度 w.r.t.更新门的权重矩阵
```

```
        dWc:梯度 w.r.t.存储门的权重矩阵
        dWo:梯度 w.r.t.输出门的权重矩阵
        dbf:遗忘门的梯度 w.r.t.偏差
        dbi:更新门的梯度 w.r.t.偏差
        dbc:记忆门的梯度 w.r.t.偏置
        dbo:输出门的梯度 w.r.t.偏置
    """

    # 从"cache"(缓存)中检索信息
    (a_next, c_next, a_prev, c_prev, ft, it, cct, ot, xt) = cache

    # 从 xt 和 a_next 形状检索尺寸(≈2 行)
    n_a, m = a_next.shape

    dWy = np.dot(dz, a_next.T)
    dby = np.sum(dz, axis = 1, keepdims = True)
    # cell 的 da 由两部分组成
    da_next = np.dot(self.parameters['Wy'].T, dz) + da_next

    # 计算门的相关导数
    dot = da_next * np.tanh(c_next) * ot * (1 - ot)
    dcct = (dc_next * it + ot * (1 - np.square(np.tanh(c_next))) * it * da_next) *
(1 - np.square(cct))
    dit = (dc_next * cct + ot * (1 - np.square(np.tanh(c_next))) * cct * da_next) *
it * (1 - it)
    dft = (dc_next * c_prev + ot * (1 - np.square(np.tanh(c_next))) * c_prev *
da_next) * ft * (1 - ft)

    # 计算相关导数的参数
    concat = np.vstack((a_prev, xt)).T
    dWf = np.dot(dft, concat)
    dWi = np.dot(dit, concat)
    dWc = np.dot(dcct, concat)
    dWo = np.dot(dot, concat)
    dbf = np.sum(dft, axis = 1, keepdims = True)
    dbi = np.sum(dit, axis = 1, keepdims = True)
    dbc = np.sum(dcct, axis = 1, keepdims = True)
    dbo = np.sum(dot, axis = 1, keepdims = True)

    # 计算导数 w.r.t 以前的隐藏状态、以前的内存状态和输入
    da_prev = np.dot(self.parameters['Wf'][:, :n_a].T, dft) + np.dot(self.parameters
['Wi'][:, :n_a].T, dit) + np.dot(self.parameters['Wc'][:, :n_a].T, dcct) + np.dot(self.
parameters['Wo'][:, :n_a].T, dot)
    dc_prev = dc_next * ft + ot * (1 - np.square(np.tanh(c_next))) * ft * da_next
    dxt = np.dot(self.parameters['Wf'][:, n_a:].T, dft) + np.dot(self.parameters['Wi']
[:, n_a:].T, dit) + np.dot(self.parameters['Wc'][:, n_a:].T, dcct) + np.dot(self.parameters
['Wo'][:, n_a:].T, dot)

    # 在字典中保存变化
    gradients = {"dxt": dxt, "da_next": da_prev, "dc_next": dc_prev, "dWf": dWf, "dbf":
dbf, "dWi": dWi, "dbi": dbi, "dWc": dWc, "dbc": dbc, "dWo": dWo, "dbo": dbo, "dWy": dWy, "dby":
dby}
```

```
        return gradients

    def lstm_backward(self, y, y_hat, caches):
        """
        使用 LSTM 单元(在整个序列上)为 RNN 执行反向传递.
        输入参数
            y: one_热标签,形状为(n_y,m,T_x)
            y_hat: lstm_forward 计算结果, 形状为(n_y,m,T_x)
            caches: 缓存存储来自前向传递的信息(lstm_forward)
        返回参数:
            gradients:包含以下内容的 Python 字典
            dx:形状输入的梯度(n_x,m,T_x)
            da0:梯度 w.r.t.先前的隐藏状态
            dWf:渐变 w.r.t.遗忘门的权重矩阵
            dWi:梯度 w.r.t.更新门的权重矩阵
            dWc:梯度 w.r.t.存储门的权重矩阵
            dWo:梯度 w.r.t.保存门的权重矩阵
            dbf:遗忘门的梯度 w.r.t.偏差
            dbi:更新门的梯度 w.r.t.偏差
            dbc:记忆门的梯度 w.r.t.偏置
            dbo:保存门的梯度 w.r.t.偏差
            dWy:梯度 w.r.t.输出的权重矩阵
            dby:输出的梯度 w.r.t.偏差
        """

        # 从缓存的第一个缓存(t=1)检索值
        (caches, x) = caches

        # 从 da 和 x1 的形状检索尺寸
        n_x, m, T_x = x.shape
        n_a = self.n_a
        # 使用正确的大小初始化 gradients
        dx = np.zeros((n_x, m, T_x))
        da0 = np.zeros((n_a, m))
        da_next = np.zeros((n_a, m))
        dc_next = np.zeros((n_a, m))
        dWf = np.zeros((n_a, n_a + n_x))
        dWi = np.zeros((n_a, n_a + n_x))
        dWc = np.zeros((n_a, n_a + n_x))
        dWo = np.zeros((n_a, n_a + n_x))
        dWy = np.zeros((self.n_y, n_a))
        dbf = np.zeros((n_a, 1))
        dbi = np.zeros((n_a, 1))
        dbc = np.zeros((n_a, 1))
        dbo = np.zeros((n_a, 1))
        dby = np.zeros((self.n_y, 1))
        dz = y_hat - y      # y_hat = softmax(z), dz = dl/dy_hat * dy_hat/dz

        # 在整个序列上循环
        for t in reversed(range(T_x)):
            # 使用 lstm_cell_向后计算所有 gradients
            gradients = self.lstm_cell_backward(dz = dz[:,:,t], da_next = da_next, dc_next =
            dc_next, cache = caches[t])
```

```
            # 将 gradient 存储或添加到参数的上一步 gradient 中
            dx[:, :, t] = gradients["dxt"]
            dWf = dWf + gradients["dWf"]
            dWi = dWi + gradients["dWi"]
            dWc = dWc + gradients["dWc"]
            dWo = dWo + gradients["dWo"]
            dWy = dWy + gradients["dWy"]
            dbf = dbf + gradients["dbf"]
            dbi = dbi + gradients["dbi"]
            dbc = dbc + gradients["dbc"]
            dbo = dbo + gradients["dbo"]
            dby = dby + gradients["dby"]
            da_next = gradients['da_next']
            dc_next = gradients['dc_next']

        # 将第一个 activation 的 gradient 设置为反向传播的 gradient
        da0 = gradients['da_next']
        gradients = {"dx": dx, "da0": da0, "dWf": dWf, "dbf": dbf, "dWi": dWi, "dbi": dbi,
        "dWc": dWc, "dbc": dbc, "dWo": dWo, "dbo": dbo, "dWy": dWy, "dby": dby}
        return gradients

    def optimize(self, X, Y, a_prev):
        """
        执行优化步骤来训练模型
        输入参数
            X:输入数据序列,维度(n_x, m, T_x),n_x 是每个 step 输入 xi 的维度,m 是一个 batch
数据量,T_x 是一个序列长度
            Y:每个输入 xi 对应的输出 yi (n_y, m, T_x),n_y 是输出向量(分类数,只有一位是 1)
            a_prev:以前隐藏层的状态
        返回参数
            损失:损失函数的值(交叉熵)
            渐变:包含以下内容的 Python 字典
            dWax:输入到隐藏权重的梯度
            dWaa:从隐藏到隐藏权重的梯度
            dWya:隐藏到输出权重的梯度
            db:偏置矢量梯度(n u a,1)
            dby:输出偏置矢量或形状的梯度(nuy,1)
            a[len(X) - 1]:最后一个隐藏状态
        """

        # 正向传播
        a, y_pred, c, caches = self.lstm_forward(X, a_prev)
        # 计算损失
        loss = self.compute_loss(y_hat = y_pred, y = Y)
        gradients = self.lstm_backward(Y, y_pred, caches)
        self.update_parameters(gradients)
        return loss, gradients, a[:, :, -1]
```

参数含义如下。

xt：时间步 t 处的输入数据，形状为(n_x，m)的 numpy 数组。

a_prev：时间步 $t-1$ 处的隐藏状态，形状为 numpy 数组的(n_a，m)。

c_prev：时间步 $t-1$ 处的内存状态，形状为 numpy 数组的(n_a，m)。

python 字典包含以下参数。

Wf：遗忘门的权重矩阵，形状为(n_a，n_a+n_x)的 numpy 数组。

bf：遗忘门的偏置，形状为(n_a，1)的 numpy 数组。

Wi：更新门的权重矩阵，形状为(n_a，n_a+n_x)的 numpy 数组。

bi：更新门的偏置，形状为(n_a，1)的 numpy 数组。

Wc：第一个 tanh 的权重矩阵，形状为 numpy 的数组(n_a，n_a+n_x)。

bc：第一个 tanh 的偏置，形状为 numpy 的数组(n_a，1)。

Wo：输出门的权重矩阵，形状为(n_a，n_a+n_x)的 numpy 数组。

bo：输出门的偏置，形状为 numpy 的数组 (n_a，1)。

Wy：将隐藏状态与输出相关的权重矩阵，形状为(n_y，n_a)的 numpy 数组。

by：将隐藏状态与输出相关的偏置，形状为(n_y，1)的 numpy 数组。

返回项如下。

a_next：下一个隐藏状态，形状为(n_a，m)。

c_next：下一个内存状态，形状为(n_a，m)。

yt_pred：时间步长 t 的预测，numpy 形状数组(n_y，m)。

缓存——向后传递所需值的元组，包含(a_next、c_next、a_prev、c_prev、xt、参数)

Note：ft/it/ot stand for the forget/update/output gates，cct stands for the candidate value (c tilde)，"""

```
# 从 parameters 字典中根据键检索参数
Wf = self.parameters["Wf"]
bf = self.parameters["bf"]
Wi = self.parameters["Wi"]
bi = self.parameters["bi"]
Wc = self.parameters["Wc"]
bc = self.parameters["bc"]
Wo = self.parameters["Wo"]
bo = self.parameters["bo"]
Wy = self.parameters["Wy"]
by = self.parameters["by"]

# 从 xt 和 Wy 的形状中检索尺寸
n_x, m = xt.shape
n_y, n_a = Wy.shape

# 将 a_prev 和 xt 连接起来 (≈3 lines)
concat = np.zeros((n_a + n_x, m))
concat[: n_a, :] = a_prev
concat[n_a :, :] = xt

# 使用给定的公式计算 ft、it、cct、c_next、ot、a_next 的值
ft = sigmoid(np.dot(Wf, concat) + bf)
it = sigmoid(np.dot(Wi, concat) + bi)
cct = np.tanh(np.dot(Wc, concat) + bc)
c_next = np.multiply(ft, c_prev) + np.multiply(it, cct)
```

```
ot = sigmoid(np.dot(Wo, concat) + bo)
a_next = np.multiply(ot, np.tanh(c_next))

# 计算 LSTM 单元的预测
yt_pred = softmax(np.dot(Wy, a_next) + by)

# store values needed for backward propagation in cache
cache = (a_next, c_next, a_prev, c_prev, ft, it, cct, ot, xt)

return a_next, c_next, yt_pred, cache

def lstm_forward(self, x, a0):
"""
LSTM 单元实现循环神经网络的前向传播.

参数:
x -- 每个时间步长的输入数据,形状为 (n_x, m, T_x).
a0 -- 初始隐藏状态,形状为 (n_a, m)
参数 -- python 字典包含:
Wf bf Wi bi Wc bc Wo bo Wy by
返回:
a -- 每个时间步的隐藏状态,numpy 形状数组 (n_a, m, T_x)
y -- 每个时间步长的预测,numpy 形状数组 (n_y, m, T_x)
caches -- 向后传递所需值的元组,包含(所有缓存的列表,x)
"""

# 初始化 caches,它将跟踪所有缓存的列表
caches = []

# 提取维度信息
n_x, m, T_x = x.shape
n_y, n_a = self.parameters['Wy'].shape

# 初始化参数
a = np.zeros((n_a, m, T_x))
c = np.zeros((n_a, m, T_x))
y = np.zeros((n_y, m, T_x))
a_next = a0
c_next = np.zeros((n_a, m))

# 循环执行所有时间步
for t in range(T_x):
# 更新下一个隐藏状态、记忆状态,计算运算结果等
a_next, c_next, yt, cache = self.lstm_cell_forward(xt = x[:, :, t], a_prev = a_next, c_prev = 
c_next)
# 保存和更新数据
a[:, :, t] = a_next
y[:, :, t] = yt
c[:, :, t] = c_next
caches.append(cache)
```

```
# store values needed for backward propagation in cache
caches = (caches, x)

return a, y, c, caches

def compute_loss(self, y_hat, y):
"""
计算损失函数
:param y_hat: (n_y, m, T_x),经过 rnn 正向传播得到的值
:param y: (n_y, m, T_x),标记的真实值
:return: loss
"""
n_y, m, T_x = y.shape
for t in range(T_x):
self.loss -= 1/m * np.sum(np.multiply(y[:, :, t], np.log(y_hat[:, :, t])))
return self.loss

def lstm_cell_backward(self, dz, da_next, dc_next, cache):
"""
对 LSTM 单元执行反向传递(单时间步).
数据:
da_next——下一个隐藏状态的梯度,形状(n_a,m)
dc_next——下一个单元状态的梯度,形状(n_a,m)
缓存——缓存存储来自前向传递的信息
返回:
渐变 -- 包含以下内容的 python 字典:
dxt——时间步长 t 处输入数据的梯度,形状(n_x,m)
da_prev——梯度 w.r.t.先前的隐藏状态,形状的 numpy 数组(n_a,m)
dc_prev——梯度 w.r.t.以前的记忆状态,形状(n_a,m,t_x)
dWf -- 渐变 w.r.t.遗忘门的权重矩阵,形状的 numpy 数组(n_a,n_a+n_x)
dWi——梯度 w.r.t.更新门的权重矩阵,形状的 numpy 数组(n_a,n_a+n_x)
dWc——梯度 w.r.t.存储门的权重矩阵,形状的 numpy 数组(n_a,n_a+n_x)
dWo——梯度 w.r.t.输出门的权重矩阵,形状的 numpy 数组(n_a,n_a+n_x)
dbf——形状(n_a,1)的遗忘门的梯度 w.r.t.偏差
dbi——形状更新门的梯度 w.r.t.偏差(n_a,1)
dbc——形状记忆栅的梯度 w.r.t.偏置(n_a,1)
dbo——输出门的梯度 w.r.t.偏置,形状(n_a,1)
"""

# 从"cache"(缓存)中检索信息
(a_next, c_next, a_prev, c_prev, ft, it, cct, ot, xt) = cache

# 从 xt 和 a_next 形状检索尺寸(≈2 行)
n_a, m = a_next.shape

dWy = np.dot(dz, a_next.T)
dby = np.sum(dz, axis=1, keepdims=True)
# cell 的 da 由两部分组成,
da_next = np.dot(self.parameters['Wy'].T, dz) + da_next

# 计算门的相关导数
dot = da_next * np.tanh(c_next) * ot * (1 - ot)
dcct = (dc_next * it + ot * (1 - np.square(np.tanh(c_next))) * it * da_next) * (1 - np.
square(cct))
```

```
dit = (dc_next * cct + ot * (1 - np.square(np.tanh(c_next))) * cct * da_next) * it * (1
- it)
dft = (dc_next * c_prev + ot * (1 - np.square(np.tanh(c_next))) * c_prev * da_next) *
ft * (1 - ft)

# 计算相关导数的参数
concat = np.vstack((a_prev, xt)).T
dWf = np.dot(dft, concat)
dWi = np.dot(dit, concat)
dWc = np.dot(dcct, concat)
dWo = np.dot(dot, concat)
dbf = np.sum(dft, axis = 1, keepdims = True)
dbi = np.sum(dit, axis = 1, keepdims = True)
dbc = np.sum(dcct, axis = 1, keepdims = True)
dbo = np.sum(dot, axis = 1, keepdims = True)

# 计算导数 w.r.t 以前的隐藏状态、以前的内存状态和输入.
da_prev = np.dot(self.parameters['Wf'][:, :n_a].T, dft) + np.dot(self.parameters['Wi'][:, :
n_a].T, dit) + np.dot(self.parameters['Wc'][:, :n_a].T, dcct) + np.dot(self.parameters['Wo']
[:, :n_a].T, dot)
dc_prev = dc_next * ft + ot * (1 - np.square(np.tanh(c_next))) * ft * da_next
dxt = np.dot(self.parameters['Wf'][:, n_a:].T, dft) + np.dot(self.parameters['Wi'][:, n_
a:].T, dit) + np.dot(self.parameters['Wc'][:, n_a:].T, dcct) + np.dot(self.parameters['Wo']
[:, n_a:].T, dot)

# 在字典中保存变化
gradients = {"dxt": dxt, "da_next": da_prev, "dc_next": dc_prev, "dWf": dWf, "dbf": dbf,
"dWi": dWi, "dbi": dbi,
"dWc": dWc, "dbc": dbc, "dWo": dWo, "dbo": dbo, "dWy": dWy, "dby": dby}

return gradients

def lstm_backward(self, y, y_hat, caches):

"""
使用 LSTM 单元(在整个序列上)为 RNN 执行反向传递.

Arguments:
:参数 y:one_热标签,形状(n_y,m,T_x)
:param y_hat:lstm_forward 计算结果, 形状(n_y,m,T_x)
缓存——缓存存储来自前向传递的信息(lstm_forward)
返回:
gradients -- 包含以下内容的 python 字典:
dx——形状输入的梯度(n_x,m,T_x)
da0——梯度 w.r.t.先前的隐藏状态,形状的 numpy 数组(n_a,m)
dWf -- 渐变 w.r.t.遗忘门的权重矩阵,形状的 numpy 数组(n_a,n_a + n_x)
dWi——梯度 w.r.t.更新门的权重矩阵,形状的 numpy 数组(n_a,n_a + n_x)
dWc——梯度 w.r.t.存储门的权重矩阵,形状的 numpy 数组(n_a,n_a + n_x)
dWo——梯度 w.r.t.保存门的权重矩阵,形状的 numpy 数组(n_a,n_a + n_x)
dbf——形状(n_a,1)的遗忘门的梯度 w.r.t.偏差
dbi——形状更新门的梯度 w.r.t.偏差(n_a,1)
dbc——形状记忆栅的梯度 w.r.t.偏置(n_a,1)
dbo——形状(n_a,1)的保存门的梯度 w.r.t.偏差
```

```
dWy——梯度 w.r.t.输出的权重矩阵,形状的 numpy 数组(n_y,n_a)
dby——输出的梯度 w.r.t.偏差,形状的 numpy 数组(n_y,1)
"""

# 从缓存的第一个缓存(t=1)检索值.
(caches, x) = caches

# 从 da 和 x1 的形状检索尺寸
n_x, m, T_x = x.shape
n_a = self.n_a
# 使用正确的大小初始化 gradients
dx = np.zeros((n_x, m, T_x))
da0 = np.zeros((n_a, m))
da_next = np.zeros((n_a, m))
dc_next = np.zeros((n_a, m))
dWf = np.zeros((n_a, n_a + n_x))
dWi = np.zeros((n_a, n_a + n_x))
dWc = np.zeros((n_a, n_a + n_x))
dWo = np.zeros((n_a, n_a + n_x))
dWy = np.zeros((self.n_y, n_a))
dbf = np.zeros((n_a, 1))
dbi = np.zeros((n_a, 1))
dbc = np.zeros((n_a, 1))
dbo = np.zeros((n_a, 1))
dby = np.zeros((self.n_y, 1))
dz = y_hat - y # y_hat = softmax(z), dz = dl/dy_hat * dy_hat/dz

# 在整个序列上循环
for t in reversed(range(T_x)):
# 使用 lstm_cell_向后计算所有 gradients
gradients = self.lstm_cell_backward(dz = dz[:, :, t], da_next = da_next, dc_next = dc_next,
cache = caches[t])
# 将 gradient 存储或添加到参数的上一步 gradient 中
dx[:, :, t] = gradients["dxt"]
dWf = dWf + gradients["dWf"]
dWi = dWi + gradients["dWi"]
dWc = dWc + gradients["dWc"]
dWo = dWo + gradients["dWo"]
dWy = dWy + gradients["dWy"]
dbf = dbf + gradients["dbf"]
dbi = dbi + gradients["dbi"]
dbc = dbc + gradients["dbc"]
dbo = dbo + gradients["dbo"]
dby = dby + gradients["dby"]
da_next = gradients['da_next']
dc_next = gradients['dc_next']

# 将第一个 activation 的 gradient 设置为反向传播的 gradient
da0 = gradients['da_next']

gradients = {"dx": dx, "da0": da0, "dWf": dWf, "dbf": dbf, "dWi": dWi, "dbi": dbi,
```

```
    "dWc": dWc, "dbc": dbc, "dWo": dWo, "dbo": dbo, "dWy": dWy, "dby": dby}

    return gradients
```

4.4.4 实验

1. 实验目的

运用 LSTM 或 Bi-LSTM 实现股票价格的预测。这是一个多元非线性回归问题，通过该实验以达到如下目的。

(1) 通过实验掌握循环神经网络的基本原理并能够灵活运用。

(2) 利用 API 框架或者 NumPy 库实现循环神经网络模型的构建。

2. 实验数据

数据集为纽约证交所、纳斯达克和纽约证交所市场上所有美国股票和 ETF 交易的完整历史每日价格和交易量数据。数据以 CSV 格式呈现，包括日期、开盘价、高位、低位、收盘、成交量、OpenInt 等参数。

该数据集可以从 Kaggle 官网上下载到对应的 CSV 文件，下载地址为：https://www.kaggle.com。

3. 实验要求

(1) 读取并分析数据，实现数据的可视化。

(2) 建立训练集和测试集，搭建循环神经网络的模型，并获得预测结果。

(3) 通过调整超参数，切换激活函数、梯度下降法，探讨这些变量对预测结果的影响及其原因。

4.5 集成学习：AdaBoost 算法

4.5.1 原理简介和算法步骤

集成学习(ensemble learning)并非是一个单独的机器学习算法，它是一种机器学习范式。集成学习通过构建及合并多个个体弱学习器以达到具有较好效果的强学习器来完成任务，而构成集成学习的弱学习器被称为基学习器或基估计器。集成学习的基本原理如图 4.22 所示。

集成学习主要有三个关键之处：个体弱学习器的各基学习器类型、个体弱学习器的生成方式以及结合策略。

在对数据集的训练过程中，集成学习通过将多个单个的学习器组合起来，使得在学习过程中多个学习器之间能相互弥补不足，即使某个学习器做出了错误的预测，其他学习器也能纠正错误，博采众长以达到较好的学习的效果。单个学习器被称为弱学习器，相对的集成学习则是强学习器。

弱学习器：通常弱学习器的预测结果能略优于随机猜测的学习器。

强学习器：通过结合弱学习器以达到相当准确的预测结果的学习器。

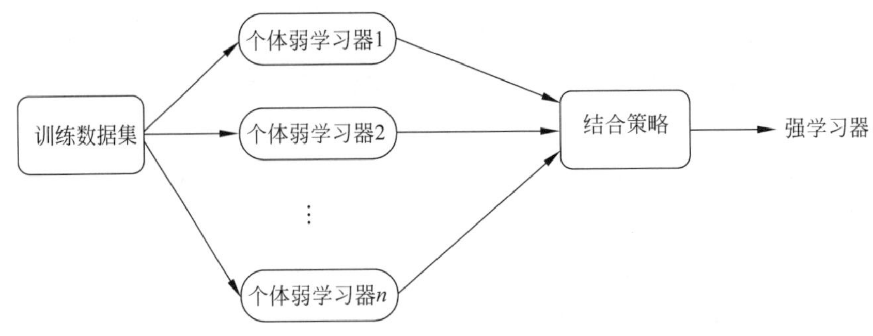

图 4.22 集成学习的原理图

根据个体学习器的类型是否一致，可以将集成学习分为两种，即同质集成学习和异质集成学习。

(1) 同质：所有的个体学习器都是同种类型的，即称为同质。例如，都是支持向量机个体学习器，或者都是随机森林个体学习器，这种集成学习称为同质集成学习。

(2) 异质：所有的个体学习器不全是一种类型的，即称为异质。例如，有一个分类问题，对训练集采用决策树个体学习器、朴素贝叶斯个体学习器和神经网络个体学习器来学习，再通过某种结合策略，最终形成一个强学习器，这种集成学习称为异质集成学习。

现有的集成学习方法根据个体学习者的构建方法大致可以分为两大类，即串行生成法和并行生成法，这是由个体学习器之间是否存在强依赖关系所决定的。

若个体学习者之间不具有强依赖关系，则可以用并行生成法，代表算法是 Bagging 和随机森林(random forest)系列算法；若个体学习者之间具有强依赖性，则必须使用串行生成的序列化方法，代表算法是 Boosting 系列算法，如 AdaBoost、梯度提升决策树(gradient boosting decision tree)等。

1. Bagging

Bagging(套袋法)是 Bootstrap Aggregating 的缩写，其中 Bagging 的个体弱学习器的训练集是利用有限的样本，经过多次重复抽样，随机采样得到的。通过 n 次随机采样，可以得到 n 个采样集，然后分别独立地训练出 n 个弱学习器，再通过结合策略将这 n 个弱学习器训练成最终的强学习器，因此 Bagging 可以降低模型的方差。随机森林就是一种基于 Bagging 的算法。Bagging 算法的结构如图 4.23 所示。

Bagging 算法的算法步骤如下。

输入：数据集 $\boldsymbol{D}=\{(x_1,y_1),(x_2,y_2),\cdots,(x_m,y_m)\}$，基学习器算法 L，基分类器迭代次数 T。

输出：

(1) 从数据集 $\boldsymbol{D}$ 中随机采样生成 Bootstrap 样本。

(2) 使用 Bootstrap 样本训练一个基学习器 h_i。

(3) 转至步骤(1)，循环 T 次。

(4) 输出 $H(x)=\operatorname{argmax}\sum_{i=1}^{T}\prod(y-h_i(x))$。

2. Boosting

Boosting 方法是一种常用的统计学习方法，应用广泛且有效。在分类问题中，它首先在

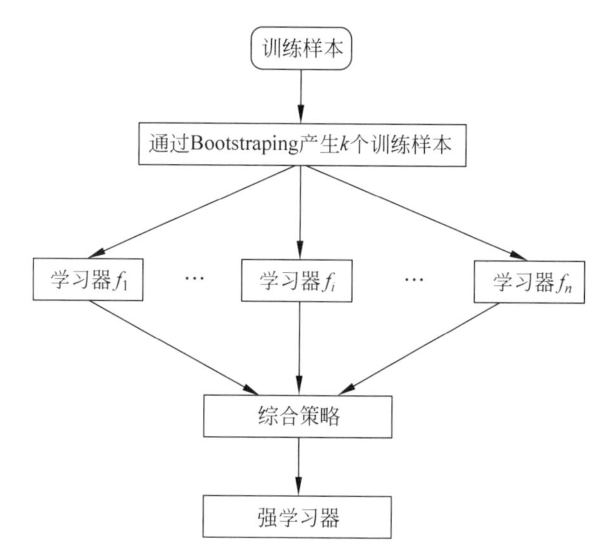

图 4.23　Bagging 算法结构图

训练集中用初始权重开始训练，并根据学习器的学习误差率来更新训练样本的权重，通过训练学习多个分类器，并将这些弱分类器进行线性组合来提高强分类器的性能。

与 Bagging 不同，Boosting 的基本思路是对模型进行逐步优化。Bagging 的思路是独立生成多个不同的弱学习器，并对预测结果进行集成以形成强学习器。而 Boosting 则是在训练弱学习器的过程中持续地通过新学习器来优化同一个基学习器，每增加一个新的弱学习器，便将其在基学习器的基础上整合以得到新的基模型。Boosting 算法的结构如图 4.24 所示。

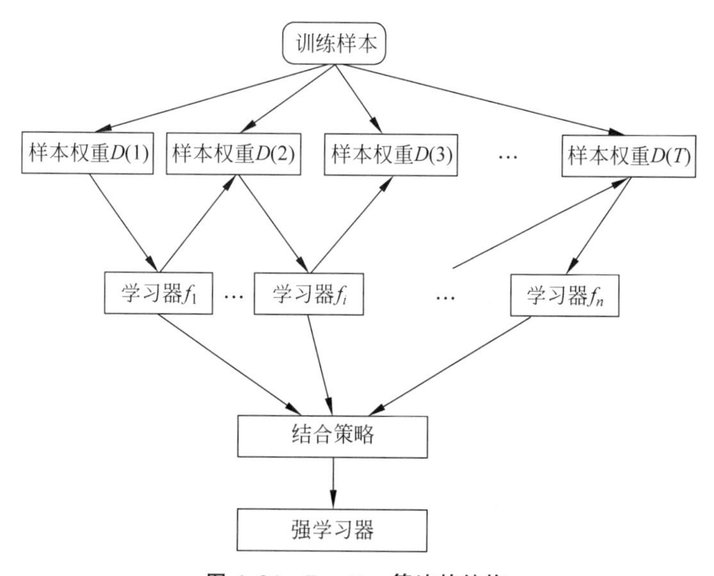

图 4.24　Boosting 算法的结构

Boosting 实现自我优化有两个关键步骤。其一是数据集的拆分过程，Boosting 与 Bagging 的随机抽取不同，它会在每轮中根据训练结果有针对性地改变训练数据，通过提高前面轮次中弱学习器学习误差率高的训练样本的权重，让误差率高的样本能在后面的学习中得到更多的重视。其二是集成弱模型的方法,通过选择不同的集成方法,集成强学习器。如 AdaBoost 算法是通过加法模型将弱学习器进行线性组合;而梯度提升决策树(GBDT)是通过拟合残差的方式逐步减小残差,并将每步生成的模型叠加以得到最终的强学习器。

Boosting 系列算法中的代表算法有 AdaBoost 算法和提升树(boosting tree)系列算法。

1) AdaBoost

AdaBoost 是 Adaptive Boosting(自适应增强)的缩写,是 Boosting 系列算法中的经典算法。

AdaBoost 算法在训练过程中,会依据上一轮的个体学习器的学习误差率来对样本的权重进行调整,提高错误分类样本的权重并降低正确分类样本的权重,从而使错误分类样本得到更多的重视,使学习器能在之后轮次的学习中学会正确分类,从而提高集成学习器的准确率。同时,在学习过程中的每轮中加入一个新的弱分类器,直到达到某个预定的足够小的错误率或达到预先指定的最大迭代次数。

输入:数据集 $\boldsymbol{D}=\{(x_1,y_1),(x_2,y_2),\cdots,(x_m,y_m)\}$,基学习器算法 L,基分类器迭代次数 T。

输出:

(1) 初始化权重分布 D_1。

(2) 根据样本数据 $\boldsymbol{D}$ 和对应的权重分布 D_t 训练一个基学习器 h_t。

(3) 计算当前基分类器的错误率 ε_t。

(4) 如果当前基分类器的错误率 $\varepsilon_t>0.5$,则跳转至步骤(8)。

(5) 计算当前基分类器的权重 α_t。

(6) 更新样本权重分布 D_{t+1}。

(7) 转至步骤(2),循环 T 次。

(8) 输出 T 个基分类器的加权和。

2) GBDT

提升树算法以分类树或回归树为基本分类器,使用加法模型与前向分步算法作为提升算法。

对于分类问题,决策树是二叉分类树,对于回归问题,决策树是二叉回归树。提升树模型可以表示为决策树的加法模型:

$$f_M(x)=\sum_{m=1}^{M}T(x;\Theta_m) \tag{4.56}$$

其中,$T(x;\Theta_m)$表示决策树;Θ_m 为决策树的参数;M 为树的棵数。

梯度提升决策树(gradient boosting decision tree,GBDT)是 Boosting 系列算法中的一个代表算法,它是一种迭代的决策树算法,由多棵决策树组成,并将所有决策树的结论总和起来作为结果。GBDT 的损失函数用平方误差来表示,并且以之前所有树的结论和残差为当前每棵回归树学习的参数,从而拟合得到一个当前的残差回归树。残差为真实值与预测值的差值,整个迭代过程中生成的回归树累加便得到了提升树。

GBDT 用于回归问题时,核心思想是利用损失函数的负梯度在当前模型的值作为回归问题提升树算法中残差的近似,并拟合一个回归树,当损失函数为均方误差时,负梯度的值就是残差。

(1) GBDT 回归算法的流程。

GBDT 回归算法流程如下。

输入是训练集样本 $T=\{(x_1,y_1),(x_2,y_2),\cdots,(x_m,y_m)\}$，最大迭代次数为 T，损失函数为 $L(\cdot)$。输出是强学习器 $f(x)$。

① 初始化弱学习器。

$$f_0(x)=\underset{c}{\operatorname{argmin}}\sum_{i=1}^{m}L(y_i,c) \tag{4.57}$$

② 对迭代轮数 $t=1,2,\cdots,T$，有：

a. 对样本 $i=1,2,\cdots,m$，计算负梯度

$$r_{ti}=-\left[\frac{\partial L(y_i,f(x_i))}{\partial f(x_i)}\right]_{f(x)=f_{t-1}(x)} \tag{4.58}$$

b. 利用 $(x_i,r_{ti})(i=1,2,\cdots m)$，拟合一棵 CART，得到第 t 棵回归树，其对应的叶节点区域为 $R_{tj},j=1,2,\cdots,J$。其中 J 为回归树 t 的叶节点个数。

c. 对叶子区域 $j=1,2,\cdots,J$，计算最佳拟合值。

$$c_{tj}=\underset{c}{\operatorname{argmin}}\sum_{x_i\in R_{tj}}L(y_i,f_{t-1}(x_i)+c) \tag{4.59}$$

d. 更新强学习器。

$$f_t(x)=f_{t-1}(x)+\sum_{j=1}^{J}c_{tj}\boldsymbol{I}(x\in R_{tj}) \tag{4.60}$$

③ 得到强学习器 $f(x)$ 的表达式。

$$f(x)=f_T(x)=f_0(x)+\sum_{t=1}^{T}\sum_{j=1}^{J}c_{tj}\boldsymbol{I}(x\in R_{tj}) \tag{4.61}$$

(2) GBDT 回归算法的特点。

① GBDT 回归算法的主要优点。

a. 可以灵活处理包括连续值和离散值在内的各种类型的数据。

b. 相对 SVM 来说，GBDT 在调参时间少的情况下也可以有比较高的预测准确率。

c. 使用 Huber 损失函数和 Quantile 损失函数等一些健壮的损失函数时，对异常值的稳健性非常强。

② GBDT 回归算法的主要缺点。

由于弱学习器之间存在依赖关系，难以并行训练数据。不过可以通过自采样的随机梯度提升树 (SGBT)来实现部分并行。

3) 结合策略

(1) 平均法。

通常使用平均法来处理数值类的回归预测问题，即将多个学习器的输出取平均作为最终的预测输出。

最简单的平均是算术平均，也就是最终预测为

$$H(x)=\frac{1}{T}\sum_{i=1}^{T}h_i(x) \tag{4.62}$$

如果每个个体学习器有一个权重 w，则最终预测为

$$H(x)=\sum_{i=1}^{T}w_ih_i(x) \tag{4.63}$$

其中，w_i 是个体学习器 h_i 的权重，通常有

$$w_i \geqslant 0,\quad \sum_{i=1}^{T}w_i=1 \tag{4.64}$$

(2) 投票法。

通常使用投票法来应对分类问题的预测。假设预测类别是 $c_1,c_2,\cdots,c_K$，对于任意一个预测样本 x，并且 T 个弱学习器的预测结果分别是 $h_1(x),h_2(x),\cdots,h_T(x)$。

① 相对多数投票法(plurality voting)：

$$H(x)=c_{\underset{j}{\arg\max}\sum_{i=1}^{T}h_i^j(x)} \tag{4.65}$$

遵循少数服从多数准则，也就是在 T 个弱学习器的对样本 x 的预测结果中，数量最多的类别 c_i 为最终的分类类别。如果不止一个类别获得最高票，则随机选择一个作最终类别。

② 绝对多数投票法(majority voting)：

$$H(x)=\begin{cases}cj, & \sum_{i=1}^{T}h_i^j(x)>0.5\sum_{k=1}^{N}\sum_{i=1}^{T}h_i^j(x)\\ \text{reject}, & \text{其他}\end{cases} \tag{4.66}$$

遵循票过半数原则，即在相对多数投票法的基础上，不光要求获得最高票，还要求票过半数。否则会拒绝预测。

③ 加权投票法：

$$H(x)=c_{\underset{j}{\arg\max}\sum_{i=1}^{T}w_ih_i^j(x)} \tag{4.67}$$

与加权平均法类似，w_i 是 h_i 的权重，通常 $w_i\geqslant 0$，$\sum_{i=1}^{T}w_i=1$。

(3) 学习法。

当有很多训练集时，便需要通过学习法这种比其他结合策略更为强大的结合策略，即通过一个学习器来进行结合。Stacking 便是学习法中的典型代表。如果将个体学习器称为初级学习器，那么用于结合策略中的学习器便被称为次级学习器或元学习器(meta-learner)。

Stacking 先从初始数据集训练出初级学习器，然后生成一个新数据集用于训练次级学习器。在这个新数据集中，初级学习器的输出被当作样例输入特征，而初始样本的标记被当作样例标记。Stacking 的算法描述如下：

输入：数据集 $\boldsymbol{D}=\{(x_1,y_1),(x_2,y_2),\cdots,(x_m,y_m)\}$，初级学习算法 $\xi_1,\xi_2,\cdots,\xi_T$，次级学习算法 ξ。

输出：

(1) 对数据集 $\boldsymbol{D}$ 使用不同的初级学习算法 ξ_t 训练出初级学习器 h_t。

(2) 将步骤(1)中的初级学习器 h_t 的预测结果进行合并，形成新的训练集 $\boldsymbol{D}$。

(3) 使用次级学习算法 ξ 在新数据集 $\boldsymbol{D}$ 上训练，得到次级学习器 h'，输出 $H(x)=h'(h_1(x),h_2(x),\cdots,h_T(x))$。

4.5.2 实战

本实战选用波士顿房价数据集，该数据集的详细介绍见3.6.3节。

(1) 回归性能评价。

均方误差(MSE)是真实值与预测值差值的平方和的平均值。常被用作线性回归的损失函数。MSE的值越接近0，说明模型的精准度和拟合度越高；相反，MSE的值越大，说明模型误差越大。

$$\text{MSE}=\frac{1}{m}\sum_{i=1}^{m}(y_i-\hat{y}_i)^2 \tag{4.68}$$

平均绝对误差(MAE)是预测值和真实值差的平均值。MAE的值越小，模型越好。

$$\text{MAE}(X,h)=\frac{1}{m}\sum_{i=1}^{m}|h(x_i)-y_i| \tag{4.69}$$

均方根误差(RMSE)是观察到的实际值与模型预测值之间的均方差。RMSE的值越小，模型越好。

$$\text{RMSE}(X,h)=\sqrt{\frac{1}{m}\sum_{i=1}^{m}(h(x_i)-y_i)^2} \tag{4.70}$$

决定系数(R^2_score)。将预测值跟只使用均值的情况下相比，看能好多少。该值越接近1，模型越好。

$$R^2=1-\frac{\sum_{i}(\hat{y}_i-y_i)^2}{\sum_{i}(\bar{y}-y_i)^2} \tag{4.71}$$

(2) 使用Sklearn实现波士顿房价的预测。

① 加载相关的库。

```
import pandas as pd
import numpy as np
from sklearn import datasets
from sklearn.model_selection import train_test_split
from sklearn.preprocessing import StandardScaler
from sklearn import metrics
from sklearn import ensemble
from sklearn.metrics import r2_score
from sklearn.metrics import mean_squared_error
from sklearn.metrics import mean_absolute_error #平均绝对误差
```

② 导入数据集，并查看数据集的前5行数据，如图4.25所示。

```
boston = datasets.load_boston()
print(boston.DESCR)         # 获得关于房价的描述信息
x = boston.data             # 获得数据集的特征属性列
y = boston.target           # 获得数据集的 label 列
df = pd.DataFrame(data =
np.c_[x, y],columns = np.append(boston.feature_names,['MEDV']))
```

```
df['PRICE'] = boston.target # 增加一列存储标签信息
df.head()
```

	CRIM	ZN	INDUS	CHAS	NOX	RM	AGE	DIS	RAD	TAX	PTRATIO	B	LSTAT	MEDV	PRICE
0	0.00632	18.0	2.31	0.0	0.538	6.575	65.2	4.0900	1.0	296.0	15.3	396.90	4.98	24.0	24.0
1	0.02731	0.0	7.07	0.0	0.469	6.421	78.9	4.9671	2.0	242.0	17.8	396.90	9.14	21.6	21.6
2	0.02729	0.0	7.07	0.0	0.469	7.185	61.1	4.9671	2.0	242.0	17.8	392.83	4.03	34.7	34.7
3	0.03237	0.0	2.18	0.0	0.458	6.998	45.8	6.0622	3.0	222.0	18.7	394.63	2.94	33.4	33.4
4	0.06905	0.0	2.18	0.0	0.458	7.147	54.2	6.0622	3.0	222.0	18.7	396.90	5.33	36.2	36.2

图 4.25 数据集的前 5 行数据

③ 选取 RM 和 MEDV 特征，并对数据集进行划分。

```
df = df[['RM','MEDV']]      #选择房间数属性列和房价属性列
x_train, x_test, y_train, y_test = train_test_split(x, y, test_size=0.4)
scaler = StandardScaler()
x_train = scaler.fit_transform(x_train)
x_test = scaler.fit_transform(x_test)
```

④ 建立 Adaboost 回归模型。

```
adaboost_linreg = ensemble.AdaBoostRegressor(n_estimators=100)
model = adaboost_linreg.fit(x_train,y_train)
```

⑤ 绘制预测效果图。

由于可视化能给我们带来最直观的认知，所以下面将通过可视化的方法来展示回归模型的预测效果。通过以下代码，可以得到针对波士顿房价数据集，预测房价和实际房价之间的对比，如图 4.26 所示。在测试集上，利用 Pandas 来查看 AdaBoost 回归模型输出的预测房价和实际房价之间的对比情况如表 4.4 所示。

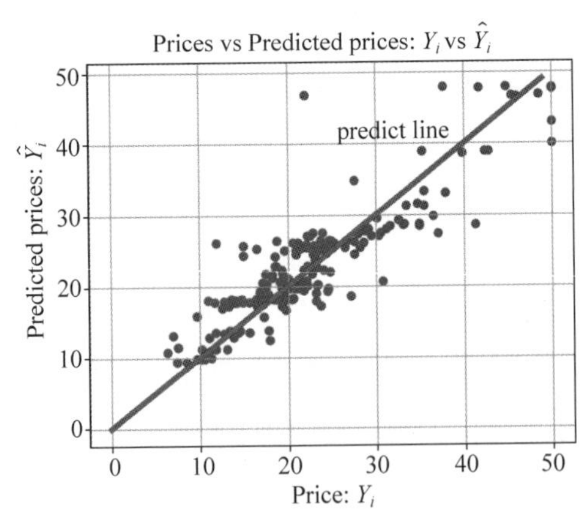

图 4.26 AdaBoost 回归模型预测房价和实际房价的对比图

```
import matplotlib.pyplot as plt
import numpy as np
plt.figure(figsize=(6, 5))
plt.scatter(y_test, y_pred)
```

```
plt.xlabel("Price: $Y_i$")
plt.ylabel("Predicted prices: $\hat{Y}_i$")
plt.title("Prices vs Predicted prices: $Y_i$ vs $\hat{Y}_i$")
plt.grid()
x = np.arange(0, 50)
y = x
plt.plot(x, y, color = 'red', lw = 4)
plt.text(30, 40, "predict line")
plt.savefig ("price.eps")
```

表 4.4 AdaBoost 回归模型预测房价和实际房价的对比数

序 号	实 际 房 价	预 测 房 价
0	36.2	30.628276
1	24.7	25.863793
2	23.9	23.997059
3	19.4	19.559091
4	23.0	19.212500
…	…	…
198	13.6	16.023171
199	11.9	11.290741
200	20.6	23.660674
201	10.5	10.171429
202	23.6	28.573214

⑥ 预测效果的评估。

由于回归分析的目标值是连续值，因此不能用准确率之类的评估标准来衡量模型的好坏，而应该比较预测值(predict)和实际值(actual)之间的差异。对模型进行 MSE、MAE、RMSE、r2_score(R Squared)回归性能评价。

```
print("MSE 均方误差:", mean_squared_error(y_train, model.predict(x_train)))
print("RMSE 均方根误差:", mean_squared_error(y_train, model.predict(x_train)) ** 0.5)
print("MAE 平均绝对误差:", mean_absolute_error(y_train,model.predict(x_train)))
print("r2_score 决定系数:", r2_score(y_train, model.predict(x_train)))
```

模型效果评估结果如下：

```
MSE 均方误差: 6.460721907970677
RMSE 均方根误差:2.5417950169064927
MAE 平均绝对误差:2.1031834509047984
r2_score 决定系数:0.9229515029952811
```

⑦ 将模型更换为 GBDT 模型。

```
GBDT = ensemble.GradientBoostingRegressor(n_estimators = 50)
```

GBDT 回归模型的预测房价和实际房价之间关系的对比图如图 4.27 所示。在测试集上，GBDT 回归模型输出的预测房价和实际房价之间的对比情况如表 4.5 所示。

表 4.5　GBDT 回归模型预测房价和实际房价的对比数据

序　　号	实 际 房 价	预 测 房 价
0	36.2	31.418750
1	24.7	22.811181
2	23.9	23.561189
3	19.4	18.925801
4	23.0	20.495021
…	…	…
198	13.6	14.489307
199	11.9	10.905619
200	20.6	22.286687
201	10.5	6.303480
202	23.6	28.226024

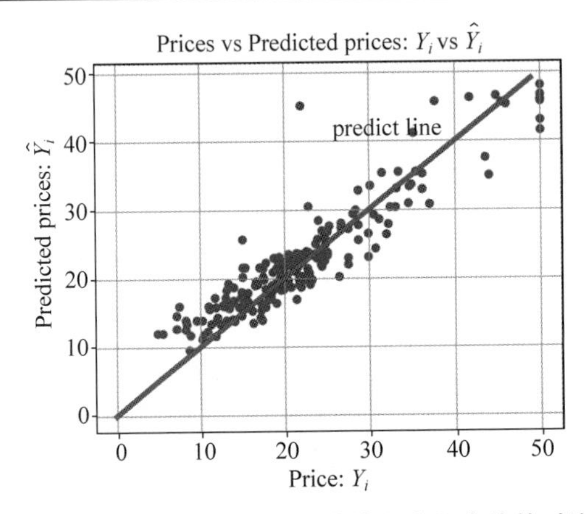

图 4.27　GBDT 回归模型预测房价和实际房价的对比图

模型效果评估结果如下：

```
MSE 均方误差: 1. 555824161887372
RMSE 均方根误差: 1. 247326806369274
MAE 平均绝对误差: 0. 9923602158209592
r2_score 决定系数: 0. 9814457401224531
```

⑧ 将模型更换为 Bagging Regression 模型。

```
Bagging_linreg = ensemble.BaggingRegressor()
```

Bagging 回归模型的预测房价和实际房价之间关系的对比如图 4.28 所示。在测试集上，Bagging 回归模型输出的预测房价和实际房价之间的对比情况如表 4.6 所示。

表 4.6　Bagging 回归模型预测房价与实际房价的对比数据

序　　号	实 际 房 价	预 测 房 价
0	19.0	18.55
1	22.7	22.20
2	25.0	26.51
3	14.5	15.50

续表

序　　号	实际房价	预测房价
4	17.7	20.96
…	…	…
198	23.7	16.96
199	24.1	23.50
200	35.1	28.50
201	18.5	21.09
202	18.2	22.47

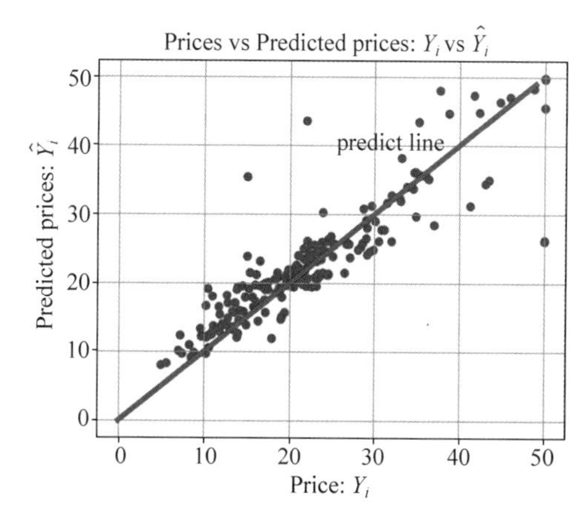

图 4.28　Bagging 回归模型预测房价和实际房价的对比图

模型效果评估结果如下：

```
MSE 均方误差：1. 8351937293729375
RMSE 均方根误差：1. 35469322334355
MAE 平均绝对误差：0. 9278217821782176
r2_score 决定系数：0. 9763595677433253
```

4.5.3　实验

1. 实验目的

（1）了解并掌握集成学习的理论基础；

（2）编程实现集成学习算法。

2. 实验数据

本实验使用 CIFAR-10 数据集。图 4.29 列举了 GIFAR-10 数据集中的 10 个类，每类展示了随机的 10 幅图像。

CIFAR-10 是一个更接近普适物体的彩色图像数据集。CIFAR-10 是由 Hinton 的学生 Alex Krizhevsky 和 Ilya Sutskever 整理的一个用于识别普适物体的小型数据集。共包含 10 个类别的 RGB 彩色图像：飞机（airplane）、汽车（automobile）、鸟类（bird）、猫（cat）、鹿（deer）、狗（dog）、蛙类（frog）、马（horse）、船（ship）和卡车（truck）。

每幅图像的尺寸为 32×32 像素，每个类别有 6000 幅图像，数据集中共有 50 000 幅训练图像和 10 000 幅测试图像。

图 4.29 CIFAR-10 数据集中的部分数据

3. 实验代码

(1) 导入相关库。

```
from keras.callbacks import History
from keras.callbacks import ModelCheckpoint, TensorBoard
from keras.datasets import cifar10
from keras.engine import training
from keras.layers import Conv2D, MaxPooling2D, GlobalAveragePooling2D, Dropout, Activation,
Average
from keras.losses import categorical_crossentropy
from keras.models import Model, Input
from keras.optimizers import Adam
from keras.utils import to_categorical
from tensorflow.python.framework.ops import Tensor
from typing import Tuple, List
import glob
import numpy as np
import os

CONV_POOL_CNN_WEIGHT_FILE = os.path.join(os.getcwd(), 'weights',
'conv_pool_cnn_pretrained_weights.hdf5')
ALL_CNN_WEIGHT_FILE = os.path.join(os.getcwd(), 'weights',
'all_cnn_pretrained_weights.hdf5')
NIN_CNN_WEIGHT_FILE = os.path.join(os.getcwd(), 'weights',
'nin_cnn_pretrained_weights.hdf5')
```

(2) 导入 CIFAR-10 数据集。

```
def load_data():
   (x_train, y_train), (x_test, y_test) = cifar10.load_data()
   x_train = x_train / 255.
   x_test = x_test / 255.
   y_train = to_categorical(y_train, num_classes = 10)
return x_train, x_test, y_train, y_test
x_train, x_test, y_train, y_test = load_data()
```

```
# 显示数据集的维度
print('x_train shape: {} | y_train shape: {}\nx_test shape : {} | y_test shape :
{}'.format(x_train.shape, y_train.shape, x_test.shape, y_test.shape))
input_shape = x_train[0, :, :, :].shape
model_input = Input(shape = input_shape)
x_train shape: (50000,32, 32, 3) | y_train shape: (50000, 10)
x_test shape : (10000, 32, 32, 3) | y_test shape : (10000, 1)
```

(3) 建立第一个模型 ConvPool-CNN-C。

```
def conv_pool_cnn(model_input):
x = Conv2D(96, kernel_size = (3, 3), activation = 'relu',
    padding = 'same')(model_input)
  x = Conv2D(96, (3, 3), activation = 'relu', padding = 'same')(x)
  x = Conv2D(96, (3, 3), activation = 'relu', padding = 'same')(x)
  x = MaxPooling2D(pool_size = (3, 3), strides = 2)(x)
  x = Conv2D(192, (3, 3), activation = 'relu', padding = 'same')(x)
  x = Conv2D(192, (3, 3), activation = 'relu', padding = 'same')(x)
  x = Conv2D(192, (3, 3), activation = 'relu', padding = 'same')(x)
  x = MaxPooling2D(pool_size = (3, 3), strides = 2)(x)
  x = Conv2D(192, (3, 3), activation = 'relu', padding = 'same')(x)
  x = Conv2D(192, (1, 1), activation = 'relu')(x)
  x = Conv2D(10, (1, 1))(x)
  x = GlobalAveragePooling2D()(x)
x = Activation(activation = 'softmax')(x)

  model = Model(model_input, x, name = 'conv_pool_cnn')
return model
conv_pool_cnn_model = conv_pool_cnn(model_input)
```

训练第一个模型使用批次大小为32像素(每个epoch 1250步)的20个epoch似乎足以让三个模型中的任何一个达到一些局部最小值。随机选择20%的训练数据集用于验证:

```
NUM_EPOCHS = 20
def compile_and_train(model , num_epochs):
model.compile(loss = categorical_crossentropy, optimizer = Adam(), metrics = ['acc'])
filepath = 'weights/' + model.name + '.{epoch:02d} - {loss:.2f}.hdf5'
checkpoint = ModelCheckpoint(filepath, monitor = 'loss', verbose = 0,
save_weights_only = True, save_best_only = True, mode = 'auto', period = 1)
tensor_board = TensorBoard(log_dir = 'logs/', histogram_freq = 0, batch_size = 32)
history = model.fit(x = x_train, y = y_train, batch_size = 32, epochs = num_epochs,
verbose = 1, callbacks = [checkpoint, tensor_board], validation_split = 0.2)
weight_files = glob.glob(os.path.join(os.getcwd(), 'weights/ * '))
weight_file = max(weight_files, key = os.path.getctime)
return history, weight_file, conv_pool_cnn_weight_file = compile_and_train(conv_pool_cnn_
model, NUM_EPOCHS)
```

评估模型,计算测试集上的错误率:

```
def evaluate_error(model):
  pred = model.predict(x_test, batch_size = 32)
```

```
    pred = np.argmax(pred, axis = 1)
    pred = np.expand_dims(pred, axis = 1) # make same shape as y_test
    error = np.sum(np.not_equal(pred, y_test)) / y_test.shape[0]
  return error
  try:
    conv_pool_cnn_weight_file
  except NameError:
    conv_pool_cnn_model.load_weights(CONV_POOL_CNN_WEIGHT_FILE)
  evaluate_error(conv_pool_cnn_model)
```

（4）建立第二个模型 ALL-CNN-C。

```
def all_cnn(model_input):
x = Conv2D(96, kernel_size = (3, 3), activation = 'relu',
padding = 'same')(model_input)
  x = Conv2D(96, (3, 3), activation = 'relu', padding = 'same')(x)
  x = Conv2D(96, (3, 3), activation = 'relu', padding = 'same', strides = 2)(x)
  x = Conv2D(192, (3, 3), activation = 'relu', padding = 'same')(x)
  x = Conv2D(192, (3, 3), activation = 'relu', padding = 'same')(x)
  x = Conv2D(192, (3, 3), activation = 'relu', padding = 'same', strides = 2)(x)
  x = Conv2D(192, (3, 3), activation = 'relu', padding = 'same')(x)
  x = Conv2D(192, (1, 1), activation = 'relu')(x)
  x = Conv2D(10, (1, 1))(x)
  x = GlobalAveragePooling2D()(x)
  x = Activation(activation = 'softmax')(x)

  model = Model(model_input, x, name = 'all_cnn')
return model
all_cnn_model = all_cnn(model_input)
```

训练模型，计算错误率：

```
_, all_cnn_weight_file = compile_and_train(all_cnn_model, NUM_EPOCHS)
try:
  all_cnn_weight_file
except NameError:
  all_cnn_model.load_weights(ALL_CNN_WEIGHT_FILE)
evaluate_error(all_cnn_model)
```

（5）建立第三个模型：Network In Network CNN。

```
def nin_cnn(model_input):
  #mlpconv block 1
  x = Conv2D(32, (5, 5), activation = 'relu',padding = 'valid')(model_input)
  x = Conv2D(32, (1, 1), activation = 'relu')(x)
  x = Conv2D(32, (1, 1), activation = 'relu')(x)
  x = MaxPooling2D((2,2))(x)
  x = Dropout(0.5)(x)

  #mlpconv block2
  x = Conv2D(64, (3, 3), activation = 'relu',padding = 'valid')(x)
  x = Conv2D(64, (1, 1), activation = 'relu')(x)
  x = Conv2D(64, (1, 1), activation = 'relu')(x)
```

```
    x = MaxPooling2D((2,2))(x)
    x = Dropout(0.5)(x)

    #mlpconv block3
    x = Conv2D(128, (3, 3), activation='relu',padding='valid')(x)
    x = Conv2D(32, (1, 1), activation='relu')(x)
    x = Conv2D(10, (1, 1))(x)

    x = GlobalAveragePooling2D()(x)
    x = Activation(activation='softmax')(x)

    model = Model(model_input, x, name='nin_cnn')
  return model
  nin_cnn_model = nin_cnn(model_input)
  #训练模型,计算错误率
  _, nin_cnn_weight_file = compile_and_train(nin_cnn_model, NUM_EPOCHS)
  try:
    nin_cnn_weight_file
  except NameError:
    nin_cnn_model.load_weights(NIN_CNN_WEIGHT_FILE)
  evaluate_error(nin_cnn_model)
```

（6）三种模型的集合。

集成模型的定义非常简单。它使用与之前所有模型共享的相同输入层。在顶层,集成通过使用 Average() 合并层计算三个模型输出的平均值。

```
  conv_pool_cnn_model = conv_pool_cnn(model_input)
  all_cnn_model = all_cnn(model_input)
  nin_cnn_model = nin_cnn(model_input)

  try:
    conv_pool_cnn_model.load_weights(conv_pool_cnn_weight_file)
  except NameError:
    conv_pool_cnn_model.load_weights(CONV_POOL_CNN_WEIGHT_FILE)
  try:
    all_cnn_model.load_weights(all_cnn_weight_file)
  except NameError:
    all_cnn_model.load_weights(ALL_CNN_WEIGHT_FILE)
  try:
    nin_cnn_model.load_weights(nin_cnn_weight_file)
  except NameError:
    nin_cnn_model.load_weights(NIN_CNN_WEIGHT_FILE)

  models = [conv_pool_cnn_model, all_cnn_model, nin_cnn_model]
  def ensemble(models, model_input):
    outputs = [model.outputs[0] for model in models]
    y = Average()(outputs)
    model = Model(model_input, y, name='ensemble')
  return model
  ensemble_model = ensemble(models, model_input)
  evaluate_error(ensemble_model)
```

(7) 检查由两个模型组成的集成模型的性能。

```
pair_A = [conv_pool_cnn_model, all_cnn_model]
pair_B = [conv_pool_cnn_model, nin_cnn_model]
pair_C = [all_cnn_model, nin_cnn_model]
pair_A_ensemble_model = ensemble(pair_A, model_input)
evaluate_error(pair_A_ensemble_model)

pair_B_ensemble_model = ensemble(pair_B, model_input)
evaluate_error(pair_B_ensemble_model)
pair_C_ensemble_model = ensemble(pair_C, model_input)
evaluate_error(pair_C_ensemble_model)
```

4.6 集成学习：随机森林算法

4.6.1 原理简介

随机森林是应用最广泛、功能最强大的监督学习算法之一。它创建了一个森林，并使这个森林拥有某种方式随机性。它既可以用于解决分类问题，也可以解决回归问题。随机森林中的“森林”是指模型中包含了很多的决策树，“随机”是指随机有放回(bootstrap)地从数据集中采样以训练模型中的每棵决策树，其中大部分都是用 Bagging 方法训练的。总之，随机森林建立了多个决策树，森林中的每棵决策树之间没有相关性，模型最终的输出是将它们合并在一起以获得更准确和稳定的预测。

随机森林从输入训练数据集中采取有放回随机抽取来收集多个不同的子训练数据集，分别训练多个不同的决策树模型。将生成的每棵决策树的结果整合在一起进行预测，对于分类问题，找到所有输出中最多的类别作为最终的输出；对于回归问题，采用均值的方法将结果进行整合。本节主要介绍回归随机森林。

本节实现的回归随机森林是由多个二叉决策树组合而成的，训练回归随机森林便是训练多个二叉决策树。在训练二叉决策树模型时，采用穷举法来对切分变量(特征)和切分点进行选择，即遍历每个特征和每个特征的所有取值，最后从中找出最优的切分变量和切分点。一般以切分后节点的不纯度来衡量切分变量和切分点的好坏，即各个子节点不纯度的加权和 $G(w_i, v_{ij})$，其计算公式如下：

$$G(w_i, v_{ij}) = \frac{n_l}{m} I(X_l) + \frac{n_r}{m} I(X_r) \tag{4.72}$$

其中，w_i 为某一个切分变量；v_{ij} 为 w_i 的一个切分值；n_l、n_r、m 分别为切分后左子节点的训练样本个数、右子节点的训练样本个数以及当前节点所有训练样本个数；X_l、X_r 分别为左右子节点的训练样本集合；$I(X)$ 为衡量节点不纯度函数(impurity function)，回归任务一般采用如下两种不纯度函数。

均方误差(MSE)：

$$I(X) = \frac{1}{m} \sum_{i \in m} (y - \bar{y})^2 \tag{4.73}$$

平均绝对误差(MAE)：

$$I(X)=\frac{1}{m}\sum_{i\in m}|y-\bar{y}| \tag{4.74}$$

回归随机森林算法框架如图 4.30 所示。

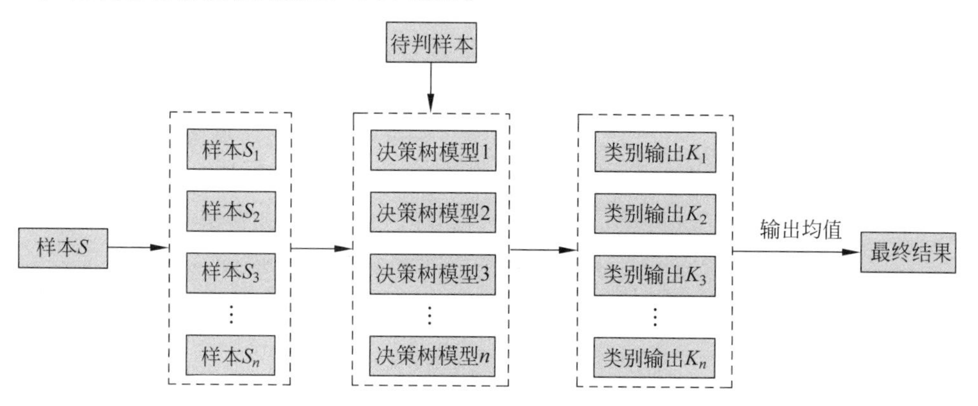

图 4.30 回归随机森林算法框架图

4.6.2 算法步骤

本节主要介绍回归随机森林算法的步骤，回归随机森林算法的流程如图 4.31 所示。

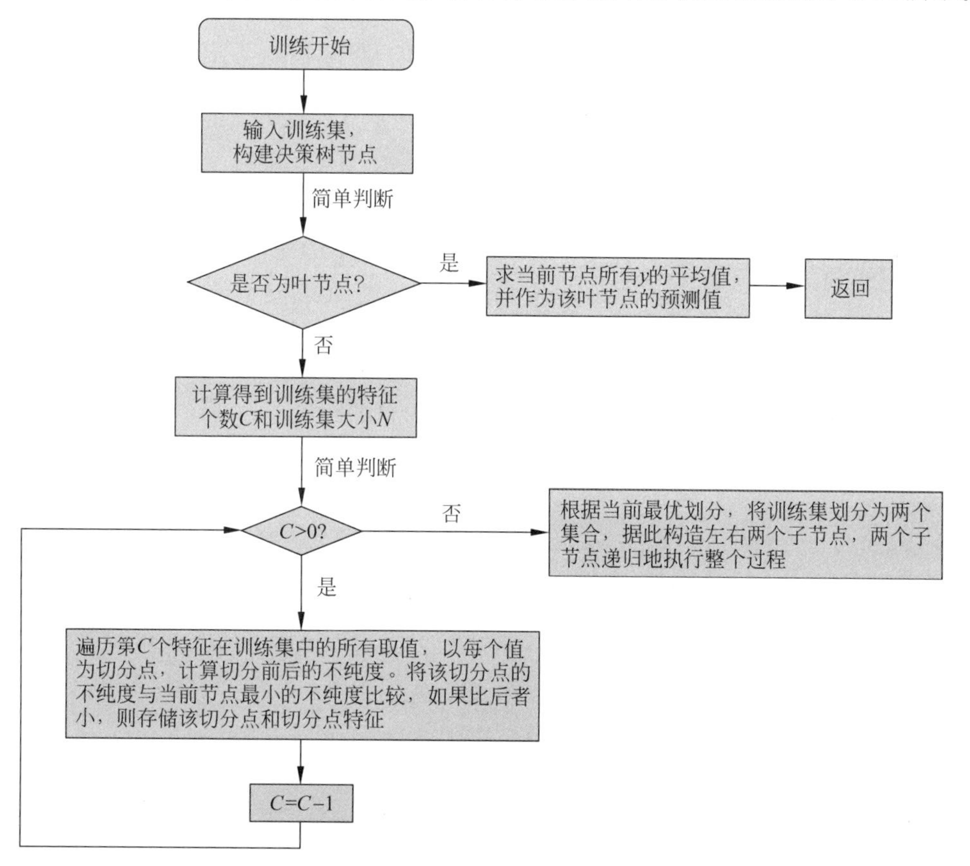

图 4.31 回归随机森林算法流程图

4.6.3 实战

1. 数据集

本节将采用波士顿房价数据集和加利福尼亚房价数据集。

波士顿房价数据集是最简单的回归任务数据集之一。每个类的观察值数量是均等的，共有 506 个数据，13 个输入变量和 1 个输出变量。每条数据包含房屋及房屋周围的详细信息，见 3.6.3 节。

加利福尼亚房价数据集是一个回归问题数据集。每个类的观察值数量是均等的，共有 20 640 个数据、10 个输入变量和 1 个输出变量。每条数据包含房屋及房屋周围的详细信息，如表 4.7 所示。

表 4.7 加利福尼亚房价数据集所含信息

数据名英文全称	数据名中文全称
Longitude	经度
Latitude	纬度
Housing_median_age	房屋年龄中位数
Total_rooms	总房间数
Total_bedrooms	总卧室数
Population	人口数
Households	家庭数
Median_income	收入中位数
Median_house_value	房屋价值中位数
Ocean_proximity	离大海的距离

2. Sklearn 实现

（1）导入相应的模块代码。

```
from sklearn.datasets import fetch_california_housing
from keras.datasets import boston_housing
```

（2）训练预测代码。

```
def Train(Xtrain,Xtest,Ytrain,Ytest,title):
   from sklearn.ensemble import RandomForestRegressor
   model = RandomForestRegressor()
   model.fit(Xtrain,Ytrain)
   predict = model.predict(Xtest)
   import matplotlib.pyplot as plt
   plt.figure(figsize=(12,12))
   plt.title(title)
   plt.plot(range(len(predict)),predict,"o-",'r',label = "predict value")
   plt.plot(range(len(Ytest)),Ytest,"o-",'b',label = "true value")
   plt.legend()
   plt.show()
```

（3）波士顿房价数据集预测代码。

```
(Xtrain,Ytrain),(Xtest,Ytest) = boston_housing.load_data()
Train(Xtrain,Xtest,Ytrain,Ytest,"Boston predict")
```

（4）加利福尼亚房价数据集预测代码。

```
data = fetch_california_housing()
X = data.data
Y = data.target
p = int(0.95 * len(X))
Xtrain,Ytrain = X[0:p],Y[0:p]
Xtest,Ytest = X[p:len(X)],Y[p:len(Y)]
Train(Xtrain,Xtest,Ytrain,Ytest,"California predict")
```

（5）波士顿房价预测结果如图 4.32 所示。

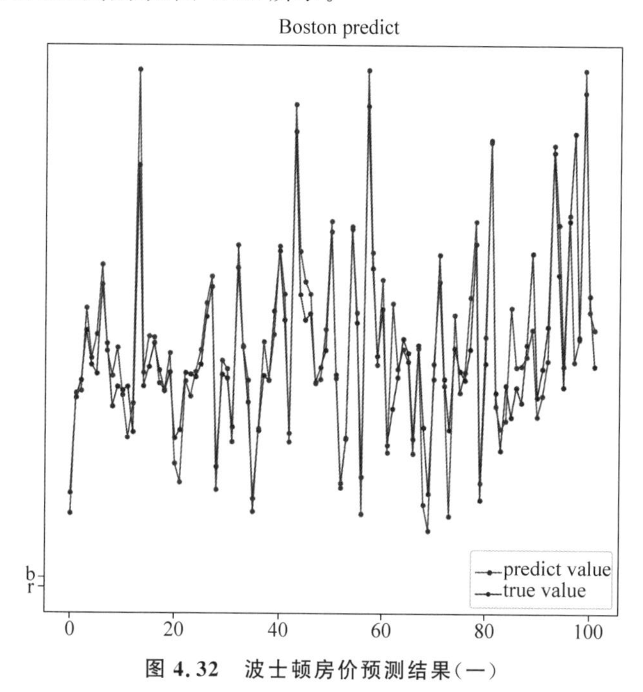

图 4.32 波士顿房价预测结果(一)

（6）加利福尼亚房价预测结果如图 4.33 所示。

4.6.4 实验

1. 实验目的

通过本实验对随机森林解决回归问题得到清晰的认识，采用 TensorFlow 和 Keras 深度学习框架编写实验代码，进一步加深对随机森林解决回归问题原理的理解。

2. 实验数据

实验数据仍采用波士顿房价数据集和加利福尼亚房价数据集这两个经典回归问题数据集。

3. 实验要求

对数据集进行预处理，采用 TensorFlow2、Keras 深度学习框架编写随机森林，对波士

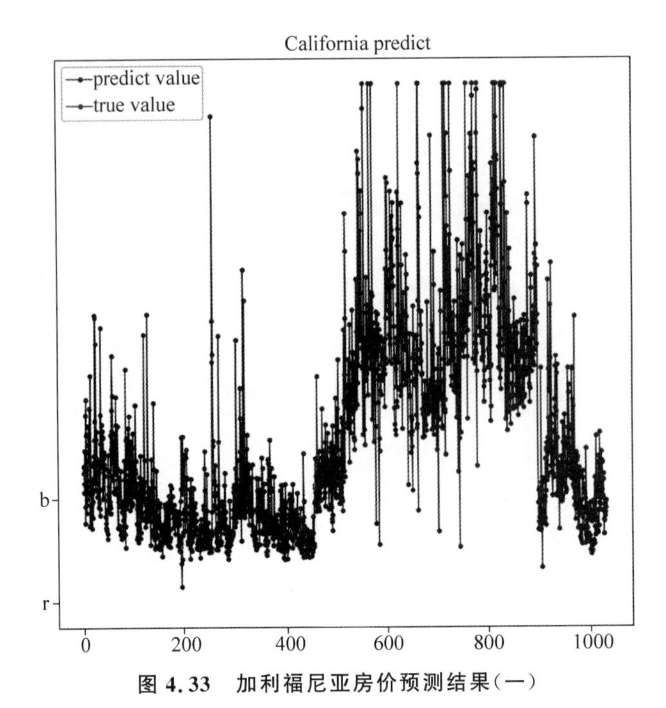

图 4.33　加利福尼亚房价预测结果(一)

顿房价和加利福尼亚房价进行预测,并生成预测之后的真实值与预测值比较图。

实验代码如下。

导入相应的模块代码:

```
import numpy as np
import tensorflow as tf
from keras.datasets import boston_housing
from tensorflow.python.framework import ops
import matplotlib.pyplot as plt
from sklearn.datasets import fetch_california_housing
from sklearn.model_selection import train_test_split
ops.reset_default_graph()
```

载入波士顿房价数据集代码:

```
(Xtrain,Ytrain),(Xtest,Ytest) = boston_housing.load_data()
print(Xtrain.shape)
print(Xtest.shape)
```

定义随机森林类代码:

```
class Forest:
  def __init__(self,batch_size,max_depth = 5,n_trees = 100,train_step = 500):
     self.bc_size = batch_size
     self.mdpth = max_depth
     self.n_trees = n_trees
     self.step   = train_step
     self.regression_classifier = tf.estimator.BoostedTreesRegressor
     self.features = []
     self.binarys = None
```

```
        self.colnames = None
        self.model    = None
        self.NUM_EXAMPLES = None
    def _convert(self,data):
        return {col: data[:, ix] for ix, col in enumerate(self.colnames)}

    def make_input_fn(self,X, y,epoch,shuffle = True):
        def input_fn():
            dataset = tf.data.Dataset.from_tensor_slices((X,y))
            dataset = dataset.batch(epoch).repeat()
            return dataset
        return input_fn

    def _preprocess(self,x_train,y_train,epoch):

        X_dtrain = self._convert(x_train)
        for ix, column in enumerate(x_train.T):
            col_name = self.colnames[ix]

            # 创建二元特征
            if col_name in self.binarys:
                # 创建两个桶,使用均值作为分割边界
                bucket_boundaries = [column.mean()]
                numeric_feature = tf.feature_column.numeric_column(col_name)
                final_feature = tf.feature_column.bucketized_column(source_column = numeric_
feature, boundaries = bucket_boundaries)
            # 对原始连续型特征按指定边界创建
            else:
                # 创建 5 个桶,需要输入 4 个边界
                bucket_boundaries = list(np.linspace(column.min() * 1.1, column.max() * 0.9, 4))
                numeric_feature = tf.feature_column.numeric_column(col_name)
                final_feature = tf.feature_column.bucketized_column(source_column = numeric_
feature, boundaries = bucket_boundaries)

            # 将特征添加到特征列表中
            self.features.append(final_feature)
        return X_dtrain
    def fit(self,X,Y,binaryfeatures,Allfeatures,epoch):
        self.binarys = binaryfeatures
        self.colnames = Allfeatures

        X = self._preprocess(X,Y,epoch)
        input_function = tf.compat.v1.estimator.inputs.numpy_input_fn(X, y = Y, batch_size =
self.bc_size,num_epochs = epoch, shuffle = True)
        self.model = self.regression_classifier(feature_columns = self.features,
                        n_trees = self.n_trees,
                        max_depth = self.mdpth,
                        learning_rate = 0.25,
                        n_batches_per_layer = self.bc_size)
        # 返回 input_function
        self.model.train(input_fn = input_function, steps = self.step)
    def predict(self,X_test,y_test):
```

```
    p_input_fun = tf.compat.v1.estimator.inputs.numpy_input_fn(self._convert(X_test), y =
y_test, batch_size = self.bc_size, num_epochs = 1, shuffle = False)
    # 获取预测结果
    predictions = list(self.model.predict(input_fn = p_input_fun))
    final_preds = [pred['predictions'][0] for pred in predictions]
    return np.array(final_preds)
```

波士顿房价数据集训练代码：

```
Model = Forest(30)
Model.fit(Xtrain,Ytrain,
      ['CHAS', 'RAD'],
      ['CRIM', 'ZN', 'INDUS', 'CHAS', 'NOX', 'RM', 'AGE', 'DIS', 'RAD', 'TAX', 'PTRATIO', 'B', 'LSTAT'],
30)
```

波士顿房价数据集预测代码：

```
predict = Model.predict(Xtest,Ytest)
predict
```

波士顿房价数据集预测结果可视化代码：

```
plt.figure(figsize = (12,12))
plt.title("Boston predict")
plt.plot(range(len(predict)),predict,"o-",'r',label = "predict value")
plt.plot(range(len(Ytest)),Ytest,"o-",'b',label = "true value")
plt.legend()
```

加利福尼亚房价数据集加载和预处理代码：

```
housing = fetch_california_housing()
X = housing.data
Y = housing.target
p = int(0.95 * len(X))
Xtrain,Ytrain = X[0:p],Y[0:p]
Xtest,Ytest = X[p:len(X)],Y[p:len(Y)]
```

加利福尼亚房价数据集训练代码：

```
Model2 = Forest(64)
Model2.fit(Xtrain,Ytrain,[],[str(i) for i in range(8)],40)
```

加利福尼亚房价数据集预测代码：

```
predict2 = Model2.predict(Xtest,Ytest)
predict2
```

加利福尼亚数据集预测结果可视化代码：

```
plt.figure(figsize = (12,12))
plt.title("california predict")
```

```
plt.plot(range(len(predict2)),predict2,"o-",'r',label = "predict value")
plt.plot(range(len(Ytest)),Ytest,"o-",'b',label = "true value")
plt.legend()
```

波士顿房价预测结果如图 4.34 所示。

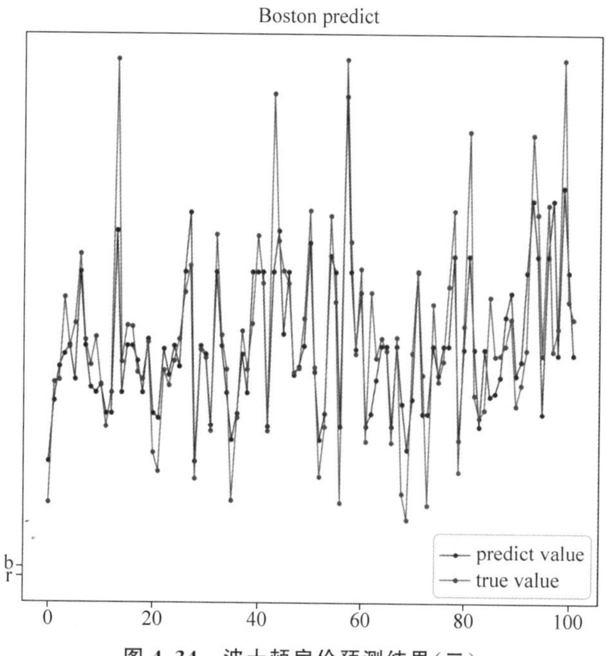

图 4.34 波士顿房价预测结果(二)

加利福尼亚房价预测结果如图 4.35 所示。

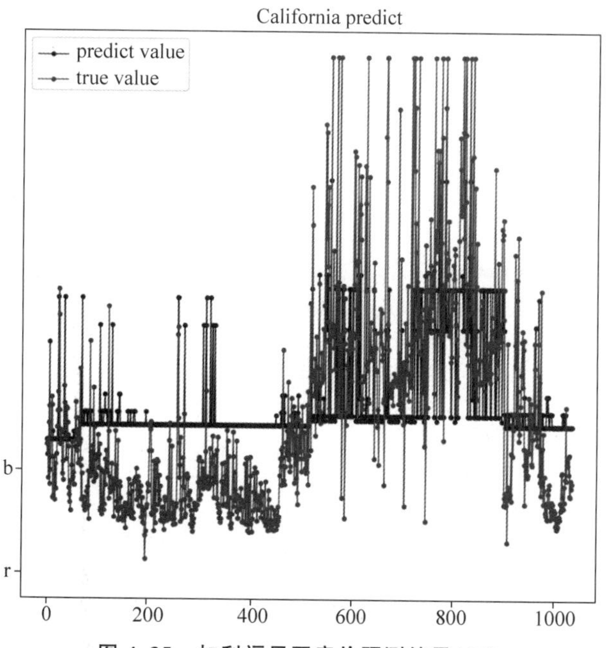

图 4.35 加利福尼亚房价预测结果(二)

聚类问题

聚类(clustering)算法是一种典型的无监督学习算法,即输入只有特征值,没有目标值,主要用于将相似的样本自动归类到一个类别中,而将不相似的样本分散在不同的类。针对给定的样本集 $\boldsymbol{D}$,聚类时通过计算样本特征的相似度或距离将其归并到若干“类”或者“簇”。因此,如何计算样本间的相似度或者距离对聚类算法至关重要。聚类与前面介绍的分类不同,分类是一种监督学习方法,分类的过程是通过训练具有目标值的数据集获得一个分类器,再通过分类器去预测未知数据。聚类的目的是通过得到的类或簇来发现数据的特点,从而对数据进行处理。聚类既能作为一个单独的过程,用于找寻数据内在的分布结构,也可作为分类等其他学习任务的前驱过程。聚类的应用领域十分广泛,如数据挖掘、模式识别等。

数据聚类的方法很多,主要分为划分式聚类方法、基于密度的聚类方法(density-based clustering)和层次聚类方法等。划分式聚类方法的基本思想是将数据点的中心视为相应聚类的中心,需要事先指定簇类的数目或者聚类中心,通过反复迭代,直至最后达到“簇内的点足够近,簇间的点足够远”的目标。这类算法最具代表性的算法是 K-means 和 K-medoids 算法。基于密度的聚类算法假设聚类结构能通过样本分布的紧密程度确定。这类算法的代表有具有噪声的基于密度的聚类方法(density-based spatial clustering of applications with noise,DBSCAN)、点排序识别聚类结构算法(ordering points to identify clustering structure,OPTICS)。层次聚类通过计算不同类别数据点间的相似度来创建一棵有层次的嵌套聚类树。在聚类树中,不同类别的原始数据点是树的最底层,树的顶层是一个聚类的根节点。创建聚类树有自下而上合并和自上而下分裂两种方法。

5.1 K-means 聚类算法

5.1.1 原理简介

K-means 算法,也称为 K 均值或者 K 平均,是一种典型的基于样本划分的聚类算法。它实现起来比较简单,且聚类效果好,因此应用很广泛。K-means 算法有大量的变体,包括初始化优化 K-means++算法、距离计算优化 Elkan K-means 算法和大数据情况下的优化 Mini Batch K-means 算法。本章主要从传统的 K-means 算法开始讲解,其主要思想很简单，对于给定的样本集，按照样本之间的距离大小，将样本集划分为 k 个簇。让簇内的点尽量紧密地连在一起，而让簇间的距离尽量大。

对于给定的包含 n 个样本的样本集 $\boldsymbol{D}=\{x_1,x_2,\cdots,x_n\}$，每个样本的特征向量为 m 个。按照样本之间的距离大小，将 n 个样本划分到 k 个不同的类或簇中（$k<n$）。用 $\boldsymbol{C}$ 表示划分，则样本集合 $\boldsymbol{D}$ 的 k 个类为 $C_1,C_2,\cdots,C_k$，其中 $C_i \cap C_j=\varnothing$，$\bigcup_{i=1}^{k} C_i=\boldsymbol{D}$。样本之间的距离 $d(x_i,x_j)$ 采用欧氏距离的平方进行计算如下：

$$d(x_i,x_j)=\sum_{k=1}^{m}(x_{ki}-x_{kj})^2=\|\boldsymbol{x}_i-\boldsymbol{x}_j\|_2 \tag{5.1}$$

则均值算法针对聚类所得簇划分 $\boldsymbol{C}=\{C_1,C_2,\cdots,C_k\}$ 的平方误差 E 如式（5.2）所示，我们的目标是最小化平方误差，即

$$E=\sum_{i=1}^{k}\sum_{\boldsymbol{x}\in C_i}\|\boldsymbol{x}-\boldsymbol{\mu}_i\|_2^2 \tag{5.2}$$

其中，$\boldsymbol{\mu}_i$ 是簇 C_i 的均值向量，也称为质心，其表达式为

$$\boldsymbol{\mu}_i=\frac{1}{|C_i|}\sum_{\boldsymbol{x}\in C_i}\boldsymbol{x} \tag{5.3}$$

如果想直接求式（5.2）的最小值并不容易，这是一个 NP 难问题，因此只能采用启发式的迭代方法。K-means 采用的启发式方法很简单，用图 5.1 就可以形象地描述。

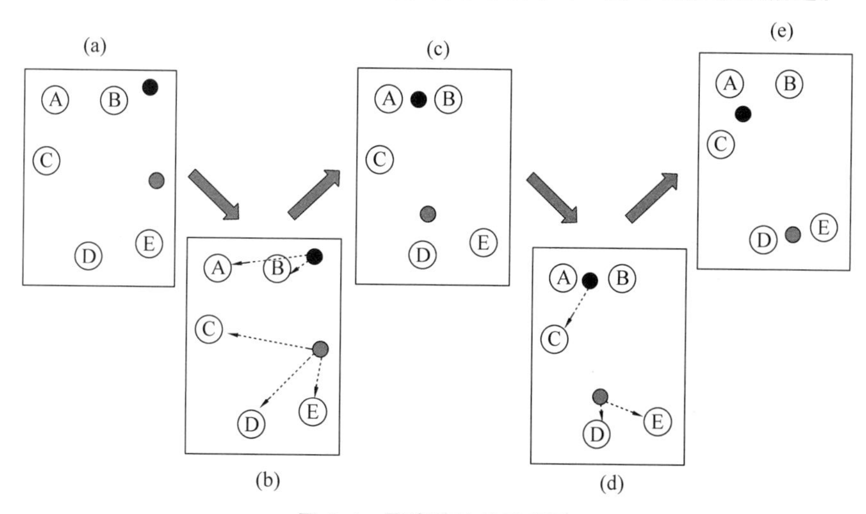

图 5.1　聚类算法的示意图

假设初始数据集如图 5.1(a)所示。

(1) 假设聚类别 $k=2$，计算机首先随机选择两个类别的质心，即 5.1 图(a)中的深色质心和浅色质心。

(2) 分别求样本中所有点到这两个质心的距离，将每个样本归属到距离最近的聚类中心，形成两个样本集合，如图 5.1(b)所示。经过计算样本到深色质心和浅色质心的距离，从而得到所有样本点第一轮迭代后的类别。

(3) 计算每个样本集合的平均值，即计算每个样本集合中所有样本特征向量的各维平均值，得到平均特征向量，以此作为两个新的质心，如图 5.1(c)所示，新的深色质心和浅色

质心的位置已经发生了变动。

(4) 图 5.1(d)和图 5.1(e)重复了图 5.1(b)和图 5.1(c)的过程，即将所有点的类别标记为距离最近的质心的类别并求新的质心。当两类的质心位置不再变化时，就得到最终的两个类别如图 5.1(e)所示。

5.1.2 算法步骤

K-means 算法的主要步骤如下。

(1) 随机选取 k 个点作为质心(这 k 个点不一定属于数据集，k 个点就代表有 k 类)。

(2) 分别计算每个数据点到 k 个质心的距离，离哪个质心最近就属于哪类。

(3) 重新计算 k 个质心的坐标，方法是通过计算分配给先前 k 个质心的所有样本的平均值作为新的坐标值。

(4) 重复步骤(1)、(2)，直到 k 个质心的坐标不再显著变化或者循环次数完成。

K-means 算法的步骤描述如下。

(1) 输入训练数据集 $\boldsymbol{D}=\{\boldsymbol{x}_1,\boldsymbol{x}_2,\cdots,\boldsymbol{x}_n\}$，随机选取 k 个点作为质心(这 k 个点不一定属于数据集，k 个点就代表有 k 类)，此时 k 个质心的初始坐标记为 $\{\boldsymbol{\mu}_1,\boldsymbol{\mu}_2,\cdots,\boldsymbol{\mu}_k\}$，并令簇群 $C_i=\varnothing(1\leqslant i\leqslant k)$。

(2) 分别计算每个数据点 $\boldsymbol{x}_j(1\leqslant j\leqslant n)$ 到 k 个质心 $\boldsymbol{\mu}_i(1\leqslant i\leqslant k)$ 的距离 $d_{ij}=\|\boldsymbol{x}_j-\boldsymbol{\mu}_i\|_2$，根据距离的远近将样本 $\boldsymbol{x}_j(1\leqslant j\leqslant n)$ 划入相应的 $(C_1,C_2,\cdots,C_k)$ 簇群中。

(3) 重新计算 k 个质心的坐标，通过计算分配给先前 k 个质心的所有样本的平均值作为新的坐标值，即 $\mu'_i=\dfrac{1}{|C_i|}\sum\limits_{\boldsymbol{x}\in C_i}\boldsymbol{x}$。

(4) 重复步骤(2)、(3)，直到 k 个质心的坐标不再显著变化或者循环次数完成，输出划分好的 k 个簇群。

5.1.3 k 值的选择

K-means 聚类中的类别数 k 值的选择需要预先设定，而在实际应用中最优的 k 值是不知道的。因此，k 值的选择至关重要，选择好的 k 值可以有较好的聚类效果。通常情况下，对于 k 值的选择，人们会根据先验知识给定一个估计值，或者利用 Canopy 算法计算出一个大致的 k 值。更多的情况下，还是利用后验的方式进行 k 值的选择，也就是在给定的 k 的 $[a,b]$ 范围内，对不同的 k 值分别进行聚类操作，最终利用聚类效果的评价指标来给出相应的最优聚类结果。这种评价聚类效果的指标有误差平方和(sum of the squared errors, SSE)、轮廓系数(silhouette coefficient)和 CH 指标(Calinski-Harabaz index)。

1. 误差平方和

误差平方和方法也称为手肘法，在 K-means 算法中，SSE 计算的是每类中心点与其同类成员距离的平方和。

$$\text{SSE}=\sum_{i=1}^{k}\sum_{j\in C_k}(x_j-\mu_i)^2 \tag{5.4}$$

SSE 的核心思想是随着聚类数 k 的增大，样本划分会更加精细，每个簇的聚合程度会逐渐提高，那么误差平方和(SSE)自然会逐渐变小。当 k 小于最佳聚类数时，k 的增大会大幅增加每个簇的聚合程度,故 SSE 的下降幅度会很大;当 k 到达最佳聚类数时,再增加 k 所得到的聚合程度,回报会迅速变小,所以 SSE 的下降幅度会骤减,然后随着 k 值的继续增大而趋于平缓。也就是说 SSE 和 k 的关系图是一个手肘的形状,而这个肘部对应的 k 值就是数据的最佳聚类数。这也是该方法被称为手肘法的原因。如将聚类个数 k 作为横坐标,SSE 作为纵坐标,得到如图 5.2 所示的 SSE 和 k 的关系示意图。

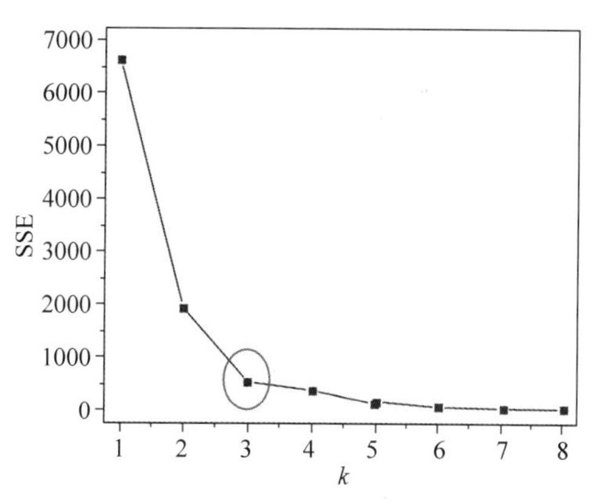

图 5.2　SSE 和 k 的关系示意图

图 5.2 中的曲线很像人的手肘,从图像中可以观察到,在 $k=3$ 之前下降很快,之后趋于平稳,因此 $k=3$ 是一个拐点,手肘法认为这个拐点就是最佳的聚类个数。手肘法是一个经验方法,观察结果因人而异,特别是遇到拐点位置不是很明显时。相比于前面的观察法,该方法的优点在于其适用于高维度的数据。

2. 轮廓系数

轮廓系数最早由 P. J. Rousseeuw 于 1986 年提出。它结合了内聚度和分离度两种因素。可以用来在相同原始数据的基础上评价不同算法或者算法不同运行方式对聚类结果所产生的影响。内聚度可以理解为反映一个样本点与类内元素的紧密程度。分离度可以理解为反映一个样本点与类外元素的紧密程度。

具体方法如下。

(1) 计算样本 i 到同簇其他样本的距离 d_i。d_i 越小,说明样本 i 越应该被聚类到该簇。将 d_i 称为样本 i 的簇内不相似度。某一个簇 C 中所有样本的 d_i 均值称为簇 C 的簇不相似度,也叫内聚度,用 $a(i)$表示。

(2) 计算样本 i 到其他某簇 C_j 的所有样本的平均距离 b_{ij} 称为样本 i 与簇 C_j 的不相似度。定义 $b(i)$为样本 i 的簇间不相似度(也叫分离度):$b(i)=\min\{b_{i1},b_{i2},\cdots,b_{ik}\}$,即某一个样本的簇间不相似度为该样本到所有其他簇的所有样本的平均距离中最小的那一个。$b(i)$越大,说明样本 i 越不属于其他簇。

(3) 根据样本 i 的簇不相似度 $a(i)$和簇间不相似度 $b(i)$,如图 5.3 所示。定义某一个样本 i 的轮廓系数 $S(i)$。

$$S(i)=\frac{b(i)-a(i)}{\max\{a(i),b(i)\}} \tag{5.5}$$

$$S(i)=\begin{cases}1-\dfrac{a(i)}{b(i)}, & a(i)<b(i)\\ 0, & a(i)=b(i)\\ \dfrac{b(i)}{a(i)}-1, & a(i)>b(i)\end{cases} \tag{5.6}$$

(4) 判断。

$S(i)$接近于 1,则说明样本 i 聚类合理。

$S(i)$接近于-1,则说明样本 i 更应该分类到另外的簇。

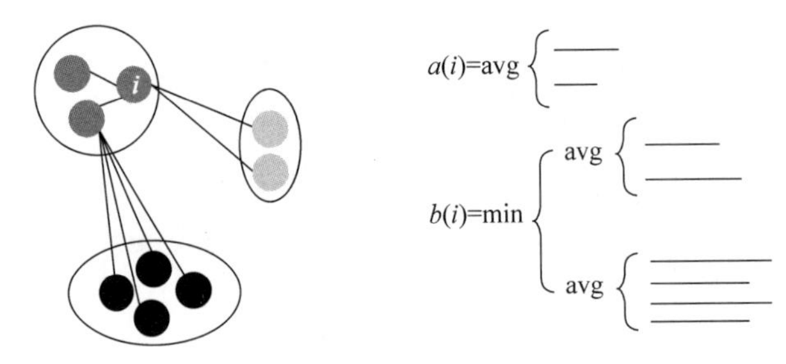

图 5.3 内聚度 $a(i)$ 和分离度 $b(i)$ 计算的示意图

若 $S(i)$ 近似为 0,则说明样本 i 在两个簇的边界上。

(5) 所有样本的轮廓系数 S。

所有样本的 $S(i)$ 的均值称为聚类结果的轮廓系数,定义为 S,是该聚类是否合理、是否有效的度量。聚类结果的轮廓系数的取值在[−1,1]之间,值越大,说明同类样本相距越近,不同样本相距越远,则聚类效果越好。

图 5.4 为选择不同 k 值时的聚类结果的轮廓系数 S 的示意图,从图 5.4 中可以看出当 $k=3$ 时,轮廓系数取得最大值,因此 $k=3$ 时聚类效果较好。

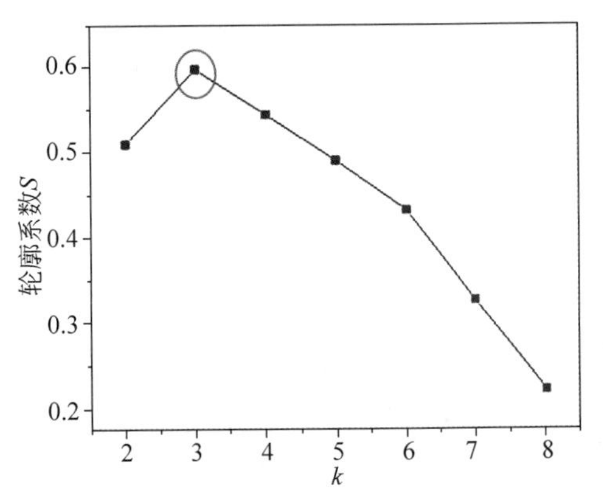

图 5.4 轮廓系数 S 和 k 的关系示意图

3. CH 系数

采用轮廓系数估计 k 值选择的最大缺点是计算占用内存较大,CH 系数的最大优势是其比轮廓系数快很多。它的计算简单直接,得到的分数值越大则聚类效果越好。计算公式如下:

$$s(k)=\frac{\mathrm{Tr}(\boldsymbol{B}_k)}{\mathrm{Tr}(\boldsymbol{W}_k)}\times\frac{N-k}{k-1} \tag{5.7}$$

其中,$\mathrm{Tr}(\boldsymbol{X})$ 为矩阵 $\boldsymbol{X}$ 的迹;$\boldsymbol{B}_k$ 为簇间色散矩阵,表示组间协方差;$\boldsymbol{W}_k$ 为簇内色散矩阵,表示组内协方差;N 为训练集样本数;k 为类别数。

$$\boldsymbol{W}_k=\sum_{q=1}^{k}\sum_{x\in C_q}(x-c_q)(x-c_q)^{\mathrm{T}} \tag{5.8}$$

$$\boldsymbol{B}_k=\sum_{q}n_q(c_q-c)(c_q-c)^{\mathrm{T}} \tag{5.9}$$

其中,c_q 为簇 q 的中心,c 为集合的中心,为 n_q 簇 q 包含点的个数。

从式(5.7)中可以看出,类别内部数据的协方差越小,类别之间的协方差越大。因此得到的 $s(k)$ 分数值越大,则聚类效果越好。

5.1.4 实战

1. 数据集

MNIST 数据集是机器学习领域中非常经典的一个数据集,由 60 000 个训练样本和 10 000 个测试样本组成,每个样本都是一张 28×28 像素的(0~9)手写数字灰度图片,如图 5.5 所示。

MNIST 数据集下载地址为:http://yann.lecun.com/exdb/mnist/。

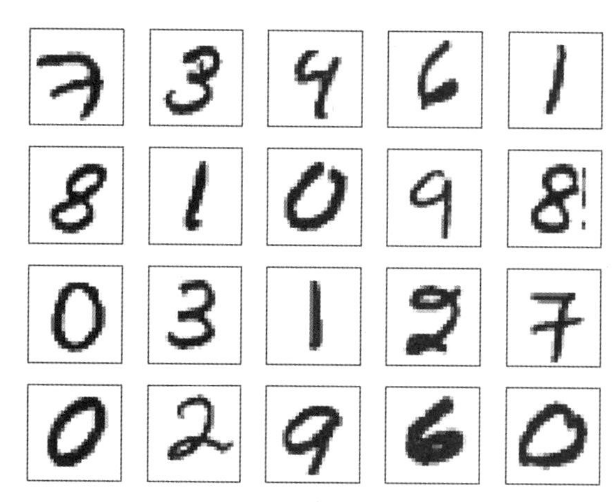

图 5.5 MNIST 数据集图片

下载后的文件信息如表 5.1 所示。

表 5.1 MNIST 数据集信息

文件名称	大小/KB	内容
train-images-idx3-ubyte. gz	9681	55 000 个训练集,5000 个验证集
train-labels-idx1-ubyte. gz	29	训练集图片对应的标签
t10k-images-idx3-ubyte. gz	1611	10 000 个测试集
t10k-labels-idx1-ubyte. gz	5	测试集图片对应的标签

共 4 个文件,训练集、训练集标签、测试集、测试集标签,直接下载下来的数据是无法通过解压或者应用程序打开的,因为这些文件不是任何标准的图像格式,而是以字节格式进行存储的,所以必须编写程序来打开它。

2. Sklearn 实现

实例:K-means 算法在手写体数据集上的应用。

```
# Sklearn 库实现 K-means 聚类
import numpy as np
import pandas as pd
import matplotlib.pyplot as plt
# 使用 Pandas 分别读取训练数据和测试数据
digits_train = pd.read_csv('https://archive.ics.uci.edu/ml/machine-learning-databases/optdigits/optdigits.tra', header=None)
digits_test = pd.read_csv('https://archive.ics.uci.edu/ml/machine-learning-databases/optdigits/optdigits.tes', header=None)
# 从训练和测试数据集上都分离出 64 维度的像素特征和 1 维度的数字目标
X_train = digits_train[np.arange(64)]
y_train = digits_train[64]
X_test = digits_test[np.arange(64)]
y_test = digits_test[64]
# 从 sklearn.cluster 中导入 K-means 模型
from sklearn.cluster import KMeans
# 初始化 K-means 模型,并设置聚类中心数量为 10
kmeans = KMeans(n_clusters=10)
kmeans.fit(X_train)
```

```
# 逐条判断每幅测试图像所属的聚类中心
y_pred = kmeans.predict(X_test)
```

采用轮廓系数和手肘法对聚类的性能进行评估：

```
# 从 Sklearn 导入度量函数库 metrics
from sklearn import metrics
# 使用 ARI 进行 K-means 聚类性能评估
print(metrics.adjusted_rand_score(y_test, y_pred))
# 利用轮廓系数评价不同类簇数量的 K-means 聚类实例
import numpy as np
from sklearn.cluster import KMeans
# 从 sklearn.metrics 导入 silhouette_score 用于计算轮廓系数
from sklearn.metrics import silhouette_score
import matplotlib.pyplot as plt
# 分割出 3×2=6 个子图,并在 1 号子图上作图
plt.subplot(3, 2, 1)
# 初始化原始数据点
x1 = np.array([1, 2, 3, 1, 5, 6, 5, 5, 6, 7, 8, 9, 7, 9])
x2 = np.array([1, 3, 2, 2, 8, 6, 7, 6, 7, 1, 2, 1, 1, 3])
X = np.array(list(zip(x1, x2))).reshape(len(x1), 2)
# 在 1 号子图做出原始数据点阵的分布
plt.xlim([0, 10])
plt.ylim([0, 10])
plt.title("Instances")
plt.scatter(x1, x2)
colors = ['b', 'g', 'r', 'c', 'm', 'y', 'k', 'b']
markers = ['o', 's', 'D', 'v', '^', 'p', '*', '+']
clusters = [2, 3, 4, 5, 8]
subplot_counter = 1
sc_scores = []
for t in clusters:
subplot_counter += 1
plt.subplot(3, 2, subplot_counter)
kmeans_model = KMeans(n_clusters=t).fit(X)
for i, l in enumerate(kmeans_model.labels_):
plt.plot(x1[i], x2[i], color=colors[l], marker=markers[l], ls='None')
plt.xlim([0, 10])
plt.ylim([0, 10])
sc_score = silhouette_score(X, kmeans_model.labels_, metric='euclidean')
sc_scores.append(sc_score)
# 绘制轮廓系数与不同类簇数量的直观展示图
plt.title('K=%s, silhouette coefficient=%0.03f' % (t, sc_score))
# 绘制轮廓系数与不同类簇数量的关系曲线
plt.figure()
plt.plot(clusters, sc_scores, '*-')
plt.xlabel('Number of Clusters')
plt.ylabel('Silhouette Coefficient Score')
plt.show()
```

绘制的直观展示图和关系曲线如图 5.6 所示。

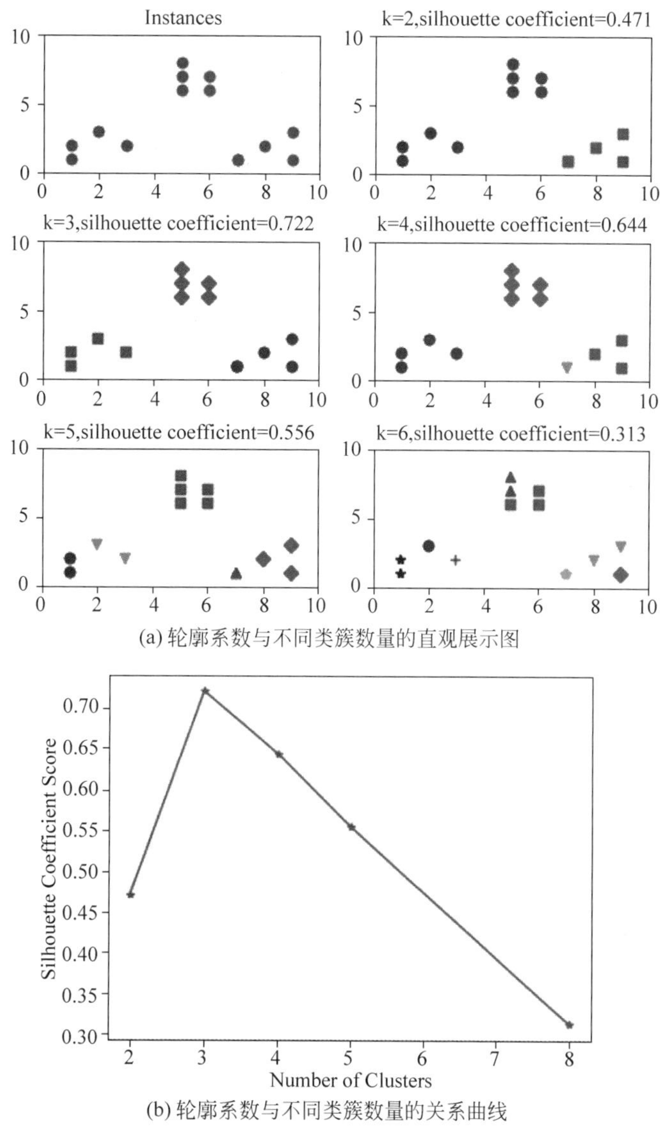

(a) 轮廓系数与不同类簇数量的直观展示图

(b) 轮廓系数与不同类簇数量的关系曲线

图 5.6　直观展示图和关系曲线

采用手肘法对聚类效果进行评估，代码如下：

```
import numpy as np
from sklearn.cluster import KMeans
from scipy.spatial.distance import cist
import matplotlib.pyplot as plt
# 使用均匀分布函数随机产生三个簇,每个簇周围有 10 个数据样本
cluster1 = np.random.uniform(0.5, 1.5, (2, 10))
cluster2 = np.random.uniform(5.5, 6.5, (2, 10))
cluster3 = np.random.uniform(3.0, 4.0, (2, 10))
# 绘制 30 个数据样本的分布图像
X = np.hstack((cluster1, cluster2, cluster3)).T
plt.scatter(X[:, 0], X[:, 1])
plt.xlabel('x1')
plt.ylabel('x2')
```

```
plt.show()
# 测试 9 种不同聚类中心数量下每种情况的聚类质量,并作图
K = range(1, 10)
meandistortions = []
for k in K:
  kmeans = KMeans(n_clusters = k)
  kmeans.fit(X)
  meandistortions.append(sum(np.min(cdist(X, kmeans.cluster_centers_, 'euclidean'), axis =
1)) / X.shape[0])
  plt.plot(K, meandistortions, 'bx- ')
  plt.xlabel('k')
  plt.ylabel('Average Dispersion')
  plt.title('Selecting k with Elbow Method')
  plt.show()
```

多次迭代聚类的效果图如图 5.7 所示。

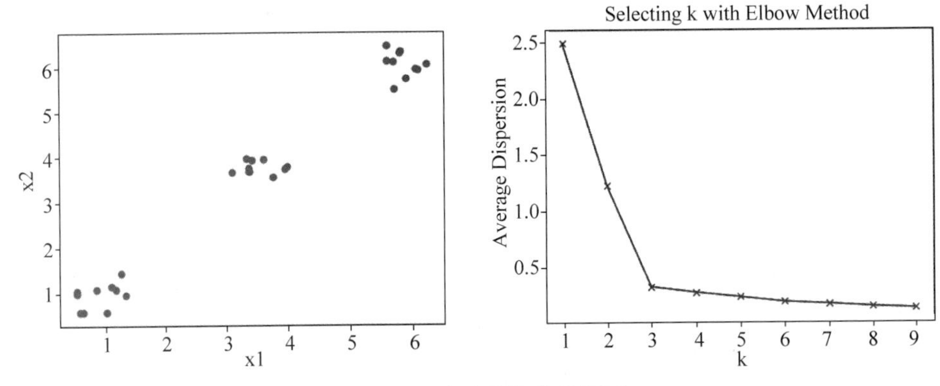

图 5.7　多次迭代聚类效果图

3. 自编代码实现

（1）K-means 算法原理实现的应用实例。

```
class kMeans(object):
def __init__(self, n_clusters = 10, initCent = 'random', max_iter = 300):
# hasattr() 函数用于判断对象是否包含对应的属性
if hasattr(initCent, '__array__'):
n_clusters = initCent.shape[0]
# 将输入转换为矩阵 ndarray 格式
self.centroids = np.asarray(initCent, dtype = np.float)
else:
self.centroids = None
self.n_clusters = n_clusters
self.max_iter = max_iter
self.initCent = initCent
self.clusterAssment = None
self.labels = None
self.sse = None
# 计算两个向量的欧氏距离
  def distEclud(self, vecA, vecB):
  return np.linalg.norm(vecA - vecB)
# 计算两点的曼哈顿距离
def distManh(self, vecA, vecB):
return np.linalg.norm(vecA - vecB, ord = 1)
```

```
# 给点的数据集构建一个包含 k 个随机质心的集合
def randCent(self, X, k):
n = X.shape[1]                        # 特征维数,也就是数据集有多少列
centroids = np.empty((k, n))          # k×n 的矩阵,用于存储每簇的质心
for j in range(n):                    # 产生质心,一维一维地随机初始化
minJ = min(X[:, j])
rangeJ = float(max(X[:, j]) - minJ)
centroids[:, j] = (minJ + rangeJ * np.random.rand(k, 1)).flatten()
return centroids
def fit(self, X):
if not isinstance(X, np.ndarray):
try:
X = np.asarray(X)
except:
raise TypeError("numpy.ndarray required for X")
m = X.shape[0]                        # 样本数量,有多少行数据
# m×2 的矩阵,第一列表示样本属于哪一簇,第二列存储该样本与质心的平方误差
self.clusterAssment = np.empty((m, 2))
if self.initCent == 'random':         # 可以指定质心或者随机产生质心
self.centroids = self.randCent(X, self.n_clusters)
clusterChanged = True
for _ in range(self.max_iter):        # 指定最大迭代次数
clusterChanged = False
for i in range(m):                    # 将每个样本分配到离它最近的质心所属的簇
#np.inf 为无穷大
minDist = np.inf
minIndex = -1
for j in range(self.n_clusters):  #遍历所有数据点,找到距离每个点最近的质心
#一般聚类都使用欧氏距离,计算每行数据点到每个质心所属的簇的距离
distJI = self.distEclud(self.centroids[j, :], X[i, :])
if distJI < minDist:
minDist = distJI
minIndex = j
if self.clusterAssment[i, 0] != minIndex:
clusterChanged = True
self.clusterAssment[i, :] = minIndex, minDist ** 2
if not clusterChanged:                # 若所有样本点所属的簇都不改变,则已收敛,提前结束迭代
break
for i in range(self.n_clusters):  # 将每个簇中点的均值作为质心
# 取出属于第 i 个簇的所有点
ptsInClust = X[np.nonzero(self.clusterAssment[:, 0] == i)[0]]
if(len(ptsInClust) != 0):
self.centroids[i, :] = np.mean(ptsInClust, axis=0)
self.labels = self.clusterAssment[:, 0]
self.sse = sum(self.clusterAssment[:, 1]) # 误差平方和
```

(2) 改进 K-means 算法后的二分 K-means 算法实现。

```
class biKMeans(object):
def __init__(self, n_clusters=5):
self.n_clusters = n_clusters
self.centroids = None
self.clusterAssment = None
self.labels = None
```

```
self.sse = None
# 计算两点的欧氏距离
def distEclud(self, vecA, vecB):
return np.linalg.norm(vecA - vecB)
# 计算两点的曼哈顿距离
def distManh(self, vecA, vecB):
return np.linalg.norm(vecA - vecB,ord = 1)
def fit(self, X):
m = X.shape[0]
self.clusterAssment = np.zeros((m, 2))
if(len(X) != 0):
centroid0 = np.mean(X, axis = 0).tolist()
centList = [centroid0]
for j in range(m): # 计算每个样本点与质心之间初始的 SSE
self.clusterAssment[j, 1] = self.distEclud(np.asarray(centroid0), X[j, :]) ** 2
while (len(centList) < self.n_clusters):
lowestSSE = np.inf
for i in range(len(centList)): # 尝试划分每一簇,选取使误差最小的那个簇进行划分
ptsInCurrCluster = X[np.nonzero(self.clusterAssment[:, 0] == i)[0], :]
clf = kMeans(n_clusters = 2)
clf.fit(ptsInCurrCluster)
   centroidMat, splitClustAss = clf.centroids, clf.clusterAssment # 划分该簇后,所得到的质
                                                                  # 心、分配结果及误差矩阵
sseSplit = sum(splitClustAss[:, 1])
sseNotSplit = sum(self.clusterAssment[np.nonzero(self.clusterAssment[:, 0] != i)[0], 1])
if (sseSplit + sseNotSplit) < lowestSSE:
bestCentToSplit = i
bestNewCents = centroidMat
bestClustAss = splitClustAss.copy()
lowestSSE = sseSplit + sseNotSplit
# 该簇被划分成两个子簇后,其中一个子簇的索引变为原簇的索引,
# 另一个子簇的索引变为 len(centList),然后存入 centList
bestClustAss[np.nonzero(bestClustAss[:, 0] == 1)[0], 0] = len(centList)
bestClustAss[np.nonzero(bestClustAss[:, 0] == 0)[0], 0] = bestCentToSplit
centList[bestCentToSplit] = bestNewCents[0, :].tolist()
centList.append(bestNewCents[1, :].tolist())
self.clusterAssment[np.nonzero(self.clusterAssment[:, 0] == bestCentToSplit)[0], :]
= bestClustAss
self.labels = self.clusterAssment[:, 0]
self.sse = sum(self.clusterAssment[:, 1])
self.centroids = np.asarray(centList)
```

(3) 可视化聚类结果实现。

```
#可视化聚类的结果
def visualization(k, dataset, dataLabel, cents, labels, sse, lowestsse): # 画出聚类结果
# 每一类用一种颜色
# colors = ['pink', 'blue', 'brown', 'cyan', 'darkgreen', 'darkorange', 'darkred', 'gray', 'navy',
# 'yellow']
colors = ['#FFC0CB','#0000FF','#A52A2A','#00FFFF','#006400','#FF8C00','#8B0000',
'#808080','#000080','#FFFF00']
   # colors = ['b', 'g', 'r', 'k', 'c', 'm', 'y', '#e24fff', '#524C90', '#845868']
   for i in range(k):
     index = np.nonzero(labels == i)[0]
```

```
        x0 = dataset[index, 0]
        x1 = dataset[index, 1]
        y_i = dataLabel[index]
        for j in range(len(x0)):
        plt.text(x0[j], x1[j], str(int(y_i[j])), color = colors[i], fontdict = {'weight': 'bold',
        'size': 9})
        plt.scatter(cents[i, 0], cents[i, 1], marker = 'x', color = colors[i], linewidths = 12)
        plt.title("SSE = {:.2f}".format(sse))
        plt.axis([ - 30, 30, - 30, 30])
        plt.show()
    if(sse < lowestsse):
        plt.savefig("lowestsee.jpg")
```

在本实战中,K-means 和 biKmeans 算法的实现,都采用了封装成类的方式,两种算法都采用 SSE 来度量聚类的效果。SSE 值越小表示数据点越接近于它们的质心,聚类效果越好。其中,n_clusters 表示聚类个数,也就是 k,initCent 是生成初始质心的方法,random 表示随机生成,当然也可以根据个人编程习惯去指定一个数组生成。max_iter 表示的最大的迭代次数,是为了防止数据不收敛而设置的。K-means 和 biKmeans 的聚类结果如图 5.8、图 5.9 所示。

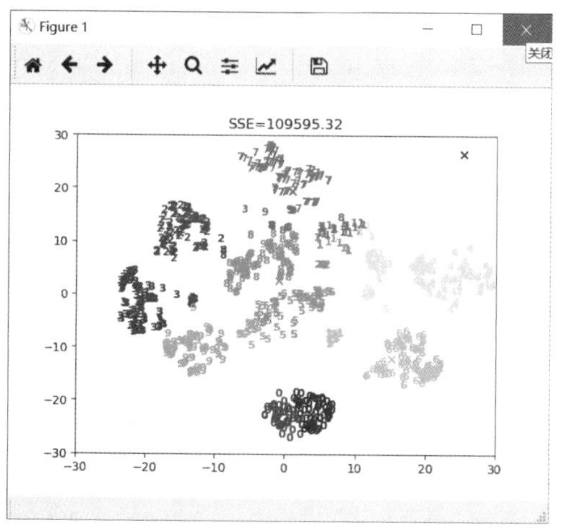

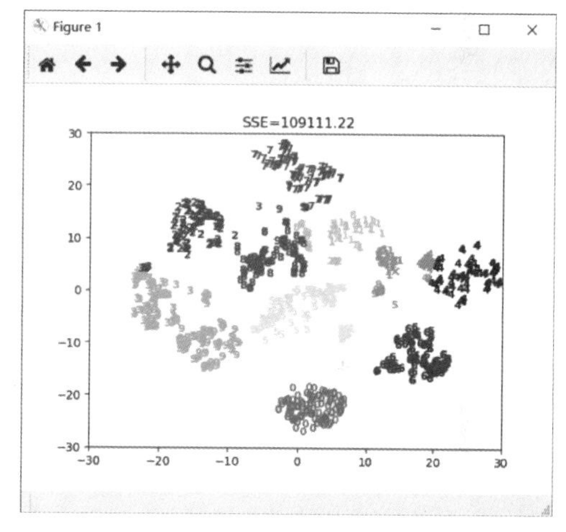

图 5.8　K-means 的聚类结果

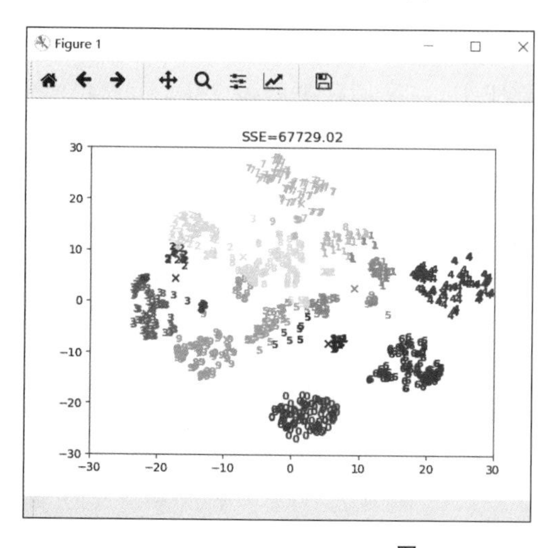

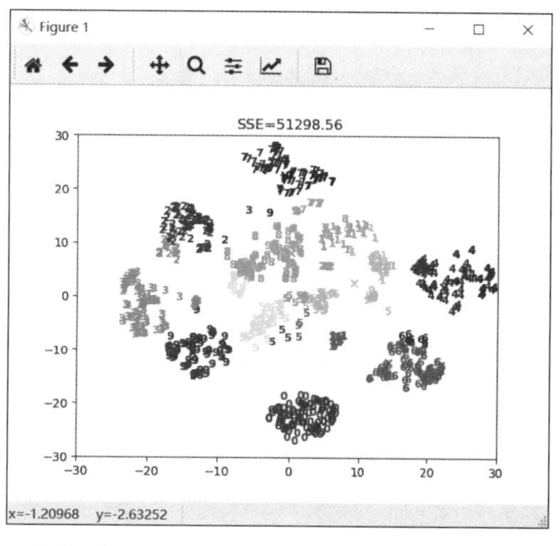

图 5.9　biKmeans 的聚类结果

5.1.5 实验

1. 实验目的

(1) 理解机器学习的基本理论,训练运用机器学习的思想对软件问题进行分析、设计、实践的基本技术,掌握科学的实验方法。

(2) 锻炼观察问题、分析问题和独立解决问题的能力。

(3) 掌握正确使用开发环境的方法,学会编译、编辑、连接和调试程序。

(4) 初步掌握一般应用软件的设计方法;培养良好的编程习惯,注意源码管理、程序可读性、规范化等问题。

(5) 锻炼正确记录实验数据和现象、正确处理实验数据和分析实验结果及调试程序的能力,以及正确书写实验报告的能力。

2. 实验数据

本实验数据为 MNIST 手写体数据集,具体介绍见 5.1.4 节。

3. 实验要求

随机选取 MNIST 数据集中的 1000 张图片,通过调用 Sklearn 中的 K-means 工具包和自编代码实现对图片的聚类,并进行性能评估。

5.2 模糊聚类算法

5.2.1 原理简介

1. 模糊聚类简介

现实世界中,事物之间存在着这样或那样的关系。一些是界限非常明确的关系,如"父子关系""大小关系"等,可以简单地用"是"与"否"或者 1 与 0 来刻画。而更多的则是界限不明显的关系,如"朋友关系""相近关系""相像关系"等。对这类关系再用简单的"是"与"否"或者 1 与 0 来刻画显然是不合适的,必须用模糊集理论来进行描述,这就是模糊关系。

如何理解模糊聚类的"模糊"呢?可以这么来理解,假设有两个集合分别是 A、B,有一成员 a,传统的分类概念中,a 要么属于 A,要么属于 B,在模糊聚类的概念中,a 可以 0.3 属于 A,0.7 属于 B,这就是其中的"模糊"概念。模糊聚类分析按照聚类过程的不同大致可以分为三类:一是基于模糊关系的分类法,其中包括谱系聚类算法(又称系统聚类法)、基于等价关系的聚类算法、基于相似关系的聚类算法和图论聚类算法等。它是研究比较早的一种方法,但是由于它不能适用于大数据量的情况,所以在实际中的应用并不广泛;二是基于目标函数的模糊聚类算法,该方法把聚类分析归结成一个带约束的非线性规划问题,通过优化求解获得数据集的最优模糊划分和聚类。该方法设计简单、解决问题的范围广,还可以转换为优化问题而借助经典数学的非线性规划理论求解,并易于计算机实现。因此,随着计算机的应用和发展,基于目标函数的模糊聚类算法成为新的研究热点;三是基于神经网络的模糊聚类算法,它是兴起比较晚的一种算法,主要是采用竞争学习算法来指导网络的聚类过程。

在众多模糊聚类算法中，模糊 C 均值(Fuzzy C-means，FCM)聚类算法应用最广泛且成功，它通过优化目标函数得到每个样本点对所有类中心的隶属度，从而对样本进行自动分类。本节将详细介绍 FCM 聚类算法。

2. FCM 原理介绍

FCM 聚类算法是由 E. Ruspini 首先提出的，后来 J. C. Dunn 与 J. C. Bezdek 将 E. Ruspini 提出的算法由硬聚类算法推广成模糊聚类算法。FCM 聚类算法是基于对目标函数的优化基础上的一种数据聚类方法。聚类结果是每个数据点对聚类中心的隶属程度，该隶属程度用一个数值来表示。FCM 聚类算法是一种无监督的模糊聚类方法，在算法实现过程中不需要人为的干预。这种算法的不足之处是算法中需要设定一些参数，若参数的初始化选取的不合适，可能影响聚类结果的正确性；当数据样本集合较大并且特征数目较多时，算法的实时性不太好。

在介绍 FCM 聚类算法之前先介绍一些模糊集合的基本知识，首先说明隶属度函数的概念。隶属度函数是表示一个对象 x 隶属于集合 A 的程度的函数，通常记作 $\mu A(x)$，其自变量范围是所有可能属于集合 A 的对象(即集合 A 所在空间中的所有点)，取值范围是 $[0,1]$，即 $0\leqslant\mu A(x)\leqslant 1$。$\mu A(x)=1$ 表示 x 完全隶属于集合 A，相当于传统集合概念上的 $x\in A$。一个定义在空间 $X=\{x\}$ 上的隶属度函数就定义了一个模糊集合 A，或者叫定义在论域 $X=\{x\}$ 上的模糊子集。有了模糊集合的概念，一个元素隶属于模糊集合就不是硬性的了，在聚类的问题中，可以把聚类生成的簇看成模糊集合，因此，每个样本点隶属于簇的隶属度就是 $[0,1]$ 区间里面的值。

假定有数据集 $\boldsymbol{D}=\{\boldsymbol{x}_1,\boldsymbol{x}_2,\cdots,\boldsymbol{x}_m\}$，要对 D 中的数据进行分类，如果把这些数据划分成 c 个类的话，那么对应的就有 c 个类中心为 $\boldsymbol{c}_i$，每个样本 $\boldsymbol{x}_j$ 属于某一类 $\boldsymbol{c}_i$ 的隶属度定为 u_{ij}，那么定义一个 FCM 目标函数及其约束条件如下：

$$J=\sum_{i=1}^{c}\sum_{j=1}^{n}u_{ij}^{m}\|\boldsymbol{x}_j-\boldsymbol{c}_i\|^2 \tag{5.10}$$

$$\sum_{i=1}^{c}u_{ij}=1,j=1,2,\cdots,n \tag{5.11}$$

目标函数(即式(5.10))是由相应样本的隶属度与该样本到各类中心的距离相乘组成的，其中 m 是一个隶属度的因子，一般为 2。式(5.11)为约束条件，表示一个样本属于所有类的隶属度之和应为 1。$\|\boldsymbol{x}_j-\boldsymbol{c}_i\|$ 表示 $\boldsymbol{x}_j$ 到中心点 $\boldsymbol{c}_i$ 的欧氏距离。

接下来就是利用约束函数求解 u_{ij} 和 $\boldsymbol{c}_i$，得到 u_{ij} 和 $\boldsymbol{c}_i$ 是相互关联的。在算法开始的时候，会随机生成一个 u_{ij}，通过 u_{ij} 计算出 c，有了 $\boldsymbol{c}_i$ 又可以计算出 u_{ij}，反反复复，这个过程中目标函数 J 一直在变化，逐渐趋向稳定。当 J 不在变化时就认为算法收敛到一个较好的结果了。

5.2.2 算法步骤

FCM 的算法流程如下。

输入：样本 X，类的个数 c，隶属度因子 m(一般取 2)，迭代次数。

① 随机初始化模糊矩阵 $\boldsymbol{U}=[u_{ij}]$(描述每个点在不同类的隶属度)。

② 根据模糊矩阵 $\boldsymbol{U}$ 通过下面公式计算类中心 $\boldsymbol{c}_j$：

$$\boldsymbol{c}_j=\frac{\sum_{i=1}^{n}u_{ij}^{m}\times\boldsymbol{x}_i}{\sum_{i=1}^{N}u_{ij}^{m}}$$

③ 通过上面公式根据计算出的类中心，更新模糊矩阵 $\boldsymbol{U}$：

$$u_{ij}=\frac{1}{\sum_{k=1}^{C}\left(\frac{\|\boldsymbol{x}_i-\boldsymbol{c}_j\|}{\|\boldsymbol{x}_i-\boldsymbol{c}_k\|}\right)^{\frac{2}{m-1}}}$$

④ 当模糊矩阵 $\boldsymbol{U}$ 的变化不大时，结束迭代，否则返回②。

输出：模糊 Cmeans 聚类结果。

5.2.3 实战

1. 数据集

本实战选用鸢尾花数据集，其详细介绍见 2.1.4 节。

2. skfuzzy 实现

实例：skfuzzy 库实现模糊聚类。

```
import numpy as np
from skfuzzy.cluster import cmeans
from sklearn.metrics import silhouette_score
import matplotlib.pyplot as plt
from sklearn import datasets
iris = datasets.load_iris()
print(iris.data.shape)
# colo = [[0, 0, 255], [0, 255, 0], [255, 0, 0], [0, 255, 255], [255, 255, 0], [255, 0, 255],
# [255, 255, 255]]
colo = ['b', 'g', 'r', 'c', 'm', 'y', 'k']
# x = np.random.randint(0, 10, [100, 2])
x = iris.data
shape = x.shape
FPC = []
K = 8
labels = []
for k in range(2, K):
center, u, u0, d, jm, p, fpc = cmeans(x.T, m = 2, c = k, error = 0.5, maxiter = 10000)
'''
注意输入数据是 K-means 数据的转置
center 是聚类中心，u 是最终的隶属度矩阵，u0 是初始化隶属度矩阵
d 是每个数据到各个中心的欧氏距离矩阵，jm 是目标函数优化，p 是迭代次数
fpc 是评价指标，0 为最差，1 为最好
'''
label = np.argmax(u, axis = 0)
  for i in range(shape[0]):
     plt.xlabel('x')
         plt.ylabel('y')
```

```
        plt.title('c = ' + str(k))
            plt.plot(x[i, 0], x[i, -1], colo[label[i]] + 'o')
            plt.show()
    print('%d c\'s FPC is: %0.2f' % (k, fpc))
            FPC.append(fpc)
X = range(2, K)
    plt.xlabel('c')
    plt.ylabel('FPC')
plt.title('FCM - cmeans')
plt.plot(X, FPC, 'o - ', )
    plt.show()
```

运行结果如图 5.10 和图 5.11 所示。

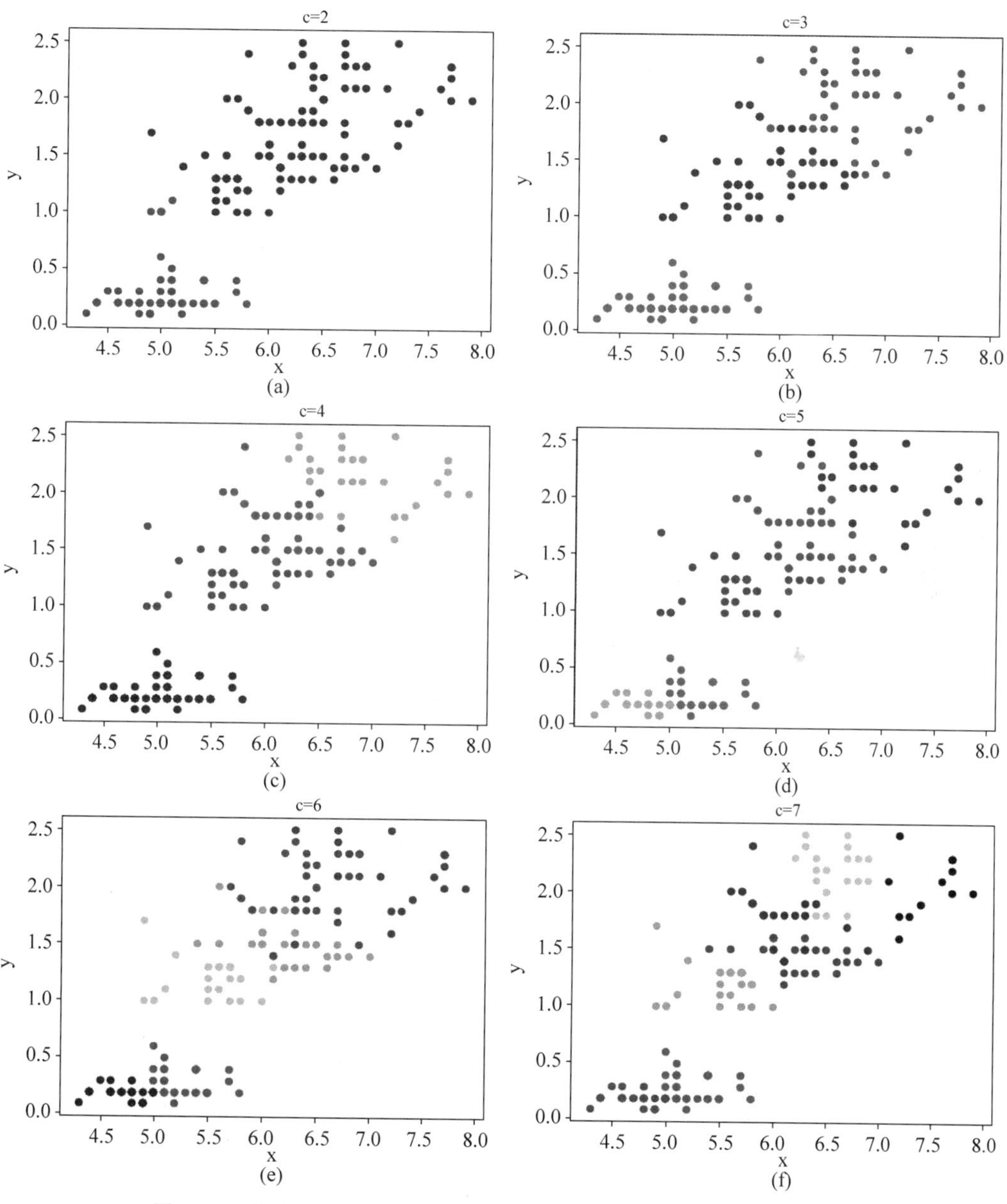

图 5.10　模糊聚类结果(图(a)～(f)分别是设定不同类别的聚类结果)

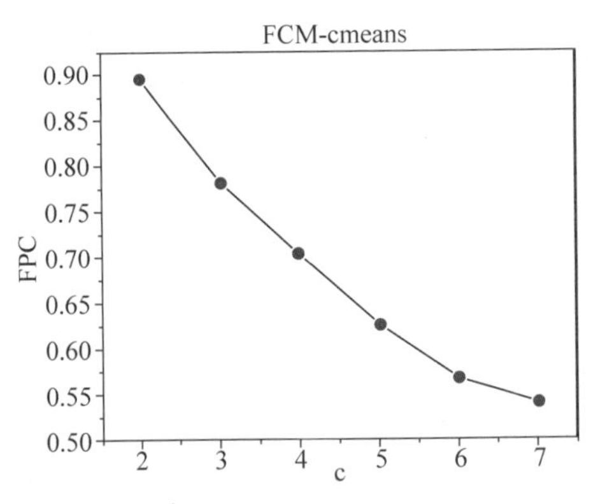

图 5.11　类别数目与评价指标关系图

3. 自编代码实现

代码：模糊聚类原理实现。

```
#自编代码实现模糊聚类,Iris 数据集
import numpy as np
import matplotlib.pyplot as plt
from sklearn import datasets
iris = datasets.load_iris()
print(iris.data.shape)
colo = ['b', 'g', 'r', 'c', 'm', 'y', 'k']
K = 4
def FCM(X, c_clusters = 4, m = 2, eps = 10):
  membership_mat = np.random.random((len(X), c_clusters))
  membership_mat = np.divide(membership_mat, np.sum(membership_mat, axis = 1)[:, np.
newaxis])
  while True:
     working_membership_mat = membership_mat ** m
     Centroids = np.divide(np.dot(working_membership_mat.T, X),
              np.sum(working_membership_mat.T, axis = 1)[:, np.newaxis])
     n_c_distance_mat = np.zeros((len(X), c_clusters))
     for i, x in enumerate(X):
         for j, c in enumerate(Centroids):
             n_c_distance_mat[i][j] = np.linalg.norm(x - c, 2)
     new_membership_mat = np.zeros((len(X), c_clusters))
     for i, x in enumerate(X):
         for j, c in enumerate(Centroids):
             new_membership_mat[i][j] = 1. / np.sum((n_c_distance_mat[i][j] / n_c_distance_
mat[i]) ** (2 / (m - 1)))
     if np.sum(abs(new_membership_mat - membership_mat)) < eps:
         break
   membership_mat = new_membership_mat
   return np.argmax(new_membership_mat, axis = 1)
     #print(FCM(iris.data))
labels = FCM(iris.data)
    print('cluster labels: %s' % labels)
    for k, col in zip(range(0, K), colo):
        X = labels == k
        plt.plot(iris.data[X, 0], iris.data[X, -1], col + 'o')
```

```
plt.xlabel('x')
plt.ylabel('y')
plt.title('FCM')
plt.show()
```

运行结果如图 5.12 所示。

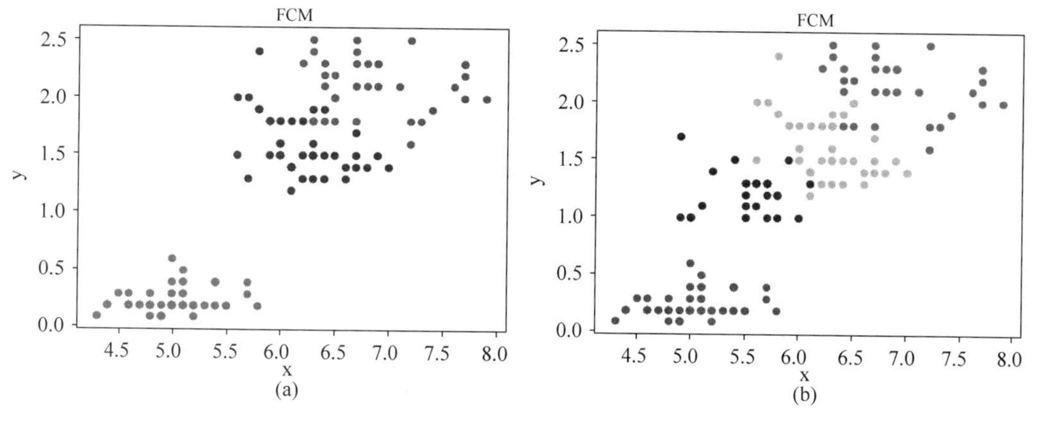

图 5.12 模糊聚类结果

5.2.4 实验

1. 实验目的

(1) 理解机器学习的基本理论,掌握运用机器学习的思想对软件问题进行分析、设计、实践的基本技术,掌握科学的实验方法。

(2) 锻炼观察问题、分析问题和独立解决问题的能力。

(3) 掌握正确使用开发环境的方法,学会编译、编辑、连接、调试程序。

(4) 初步掌握一般应用软件的设计方法;培养良好的编程习惯,注意源码管理、程序可读性、规范化等问题。

(5) 锻炼正确记录实验数据和现象、正确处理实验数据和分析实验结果及调试程序的能力,以及正确书写实验报告的能力。

2. 实验要求

通过直接调用 Sklearn 工具包和自编代码实现对 Iris 数据集里面的样本进行聚类。

5.3 基于密度聚类算法

5.3.1 原理简介

基于密度的聚类方法(DBACAN)主要是基于密度分布来实现聚类的,其核心思想就是先发现密度较高的点,然后把相近的高密度点逐步连成一片,进而生成各种簇。具体来看,以每个数据点为圆心,以 Eps 为半径画个圈(称为邻域(eps-neighbourhood)),然后计算圈内的点数,即为该点的密度值。然后选取一个密度阈值 MinPts,如圈内的点数小于 MinPts 的圆心点为低密度的点,而大于或等于 MinPts 的圆心点为高密度的点(称为核心点(core point))。如果有一个高密度的点在另一个高密度的点的圈内，就把这两个点连接起来，这样可以把好多点不断地串联出来。之后，如果有低密度的点也在高密度的点的圈内，把它也连到最近的高密度点上，称之为边界点。其中核心点、边界点、噪声点的示意图如图 5.13 所示。

这样所有能连到一起的点就成了一个簇，而不在任何高密度点的圈内的低密度点就是噪声点。若 q 为核心点，核心点的 Eps 邻域内所有的点都是核心点的直接密度直达。如果点 p_i 由 q 密度直达，p_{i+1} 由 p_i 密度直达，那么 p_{i+1} 由 q 密度可达，如图 5.14 所示。如果对于 p_{i+1}，q 和 p_i 都可以由 p_{i+1} 密度可达，那么就称 q 和 p_i 密度相连，如图 5.15 所示。

相较于其他的聚类算法，基于密度的聚类算法的优点在于：首先，它不需要预设集群的数量；其次，它将离群值认定为噪声，不像层次聚类那样将其划分到一个集群中；最后，该算法可有效地找到任意尺寸、任意形状的集群。该算法的缺点在于：当集群的密度变化时，其表现较其他算法项目较差。

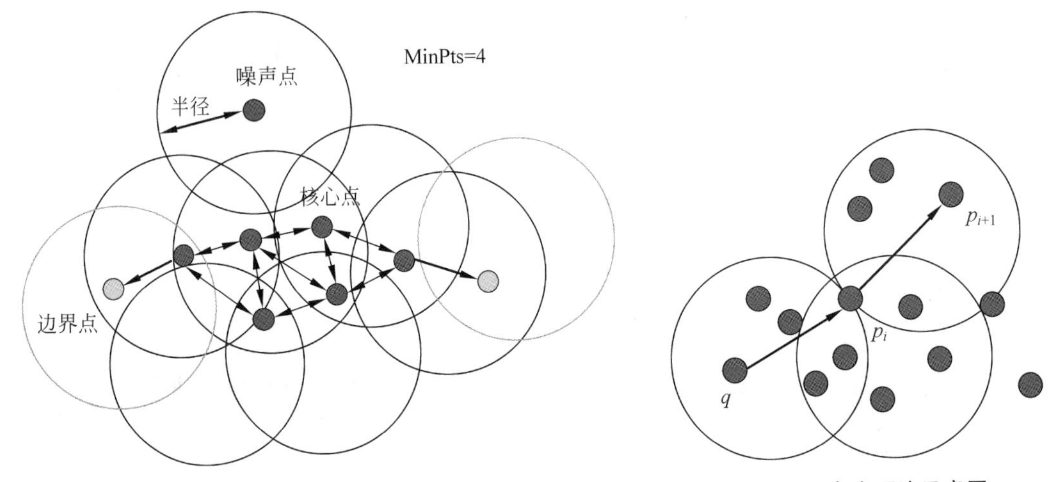

图 5.13　核心点、边界点、噪声点示意图　　图 5.14　密度可达示意图

由于 DBSCAN 是靠不断连接邻域内高密度点来发现簇的，只需要定义邻域大小和密度阈值，因此可以发现不同形状、不同大小的簇。图 5.16 展示了一个二维空间的 DBSCAN 聚类结果。

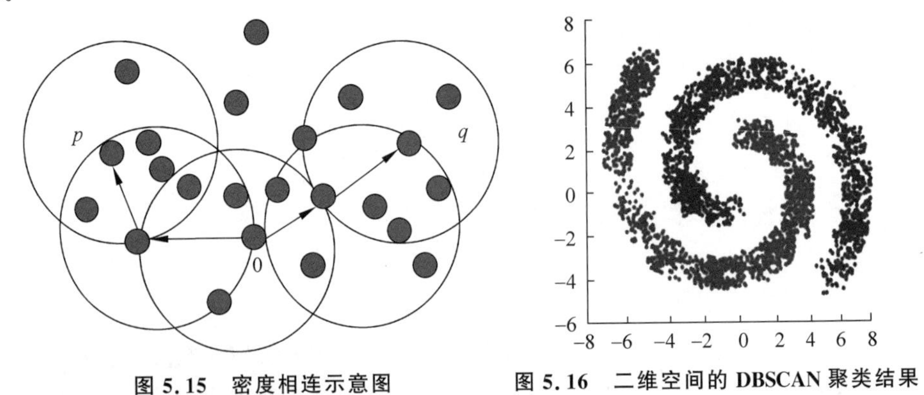

图 5.15　密度相连示意图　　图 5.16　二维空间的 DBSCAN 聚类结果

5.3.2　算法步骤

DBSCAN 算法是一种基于密度的聚类算法，其步骤如下。

(1) 确定两个参数。

epsilon：一个点周围邻近区域的半径。

MinPts：邻近区域内至少包含点的个数。

(2) 任意选择一个点(既没有指定到一个类也没有特定为外围点)，计算它的 NBHD (p,epsilon)判断是否为核点。如果是，则在该点周围建立一个类，否则设定为外围点。

(3) 遍历其他点，直到建立一个类。把密度相连的点加入类中，接着把密度可达的点也加进来。如果标记为外围的点被加进来，修改状态为边缘点。

(4) 重复步骤(1)和步骤(2)，直到所有的点满足在类中(核点或边缘点)或者为外围点。

(5) 利用轮廓函数对算法进行评估，得出最优参数。

5.3.3 实战

1. 数据集生成

使用 make_blobs 函数为聚类任务产生随机的数据集，产生一个数据集和相应的标签，其中参数 centers 为每个聚类簇的中心，是一些坐标点构成的列表，n_samples 是产生的样本总数，cluster_std 对应每个簇内数据的方差，是一个对应于 centers 的列表，每个簇内的样本呈高斯分布。

这里定义 create_data()函数来调用 make_blobs()，参数对应 make_blobs()函数的三个参数，该函数返回数据 X 和标签 labels_true。

```
# make_blobs()函数产生的是分隔的高斯分布的聚类簇
def create_data(centers, num, std):
  X, labels_true = make_blobs(n_samples = num, centers = centers, cluster_std = std)
  return X, labels_true
```

然后使用 Matplotlib 定义一个 plot_data()函数用于对上述 create_data()函数产生的数据进行可视化。

```
# 观察使用 make_blobs()函数生成的点
def plot_data( * data):
  X, labels_true = data
  plt.scatter(X[:, 0], X[:, 1], marker = 'o')
  plt.show()
```

构造数据，并调用上述 create_data()函数和 plot_data()函数实现数据的生成和显示，结果如图 5.17 所示，图中每个点包含两个维度，共 40 个样本。

```
# 构造数据,并观察生成的数据
centers = np.asarray([[3, 1], [9, 2], [5, 7], [9, 15],[8, 7],[10, 10]])
X, labels_true = create_data(centers, num = 40, std = [1, 1, 1, 1, 1, 1])
plot_data(X, labels_true)
```

2. Sklearn 调用密度聚类算法举例

sklearn.cluster 中的 DBSCAN 是用来实现密度聚类算法的，其源码如下：

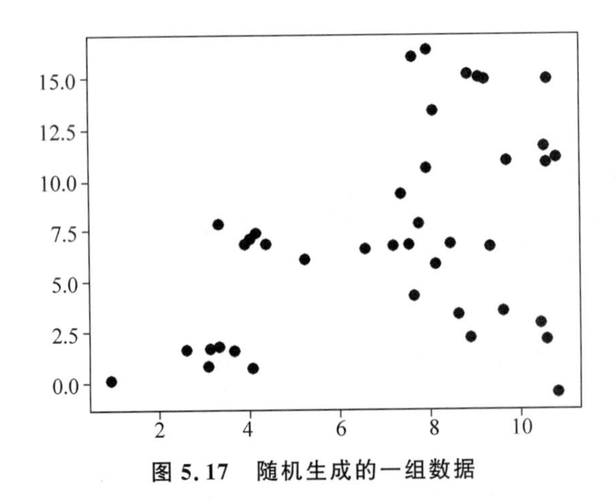

图 5.17　随机生成的一组数据

```
# class sklearn.cluster.DBSCAN
# (eps = 0.5, min_samples = 5, metric = 'euclidean', metric_params = None,
# algorithm = 'auto', leaf_size = 30, p = None, n_jobs = 1)
```

参数含义如下。

eps：即邻域中的 r 值，可以理解为圆的半径。

min_samples：成为核心对象的必要条件，即邻域内的最小样本数，默认是 5 个。

metric：距离计算方式，和层次聚类中的 affinity 参数类似，同样也可以是 precomputed。

metric_params：其他度量函数的参数。

algorithm：最近邻搜索算法参数，auto、ball_tree（球树）、kd_tree（kd 树）、brute（暴力搜索），默认是 auto。

leaf_size：最近邻搜索算法参数，当 algorithm 使用 kd_tree 或者 ball_tree 时，停止建子树的叶节点数量的阈值。

p：最近邻距离度量参数。只用于闵可夫斯基距离和带权重闵可夫斯基距离中 p 值的选择，p=1 时表示曼哈顿距离，p=2 时表示欧氏距离。

这里导入 DBSCAN，对上面构造的数据中的 X 进行密度聚类操作，其中密度聚类的邻域和密度阈值可以调整，以得到不同的聚类结果。

```
from sklearn import metrics
from sklearn.cluster import DBSCAN

# 调用 DBSCAN 实现密度聚类，eps 为邻域，min_samples 为密度阈值
# 可以调整 eps 和 min_samples 来观察聚类效果
db = DBSCAN(eps = 1.5, min_samples = 3).fit(X)
```

接下来为了考察聚类的结果，先打印数据聚类后的簇标号，其中编号 −1 的为噪声，也称为异常点（不在任何高密度点的圈内的低密度点），并计算噪声占总数据的比例，然后获取聚类后簇的数目。

最后，调用 metrics.silhouette_score 来计算聚类后的轮廓系数。

轮廓系数（silhouette coefficient）是用于评价聚类效果好坏的一个指标。它结合内聚度

和分离度两种因素。可以用来在相同原始数据的基础上评价不同算法，或者算法不同运行方式对聚类结果所产生的影响。

语句"metrics. silhouette_score(X, labels, metric='Euclidean', sample_size=None, random_state=None, ** kwds)"可返回所有样本的平均轮廓系数。

具体实现过程的源代码如下：

```
labels = db.labels_
#labels对应索引序号的值为其所在簇的序号。若簇标号为-1,表示为噪声
print('每个样本的簇标号:')
print(labels)
#计算噪声点个数占总数的比例
ratio = len(labels[labels[:] == -1]) / len(labels)
print('噪声比:', format(ratio, '.2%'))

# 获取分簇的数目
n_clusters_ = len(set(labels)) - (1 if -1 in labels else 0)
print('分簇的数目: %d' % n_clusters_)

#轮廓系数评价聚类的好坏
print("轮廓系数: %0.3f" % metrics.silhouette_score(X, labels))
for i in range(n_clusters_):
  print('簇 ', i, '的所有样本:')
  one_cluster = X[labels == i]
  print(one_cluster)
  plt.plot(one_cluster[:,0],one_cluster[:,1],'o')
plt.show()
```

运行如上源代码得到的聚类结果如图 5.18 所示，对比原图，没有出现在聚类结果中的点即为噪声。

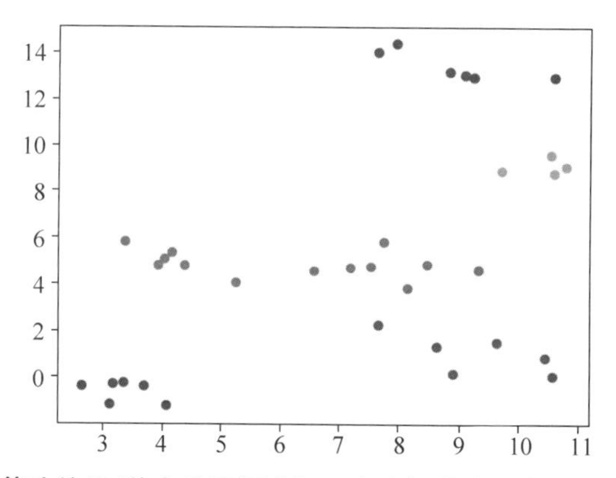

图 5.18　密度聚类算法结果(其中使用邻域为 1,密度阈值为 3,相同颜色的点构成一个簇)

对运行参数进行分析，每个样本的簇标号如下：

[0 1 2 0 −1 4 2 −1 3 3 3 −1 2 4 2 4 4 3 −1 2 2 0 4 2 2 1 2 2 2 3 1 0 0 0 4 3 2 2 1 −1]

其中−1为噪声点，则噪声比为 12.50%，分簇的数目为 5；轮廓系数为 0.464。

可以增加一个循环，将密度阈值从 1 增加到 4，观察分类的结果。代码修改如下：

```
from sklearn import metrics
from sklearn.cluster import DBSCAN

# 调用 DBSCAN 实现密度聚类,eps 为邻域, min_samples 为密度阈值
# 可以通过调整 eps 和 min_samples 来观察聚类效果
for min_samples in range(1,5):
  db = DBSCAN(eps = 1.5, min_samples = min_samples).fit(X)

  labels = db.labels_
  # labels 对应索引序号的值为其所在簇的序号,若簇标号为 - 1, 表示为噪声
  print('每个样本的簇标号:')
  print(labels)
  # 计算噪声点个数占总数的比例
  ratio = len(labels[labels[:] == -1]) / len(labels)
  print('噪声比:', format(ratio, '.2%'))

  # 获取分簇的数目
  n_clusters_ = len(set(labels)) - (1 if -1 in labels else 0)
  print('分簇的数目: %d' % n_clusters_)

  # 轮廓系数评价聚类的好坏
  print("轮廓系数: %0.3f" % metrics.silhouette_score(X, labels))
  for i in range(n_clusters_):
     print('簇 ', i, '的所有样本:')
     one_cluster = X[labels == i]
     print(one_cluster)
     plt.plot(one_cluster[:,0],one_cluster[:,1],'o')
  #plt.show()
  plt.savefig("temp{}.jpg".format(min_samples))
  plt.clf()
```

运行结果如图 5.19 和图 5.20 所示,依次为原始数据在密度阈值为 1、2、3、4 时的聚类结果。

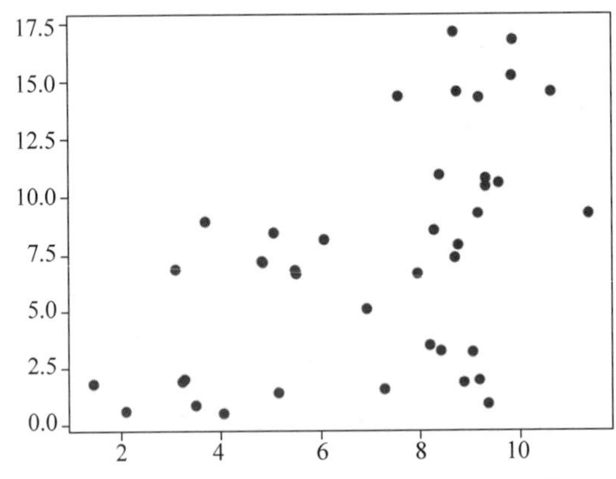

图 5.19 随机生成数据(图中每个点包含 2 个维度,共 40 个样本)

3. 自编代码实现

```
# 调用科学计算包与绘图包
import numpy as np
```

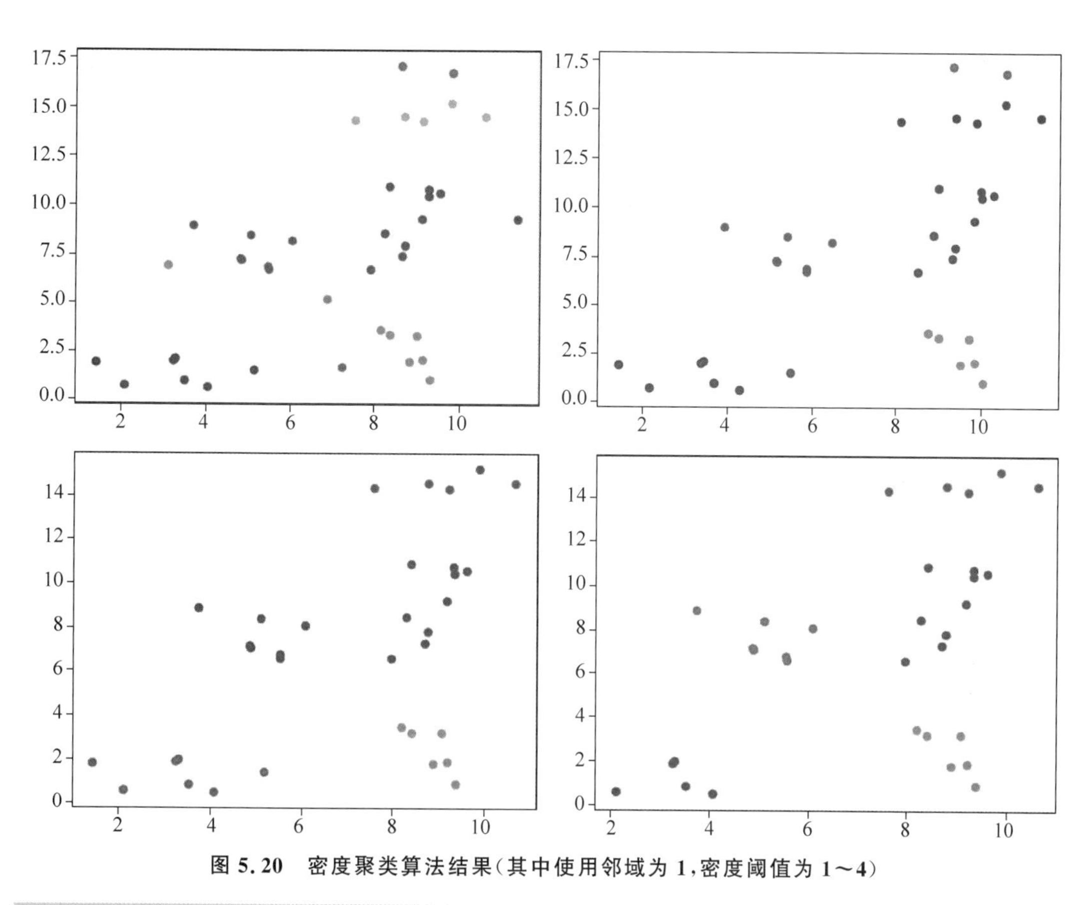

图 5.20 密度聚类算法结果(其中使用邻域为 1,密度阈值为 1~4)

```
import random
import matplotlib.pyplot as plt

#计算两个向量之间的欧氏距离
def calDist(X1 , X2 ):
    sum = 0
    for x1 , x2 in zip(X1 , X2):
     sum += (x1 - x2) ** 2
    return sum ** 0.5

#获取一个点的 ε - 邻域(记录的是索引)
def getNeibor(data , dataset , e):
    res = []
    for i in range(dataset.shape[0]):
     if calDist(data , dataset[i])< e:
        res.append(i)
    return res

#密度聚类算法
def DBSCAN(dataset , e , minPts):
    coreObjs = {}#初始化核心对象集合
    C = {}
    n = dataset.shape[0]
    #找出所有核心对象,key 是核心对象的 index,value 是 ε - 邻域中对象的 index
```

```
for i in range(n):
    neibor = getNeibor(dataset[i] , dataset , e)
    if len(neibor) =minPts:
        coreObjs[i] = neibor
oldCoreObjs = coreObjs.copy()
k = 0#初始化聚类簇数
notAccess = list(range(n))#初始化未访问样本集合(索引)
while len(coreObjs) 0:
    OldNotAccess = []
    OldNotAccess.extend(notAccess)
    cores = coreObjs.keys()
    #随机选取一个核心对象
    randNum = random.randint(0,len(cores) - 1)
    cores = list(cores)
    core = cores[randNum]
    queue = []
    queue.append(core)
    notAccess.remove(core)
    while len(queue) 0:
        q = queue[0]
        del queue[0]
        if q in oldCoreObjs.keys() :
        delte = [val for val in oldCoreObjs[q] if val in notAccess]#Δ = N(q)∩Γ
        queue.extend(delte)#将 Δ 中的样本加入队列 Q
        notAccess = [val for val in notAccess if val not in delte]#Γ = Γ\Δ
    k += 1
    C[k] = [val for val in OldNotAccess if val not in notAccess]
    for x in C[k]:
        if x in coreObjs.keys():
        del coreObjs[x]
return C
```

5.3.4 实验

1. 实验目的

(1) 理解密度聚类的基本理论原理,加深对密度聚类算法的理解。

(2) 锻炼分析程序、理解程序、运用程序解决问题的能力。

(3) 锻炼建立模型与实践操作的能力。

(4) 初步掌握一般程序的编写方法;培养良好的编程习惯。

(5) 锻炼记录实验数据、正确处理实验数据和分析实验结果及调试程序的能力,以及正确书写实验报告的能力。

2. 实验数据

运用 make_blobs()函数为聚类任务产生一个随机的数据集和相应的标签,数据集的数量为 1000。

3. 实验要求

完成密度聚类算法代码的编写,分析密度阈值等参数变化对噪声比和轮廓系数的影响。

5.4　层次聚类算法

5.4.1　原理简介

层次聚类(hierarchical clustering)是一种常见的聚类算法，主要是通过计算不同类别数据点之间的相似度来创建一棵有层次的嵌套聚类树。在聚类树中，不同类别的原始数据点是树的最底层，树的顶层是一个聚类的根节点。创建聚类树有“自下而上”凝聚和“自上而下”分裂两种方法。“自下而上”凝聚主要是先将每个样本都看成是一个不同的簇，通过重复将最近的一对簇进行合并，直到最后所有的样本都属于同一个簇为止。“自上而下”分裂则是先将所有的样本都看作是同一个簇，然后通过迭代将簇划分为更小的簇，直到每个簇中只有一个样本为止。其中，“自下而上”凝聚层次聚类示意图如图 5.21 所示。

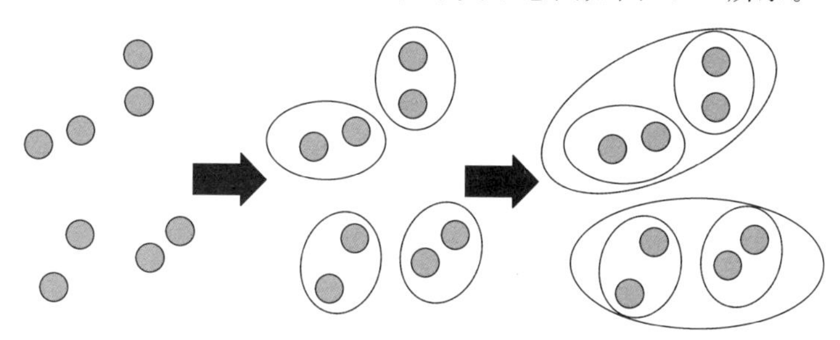

图 5.21　“自下而上”凝聚层次聚类示意图

目前比较常用的层次聚类算法是“自下而向上”的凝聚层次聚类，比较流行的算法有 AGNES、BIRCH、DIANA 算法。

1. AGNES 算法思想

AGNES(agglomerative nesting)算法属于自下而上的层次聚类算法。首先将每个对象作为一个簇，然后合并这些原子簇为越来越大的簇，直到某个终结条件被满足。其分类思想如图 5.22 所示。

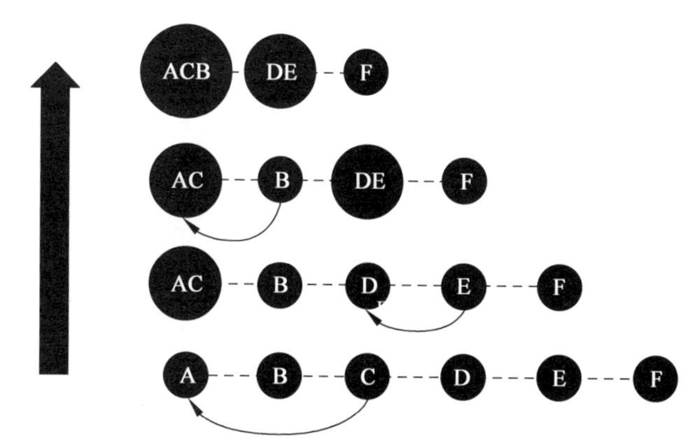

图 5.22　AGNES 算法分类思想

2. BIRCH 算法思想

BIRCH 算法是综合的层次聚类算法，主要是基于聚类特征和聚类特征树来对聚类进行描述和概括。其中,聚类特征树能够包括多种聚类的有用信息,不仅如此,其占用空间相对较小,能够在内存中存放,使得算法的速度以及可伸缩性有效提升。

BIRCH 算法的核心思想是通过扫描数据库,建立一个初始存放于内存中的聚类特征树,然后对聚类特征树的叶节点进行聚类。BIRCH 算法的分类思想如图 5.23 所示。

3. DIANA 算法

DIANA 算法主要采用自上而下的策略,该算法是 AGNES 算法的逆序。首先将所有对象置于一个簇中,然后按照某种既定的规则逐渐细分为越来越小的簇(如最大的欧氏距离),直到达到某个终结条件(簇数目或者簇距离达到阈值),DIANA 算法的分类思想如图 5.24 所示。

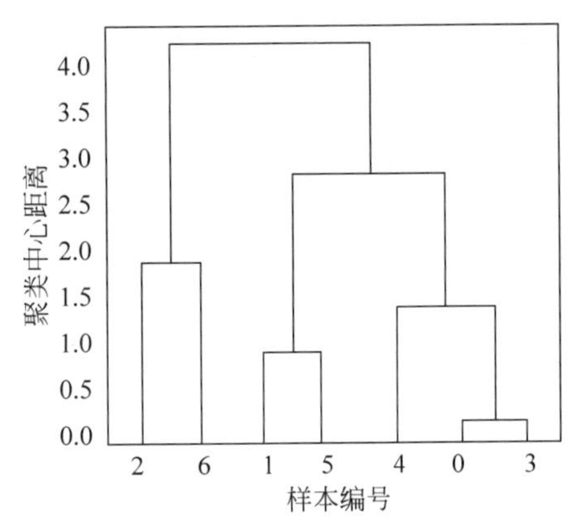

图 5.23　BIRCH 算法的分类思想

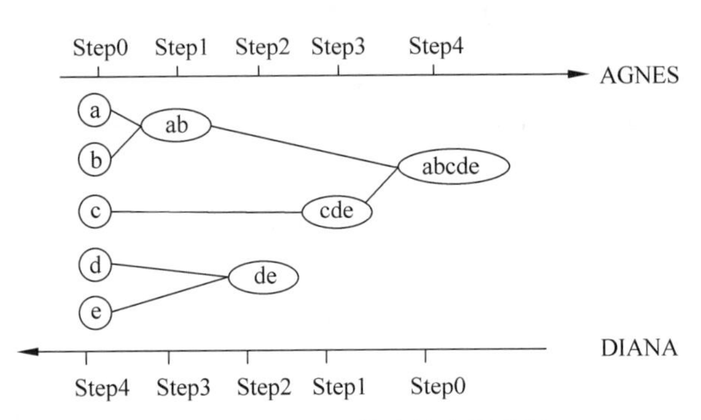

图 5.24　DIANA 算法的分类思想

5.4.2　算法步骤

层次聚类算法可以在不同层上对数据集进行划分,形成树状的聚类结构。它的基本原理是:开始时将每个对象看成一个簇,然后这些簇根据某些准则(如距离最近)被一步步地合并,就这样不断地合并直到达到预设的聚类簇的个数。

1. AGNES 算法步骤

AGNES 采用自下而上的策略,先将每个样本作为一个初始聚类簇,然后循环将距离最近的两个簇进行合并,直到达到某个停止条件,如指定的簇数目等。其步骤如下。

(1) 设定一个期望的分类数目 n,一开始把每个数据样本都分别看成一个类。

(2) 计算所有类之间两两的距离,找出距离最短的两个类,并把这两个类合并为一个类,到此则总类数减 1。

(3) 再重复上述过程:计算所有类之间两两的距离,找出距离最短的两个类,并把这两个类合并为一个类。

(4) 以此类推,类总数逐渐减少,直到类总数减少到 n 为止,则停止分类。

下面举一个简单的例子来说明 AGNES 算法的过程。假设有 A、B、C、D、E、F 这 6 个数据样本,要把它们分为 3 类,即 $n=3$。

首先,把 A、B、C、D、E、F 分别看成一个类,计算它们两两的距离,结果如表 5.2 所示。

表 5.2　AGNES 算法距离矩阵(1)

样本	A	B	C	D	E	F
A	d00	d01	d02	d03	d04	d05
B	d10	d11	d12	d13	d14	d15
C	d20	d21	d22	d23	d24	d25
D	d30	d31	d32	d33	d34	d35
E	d40	d41	d42	d43	d44	d45
F	d50	d51	d52	d53	d54	d55

表 5.2 中的所有距离称为该算法的距离矩阵，显然，该矩阵是一个对称矩阵。假设矩阵中 d02 与 d20 的距离最小，也即 A 与 C 的距离最短，那么将 A 与 C 合并为一个类，类总数由 6 减少为 5：AC、B、D、E、F。然后再计算这 5 类的两两距离，结果如表 5.3 所示。

表 5.3　AGNES 算法距离矩阵(2)

样本	AC	B	D	E	F
AC	d00	d01	d02	d03	d04
B	d10	d11	d12	d13	d14
D	d20	d21	d22	d23	d24
E	d30	d31	d32	d33	d34
F	d40	d41	d42	d43	d44

假设矩阵中 d32 与 d23 的距离最小，也即 D 与 E 的距离最短，那么将 D 与 E 合并为一个类，类总数由 5 减少为 4：AC、B、DE、F。然后再计算这 4 类的两两距离，结果如表 5.4 所示。

表 5.4　AGNES 算法距离矩阵(3)

样本	AC	B	DE	F
AC	d00	d01	d02	d03
B	d10	d11	d12	d13
DE	d20	d21	d22	d23
F	d30	d31	d32	d33

假设矩阵中 d01 与 d10 的距离最小，也即 AC 与 B 的距离最短，那么将 AC 与 B 合并为一个类，类总数由 4 减少为 3：ACB、DE、F。至此，分类结束。

关于两个类最近距离的计算，有最短距离、最长距离、平均距离三种常见方法。其中，最短距离方法是把两个类中距离最短的两个样本点间的距离作为类间最短距离；最长距离方法是把两个类中距离最大的两个样本点间的距离作为类间最长距离；平均距离方法是把两个类中各样本点距离的平均值作为类间平均距离。

2. BIRCH 算法步骤

BIRCH 算法主要是通过计算数据点间的相似度来创建一棵有层次的嵌套聚类树，它试图在不同层次对数据集进行划分，从而形成树状的聚类结构，其主要步骤如下。

(1) 将每个样本都视为一个聚类。

(2) 计算各个聚类之间的相似度。

(3) 寻找最近的两个聚类，将它们归为一类。

(4) 重复步骤(2)、(3)，直到所有样本都归为一类。

3. DIANA算法步骤

DIANA(divisive analysis)采用自上而下的策略,先将所有的样本归为一个簇,然后按照某种规则逐渐分裂为越来越小的簇,直到达到某个停止条件,如指定的簇数目等。分裂方式如下。

(1) 在同一个簇 c 中计算两两样本之间的距离,找出距离最远的两个样本 a、b。

(2) 将样本 a、b 分配到不同的类簇 c1、c2 中。

(3) 计算 c 中剩余的其他样本与 a、b 的距离,若 dist(a)<dist(b),则将样本分入 c1 中,否则分入 c2 中。

5.4.3 实战

1. 数据集生成

使用 make_blobs()函数为聚类任务产生一个随机的数据集和相应的标签,其中参数 centers 为每个聚类簇的中心,是一些由坐标点构成的列表,n_samples 是产生的样本总数,cluster_std 对应每个簇内数据的方差,是一个对应于 centers 的列表,每个簇内的样本呈高斯分布。

定义 create_data()函数来调用 make_blobs()函数,参数对应 make_blobs()函数的三个参数,该函数返回数据 X 和标签 labels_true。代码如下:

```
from sklearn.datasets import make_blobs
# make_blobs()函数产生的是分隔的高斯分布的聚类簇
def create_data(centers, num, std):
  X, labels_true = make_blobs(n_samples = num, centers = centers, cluster_std = std)
  return X, labels_true
```

使用 Matplotlib 和 NumPy 定义一个 plot_data()函数用于对上述 create_data()函数产生的数据进行可视化,其结果如图 5.25 所示,其中包括 100 个数据,每个数据包含两个维度,相同颜色的点是以同一个基准点按一定的方差生成。

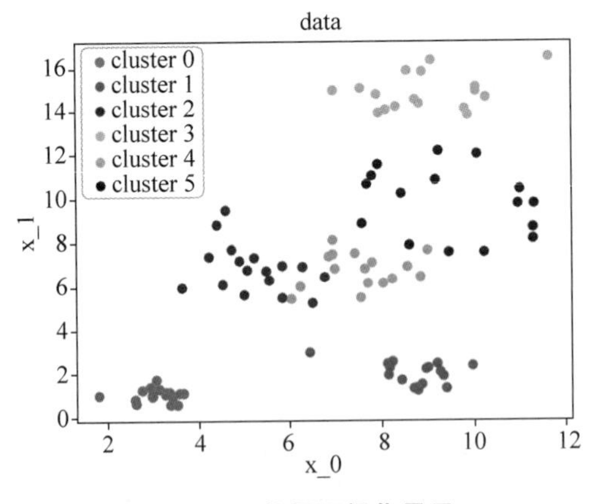

图 5.25 数据可视化显示

数据可视化的源代码如下:

```
import numpy as np
from matplotlib import pyplot as plt
# 观察使用 make_blobs()函数生成的点
def plot_data( * data):
    X, labels_true = data
    labels = np.unique(labels_true)
    fig, ax = plt.subplots()
    colors = 'rgbyckm'
    for i, label in enumerate(labels):
        position = labels_true == label
        # 散点图
        ax.scatter(X[position, 0], X[position, 1], label = "cluster %d" % label, color = colors
[i % len(colors)])
    # 图例位置
    ax.legend(loc = 'best')
    ax.set_xlabel("X_0")
    ax.set_ylabel("X_1")
    ax.set_title('data')
    plt.show()
```

2. Sklearn 调用凝聚聚类算法实例

sklearn.cluster 中的 AgglomerativeClustering 是用来实现凝聚的层次聚类算法的，其源码如下：

```
# class sklearn.cluster.AgglomerativeClustering
#     (n_clusters = 2, affinity = 'euclidean', memory = None,
#     connectivity = None, compute_full_tree = 'auto', linkage = 'ward',
#     pooling_func = < function mean at 0x174b938 >)
```

参数的含义如下。

n_clusters：目标类别数，默认是 2。

affinity：样本点之间距离的计算方式，可以是 euclidean(欧氏距离)、manhattan(曼哈顿距离)、cosine(余弦距离)、precomputed(可以预先设定好距离)，参数 linkage 选择 ward 时只能使用 euclidean。

linkage：链接标准，即样本点的合并标准，主要有 ward、complete、average 三个参数可选，默认是 ward。每个簇(类)本身就是一个集合，在合并两个簇时，其实是在合并两个集合，所以需要找到一种计算两个集合之间距离的方式。ward、complete、average 分别对应三种计算距离的方式，即表示两个集合方差最小化、两个集合中所有观测值之间的最大距离、两个集合中每个观测值的距离的平均值。

这里定义 test_AGNES()函数来考查当使用不同的链接标准时，聚类类别数的变化引起的聚类效果指标 ARIS 的变化，并将结果可视化。

```
from sklearn.cluster import AgglomerativeClustering
from sklearn.metrics import adjusted_rand_score
# 考查聚类类别数与链接标准对聚类效果的影响
def test_AGNES( * data):
    X, label_true = data
    nums = range(1, 20)
```

```
    linkages = ['ward', 'complete', 'average']
    result = []
    for i, linkage in enumerate(linkages):
        # ARIS 指数
        ARIS = []
        for num in nums:
            # 调用 AgglomerativeClustering 实现凝聚聚类,n_clusters 为聚类类别数
            cls = AgglomerativeClustering(n_clusters = num, linkage = linkage)
            predicted_labels = cls.fit_predict(X)
            # 调用 adjusted_rand_score 计算聚类效果的 ARIS 指标
            ARIS.append(adjusted_rand_score(label_true, predicted_labels))
        result.append(ARIS)
    return nums, result

def plot_kmeans( * data):
    fig, ax = plt.subplots(1, 1, figsize = (8, 8))
    ax.plot(nums, result[0], marker = " + ")
    ax.plot(nums, result[1], marker = "o")
    ax.plot(nums, result[2], marker = " * ")
    ax.set_xlabel(r"n_clusters")
    ax.set_ylabel("ARIS")
    fig.suptitle("AGNES")
    plt.show()
```

使用主函数调用上述方法，先确定生成数据的 centers、num 和 std，调用 create_data() 函数生成并可视化训练数据，再调用 test_AGNES() 函数对数据进行凝聚聚类实验，绘制 ARIS 随聚类类别数变化的折线图，如图 5.26 所示。

```
if __name__ == '__main__':
    centers = np.asarray([[3, 1], [9, 2], [5, 7], [9, 15],[8, 7],[10, 10]])
    # 构造数据
    X, labels_true = create_data(centers, num = 100, std = [0.4, 0.7, 0.9, 1.2, 1, 1.5])
    # 观察生成的数据
    plot_data(X, labels_true)
    #聚类实验
    nums, result = test_AGNES(X, labels_true)
    plot_kmeans(nums, result)
```

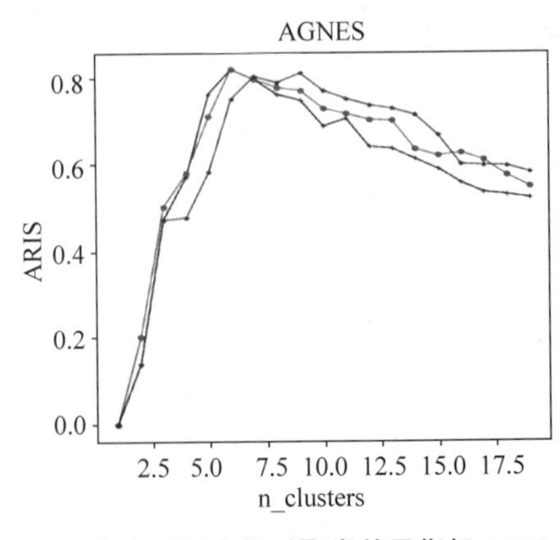

图 5.26　聚类类别数变化对聚类效果指标 ARIS 的影响

聚类的链接标准参数(linkage)分别为 ward、complete、average 时，聚类的目标类别数(n_clusters)参数从 1 增加到 20，聚类后的 ARIS 指标的变化情况，其中 ward、complete、average 分别对应图 5.26 中折线上的符号为“+”“o”“*”的三条折线。

自编代码实现凝聚聚类算法。

```
import math
import numpy as np

def euler_distance(point1: np.ndarray, point2: list) -> float:
  """
  计算两点之间的欧氏距离，支持多维
  """
  distance = 0.0
  for a, b in zip(point1, point2):
     distance += math.pow(a - b, 2)
  return math.sqrt(distance)

class ClusterNode(object):
  def __init__(self, vec, left = None, right = None, distance = -1, id = None, count = 1):
     """
     :param vec: 保存两个数据聚类后形成新的中心
     :param left: 左节点
     :param right: 右节点
     :param distance: 两个节点的距离
     :param id: 用来标记哪些节点是计算过的
     :param count: 这个节点的叶节点个数
     """
     self.vec = vec
     self.left = left
     self.right = right
     self.distance = distance
     self.id = id
     self.count = count
#凝聚聚类算法实现如下
class Hierarchical(object):
  def __init__(self, k = 1):
     assert k > 0
     self.k = k
     self.labels = None
  def fit(self, x):
     nodes = [ClusterNode(vec = v, id = i) for i,v in enumerate(x)]
     distances = {}
     point_num, future_num = np.shape(x)    # 特征的维度
     self.labels = [ -1 ] * point_num
     currentclustid = -1
     while len(nodes) > self.k:
         min_dist = math.inf
         nodes_len = len(nodes)
         closest_part = None                # 表示最相似的两个聚类
         for i in range(nodes_len - 1):
             for j in range(i + 1, nodes_len):
                 # 为了不重复计算距离，保存在字典内
```

```
                d_key = (nodes[i].id, nodes[j].id)
                if d_key not in distances:
                    distances[d_key] = euler_distance(nodes[i].vec, nodes[j].vec)
            d = distances[d_key]
                if d < min_dist:
                    min_dist = d
                    closest_part = (i, j)
        # 合并两个聚类
        part1, part2 = closest_part
        node1, node2 = nodes[part1], nodes[part2]
        new_vec = [ (node1.vec[i] * node1.count + node2.vec[i] * node2.count ) / (node1.
count + node2.count)
                    for i in range(future_num)]
        new_node = ClusterNode(vec = new_vec,
                               left = node1,
                               right = node2,
                               distance = min_dist,
                               id = currentclustid,
                               count = node1.count + node2.count)
        currentclustid -= 1
        del nodes[part2], nodes[part1] # 一定要先删除索引较大的
        nodes.append(new_node)
    self.nodes = nodes
    self.calc_label()

def calc_label(self):
    """
    调取聚类的结果
    """
    for i, node in enumerate(self.nodes):
        # 将节点的所有叶节点都分类
        self.leaf_traversal(node, i)

def leaf_traversal(self, node: ClusterNode, label):
    """
    递归遍历叶节点
    """
    if node.left == None and node.right == None:
        self.labels[node.id] = label
    if node.left:
        self.leaf_traversal(node.left, label)
    if node.right:
        self.leaf_traversal(node.right, label)
```

5.4.4 实验

1. 实验目的

(1) 理解层次聚类的基本理论原理,加深对层次聚类算法的理解。

(2) 锻炼分析程序、理解程序、运用程序解决问题的能力。

(3) 锻炼建立模型与实践操作的能力。

(4) 初步掌握一般程序的编写方法;培养良好的编程习惯。

(5) 锻炼记录实验数据、正确处理实验数据和分析实验结果及调试程序的能力，以及正确书写实验报告的能力。

2. 实验数据

运用 make_blobs()函数为聚类任务产生随机的数据集，产生一个数据集和相应的标签，数据集的数量为 1000。

3. 实验要求

完成不同层次聚类算法代码的编写，根据指标 ARIS 的变化分析聚类效果。

降维问题

6.1 主成分分析算法

6.1.1 原理简介

主成分分析(principal component analysis,PCA)是采取一种数学降维的方法,找出几个综合变量来代替原来众多的变量,使这些综合变量尽可能代表原来变量的信息量,而且彼此之间互不相关。这种把多个变量化为少数几个互相无关的综合变量的统计分析方法就叫作主成分分析或主分量分析。

主成分分析所要做的就是设法将原来众多具有一定相关性的变量,重新组合为一组新的相互无关的综合变量来代替原来的变量。通常,数学上的处理方法就是将原来的变量做线性组合,作为新的综合变量,但是这种组合如果不加以限制,则可以有很多。如果将选取的第一个线性组合,即第一个综合变量记为 F_1,自然希望它尽可能多地反映原来变量的信息,这里"信息"用方差来测量,即希望 $\mathrm{Var}(F_1)$越大,表示 F_1 包含的信息越多。因此在所有的线性组合中所选取的 F_1 应该是方差最大的,故称 F_1 为第一主成分。如果第一主成分不足以代表原来 p 个变量的信息,再考虑选取 F_2,即第二个线性组合,为了有效地反映原来的信息,F_1 已有的信息就不需要再出现在 F_2 中,用数学语言表达就是要求 $\mathrm{Cov}(F_1,F_2)=0$,称 F_2 为第二主成分,以此类推,可以构造出第三、第四……第 p 个主成分。

对于一个样本资料,观测 p 个变量 $x_1,x_2,\cdots,x_p$,n 个样品的数据资料阵为

$$\boldsymbol{X}=\begin{bmatrix} x_{11} & x_{12} & \cdots & x_{1p} \\ x_{21} & x_{22} & \cdots & x_{2p} \\ \vdots & \vdots & \ddots & \vdots \\ x_{n1} & x_{n2} & \cdots & x_{np} \end{bmatrix}=[x_1,x_2,\cdots,x_p] \tag{6.1}$$

其中

$$\boldsymbol{x}_j=\begin{bmatrix} x_{1j} \\ x_{2j} \\ \vdots \\ x_{nj} \end{bmatrix},\quad j=1,2,\cdots,p$$

主成分分析就是将 p 个观测变量综合成 p 个新的变量(综合变量),即

$$\begin{cases} F_1 = a_{11}x_1 + a_{12}x_2 + \cdots + a_{1p}x_p \\ F_2 = a_{21}x_1 + a_{22}x_2 + \cdots + a_{2p}x_p \\ \cdots \\ F_p = a_{p1}x_1 + a_{p2}x_2 + \cdots + a_{pp}x_p \end{cases} \tag{6.2}$$

简写为

$$F_j = a_{j1}x_1 + a_{j2}x_2 + \cdots + a_{jp}x_p, \quad j = 1,2,\cdots,p \tag{6.3}$$

要求模型满足以下条件:

① F_i、F_j 互不相关($i \neq j, i,j = 1,2,\cdots,p$)。

② F_1 的方差大于 F_2 的方差,大于 F_3 的方差,以此类推。

③ $a_{k1}^2 + a_{k2}^2 + \cdots + a_{kp}^2 = 1, k = 1,2,\cdots,p$。

于是,称 F_1 为第一主成分,F_2 为第二主成分,以此类推,有第 p 个主成分。主成分又称主分量。这里将 a_{ij} 称为主成分系数。

上述模型可用矩阵表示为

$$\boldsymbol{F} = \boldsymbol{AX}$$

其中

$$\boldsymbol{F} = \begin{bmatrix} F_1 \\ F_2 \\ \vdots \\ F_p \end{bmatrix} \quad \boldsymbol{X} = \begin{bmatrix} x_1 \\ x_2 \\ \vdots \\ x_p \end{bmatrix}$$

$$\boldsymbol{A} = \begin{bmatrix} a_{11} & a_{12} & \cdots & a_{1p} \\ a_{21} & a_{22} & \cdots & a_{2p} \\ \vdots & \vdots & \ddots & \vdots \\ a_{p1} & a_{p2} & \cdots & a_{pp} \end{bmatrix} = \begin{bmatrix} a_1 \\ a_2 \\ \vdots \\ a_p \end{bmatrix}$$

$\boldsymbol{A}$ 称为主成分系数矩阵。

假设有 n 个样品,每个样品有两个变量,即在二维空间中讨论主成分的几何意义。设 n 个样品在二维空间中的分布大致为一个椭圆,如图 6.1 所示。

将坐标系进行正交旋转一个角度 θ,使其椭圆长轴方向取坐标 y_1,在椭圆短轴方向取坐标 y_2,旋转公式为

$$\begin{cases} y_{1j} = x_{1j}\cos\theta + x_{2j}\sin\theta \\ y_{2j} = x_{1j}(-\sin\theta) + x_{2j}\cos\theta \end{cases} \tag{6.4}$$

$$j = 1,2,\cdots,n$$

写成矩阵形式为

$$\boldsymbol{Y} = \begin{bmatrix} y_{11} & y_{12} & \cdots & y_{1n} \\ y_{21} & y_{22} & \cdots & y_{2n} \end{bmatrix} = \begin{bmatrix} \cos\theta & \sin\theta \\ -\sin\theta & \cos\theta \end{bmatrix} \cdot \begin{bmatrix} x_{11} & x_{12} & \cdots & x_{1n} \\ x_{21} & x_{22} & \cdots & x_{2n} \end{bmatrix} = \boldsymbol{UX} \tag{6.5}$$

其中,$\boldsymbol{U}$ 为坐标旋转变换矩阵,是正交矩阵,即 $\boldsymbol{U}' = \boldsymbol{U}^{-1}$,$\boldsymbol{UU}' = \boldsymbol{I}$,即满足 $\sin^2\theta + \cos^2\theta = 1$。

经过旋转变换后，得到如图 6.2 所示的新坐标。

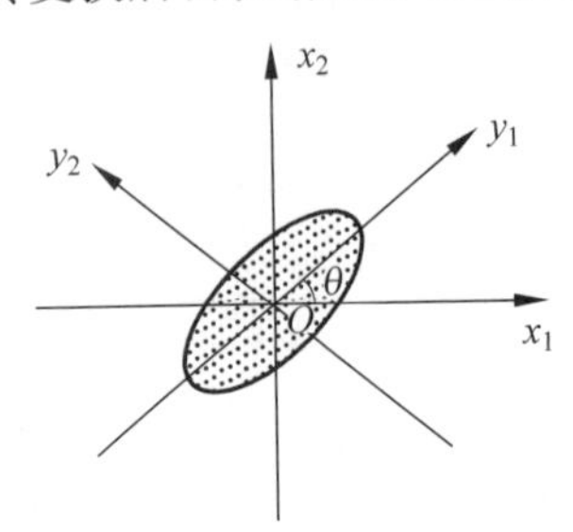

图 6.1 假设 n 个样品在二维空间中的分布示意

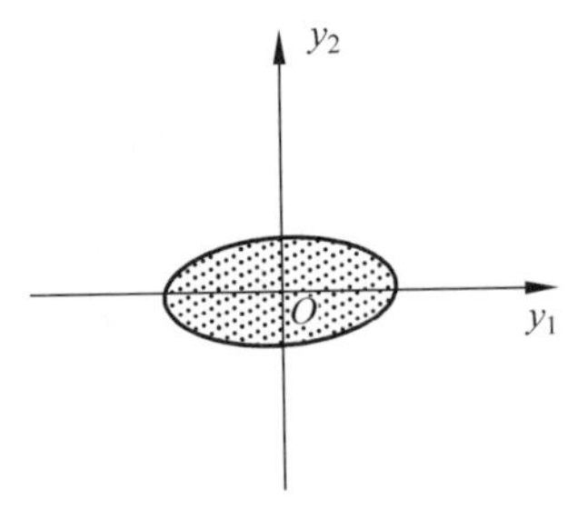

图 6.2 n 个样品在二维空间中经过旋转变换后的分布示意

新坐标 y_1-y_2 有如下性质：

(1) n 个点的坐标 y_1 和 y_2 的相关几乎为零。

(2) 二维平面上的 n 个点的方差大部分都归结为 y_1 轴上，而 y_2 轴上的方差较小。

y_1 和 y_2 称为原始变量 x_1 和 x_2 的综合变量。由于 n 个点在 y_1 轴上的方差最大，因而将二维空间的点用在 y_1 轴上的一维综合变量来代替，所损失的信息量最小，因此称 y_1 轴为第一主成分；y_2 轴与 y_1 轴正交，有较小的方差，称 y_2 轴为第二主成分。

6.1.2 算法步骤

前面提到，第一个主成分就是从数据差异性最大(即方差最大)的方向提取出来的，第二个主成分则来自数据差异性次大的方向，并且该方向与第一个主成分方向正交，通过数据集的协方差矩阵及其特征值分析，就可以求得这些主成分的值。

算法流程如下：

(1) 去除平均值。

(2) 计算协方差矩阵。

(3) 计算协方差矩阵的特征值和特征向量。

(4) 将特征值从大到小排序。

(5) 保留最上面的 N 个特征向量。

(6) 将数据转换到上述 N 个特征向量构建的新空间中。

6.1.3 实战

1. 数据集

本实战使用鸢尾花数据集，其详细介绍见 2.1.4 节。

本实战在不影响分类效果的情况下，对鸢尾花进行特征降维，将 4 类特征降维成独立的 2 类特征，消除特征之间的冗余性。

2. Sklearn 实现

(1) 导入相关的库。

```
import numpy as np
import matplotlib.pyplot as plt
```

```
from sklearn.decomposition import PCA
from sklearn.datasets import load_iris
```

(2) 绘制鸢尾花数据函数。

```
def plot_iris(feature_map,target):
    # 存储 3 种类别的鸢尾花
    red_x,red_y = [],[]
    blue_x,blue_y = [],[]
    green_x,green_y = [],[]
    for i in range(len(feature_map)):
        if y[i] == 0:
            red_x.append(feature_map[i][0])
            red_y.append(feature_map[i][1])
        elif y[i] == 1:
            blue_x.append(feature_map[i][0])
            blue_y.append(feature_map[i][1])
        else:
            green_x.append(feature_map[i][0])
            green_y.append(feature_map[i][1])
    plt.scatter(red_x,red_y,c = 'r',marker = '*',label = "class_1")
    plt.scatter(blue_x,blue_y,c = 'b',marker = 'x',label = "class_2")
    plt.scatter(green_x,green_y,c = 'g',marker = '.',label = "class_3")
    plt.legend()
    plt.show()
```

(3) PCA 降维。

```
# 加载数据集
data = load_iris()
# 数据集为字典形式,这里将 y 标签分离出来
y = data.target
# 将数据特征取出
x = data.data
# 实例化 PCA 对象,其中降维数为 2
pca = PCA(n_components = 2)
# 对 4 维的 x 特征进行降维
reduce_x1 = pca.fit_transform(x)
# 将降维后数据进行图像绘制
plot_iris(reduce_x1,y)
```

(4) 结果展示(见图 6.3)。

3. 自编代码实现

(1) 导入相关库。

```
import numpy as np
import matplotlib.pyplot as plt
from sklearn.decomposition import PCA
from sklearn.datasets import load_iris
```

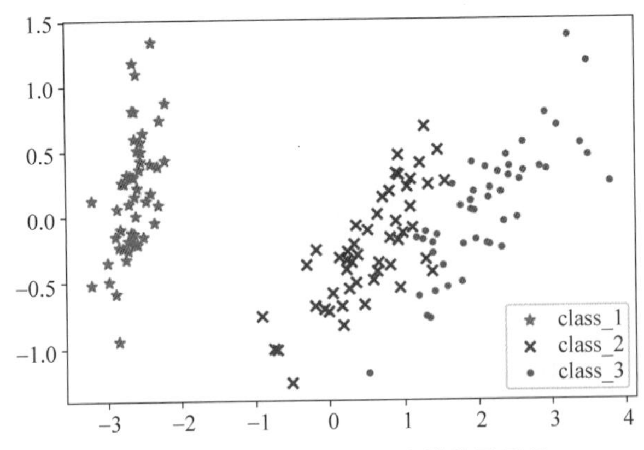

图 6.3 Sklearn 实现 PCA 降维效果展示

(2) 自编代码实现 PCA 函数。

```
def pca_our(dataMat, topNfeat = 9999999):
    # 去平均值
    meanVals = np.mean(dataMat,axis = 0)
    meanRemoved = dataMat - meanVals
    # 计算协方差矩阵
    covMat = np.cov(meanRemoved, rowvar = 0)
    # 计算特征值和特征向量
    eigVals,eigVects = np.linalg.eig(np.mat(covMat))
    # 从小到大排序
    eigValInd = np.argsort(eigVals)
    # 保留前 N 个特征值
    eigValInd = eigValInd[: - (topNfeat + 1): - 1]
    # 返回前 N 个特征向量
    redEigVects = eigVects[:,eigValInd]
    # 将数据转换到新空间
    lowDDataMat = meanRemoved * redEigVects
    #原始数据被重构后用于调试
    reconMat = (lowDDataMat * redEigVects.T) + meanVals
    return lowDDataMat, reconMat
```

(3) PCA 降维。

```
# 加载数据集
data = load_iris()
# 数据集为字典形式,这里将 y 标签分离出来
y = data.target
# 将数据特征取出
x = data.data
# 调用自编代码的 PCA 函数,其中降维数为 2
reduce_x2,_ = pca_our(x,2)
#将降维后的数据进行图像绘制
plot_iris(reduce_x2.A,y)
```

(4) 结果展示(见图 6.4)。

由于 PCA 降维过程是一个求正交向量的过程,降维后的第一维度为最大方差的方向,第二维度为第一维度正交的方向且方差最大的方向,不可否认第二维度确定的向量为一条

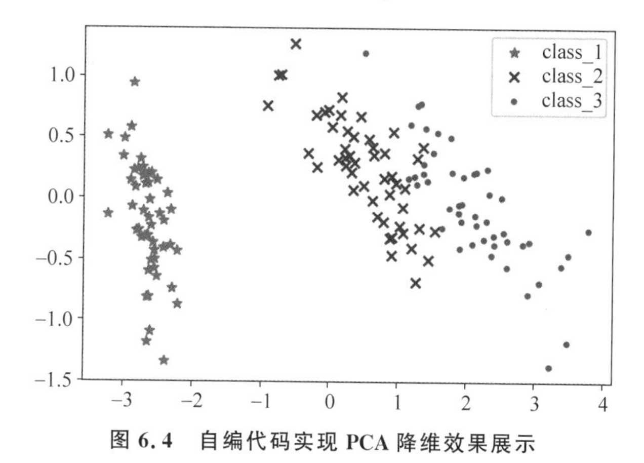

图 6.4 自编代码实现 PCA 降维效果展示

直线,导致了本结果与图 6.3 结果在第二维度上的结果取了相反数,属于正常现象。

6.1.4 实验

1. 实验目的

对图像数据进行降维,使用较小的向量来表示原来较大的图像,从而降低相关计算的时间和空间复杂度。

2. 实验数据

本实验数据为 MNIST 手写体数据集,具体介绍见 5.1.4 节。

3. 实验要求

(1) 对 MNIST 数据集图像进行 PCA 系数为 10 的降维处理,计算降维后的特征数据能够表示原始数据信息的百分比。

(2) 通过使用不同的 PCA 系数对 MNIST 数据进行降维处理,分析 PCA 系数的值与信息保留的关系。

(3) 对 MNIST 数据集图像进行降维处理,要求降维后的特征数据能够表征原始数据信息的 90%。

6.2 独立成分分析算法

6.2.1 原理简介

独立成分分析(independent component analysis,ICA)是一种用来从多变量(多维)统计数据里找到隐含的因素或成分的方法,被认为是 PCA 主成分分析和 FA 因子分析的一种扩展。对于盲源分离问题,ICA 是指在只知道混合信号,而不知道源信号、噪声以及混合机制的情况下,分离或近似地分离出源信号的一种分析过程。

ICA 是一门统计技术,用于发现存在于随机变量下的隐性因素。ICA 给观测数据定义了一个生成模型。在这个模型中,其认为数据变量是由隐性变量经一个混合系统线性混合而成,这个混合系统未知。假设潜在因素属于非高斯分布且相互独立,则其被称为可观测数据的独立成分。ICA 与 PCA 相关,但它在发现潜在因素方面效果良好。ICA 可以应用在数字图像、文档数据库、经济指标、心理测试等领域。

设 $\boldsymbol{x}$ 为 n 维观测信号向量，$\boldsymbol{s}$ 为独立的 $m(m\leqslant n)$ 维未知源信号向量，矩阵 $\boldsymbol{A}$ 为混合矩阵。ICA 的目的就是寻找解混矩阵 $\boldsymbol{W}$（$\boldsymbol{A}$ 的逆矩阵），然后对 $\boldsymbol{x}$ 进行线性变换，得到输出向量 $\boldsymbol{U}$。

采用最大似然估计来解释算法，假定每个 s_i 有概率密度 p_s，那么给定时刻原信号的联合分布就是

$$p(\boldsymbol{s})=\prod_{i=1}^{n}p_s(s_i) \tag{6.6}$$

式(6.5)代表一个假设前提：每个声音信号各自独立。

通过 $p(\boldsymbol{s})$，可以如下求得 $p(\boldsymbol{x})$：

$$p(\boldsymbol{x})=p_s(\boldsymbol{H}x)\mid \boldsymbol{H}\mid=\mid \boldsymbol{H}\mid \prod_{i=1}^{n}p_s(\boldsymbol{h}_i^{\mathrm{T}}\boldsymbol{x}) \tag{6.7}$$

其中，等号左边是每个采集信号 $\boldsymbol{x}$ 的概率，等号右边是每个原信号概率乘积的 $|\boldsymbol{H}|$ 倍。

若没有先验知识，则无法求得 $\boldsymbol{H}$ 和 $\boldsymbol{S}$。因此需要知道 $p_s(s_i)$，选取一个概率密度函数赋给 s，但是不能选取高斯分布的密度函数。在概率论里，密度函数 $p(\boldsymbol{x})$ 由累计分布函数 $F(\boldsymbol{x})$ 求导得到。$F(\boldsymbol{x})$ 要满足的两个性质是：单调递增，位于[0,1]区间。可以发现 Sigmoid 函数很合适，定义域为 $-\infty\sim+\infty$，值域为 0～1，缓慢递增。假定 $\boldsymbol{S}$ 的累积分布函数符合 Sigmoid 函数，即

$$g(\boldsymbol{S})=\frac{1}{1+\mathrm{e}^{-S}} \tag{6.8}$$

求导可得

$$p(S)=\frac{\mathrm{e}^{S}}{(1+\mathrm{e}^{S})^2} \tag{6.9}$$

这就是 S 的密度函数，此时的 S 是实数。

由于式(6.9)中 $p(S)$ 是对称函数，因此 $E[S]=0$（S 的均值为 0），那么 $E[\boldsymbol{x}]=E[\boldsymbol{As}]=0$，$\boldsymbol{x}$ 的均值也是 0。

下面求 $\boldsymbol{H}$。已知采样后的训练样本为 $\boldsymbol{X}^{(i)}=[x_1^{(i)},x_2^{(i)},\cdots,x_n^{(i)}]$，$(i=1,2,\cdots,m)$，使用前面得到的 $\boldsymbol{x}$ 的概率密度函数，得到其样本对数似然估计如下：

$$l(\boldsymbol{H})=\sum_{i=1}^{m}\left(\sum_{j=1}^{n}\log g'(\boldsymbol{h}_j^{\mathrm{T}}x^{(i)})+\log\mid \boldsymbol{H}\mid\right) \tag{6.10}$$

其中，括号里的部分为 $p(x^{(i)})$，然后对 $\boldsymbol{H}$ 进行求导。

最终得到的求导结果公式为

$$\boldsymbol{H}:=\boldsymbol{H}+\alpha\left(\begin{bmatrix}1-2g(\boldsymbol{h}_1^{\mathrm{T}}x^{(i)})\\1-2g(\boldsymbol{h}_2^{\mathrm{T}}x^{(i)})\\\vdots\\1-2g(\boldsymbol{h}_n^{\mathrm{T}}x^{(i)})\end{bmatrix}x^{(i)\mathrm{T}}+(\boldsymbol{H}^{\mathrm{T}})^{-1}\right) \tag{6.11}$$

其中，α 表示的梯度上升速率可自定义。

当通过多次迭代后可求出 $\boldsymbol{H}$，便可得到 $s^{(i)}=\boldsymbol{H}x^{(I)}$ 来还原出原始信号。

6.2.2 算法步骤

ICA 应用的前提很简单：数据信号源是独立的且数据非高斯分布(或者信号源中最多只有一个成分是高斯分布)，另外，观测信号源的数目不能少于源信号数目(为了方便一般要求，二者相等即可)。

伪代码级算法简介如下。

假设有观测矩阵 $\boldsymbol{D}$，$\boldsymbol{D}\in\mathbb{R}^{n\cdot m}$。

(1) 对 $\boldsymbol{D}$ 进行中心化处理，得到 D. center。

(2) 对 D. center 进行白化处理，得到白化后的数据矩阵 $\boldsymbol{Z}$ 和白化变换矩阵 $\boldsymbol{V}$。

(3) 初始化 $\boldsymbol{W}$，并对 $\boldsymbol{W}$ 进行去相关处理(相关处理参考步骤(5))。

(4) 设 $\boldsymbol{S}=\boldsymbol{W}\cdot\boldsymbol{Z}$，更新 $\boldsymbol{W}$ 的规则为 $\boldsymbol{W}_{\text{new}}=E\{g(s)\boldsymbol{Z}^{\text{T}}\}-E\{g'(s)\}\boldsymbol{W}$。

(5) 对 $\boldsymbol{W}_{\text{new}}$ 去相关，$\boldsymbol{W}_{\text{new}}=(\boldsymbol{W}_{\text{new}}\boldsymbol{W}_{\text{new}}^{\text{T}})^{-\frac{1}{2}}\boldsymbol{W}_{\text{new}}$。

(6) 计算 $\boldsymbol{W}_{\text{new}}$ 与 $\boldsymbol{W}$ 的一范数，若该值不收敛于 0，返回步骤(4)。

6.2.3 实战

1. 数据集

本实战使用的数据为三个单独的周期信号进行综合叠加得到三个新的独立信号，根据不同的权重可以生成不同的信号。

(1) 生成三个原始信号(见图 6.5)。

```
# 生成三个原始信号
def gen_data(num):
    # 生成 x 轴的点集
    x = np.arange(num)
    # 生成锯齿周期信号 s1
    a = np.linspace(-2,2,25)
    s1 = np.array([a, a, a, a, a, a, a, a]).reshape((200,))
    # 生成 sin 的周期信号 s2
    s2 = 2 * np.sin(0.02 * np.pi * x)
    # 生成方波周期信号 s3
    s3 = np.array(20 * (5 * [2] + 5 * [-2]))
    return x,[s1,s2,s3]

# 生成(3,200)维的数据
x,y = gen_data(200)
```

(2) 生成复合信号(见图 6.6)。

使用随机函数对权重进行初始化，并与原始的周期信号进行对应点乘，输出最后的复合信号。

```
# 随机生成三个权重参数
ran = 2 * np.random.random([3,3])
# 将权重参数与原始信号进行复合得到三个复合信号
mix = ran.dot(y)
# 展示复合信号
show_data(x,mix)
```

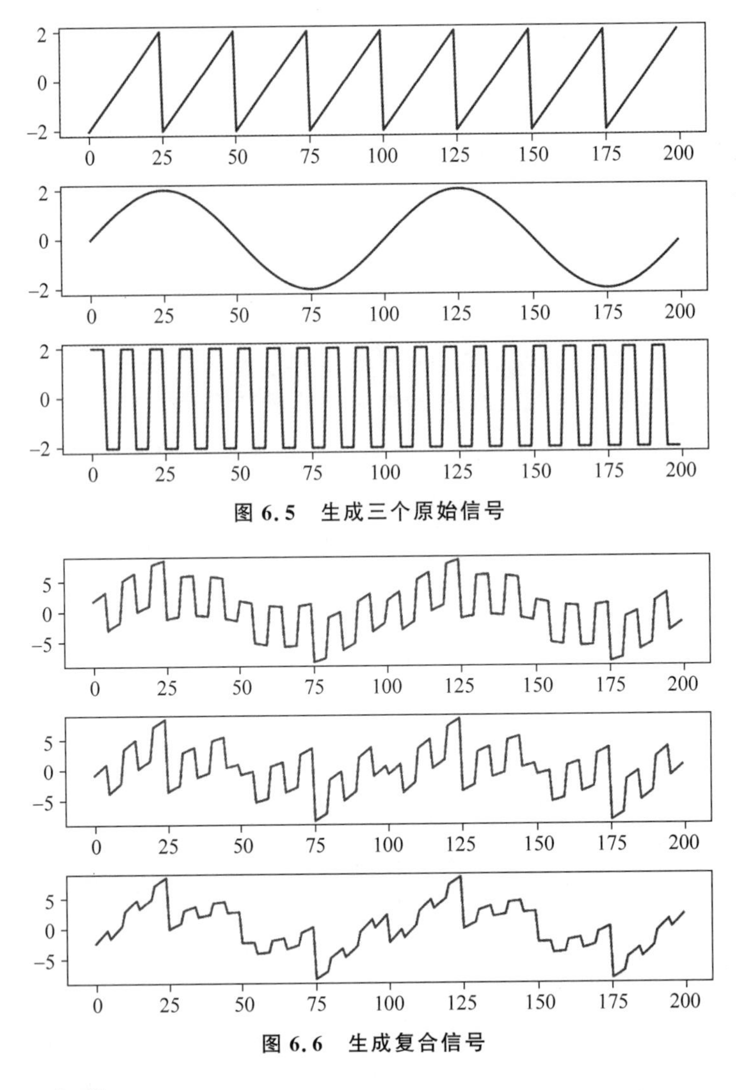

图 6.5　生成三个原始信号

图 6.6　生成复合信号

2. Sklearn 实现

(1) 加载相应的库。

```
import numpy as np
import matplotlib.pyplot as plt
from sklearn.decomposition import FastICA
```

(2) 定义生成三个原始信号的函数。

```
def gen_data(num):
    # 生成 x 轴的点集
    x = np.arange(num)
    # 生成锯齿周期信号 s1
    a = np.linspace( - 2,2,25)
    s1 = np.array([a] * (num//25)).reshape((num,))
    # 生成 sin 的周期信号 s2
    s2 = 2 * np.sin(0.02 * np.pi * x)
```

```
    # 生成方波周期信号 s3
    s3 = np.array(num // 10 * (5 * [2] + 5 * [-2]))
    return x,[s1,s2,s3]
```

(3) 定义展示函数。

```
def show_data(x,y,figName):
    ax1 = plt.subplot(311)
    ax2 = plt.subplot(312)
    ax3 = plt.subplot(313)
    ax1.plot(x,y[0])
    ax2.plot(x,y[1])
    ax3.plot(x,y[2])
    plt.show()
```

(4) 生成长度为 200 的原始信号数据(见图 6.7)。

```
# 生成(3,200)维的数据
x,y = gen_data(200)
# 展示信号图
show_data(x,y)
```

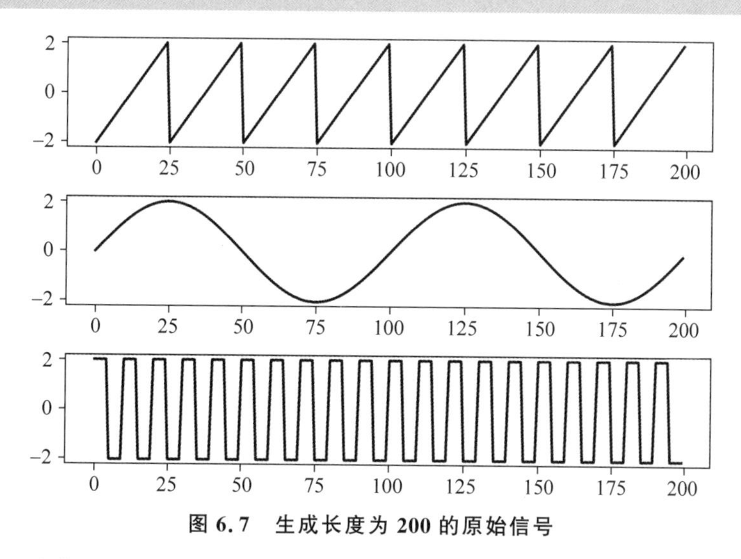

图 6.7 生成长度为 200 的原始信号

(5) 综合原始信号得到复合信号数据。

```
# 随机生成三个权重参数
ran = 2 * np.random.random([3,3])
# 将权重参数与原始信号进行复合得到三个复合信号
mix = ran.dot(y)
# 展示复合信号
show_data(x,mix)
```

(6) 对 Sklearn 实现进行独立成分分析。

```
# 实例化 FastICA 类
ica = FastICA(n_components = 3)
```

```
# 将(3,200)的数组转换成(200,3)
mix = mix.T
# 使用 ICA 对 mix 数组进行分解
u = ica.fit_transform(mix)
# 将(200,3)的数组转换成(3,200)
u = u.T
# 展示图像
show_data(x,u)
```

(7) 独立成分分析结果展示(见图 6.8)。

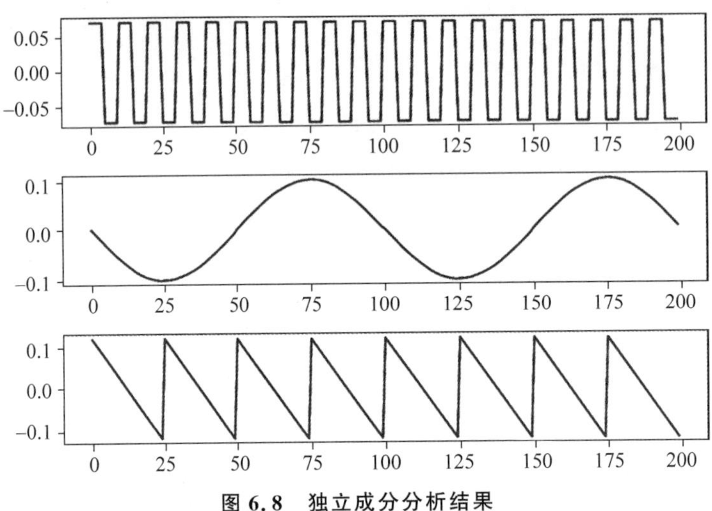

图 6.8 独立成分分析结果

3. 自编代码实现

(1) 加载需要的库文件。

```
import numpy as np
import math
import random
import matplotlib.pyplot as plt
```

(2) 定义数据中心化函数。

函数功能：对输入矩阵的每个元素都减去该元素所在行(每行共有 m 个元素)的均值。输入参数：$\boldsymbol{X}$ 为要处理的矩阵，大小为(n,m)；返回参数：X_center 为进行中心化处理之后的矩阵，大小为(n,m)。

```
def center_data(X):
#沿着行的方向取均值,即计算 n 个综合信号在 m 个时刻中的均值
#X_means 的 shape 是(n,)
  X_means = np.mean(X,axis = 1)
  #将 X_means 增加一个新行,shape 变为(n,1),X 的每列都与之对应相减
  return X - X_means[:, np.newaxis]
```

(3) 定义数据白化处理函数。

函数功能：对数据白化处理。输入参数：$\boldsymbol{X}$ 为要处理的矩阵，大小为(n,m)；返回参

数：$\boldsymbol{Z}$ 为白化处理后的矩阵，大小为(n,m)，$\boldsymbol{V}$ 为白化变换矩阵。

```
def whiten_data(X):
    #计算 X 的协方差矩阵,cov_X = E{(XX^T)}
    cov_X = np.cov(X)
    #计算协方差矩阵的特征值和特征向量
    eigenValue,eigenVector = np.linalg.eig(cov_X)
    #将特征值向量对角化,变成对角阵,然后取逆
    eigenValue_inv = np.linalg.inv(np.diag(eigenValue))
    #计算白化变换矩阵 V
    V = np.dot(np.sqrt(eigenValue_inv), np.transpose(eigenVector))
    #计算白化处理后得矩阵 Z,Z = VX
    Z = np.dot(V,X)
    return Z,V
```

(4) 定义 CDF 函数。

函数功能：定义 s 的 CDF，这里选择 tanh()，对输入矩阵的每个元素都输入 tanh()函数进行计算。输入参数：$\boldsymbol{x}$ 为要处理的矩阵，大小为(n，m)；alpha 为常量，值域为[1,2]，通常取 alpha=1；返回参数：tanh()的计算结果。

```
def gx(x,alpha = 1):
    return np.tanh(alpha * x)
```

(5) 定义 PDF 函数。

函数功能：定义 s 的 PDF，tanh()的导数是 1−tanh() ** 2。输入参数：$\boldsymbol{x}$ 为要处理的矩阵，大小为(n,m)；alpha 为常量，值域为[1,2]，通常取 alpha=1；返回参数：tanh()导数的计算结果。

```
def div_gx(x,alpha = 1):
    return alpha * (1 - gx(x) ** 2)
```

(6) 定义数据去相关函数。

函数功能：对数据(W)进行去相关。输入参数：$\boldsymbol{W}$ 为要处理的矩阵，大小为(n,n)；返回参数：W_decorrelation 为去相关之后的 $\boldsymbol{W}$。

```
def decorrelation_data(W):
    #对 WW.T 进行特征值分解,D 是特征值,P 是特征向量
    D, P = np.linalg.eigh(np.dot(W, np.transpose(W)))
    #特征值对角化,然后取逆
    div_D = np.linalg.inv(np.diag(D))
    #W_decorrelation = PD^(-1/2)P.T W
    return np.dot(np.dot(np.dot(P,np.sqrt(div_D)), np.transpose(P)), W)
```

(7) 定义独立成分分析函数。

函数功能：对输入矩阵做 ICA 处理。输入参数：$\boldsymbol{Z}$ 为输入矩阵(观测矩阵中心化白化之后的结果)，大小为(n,m)。返回参数：$\boldsymbol{W}$ 为 ICA 算法估计的 $\boldsymbol{W}$，iter_num 为 ICA 迭代次数。

```
def FastICA_our(Z):
    n, m = Z.shape;
```

```
    #create w,随机生成 W 的值
    W = np.ones((n,n), np.float32)
    for i in range(n):
        for j in range(n):
            W[i,j] = random.random()
    #对 W 去相关
    W = decorrelation_data(W)
    #迭代 compute W
    maxIter = 200#设置最大迭代数量
    for i in range(maxIter):
        #计算当前 S = WZ
        S = np.dot(W,Z)
        #计算当前 S 的 gs 和 div_gs
        gs = gx(S)
        div_gs = div_gx(S)
        #更新 W
        W_new = np.dot(gs, np.transpose(Z)) / float(m) - np.mean(div_gs, axis=1) * W
        #对更新后的 W 去相关
        W_new = decorrelation_data(W_new)
        #计算更新前后 W 的一范数
        diff = np.linalg.norm(W_new - W,1)
        #更新 W
        W = W_new
        #判断是否结束迭代
        if diff < 0.00001:
            break
return W,i+1
```

(8)定义生成三个原始信号的函数。

```
def gen_data(num):
    # 生成 x 轴的点集
    x = np.arange(num)
    # 生成锯齿周期信号 s1
    a = np.linspace(-2,2,10)
    s1 = np.array([a] * (num//10)).reshape((num,))
    # 生成 sin 的周期信号 s2
    s2 = 2 * np.sin(0.02 * np.pi * x)
    # 生成方波周期信号 s3
    s3 = np.array(num // 10 * (5 * [2] + 5 * [-2]))
    return x,[s1,s2,s3]
```

(9)定义展示函数。

```
def show_data(x,y,figName):
    ax1 = plt.subplot(311)
    ax2 = plt.subplot(312)
    ax3 = plt.subplot(313)
    ax1.plot(x,y[0])
    ax2.plot(x,y[1])
    ax3.plot(x,y[2])
    plt.show()
```

（10）生成长度为 200 的原始信号数据(见图 6.9)。

```
# 生成(3,200)维的数据
x,y = gen_data(200)
# 展示信号图
show_data(x,y)
```

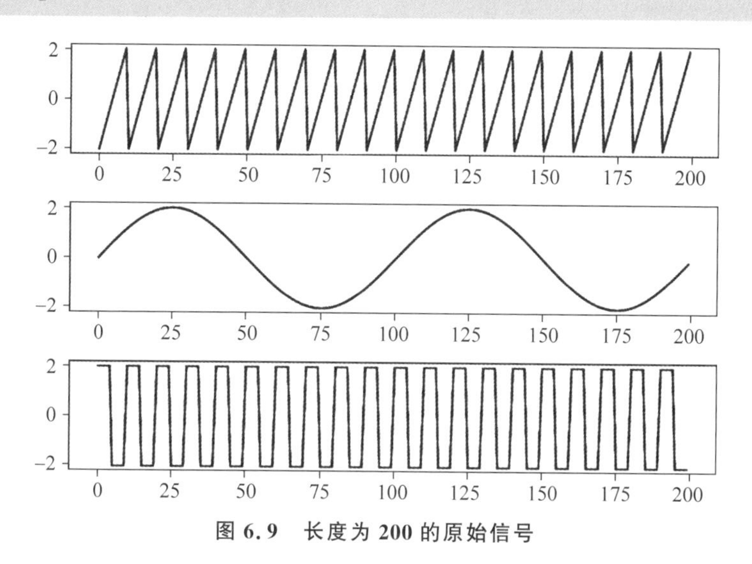

图 6.9 长度为 200 的原始信号

（11）综合原始信号得到复合信号数据(见图 6.10)。

```
# 随机生成三个权重参数
ran = 2 * np.random.random([3,3])
# 将权重参数与原始信号进行复合得到三个复合信号
mix = ran.dot(y)
# 展示复合信号
show_data(x,mix)
```

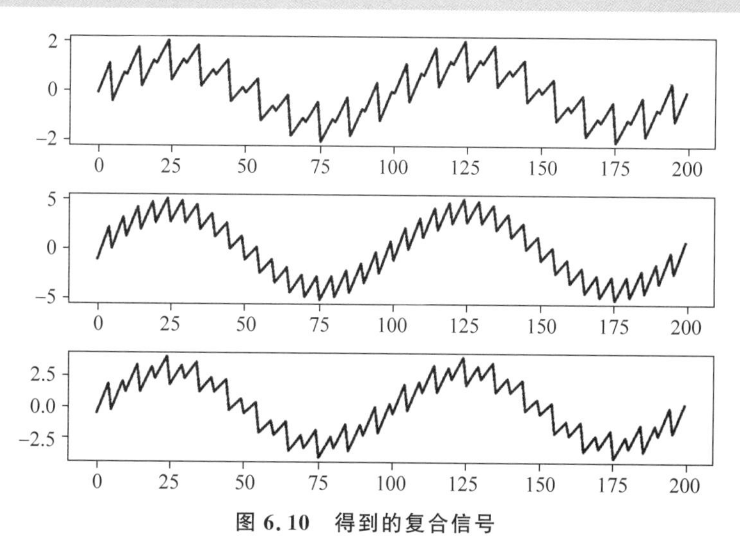

图 6.10 得到的复合信号

（12）自编代码实现独立成分分析。

```
# 获取混合信号
D = mix
# 将复合信号进行去中心化
D_center = center_data(D)
# 对去中心化的复合信号进行白化
Z,V = whiten_data(D_center)
# 将白化后的数据进行主成分分析
W,iter_num = FastICA_our(Z)
# 得到最后分解的原始信号
Sr = np.dot(np.dot(W, V), D)
# 展示原始信号
show_data(x,Sr)
```

(13) 独立成分分析结果展示(见图 6.11)。

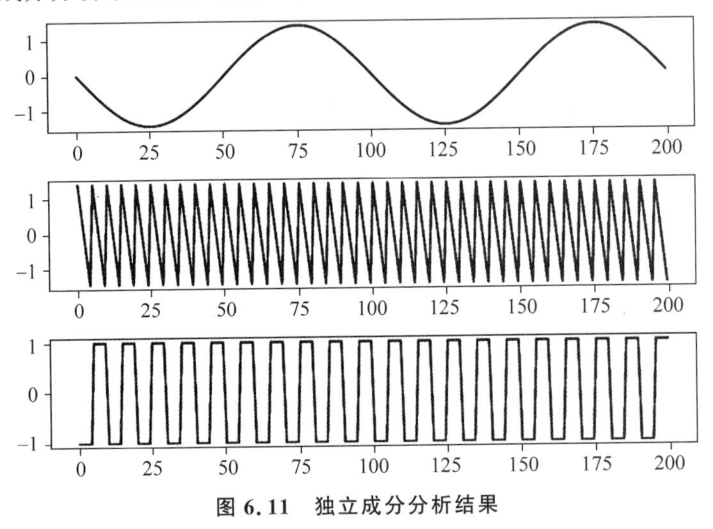

图 6.11 独立成分分析结果

6.2.4 实验

1. 实验目的

从多个复合信号中分离出相互独立的成分信号(原始信号),并分析成分信号对算法结果的影响。

2. 实验数据

修改 gen_data(num)函数,对成分信号(原始信号)上叠加随机噪声,修改成分信号的周期、幅值,分析其对算法的影响。

3. 实验要求

(1) 使用两个成分信号生成三个复合信号,并对三个复合信号进行独立成分分析,分离出原始量的两个成分信号。

(2) 对成分信号进行周期和幅值的修改,观察其对独立成分分析的影响。

(3) 在成分信号上叠加随机噪声,观察其对独立成分分析的影响。

参考文献

[1] 周志华. 机器学习[M]. 北京：清华大学出版社，2016.

[2] 哈林顿. 机器学习实战[M]. 北京：人民邮电出版社，2013.

[3] 零一，韩要宾，黄园园，等. Python 3 爬虫、数据清洗与可视化实战[M]. 北京：电子工业出版社，2020.

[4] 沈祥壮. Python 数据分析入门[M]. 北京：电子工业出版社，2019.

[5] 鲁伟. 机器学习[M]. 北京：人民邮电出版社，2022.

[6] 李航. 机器学习方法[M]. 北京：清华大学出版社，2022.

[7] GOODFELLOW I. 深度学习[M]. 赵申剑，黎彧君，符天凡，等译. 北京：人民邮电出版社，2017.

[8] 谢文睿，秦州. 机器学习公式详解[M]. 北京：人民邮电出版社，2022.

[9] 薛毅，陈立萍. 统计建模与 R 软件[M]. 北京：清华大学出版社，2021.